文教事業部
專屬團購好禮方案

博碩文教事業部為博碩文化為服務廣大教育市場所成立的行銷團隊

活動說明

- 本活動與【讀墨電子書平台】合作,推出習題電子書教學配件,可供教師及學生作為日常作業或評量,了解個人學習狀況。
- 教師可另外申請下載習題解答,恕不提供非教師申請。

課用書團購好禮活動

- 好禮一:專屬優惠折扣或贈品
- 好禮二:專屬習題電子書

本教學配件由博碩文化文教事業部獨家提供

- 掃描以下 QR code,可查閱詳細說明,完成團購標準可獲得專屬習題電子書。

讀墨 Readmoo readmoo.com

博碩文化

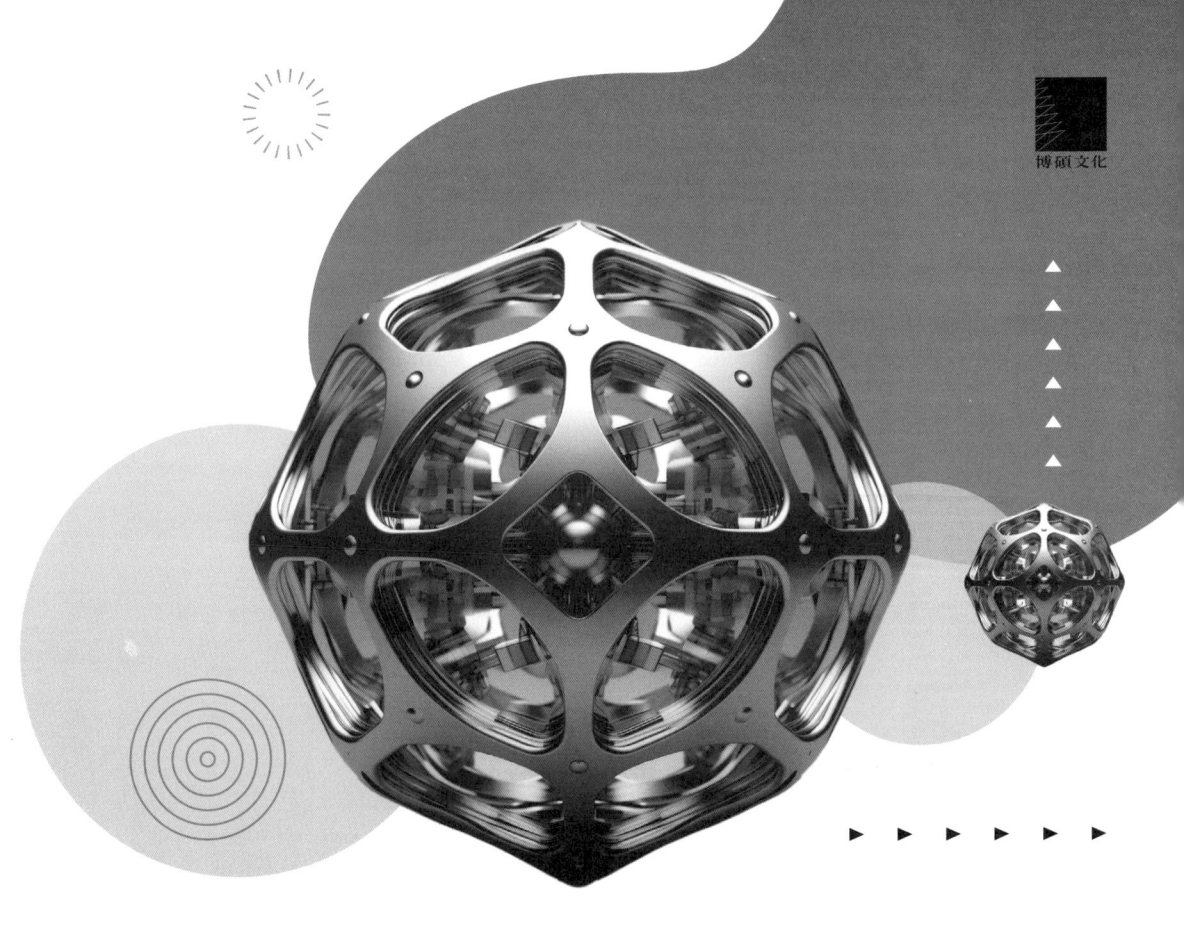

暢銷回饋版

從零開始學
Visual C#
2022 程式設計 [第四版]

- 有想法，有實作，化想法為行動，學會C#程式語言基礎
- 有章前導引，有課後習作，每個章節皆是一個獨立思考空間
- 從C#程式觀點認識物件導向的三大特性－封裝、繼承和多型
- 只有文字的主控台應用程式，以控制項配合表單形成GUI介面的視窗程式

李 馨 —— 著

博碩文化

書中範例完整程式碼

作　　者：李馨
編　　輯：魏聲圩

董 事 長：曾梓翔
總 編 輯：陳錦輝

出　　版：博碩文化股份有限公司
地　　址：221 新北市汐止區新台五路一段 112 號 10 樓 A 棟
　　　　　電話 (02) 2696-2869　傳真 (02) 2696-2867

發　　行：博碩文化股份有限公司
郵撥帳號：17484299　戶名：博碩文化股份有限公司
博碩網站：http://www.drmaster.com.tw
讀者服務信箱：dr26962869@gmail.com
訂購服務專線：(02) 2696-2869 分機 238、519
（週一至週五 09:30 ～ 12:00；13:30 ～ 17:00）

版　　次：2025 年 9 月五版一刷

博碩書號：ET32502
建議零售價：新台幣 690 元
Ｉ Ｓ Ｂ Ｎ：978-626-414-296-0
律師顧問：鳴權法律事務所 陳曉鳴律師

國家圖書館出版品預行編目資料

從零開始學 Visual C# 2022 程式設計 / 李馨
著 . -- 五版 . -- 新北市：博碩文化股份有限公司，
2025.09
　面；　公分

ISBN 978-626-414-296-0（平裝）

1.CST: C#(電腦程式語言)

312.32C　　　　　　　　　　　　114011495

Printed in Taiwan

博碩粉絲團　(02) 2696-2869 分機 238、519
歡迎團體訂購，另有優惠，請洽服務專線

商標聲明

本書中所引用之商標、產品名稱分屬各公司所有，本書引用純屬介紹之用，並無任何侵害之意。

有限擔保責任聲明

雖然作者與出版社已全力編輯與製作本書，唯不擔保本書及其所附媒體無任何瑕疵；亦不為使用本書而引起之衍生利益損失或意外損毀之損失擔保責任。即使本公司先前已被告知前述損毀之發生。本公司依本書所負之責任，僅限於台端對本書所付之實際價款。

著作權聲明

本書著作權為作者所有，並受國際著作權法保護，未經授權任意拷貝、引用、翻印，均屬違法。

序 Preface

　　隨著 .NET Framework 的核心功能的整合，.NET Core 由 .NET 5.0 邁進，為了向 .NET Framework 4.8 致意，.NET Core 以更輕盈的腳步，瘦身為 .NET 5.0，於 2021 年底，.NET 6.0 也隨 Visual 2022 呈現在我們眼前。.NET 6.0 或 .NET 5.0 是一個能跨平台的開放程式碼，而不斷求新、求進步的 C# 版本也從 C# 9.0 躍進為 C# 10.0。當然！本書涵蓋的範圍，程式碼範例會以架構 .NET 6.0 為主，為了維持程式碼的穩定性，少部份是以 .NET Framework 4.8 架構來運行。以四個主題來討論 Visual C# 語言。

程式基礎篇（第一章～第五章）

　　從認識 Visual Studio 2022 工作環境開始，以 Visual Studio Community 版本為場域，專案以主控台應用程式為主，先巡覽架構 NET 6.0、NET 5.0 和 .NET Framework 4.8 之不同，再認識 Visual C# 程式語言的魅力。從變數、常數到列舉；從條件選擇到廻圈；了解陣列如何處理資料。

物件導向篇（第六章～第九章）

　　學習物件導向的基本技術，認識物件導向程式設計的三個特性：繼承（Inheritance）、封裝（Encapsulation）和多型（Polymorphism）。認識類別的相關成員，從私有欄位到公開屬性的存取。建構函式如何初始化物件生命；靜態類別和靜態建構函式的使用。單一繼承機制下，衍生類別如何呼叫基礎類別的成員！介紹方法的傳遞機制；傳值呼叫和傳參考呼叫。也談一談泛型（Generics）和委派（Delegate）及 Lambda 運算式。

視窗工作篇（第十章～第十三章）

　　Windows Forms App 以 .NET Framework 為架構，它只能在視窗作業系統下運行；Windows Forms 應用程式則以 .NET 6.0 或 .NET 5.0 為架構，是跨平台的桌面程式。無論如何，皆以表單（Form）為主，利用工具箱存放的各類控制項來產生 GUI 介面。

資料處理篇（第十四章～第十六章）

　　按下鍵盤取得 KeyCode 值，滑鼠按下或做拖曳，有哪些事件被引發！從檔案的讀取和寫入來認識 System.IO 命名空間和資料流的關係，不同格式的串流可搭配不同讀取器和寫入器。把鏡頭一轉，走入 LINQ 語言整合查詢的世界，使用查詢運算式來擷取條件不同的資料。

目錄
Contents

01 Chapter | Visual Studio 快速入門

- 1.1 不一樣的 .NET 1-2
  - 1.1.1 什麼是 .NET？ 1-2
  - 1.1.2 .NET 三大元件 1-3
  - 1.1.3 程式的編譯 1-4
- 1.2 遇見 Visual Studio 2022 1-4
  - 1.2.1 Visual Studio 2022 的版本 1-5
  - 1.2.2 下載、安裝 Visual Studio 2022 1-5
  - 1.2.3 啟動 Visual Studio 2022 1-9
  - 1.2.4 擴充其他模組 1-10
- 1.3 巡覽 Visual Studio 2022 操作介面 1-12
  - 1.3.1 方案總管視窗 1-13
  - 1.3.2 工具箱 1-14
  - 1.3.3 屬性視窗 1-15
  - 1.3.4 主要視窗區域 1-16
  - 1.3.5 佈景主題 1-17
- 1.4 三種主控台專案供選擇 1-19
  - 1.4.1 啟動軟體、建立專案 1-20
  - 1.4.2 開啟、關閉專案 1-25
  - 1.4.3 專案的啟動、卸載 1-27
  - 1.4.4 說明檢視器 1-28

02 Chapter | Visual C# 與 .NET

- 2.1 哈囉！向 .NET 問好 2-2
  - 2.1.1 認識 Visual C# 程式 2-3
  - 2.1.2 以 .NET 5.0 產生主控台程式 2-3
  - 2.1.3 以 .NET 6.0 產生主控台程式 2-8

iii

	2.1.4 傳統的主控台程式	2-9
2.2	啟動專案，建置、執行程式	2-11
	2.2.1 變更程式名稱	2-11
	2.2.2 設定啟動專案	2-12
	2.2.3 程式是否偵錯？	2-15
2.3	Visual C# 的撰寫風格	2-18
	2.3.1 程式敘述	2-18
	2.3.2 程式須依區段編排	2-20
	2.3.3 程式碼加上註解	2-23
2.4	C# 程式語言結構	2-25
	2.4.1 命名空間	2-25
	2.4.2 善用 IntelliSense	2-30
	2.4.3 輸入與輸出	2-32
	2.4.4 格式化輸出	2-34

03 Chapter 資料與變數

3.1	認識共通型別系統	3-2
	3.1.1 整數型別	3-2
	3.1.2 浮點數型別和貨幣	3-6
	3.1.3 其他資料型別	3-8
3.2	變數與常數	3-9
	3.2.1 識別項的命名規則	3-10
	3.2.2 關鍵字	3-10
	3.2.3 變數與預設值	3-11
	3.2.4 常數	3-15
	3.2.5 型別可能含 Null 值	3-16
3.3	自訂型別與轉換	3-18
	3.3.1 列舉型別	3-18
	3.3.2 結構	3-22
	3.3.3 隱含型別轉換	3-25
	3.3.4 明確型別轉換	3-28
3.4	運算子	3-31

3.4.1　算術運算子 3-32
　　3.4.2　指派運算子 3-34
　　3.4.3　比較運算子 3-36
　　3.4.4　邏輯運算子 3-37
　　3.4.5　運算子的優先順序 3-39

04 流程控制

4.1　認識結構化程式 4-2
4.2　條件選擇 4-3
　　4.2.1　單一選擇 4-3
　　4.2.2　雙重選擇 4-5
　　4.2.3　巢狀 if 4-8
　　4.2.4　多重條件下 if/else if 4-12
　　4.2.5　多條件使用 switch/case 敘述 4-14
4.3　迴圈 4-17
　　4.3.1　for 迴圈 4-17
　　4.3.2　while 迴圈 4-22
　　4.3.3　do/while 迴圈 4-24
　　4.3.4　巢狀 for 4-26
　　4.3.5　其他敘述 4-29

05 陣列和字串

5.1　使用一維陣列 5-2
　　5.1.1　宣告一維陣列 5-2
　　5.1.2　讀取陣列元素 5-5
5.2　Array 類別 5-6
　　5.2.1　資料做排序 5-8
　　5.2.2　按圖索驥靠索引 5-11
　　5.2.3　改變陣列的大小 5-13
　　5.2.4　陣列的複製 5-15
5.3　有維有度話陣列 5-16

目錄

- 5.3.1 建立二維陣列 5-16
- 5.3.2 二維陣列初始化 5-17
- 5.3.3 多維陣列 5-22
- 5.3.4 不規則陣列 5-24
- 5.3.5 隱含型別陣列 5-26
- 5.4 字元和字串 5-28
  - 5.4.1 逸出序列 5-28
  - 5.4.2 String 類別建立字串 5-29
  - 5.4.3 字串常用方法 5-32
  - 5.4.4 StringBuilder 類別修改字串內容 5-36

06 Chapter 學習物件導向

- 6.1 物件導向的基礎 6-2
  - 6.1.1 認識物件 6-2
  - 6.1.2 提供藍圖的類別 6-3
  - 6.1.3 抽象化概念 6-3
- 6.2 類別程式和 .NET 架構 6-4
  - 6.2.1 定義類別 6-4
  - 6.2.2 .NET 5.0 撰寫類別程式 6-6
  - 6.2.3 .NET 6.0 撰寫類別程式 6-6
  - 6.2.4 C# 10.0 檔案範圍命名空間 6-8
- 6.3 類別、物件和其成員 6-9
  - 6.3.1 實體化物件 6-10
  - 6.3.2 存取權限 6-11
  - 6.3.3 定義方法成員 6-12
  - 6.3.4 類別屬性和存取子 6-16
- 6.4 物件旅程 6-22
  - 6.4.1 產生建構函式 6-22
  - 6.4.2 解構函式回收資源 6-24
  - 6.4.3 使用預設建構式 6-26
  - 6.4.4 建構函式的多載 6-27
  - 6.4.5 物件的初始設定 6-28

6.5 靜態類別 6-30
　6.5.1 靜態屬性 6-30
　6.5.2 類靜態別方法 6-32
　6.5.3 不對外公開的建構函式 6-34

07 Chapter | 方法和傳遞機制

7.1 方法是什麼？ 7-2
　7.1.1 系統內建方法 7-2
　7.1.2 宣告方法 7-5
　7.1.3 方法的多載 7-11
7.2 參數的傳遞機制 7-14
　7.2.1 傳值呼叫 7-14
　7.2.2 傳址呼叫 7-16
7.3 方法的傳遞對象 7-19
　7.3.1 以物件為傳遞對象 7-19
　7.3.2 參數 params 7-21
　7.3.3 關鍵字 ref 和 out 的不同 7-22
　7.3.4 更具彈性的具名引數 7-24
　7.3.5 選擇性引數 7-25
7.4 了解變數的使用範圍 7-26

08 Chapter | 繼承、多型和介面

8.1 瞭解繼承 8-2
　8.1.1 特化和通化 8-2
　8.1.2 組合關係 8-4
　8.1.3 為什麼要有繼承機制？ 8-4
8.2 單一繼承制 8-5
　8.2.1 繼承的存取 8-5
　8.2.2 存取修飾詞 protected 8-8
　8.2.3 呼叫基底類別成員 8-11
　8.2.4 隱藏基底成員 8-18

8.3 探討多型 8-22
    8.3.1 父、子類別產生方法多載 8-22
    8.3.2 覆寫基底類別 8-23
    8.3.3 實做多型 8-25
8.4 介面和抽象類別 8-29
    8.4.1 定義抽象類別 8-29
    8.4.2 認識密封類別 8-32
    8.4.3 介面的宣告 8-32
    8.4.4 如何實作介面 8-34
    8.4.5 實作多個介面 8-36
    8.4.6 介面實作多型 8-38

09 Chapter | 泛型、集合和例外處理

9.1 泛型 9-2
    9.1.1 認識泛型與非泛型 9-2
    9.1.2 為什麼使用泛型？ 9-3
    9.1.3 定義泛型 9-4
    9.1.4 泛型方法 9-6
9.2 淺談集合 9-8
    9.2.1 System.Collections.Generic 命名空間 9-9
    9.2.2 認識索引鍵/值 9-9
    9.2.3 使用索引 9-12
    9.2.4 循序存取的集合 9-19
9.3 委派 9-22
    9.3.1 認識委派 9-22
    9.3.2 Lambda 運算式 9-25
    9.3.3 委派與代理人 9-27
9.4 例外狀況的處理 9-29
    9.4.1 認識 Exception 類別 9-29
    9.4.2 簡易的例外處理器 9-30
    9.4.3 finally 敘述 9-33
    9.4.4 throw 敘述擲出錯誤 9-35

10 Chapter | 視窗表單的運作

- 10.1 Windows Form 基本操作 10-2
  - 10.1.1 建立 Windows Form 專案 10-2
  - 10.1.2 Windows Forms 所配置的工作環境 10-4
  - 10.1.3 認識 Windows Forms 應用程式檔案 10-7
- 10.2 建立使用者介面 10-8
  - 10.2.1 在表單上加入控制項 10-8
  - 10.2.2 編寫程式碼 10-14
  - 10.2.3 儲存程式的位置 10-17
- 10.3 Windows Forms 的運作 10-18
  - 10.3.1 部份類別是什麼？ 10-18
  - 10.3.2 Main() 主程式在那裡？ 10-20
  - 10.3.3 訊息迴圈 10-22
  - 10.3.4 控制項與顏色值 10-23
  - 10.3.5 環境屬性 10-26
- 10.4 表單與按鈕 10-27
  - 10.4.1 表單的屬性 10-27
  - 10.4.2 表單的常用方法 10-29
  - 10.4.3 表單的事件 10-29
  - 10.4.4 Button 控制項 10-32
- 10.5 MessageBox 類別 10-33
  - 10.5.1 顯示訊息 10-33
  - 10.5.2 按鈕的列舉成員 10-34
  - 10.5.3 圖示列舉成員 10-35
  - 10.5.4 DialogResult 如何接收？ 10-35

11 Chapter | 通用控制項

- 11.1 顯示資訊 11-2
  - 11.1.1 標籤控制項 11-2
  - 11.1.2 超連結控制項 11-5
- 11.2 編輯文字 11-12

ix

11.2.1　TextBox 控制項...11-12
11.2.2　RichTextBox 控制項..11-21
11.2.3　計時的 Timer 元件..11-28
11.3　處理日期..11-31
11.3.1　MonchCalendar 控制項..11-31
11.3.2　DateTimePicker..11-37

12 Chapter｜提供交談的對話方塊

12.1　認識對話方塊..12-2
12.2　檔案對話方塊..12-2
12.2.1　OpenFileDialog..12-2
12.2.2　SaveFileDialog...12-6
12.2.3　FolderBrowserDialog..12-10
12.3　設定字型與色彩..12-15
12.3.1　FontDialog..12-15
12.3.2　ColorDialog..12-17
12.4　支援列印的元件..12-21
12.4.1　PrintDocument 控制項...12-21
12.4.2　PrintDialog...12-27
12.4.3　PageSetupDialog...12-28
12.4.4　PrintPreviewDialog..12-29

13 Chapter｜選單控制項和功能表

13.1　具有選單的控制項..13-2
13.1.1　容器 GroupBox...13-2
13.1.2　選項按鈕...13-3
13.1.3　核取方塊...13-6
13.2　具有清單的控制項..13-8
13.2.1　下拉式清單方塊...13-8
13.2.2　清單方塊...13-15
13.2.3　CheckedListBox...13-17

13.3 功能表 13-18
 13.3.1 MenuStrip 控制項 13-20
 13.3.2 直接編輯功能表項目 13-22
 13.3.3 以項目集合編輯器產生功能表項目 13-23
 13.3.4 功能表常用的屬性 13-28
13.4 與功能表有關的週邊家族 13-34
 13.4.1 ContextMenuStrip 控制項 13-34
 13.4.2 ToolStrip 13-37
 13.4.3 狀態列 13-40

14 | 滑鼠、鍵盤、多重文件

14.1 多重文件介面 14-2
 14.1.1 認識多重文件介面 14-2
 14.1.2 MDI 表單的成員 14-5
 14.1.3 表單的排列 14-5
14.2 鍵盤事件 14-7
 14.2.1 認識鍵盤事件 14-7
 14.2.2 KeyDown 和 KeyUp 事件 14-7
 14.2.3 KeyPress 事件 14-13
14.3 滑鼠事件 14-14
 14.3.1 有哪些滑鼠事件？ 14-15
 14.3.2 取得滑鼠訊息 14-16
 14.3.3 滑鼠的拖曳功能 14-19
14.4 圖形介面裝置 14-22
 14.4.1 表單的座標系統 14-23
 14.4.2 產生畫布 14-24
 14.4.3 繪製圖案 14-26
 14.4.4 繪製線條、幾何圖形 14-28
 14.4.5 繪製幾何圖形 14-32
 14.4.6 字型和筆刷 14-34

15 Chapter | IO 與資料處理

- 15.1 資料流與 System.IO 15-2
- 15.2 檔案與資料流 15-3
  - 15.2.1 檔案目錄 15-4
  - 15.2.2 檔案訊息 15-9
  - 15.2.3 使用 File 靜態類別 15-14
- 15.3 標準資料流 15-18
  - 15.3.1 FileStream 15-19
  - 15.3.2 StreamWriter 寫入器 15-23
  - 15.3.3 StreamReader 讀取器 15-23

16 Chapter | 語言整合查詢 –LINQ

- 16.1 LINQ 簡介 16-2
  - 16.1.1 LINQ 與 IEnumerable 介面 16-2
  - 16.1.2 配合 Where() 方法 16-3
- 16.2 LINQ 的基本操作 16-4
  - 16.2.1 取得資料來源 16-4
  - 16.2.2 建立查詢 16-5
  - 16.2.3 執行查詢 16-7
- 16.3 善用查詢子句 16-9
  - 16.3.1 group 子句做群組運算 16-9
  - 16.3.2 排序找 Orderby 子句幫忙 16-12
  - 16.3.3 select 子句的投影作用 16-13
  - 16.3.4 LINQ to Object 16-14

Visual Studio 快速入門

CHAPTER 01

學 | 習 | 導 | 引

- 認識不一樣的 .NET 架構,認識 CLR、FCL 和 CLS。
- 下載、安裝 VS 2022 軟體,以工作負載開始安裝。
- 初探 VS 2022 工作環境,認識解決方案和專案的關係。

1.1 不一樣的 .NET

由於，我們生活在一個真正的跨平台世界中，跟著科技走的行動技術和隨時都能把生活中的點滴上傳到雲端，讓平台作業系統的操作（如 Windows）變得不那麼重要。正因為如此，微軟一直致力於將 .NET 與其 Windows 的緊密聯繫做逐步分離。從 .NET Framework 開始，發展出 .NET Core 到如今正式更名為 .NET，隨著時間的累積和技術的發展，微軟在 .NET Framework 和 .NET 之間有了重大變革。

.NET Framework 目前維持的版本是 4.8，從字面上來看，可解釋成「骨幹」、「架構」。所以，將 .NET Framework 重寫為真正跨平台的同時，微軟藉此重構機會並刪除了非核心的部分。2014 年先發表 .NET Core，版本從 3.1 開始，為了避開對 .NET Framework 版本的混淆，直接以「.NET 5.0」命名，2021 年底，更新到「.NET 6.0」。

1.1.1 什麼是 .NET？

究竟 .NET 是什麼？一言以悉之，就是能在不同平台上執行的免費開放原始碼的開發平台；這些平台包括 Windows、macOS、Linux、Android、iOS 等。它能以 Visual Basic、C#、F# 進行程式語言的開發。.NET 架構概分三大類：

- **.NET Core**：能在不同的平台上開發。
- **.NET Framework**：著力於 Windows 平台。
- **Xamarin/Mono**：適用於 .NET 行動裝置。
- **.NET Standard**：是一個共享的類別庫，提供 .NET API 的規格，也就是不同的 .NET 版本會共享部份的類別庫。

以圖【1-1】來說，.NET Standard 是兩個圓的交疊，而較新的版本涵蓋較舊版本的所有 API；版本之間並沒有任何重大變更，目前版本是 2.0。不過對於我們後續章節所使用的 Visual Studio 2022 軟體，如圖【1-2】所示，若架構選擇「.NET 5.0」（目前 Current Release）或「.NET 6.0」（長期支援 LTS，

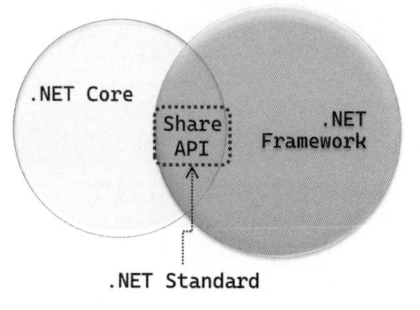

圖【1-1】 .NET Standard

Long-term Support）其版本不盡相同。依據微軟官方文獻的說明,「目前」版本是半年更新一次,「LTS」版本則會維持三年才做更新。

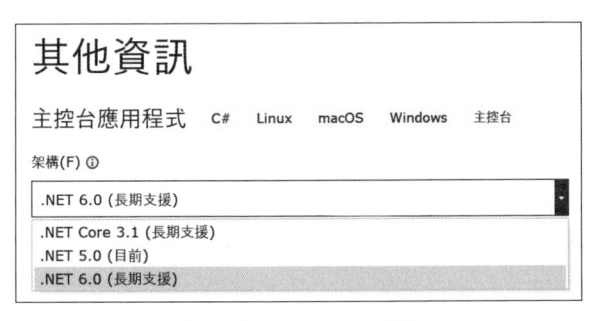

圖【1-2】 .NET 有二種版本

1.1.2 .NET 三大元件

.NET 包含了三大元件:

- 通用語言執行平台（CLR, Common Language Runtime）。
- .NET Framework 類別庫（FCL, Framework class library）或稱基底類別庫。
- 共通語言規範（CLS, Common language specification）。

「共通語言執行平台（CLR）」為 .NET 提供應用程式的虛擬執行環境,讓不同語言的程式碼在共用的類別庫下彼此協調、相互合作。以 CLR 為主並經過編譯的程式碼稱為「列管 (Managed) 程式碼」,它具有下列這些功能:

- 改善記憶體的回收（GC）機制,自動配置記憶體,配合物件參考,不再使用者能加以釋放。
- 具有強制型別安全檢查,在一般型別系統下確保 Managed 能自我描述。
- 支援結構化例外狀況處理。

無論開發的應用程式是 Windows Form、Web Form 或是 Web Service 都可取得 .NET Framework 類別庫（Class Library）的支援。在「共通語言規範」（CLS, Common Language Specification）要求下,使用 .NET API 提供的型別,能讓不同的語言之間具有「互通性」（Interoperability）。此外,.NET Framework 類別庫也能實作物件導向程式設計,包含衍生自行定義的類別、組合介面和建立抽象（Abstract）類別;配合「命名空間」（Namespace）豐富其階層架構。

1.1.3　程式的編譯

一般來說，撰寫的程式碼（Source code）要經過編譯才能執行，Visual C# 程式語言同樣得經過 C# 編譯器（Compiler）。.NET 的 JIT 編譯器是以 NET Core 3.0 為預設，開啟階層式編譯（TC），讓程式在執行時更單純地使用即時（JIT）編譯器。64 位元的 JIT 編譯器能將 C# 程式碼編譯成 MSIL（Microsoft Intermediate Language）中介語言，大幅提升其效能。它產生的組件（Assembly）是可執行檔，副檔名是「EXE」或「DLL」，編譯過程如圖【1-3】所示。

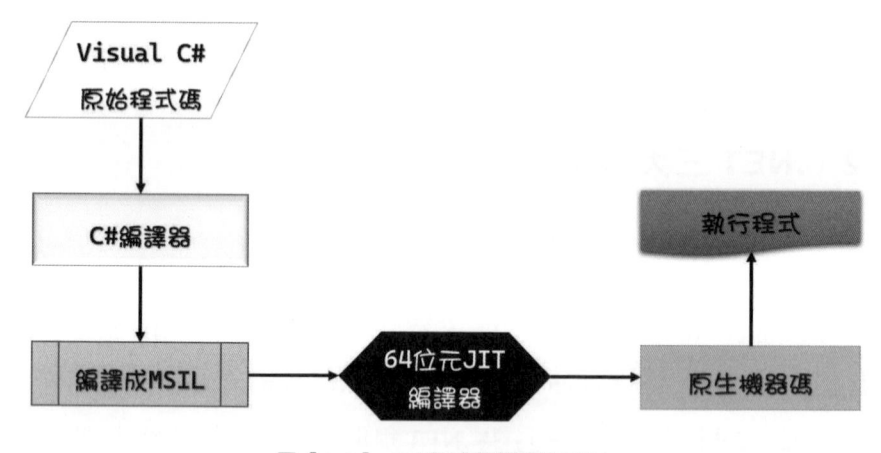

圖【1-3】　C# 程式的編譯和執行

經過編譯的程式碼執行時，組件會以 .NET 的 CLR 做載入，符合安全性需求後，再由 JIT（Just-in-Time）編譯器將 MSIL 轉譯成原生機器碼才能執行。簡單來說，將 C# 的程式碼編譯成可執行檔（*.EXE），運作的環境必須安裝了 .NET，才能順利執行。

1.2　遇見 Visual Studio 2022

Visual Studio 2022（後續內文以 VS 2022 簡稱）提供整合性的開發環境，能撰寫、編譯、除錯和測試、部署應用程式，它也支援了跨平台行動裝置的開發。VS 2022 也是語言的組合套件，它可以使用 Visual Basic、Visual C#、Visual C++、F#、JavaScript、Python、TypeScript 等各種程式語言，能在 Windows、Android、iOS 的平台上撰寫應用程式，進行 Web、Windows、Office、資料庫和行動裝置等多項的應用程式並提供 Microsoft Azure（雲端）的服務能力。

1.2.1　Visual Studio 2022 的版本

VS 2022 概分三種版本，其中的 Enterprise、Professional 版本提供 60 天試用期；要注意的地方是「免費下載」和「免費試用」不太相同，免費試用會有試用期限。它們的版本列示如下：

- **Visual Studio Enterprise 2022**：企業版，適用於企業組織團隊開發。
- **Visual Studio Professional 2022**：專業版，適用於小型團隊的專業開發人員。
- **Visual Studio Community 2022**：社群版，後續內文以 Community 2022 表示。它是一個完全免費，功能完整的 IDE 軟體；適合初學者，也是本書採用的版本。

1.2.2　下載、安裝 Visual Studio 2022

VS 2022 軟體做了一些變革，安裝時雖然無法一鍵到底；但讓使用者有更多的選擇權。第一步，安裝時先透過「工作負載」選擇工作集的安裝選項。想要做更多的選擇，第二步利用「個別元件」來補充。若還需要其他語系的支援還能進入「語言套件」做選別。

- 下載軟體：Visual Studio Community 2022。
- 網址：https://visualstudio.microsoft.com/zh-hant/。

|操作| 下載、安裝《Community 2022》

STEP 01　進入 Visual Studio 官網，找到 Visual Studio 並按 ❶「∨」展開選單，點選 ❷「Community 2022」下載其軟體。

STEP 02 準備安裝 Visual Studio。滑鼠左鍵雙擊下載的軟體 Community 2022，它會進行解壓縮，進入第一個畫面「Visual Studio Installer」安裝精靈。

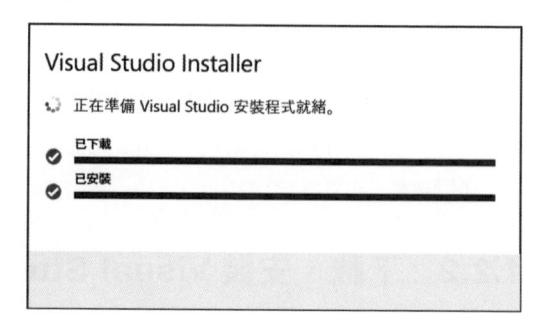

STEP 03 進入安裝軟體的準備畫面。

STEP 04 選擇欲安裝的工作集；會從視窗左側主模組的 ❶「工作負載」開始，❷ 勾選「.NET 桌面開發」，❸ 點選「變更」可以選擇其它的位置來存放安裝的軟體。

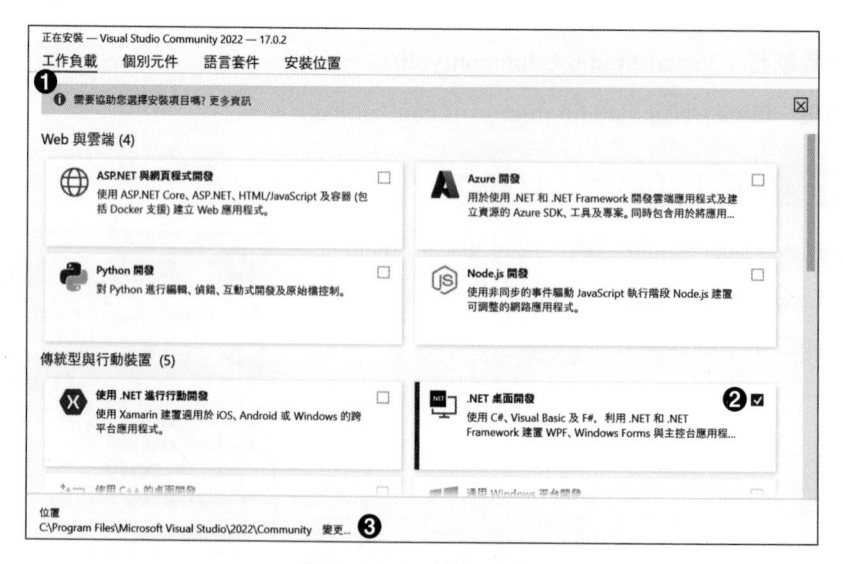

圖【1-4】 安裝模組畫面

1-6

STEP 05 勾選了模組之後，視窗右側會顯示所勾選的元件。

```
安裝詳細資料
▼ 已包含
  ✓ .NET 桌面開發工具
  ✓ .NET Framework 4.7.2 開發工具
  ✓ C# 與 Visual Basic
▼ 選擇性
  ☑ .NET 的開發工具
  ☑ .NET Framework 4.8 開發工具
  ☑ Blend for Visual Studio
  ☑ Entity Framework 6 工具
  ☑ .NET 分析工具
  ☑ IntelliCode
  ☑ Just-in-Time 偵錯工具
  ☑ Live Share
  ☑ ML.NET Model Builder
  ☐ F# 桌面語言支援
  ☐ PreEmptive Protection - Dotfuscator
  ☐ .NET Framework 4.6.2-4.7.1 開發工具
  ☐ .NET 可攜式程式庫目標套件
  ☐ Windows Communication Foundation
  ☐ SQL Server Express 2019 LocalDB
```

STEP 06 如果要補充其他，切換到 ❶「個別工具」頁籤增減所需元件。例如找到「程式碼工具」；❷ 勾選「LINQ to SQL 工具」，❸ 勾選「類別設計工具」。

```
工作負載    個別元件 ❶語言套件

搜尋元件 (Ctrl+Q)

程式碼工具
    ☐ Azure DevOps Office 整合
    ☑ ClickOnce 發佈
    ☐ Developer Analytics Tools
    ☐ DGML 編輯器
    ☐ Git for Windows
    ☐ Help Viewer
❷ ☑ LINQ to SQL 工具
    ☑ NuGet 套件管理員
    ☐ NuGet 目標與建置工作
    ☐ PreEmptive Protection - Dotfuscator
    ☑ 文字範本轉換
    ☐ 相依性驗證
❸ ☑ 類別設計工具
```

1-7

STEP 07 「語言套件」預設為「繁體中文」,可以勾選其它語言,此處不做任何變更。再切換「安裝位置」,想要變更軟體的安裝位置,可以按路徑右側的 ⋯ 鈕。

STEP 08 完成所有設定後,按視窗右下角的「安裝」進行軟體的安裝。

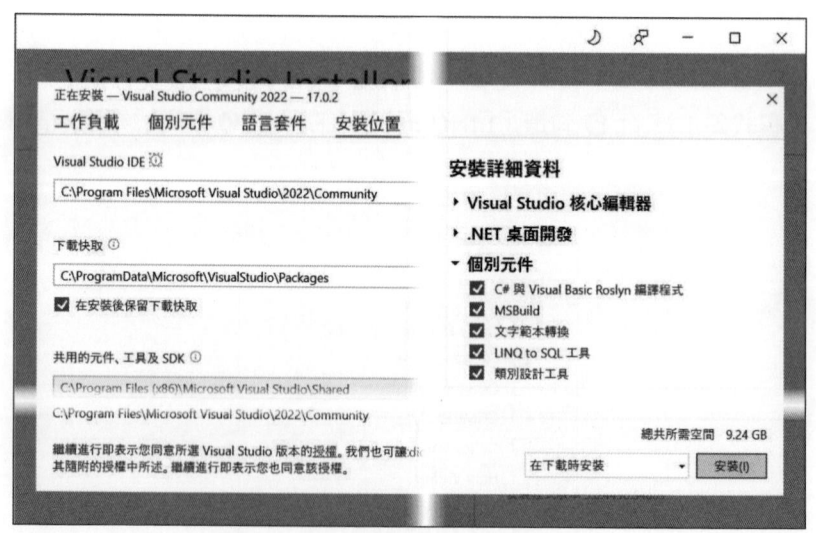

STEP 09 完成安裝之後,直接按「啟動」就能啟動 VS2022。記得把 Visual Studio Installer 按右上角「X」鈕關閉視窗。

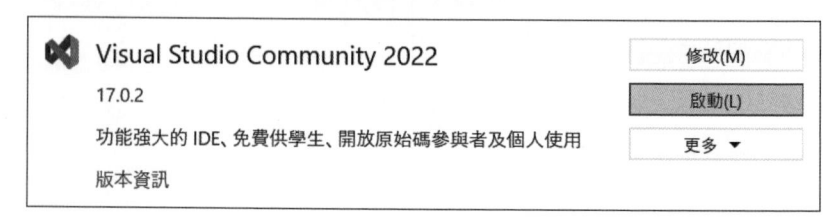

1.2.3　啟動 Visual Studio 2022

第一次啟動 VS 2022，要針對其操作介面做簡單設定。

操作 《VS 2022》－啟動、設定

STEP 01 視窗作業系統中，「開始」功能表中找到「Visual Studio 2022」軟體並雙擊滑鼠左鍵來啟動它。❶ 開發設定「Visual C#」；❷ 色彩佈景主題「淺色」；❸ 按「啟動 Visual Studio」鈕。

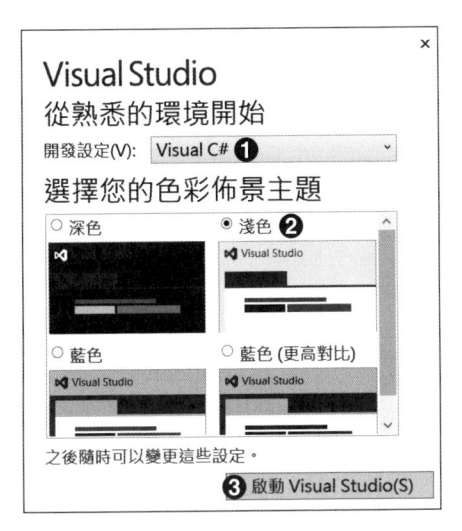

STEP 02 進入 Visual Studio 歡迎畫面，如果有帳號可以登入取得授權碼；沒有帳號者去註冊，先選擇「不是現在，以後再說」。

STEP 03 進入 Visual Studio 2022 的「開始視窗」畫面。

開始視窗中,若有開啟專案或方案會停留在視窗左側,視窗右側可以瞧見多個不同功能的按鈕,簡介常用功能鈕:

- **開啟專案或解決方案**:依據專案或方案儲存的位置來載入專案或方案。
- **開啟本機資料夾**:依據指定位置開啟資料夾。
- **建立新的專案**:依據選取的程式語言來建立專案。

開始視窗中,右下角有「不使用程式繼續」,點選它之後會直接進入 VS 2022 工作環境。

1.2.4 擴充其他模組

完成 VS 2022 軟體安裝之後,想要安裝其他模組,該如何做?只要啟動「Visual Studio Installer」,選取欲安裝的元件即可。

修改《VS 2022》－擴充其他模組

STEP 01 啟動了 VS 2022 之後,展開 Windows「開始」功能表,找到『Visual Studio Installer』並啟動它。

STEP 02 進入「Visual Studio Installer」視窗,按『修改』鈕會再一次進入 VS 2022 安裝模組畫面;再依據『工作負載』或『個別元件』新增或移除相關模組。

> **STEP 03** 選擇欲加入的模組且完成設定後，此處切換 ❶「個別元件」，❷ 勾選欲安裝元件，❸ 按右下角「修改」鈕來進行；要注意的地方就是原有的 VS 2022 軟體要關閉。

> **STEP 04** 完成「修改」後，按「啟動」鈕進入 VS 2022「開始視窗」，再按右上角「X」鈕來關閉此視窗。

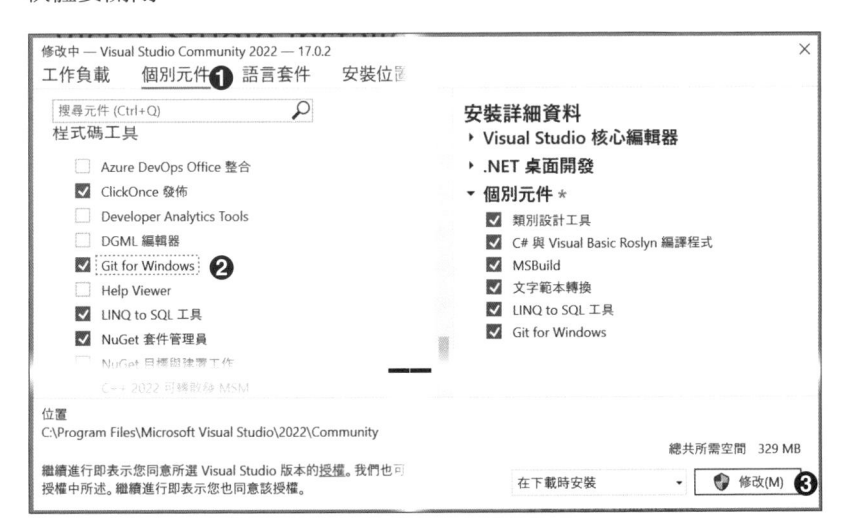

1.3 巡覽 Visual Studio 2022 操作介面

VS 2022 是一套具有整合式開發環境（Integrated Development Environment，簡稱 IDE）的軟體。它具有程式碼編輯器，協助程式的撰寫、除錯和執行；進行檔案的管理，部署專案並發佈；將相關工具整合在同一個環境下，便利於開發人員的使用。本書的專案範本會以主控台和 Windows Forms 應用程式為主，由圖【1-5】認識它的操作介面。

圖【1-5】 Visual Studio 2022 工作環境

VS 2022 的操作介面概分三個部份，上半部由功能表列和工具列組成。視窗中間是「主要視窗空間」；左、右兩側是工具視窗。相關視窗簡介如下：

❶ 功能表列：提供 VS 2022 所需的相關指令。

❷ 工具列：提供圖示按鈕，此方案中顯示「標準」工具列。如何得知？執行「檢視＞工具列」指令就能看到相關工具列，有勾選者就會顯示於視窗上方。

❸ 工具箱：提供 Windows Forms 控制項。

❹ 索引標籤：位於主要視窗上方的索引標籤用來切換不同的工作區。

❺ 方案總管：管理方案和專案。

❻ 屬性視窗：概分屬性和事件兩種。

1.3.1 方案總管視窗

VS 2022 操作介面中,工具視窗位於視窗兩側,右側視窗有方案總管和屬性視窗(參考圖 1-6)。先認識位於視窗右上角的方案總管視窗。

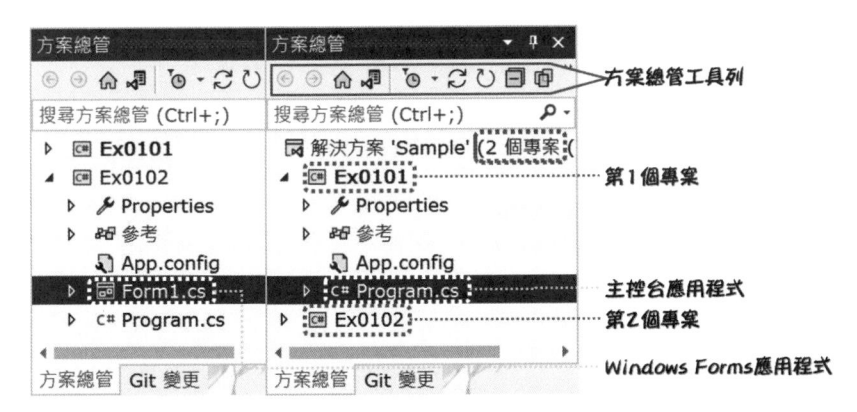

圖【1-6】 方案總管

透過圖【1-6】可以知道方案「Sample」下有兩個專案,分別是 Ex0101 和 Ex0102。展開(▲表示展開,▷表示折疊或縮合)Ex0101 專案可以看到:

- **Properties**:設定此專案的相關訊息。
- 「參考」下有 App.config,它是與專案有關的組態設定。
- **Program.cs**:預設的 C# 程式檔案,副檔名為「*.cs」。換句話說,以 C# 程式語言所撰寫的副檔名必須是「CS」。

專案 Ex0102 本身是 Windows Forms 應用程式,它有一個開發視窗程式的「Form1.cs」C# 檔案。那麼方案和專案有什麼不同?如果透過檔案總管查看,在「Sample」資料夾下,方案的副檔名是「*.sln」,它包含兩個專案子資料夾「Ex0101」和「Ex0102」,專案的副檔名是「*.csproj」,查看圖【1-7】能清楚知道方案和專案兩者之不同。

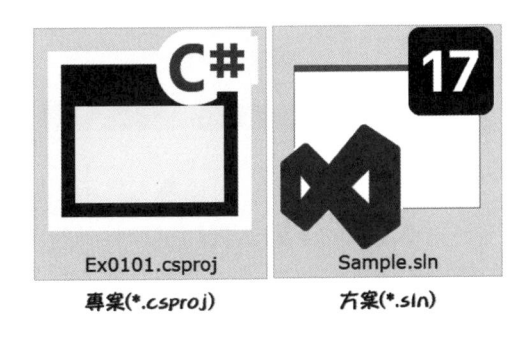

圖【1-7】 方案和專案並不同

1-13

簡單的應用程式可能只需要一個專案，更為複雜的應用程式，則需要多個專案才能組成一個完整方案。因此 VS 2022 使用方案機制來管理多個專案，所以兩個專案是納在方案 Sample 資料夾中；它的結構如圖【1-8】所示。

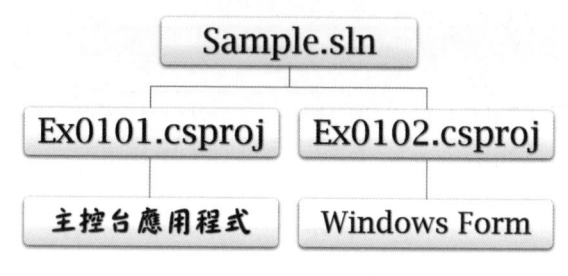

圖【1-8】 方案下能有多個專案

1.3.2 工具箱

位於 VS 2022 開發整合環境左側的工具箱存放種類眾多的控制項，它通常是自動隱藏於 VS 2022 視窗的左側，滑鼠點選時會滑出。

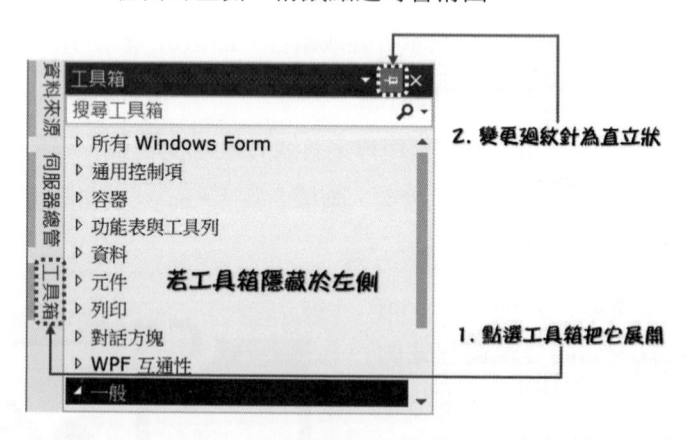

若要固定工具箱，可以將工具箱標題列的圖釘按一下，形成直立狀，或者展開工具箱標題列的 ▼ 鈕，展開選單，執行某一個項目的指令來變更工具箱狀態。

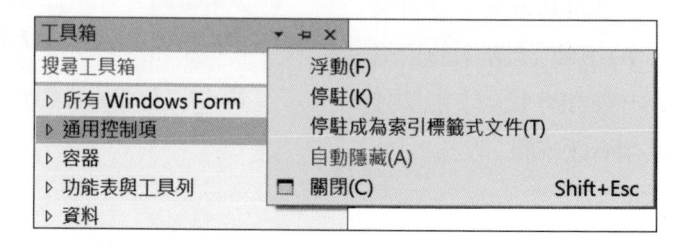

1.3.3 屬性視窗

屬性視窗提供兩種功能：屬性和事件。配合表單物件或控制項的屬性設定，或者以滑鼠雙擊某個事件，進入事件處理常式撰寫其程式碼。配合工具列的「分類」和「字母順序」可以決定屬性或事件要依據那一種方式來呈現，參考圖【1-9】的說明。當「分類」和「屬性」會呈按下狀態，表示屬性視窗會將它們依性質以設計、焦點分類。

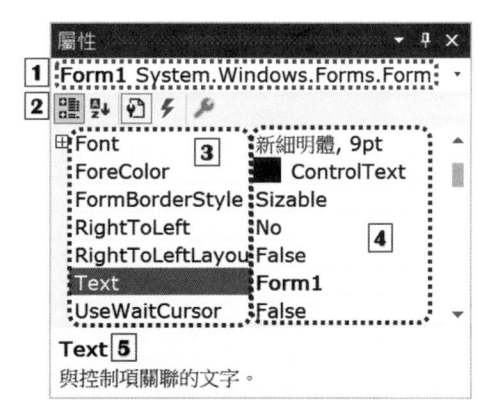

圖【1-9】 屬性視窗

屬性視窗還提供那些功能？簡介如下：

1. **物件下拉選單**：在表單上加入的控制項（包含表單）皆能利用選單來選取控制項，變更屬性視窗的內容。圖【1-9】表示表單被選取，所以屬性會顯示與表單有關的屬性。

2. **屬性視窗工具列**：依據圖【1-9】，按鈕「■ 分類」和「■ 屬性」被按下，表示屬性依相關性來分類。

3. **屬性**：依據控制項的特色，配合工具列的按鈕來呈現。

4. **屬性值**：當插入點移向右側設定屬性值的欄位時，左側的屬性名會以（藍底白字）顯示，表示焦點在此屬性名稱上。

5. **屬性說明**：提供焦點所在的屬性說明，以圖【1-9】來說，焦點停留在屬性名稱 Text，視窗下方顯示「與控制項關聯的文字」的簡易說明。

如何讓屬性視窗以事件顯示？利用圖【1-10】來解釋下列的簡易步驟。❶ 按工具列的「字母順序」鈕；❷ 再按「事件」鈕。要為某個事件撰寫程式碼，❸ 將插入點移向某一個事件，再雙擊滑鼠就會進入程式碼編輯區並建立此事件的程式區段。

圖【1-10】 屬性視窗進入事件程序

TIPS

位於 VS 2022 兩側的工具視窗，未看到它們該如何處理？例如，重新把工具箱顯示於畫面上。

- 展開「檢視」功能表，像方案總管、屬性視窗或工具箱，皆能從選單中找到它們。

1.3.4 主要視窗區域

　　位於 VS 2022 工作環境中間的主要視窗區域會依專案範本之不同而有所變化。專案為主控台應用程式，會直接進入程式碼編輯區。

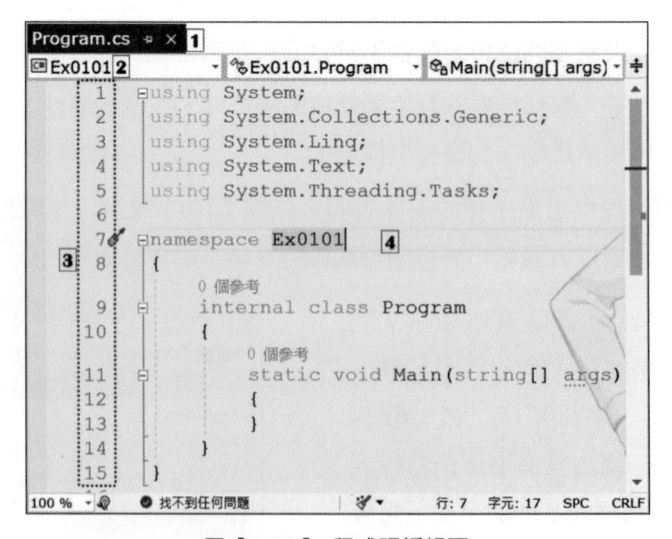

圖【1-11】　程式碼編輯區

依據圖【1-11】所列，簡單介紹程式碼編輯區的工作環境：

1. **索引標籤**：存放 C# 程式的預設檔案名稱「Program.cs」；若未變更設定值，新加入的索引標籤會停留在「主要視窗區域」左側。
2. **下拉選單**：提供其他已建置專案的選擇，顯示目前的專案名稱為「Ex0101」。
3. **行號**：隨程式碼所產生的行號，方便於後續討論程式碼。
4. **程式碼編輯器**：建立主控台應用程式之後，會產生相關的程式碼。

建立專案為 Windows Form 應用程式，「主要視窗區域」會以表單為主；加入控制項之後，針對相關事件撰寫其程式碼。有幾個方式可以進入程式碼編輯器：

- 執行「檢視＞程式碼」指令。
- 在表單上按滑鼠右鍵，執行快捷功能表的「檢視程式碼」指令。
- 選取表單後，直接按鍵盤【F7】按鍵。

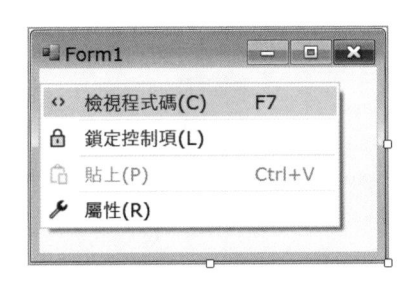

1.3.5 佈景主題

VS 2022 的工作環境提供了佈景主題的設定，除了軟體本身提供的佈景主題之外，亦可以利用指令去微軟的官方網站下載。

如何變更佈景主題？執行「工具＞佈景主題」指令，勾選所需的佈景主題。

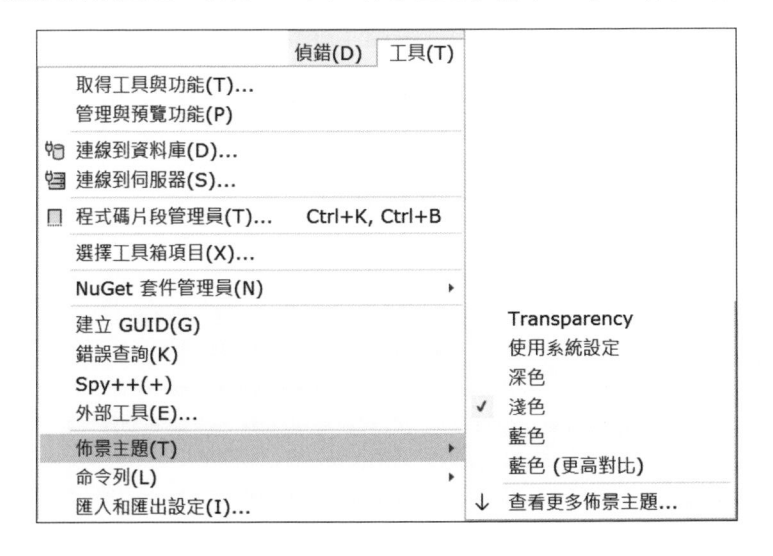

操作　下載、安裝《佈景主題》－使用其它的佈景主題

STEP 01 執行「工具＞佈景主題＞查看更多佈景主題」指令，會透過網路連上相關網站，點選所需的佈景主題，例如 Cyberpunk - Theme。

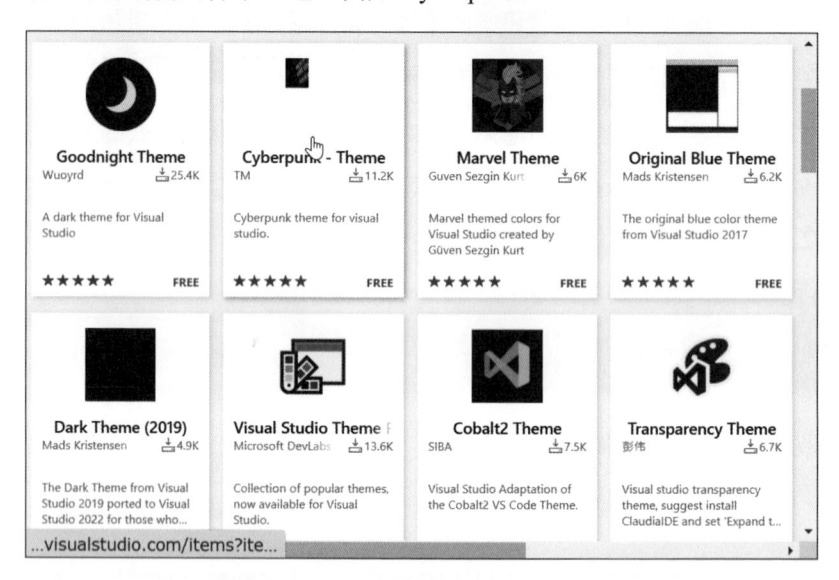

STEP 02 點選某個佈景主題後，會進入其下載網頁，按「Download」鈕進行下載。

STEP 03 下載後，系統會自己啟動「VSIX Installer」精靈，按交談窗下方的「Install」鈕做安裝動作。

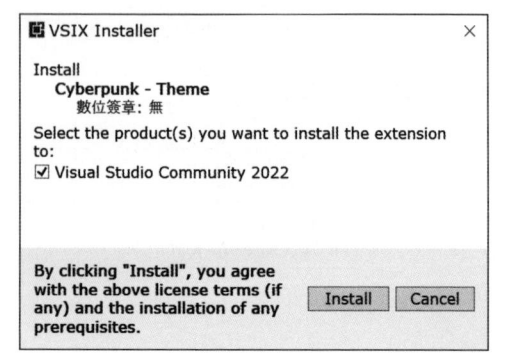

1-18

STEP 04 記得關閉 VS 2022 軟體，完成安裝後，按交談窗下方的「Close」鈕關閉交談窗。

STEP 05 啟動 VS 2022，再一次執行「工具 > 佈景主題」指令，勾選相關佈景主題，就能套用其內容。

1.4 三種主控台專案供選擇

對於方案和專案有了初步了解之後，依據圖【1-8】的結構先產生一個方案再加入兩個專案。依據 VS 2022 提供的 C# 專案範本，主控台應用程式概分三項：

- 主控台應用程式，跨平台，架構「.NET 5.0」。

```csharp
using System;

namespace Ex0104
{
    class Program
    {
        static void Main(string[] args)
        {
            Console.WriteLine("Hello World!");
        }
    }
}
```

- 主控台應用程式，跨平台，架構「.NET 6.0」。

```csharp
// See https://aka.ms/new-console-template for more information
Console.WriteLine("Hello, World!");
```

- 主控台應用程式（.NET Framework），只適用 Windows 平台，架構「.NET Framework 4.8」。

1.4.1 啟動軟體、建立專案

本書探討 C# 程式時，會以主控台程式或 Windows Forms 應用程式為專案主題；本書討論的範圍也會以它們為主，藉由兩個不同類型的專案來認識其操作介面。

- **主控台應用程式**：只會以文字輸出結果。
- **Windows Forms 應用程式**：含有表單，可加入控制項或其他元件。

如何產生新的專案，啟動 VS 2022 後，若未做變更，進入「開啟視窗」，相關程序如下：

(1) 開始視窗，按「建立新的專案」鈕。

(2) 新增專案：執行「檔案＞新增＞專案」指令。

(3) 加入第二個專案：執行「檔案＞加入＞新增專案」指令。

先以 .NET Framework 架構為主，配合「解決方案」來產生兩個不同類型的專案。

> **範例**《Sample.sln/Ex0101.csproj》－建立主控台應用程式專案

STEP 01 利用「開始視窗」建立新專案，或者執行「檔案＞新增＞專案」指令，進入其交談窗。

STEP 02 新增一個主控台專案。❶ 所有語言變更「C#」、❷ 所有平台改為「Windows」、❸ 所有專案類型變更「主控台」；❹ 範本「主控台應用程式（.NET Framework）」，按 ❺「下一步」鈕進入新專案之設定。

Chapter 01 Visual Studio 快速入門

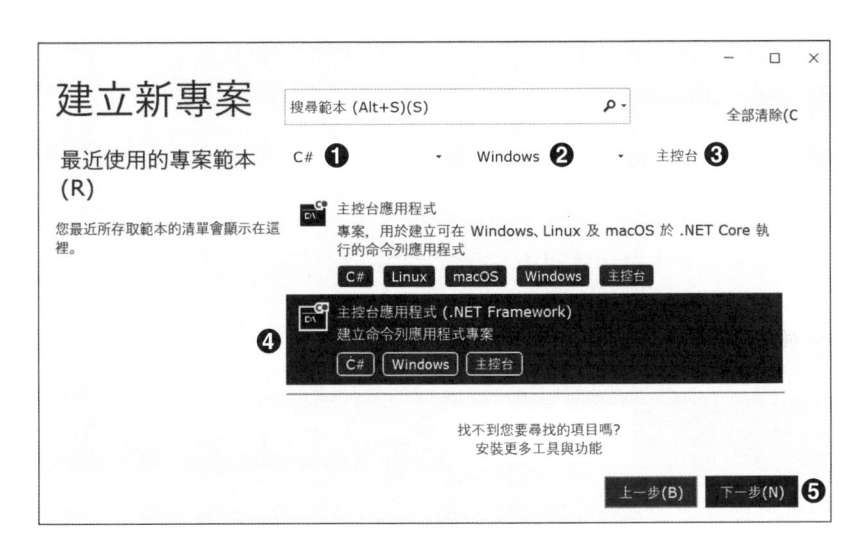

STEP 03 設定新的專案；❶ 專案名稱「Ex0101」、❷ 改變儲存位置、❸ 解決方案名稱「Sample」；❹ 架構確認「.NET Framework 4.8」；❺ 按「建立」鈕完成設定。

步驟說明

- 步驟 ❶ 預設的主控台專案名稱「ConsoleApp」加流水號。
- 步驟 ❷ 專案預設的儲存位置「C:\Users\ 使用者名稱 \source\repos」資料夾下，此處變更「D:\C#2022\CH01\」。

1-21

STEP 04 完成主控台應用程式專案的建立，直接展開程式碼編輯器，並自動加入部份程式碼，可參考圖【1-11】所示。

在目前方案「Sample.sln」下，延續前一個專案的作法，加入第二個 Windows Form 專案，兩種作法：

(1) 執行「檔案＞加入＞新增專案」指令，進入新增專案交談窗。

(2) 透過方案總管，在方案「Sample.sln」名稱按下滑鼠右鍵，執行快捷功能表「加入＞新增專案」指令。

範例 《Sample.sln/Ex0102.csproj》－建立 Windows Forms App 專案

STEP 01 執行「檔案＞加入＞新增專案」指令，進入新增專案交談窗。

STEP 02 新增一個 Windows Forms App 專案。❶ 維持語言「C#」、平台「Windows」❷ 專案類型變更「桌面」、❸ 範本「Windows Forms App（.NET Framework）」；❹ 按「下一步」鈕進入「設定新的專案」交談窗。

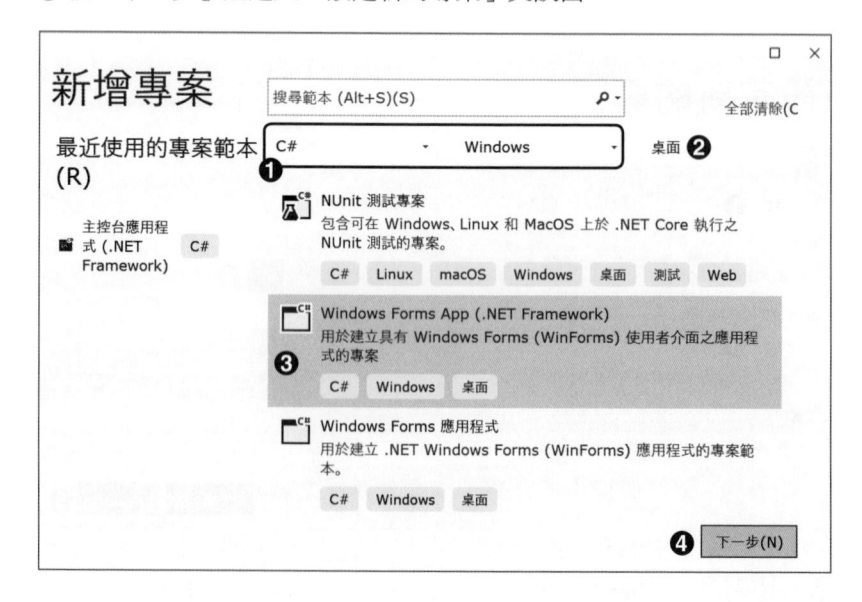

1-22

STEP 03 設定新的專案；❶ 專案名稱「Ex0102」(預設名稱 WindowsFormsApp1)、❷ 儲存位置和架構以預設值為主、❸ 按「建立」鈕。

STEP 04 產生 Windows Forms 專案，進入表單的設計畫面。

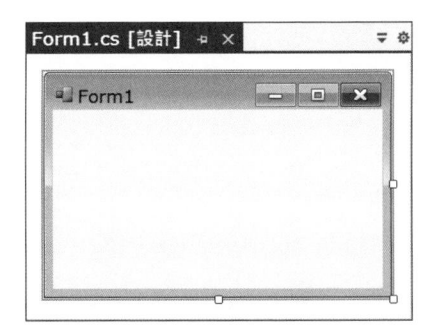

再來看看一個跨平台的主控台應用程式專案有何不同！

範例《Ex0103.csproj》產生跨平台主控台專案

STEP 01 在 VS 2022 工作環境中，執行「檔案＞新增＞專案」指令，進入其交談窗。

STEP 02 新增一個主控台專案。❶ 所有語言變更「C#」、❷ 所有平台改為「Windows」、❸ 所有專案類型變更「主控台」；❹ 範本「主控台應用程式」，按 ❺「下一步」鈕進入新專案之設定。

1-23

建立新專案

[建立新專案畫面：❶ C# 、❷ Windows、❸ 主控台、❹ 主控台應用程式、❺ 下一步(N)]

STEP 03 設定新的專案；❶ 專案名稱「Ex0103」、❷ 儲存位置不做變更、❸ 勾選「將解決方案與專案名稱置於相同目錄中」；❹ 按「下一步」鈕完成設定。

[設定新的專案畫面：❶ 專案名稱 Ex0103、❷ 位置 D:\C#2022\CH01、❸ 將解決方案與專案置於相同目錄中(D)、❹ 下一步(N)]

STEP 04 程式架構使用 .NET 6.0；❶ 架構使用預設值，❷ 按「建立」鈕來完成專案。

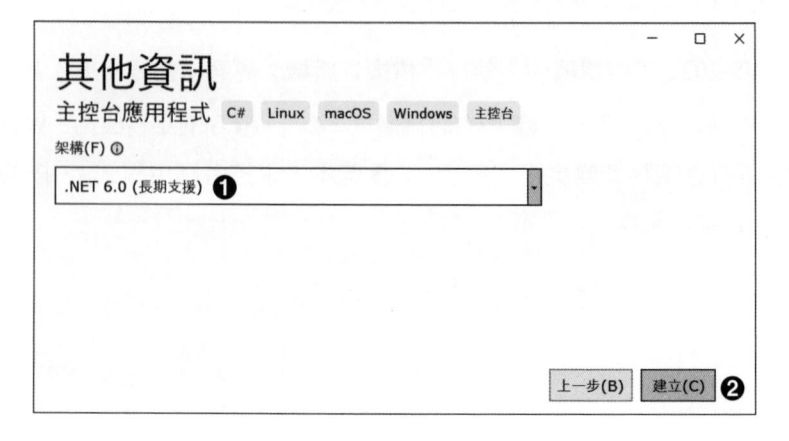

[其他資訊畫面：❶ .NET 6.0 (長期支援)、❷ 建立(C)]

1-24

STEP 05 直接進入「Program.cs」程式碼編輯畫面,只有一行程式「Hello, Word!」,這也是 .NET 6.0 主控台應用程式的重大改變。

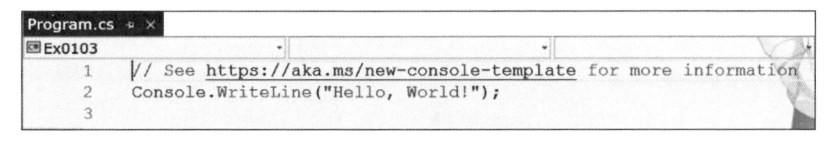

```
// See https://aka.ms/new-console-template for more information
Console.WriteLine("Hello, World!");
```

圖【1-11】 .NET 6.0 跨平台程式

依據微軟官方網站的文件,.NET 6.0,若是主控台(Console)專案,其範本與舊版有很大的不同,它使用 C# 10.0 最新的功能,大大簡化撰寫的程式碼。作為程式開發的您,不能不知 .NET 的重大變革!所以,本書架構會以 .NET 6.0 為主,有時加入「.NET 5.0」架構,以 .NET Framework 為輔。

1.4.2 開啟、關閉專案

依據方案、專案和檔案這三者之間的結構來看待「關閉」指令。指令「檔案＞關閉」會關閉目前正在使用的檔案;現階段而言,它關閉了目前開啟的檔案,如「Program.cs」檔案。指令「檔案＞關閉方案」會關閉目前所開啟的方案,但不會關閉 Visual Studio 2022 操作環境。指令「檔案＞結束」則關閉 VS 2022 軟體,或者按 Visual Studio 2022 右上角的「X」(結束)鈕。

要開啟方案或專案,下述方式有些許不同。

(1) 啟動 VS 2022 軟體後,從「開始視窗」的『開啟最近的項目』中直接以滑鼠欲開啟專案,例如「Sample.sln」方案,直接打開方案並進入 VS 2022 工作環境。

(2) 在「開始視窗」中,按『開啟專案或解決方案』鈕,進入其交談窗,由於新建方案「Sample」是一個資料夾,❶ 先點選其資料夾,❷ 再點選方案名稱,❸ 按「開啟」鈕。

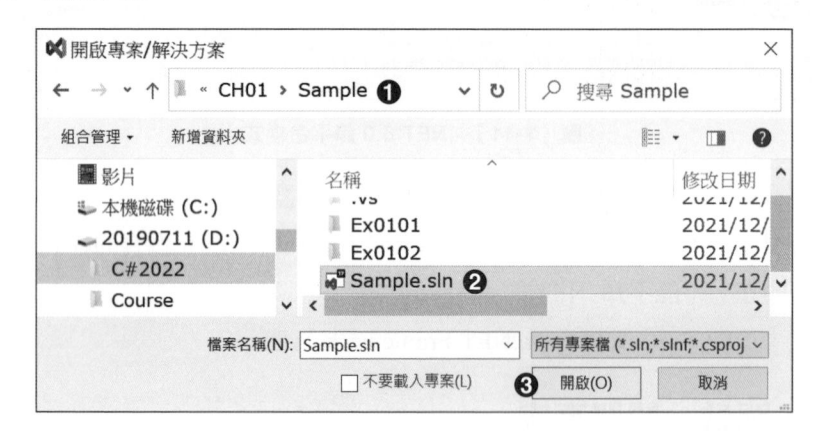

(3) 進入 VS 2022 操作介面,使用功能表;執行「檔案 > 開啟 > 專案 / 方案」指令,進入其交談窗後,❶ 進入專案資料夾,❷ 滑鼠點選專案或方案,❸ 再按「開啟」鈕就能開啟專案。

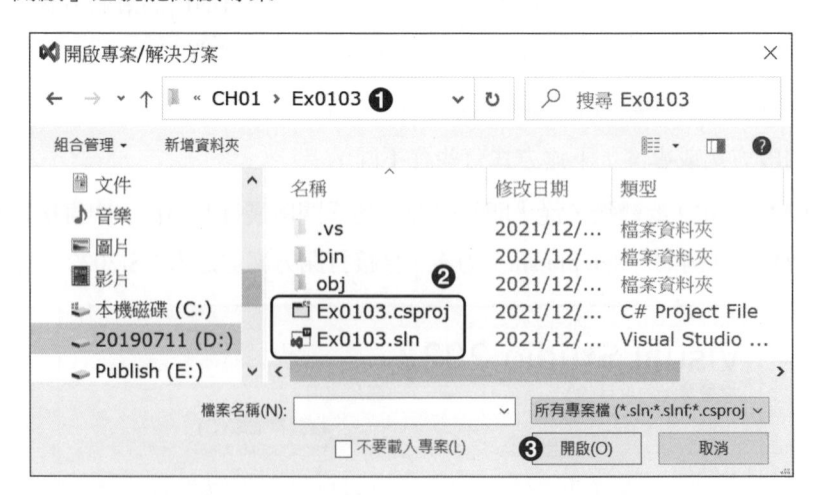

TIPS

開啟方案或專案?
- 方案資料夾加入專案,如 Sample.sln,滑鼠左鍵單擊方案名稱後,啟動方案並載入專案。
- 方案、專案位於相同資料夾,如 Ex0103.csproj;進入「開啟專案」交談窗後,滑鼠單擊方案「Ex0103.sln」或是專案「Ex0103.csproj」皆能開啟。

1.4.3 專案的啟動、卸載

如果方案中只有一個專案，想當然耳，它一定是啟動專案；當方案中有多個專案時，得透過設定來啟動指定專案。

操作《Ex0101.csproj》－設為啟動專案

STEP 01 確認方案 Sample.sln 已開啟。

STEP 02 從「方案總管」中選取欲啟動的專案，再執行「專案 > 設定為啟始專案」指令。

如果要移除方案中某個專案！由於專案接受方案的管轄，必須先卸載才能移除，參考下面的作法。

操作《Ex0102.csproj》－卸載專案

STEP 01 確認方案 Sample01.sln 已開啟，從「方案總管」中選取欲卸載的專案，再執行「專案 > 卸載專案」指令。

STEP 02 可以進一步檢視方案總管，被卸載的專案 Ex0102 會顯示「已卸載」訊息；❶ 直接在 Ex0102 專案上按滑鼠右鍵，執行快捷功能表的 ❷「移除」指令就能移除此專案。

1.4.4 說明檢視器

學習一個新的語言,除了相關的語言書籍之外,亦可透過網路連上微軟官網,參閱 MSDN 的文件或 C# 的語言協助,會讓學習更有收穫!如何以 VS 2022 獲取協助,作法如下:

操作《取得線上說明文件》

STEP 01 啟動 VS 2022 軟體,執行「說明>檢視說明」指令,預設值未變更的情形下,它會進入微軟線上說明的官方網站。

Visual Studio 文件

了解如何使用 Visual Studio 以您選擇的語言,為您的平台和裝置開發應用程式、服務及工具。

- 下載 設定與安裝
- 概觀 歡迎使用 Visual Studio IDE
- 最新消息 Visual Studio 2022
- LEARN 改進您的 Visual Studio 技能

STEP 02 依據功能項目選擇欲協詢的說明文件。

1-28

重點整理

- 將 .NET Framework 重寫為真正跨平台的同時，微軟藉此重構機會並刪除了非核心的部分。2014 年先發表 .NET Core，版本從 3.1 開始，為了避開對 .NET Framework 版本的混淆，直接以「.NET 5.0」命名，2021 年底，更新到「.NET 6.0」。

- .NET 的應用程式架構，包含三大元件：共通語言執行環境 CLR、FCL 和 CLS。

- 經過共通語言執行環境（CLR）編譯的程式碼稱為「列管（Managed）程式碼」，CLR 負責記憶體回收管理、跨語言的整合並支援例外處理（Exception Handing），具有強制型別安全檢查和簡化版本管理及安裝程序。

- .NET Framework 類別庫（Class Library）讓不同的語言之間具有「互通性」（Interoperability），在「共通語言規範」（CLS, Common Language Specification）要求下，使用 .NET Framework 型別。

- .NET 以 64 位元的 JIT 編譯器，能將 C# 程式碼編譯成 MSIL（Microsoft Intermediate Language）中介語言；已編譯的程式碼要執行時，須由 JIT（Just-in-Time）編譯器將 MSIL 轉譯成機器碼才能執行。

- VS 2022 概分三種版本，包含 Professional 專業版、Enterprise 企業版和適合初學者的 Community 社群版。

- VS 2022 使用解決方案機制來管理多個專案。方案的副檔名是「*.sln」，而專案的副檔名是「*.csproj」。

- 位於 VS 2022 工作環境中間的「主要視窗區域」會依專案範本之不同而有所變化。專案為主控台應用程式，會直接進入程式碼編輯區。專案為 Windows Forms App 應用程式，則以表單為主；加入控制項之後，針對相關事件撰寫其程式碼。

- 執行功能表「檔案＞關閉」指令，關閉目前正在使用的檔案。指令「檔案＞關閉方案」，會關閉目前所開啟的方案，並不會關閉 Visual Studio 2022 操作環境。

MEMO

Visual C# 與 .NET

CHAPTER 02

學 | 習 | 導 | 引

- 分別以 .NET Framework、.NET 5.0 和 .NET 6.0 撰寫主控台應用程式。
- 從程式敘述到程式區段,適時的縮排和註解能讓程式有閱讀性。
- 知悉一個解決方案下,如何設定啟動專案。
- 認識 C# 10.0 新語法的上層敘述。
- 格式化輸出項目時,配合字串插補能讓變數和字串間變得更簡潔。

2.1 哈囉！向 .NET 問好

由於微軟整合了 .NET 技術，在進入 C# 語法之前，先來說明本章節內容有新、有舊，利用表【2-1】簡單列示：

解決方案	專案名稱	.NET 版本	專案範本
Sample02.sln	Ex0201	.NET 5.0	主控台應用程式
	Ex0202	.NET 6.0	主控台應用程式
	Ex0203	.NET Framework 4.8	主控台應用程式
單一專案	Ex0204	.NET Framework 4.8	(.NET Framework)
單一專案	Ex0205	.NET 6.0	主控台應用程式

表【2-1】 範例使用的 .NET 版本

利用「解決方案」並產生三個專案來認識 .NET 5.0 及新版的 .NET 6.0 的差異，也順便認識它們與傳統的 .NET Framework 支援的主制台程式有何不同！

由於 .NET 架構能跨平台，而 .NET Framework 只支援 Windows 平台，使用 VS 2022 提供的範本不相同。

- 主控台應用程式，能跨平台，可以進一步選擇 .NET 5.0 或 .NET 6.0 架構。

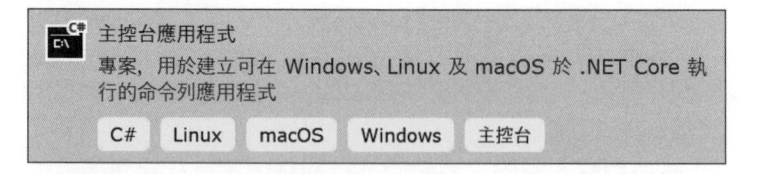

    > 主控台應用程式
    > 專案，用於建立可在 Windows、Linux 及 macOS 於 .NET Core 執行的命令列應用程式
    > C#　Linux　macOS　Windows　主控台

- 主控台應用程式（.NET Framework），只能在 Windows 平台執行，可以進一步選擇 .NET Framework 的其它版本為架構。

    > 主控台應用程式 (.NET Framework)
    > 建立命令列應用程式專案
    > C#　Windows　主控台

2.1.1 認識 Visual C# 程式

撰寫程式之前,先認識什麼是 Visual C#?2000 年(C# 讀成 "C-sharp")由 Anders Hejlsberg 帶領 Microsoft 團隊,參考 C、C++ 和 Java 語言的特色,創造了一個新的語言,並交由 ECM 和 ISO 完成標準化的動作。

C# 是一個物件導向語言(Object-Oriented Programming,簡稱 OOP),表示它具有物件、類別和繼承;微軟稱它是「Visual C#」,表示它是一個簡單、通用的高階程式語言。隨著時間的推移,配合 .NET Framework 和 Visual Studio 軟體的發展,Visual C# 目前的版本是 10.0,透過表【2-2】了解它的發展脈絡。

Visual Studio	.NET Framework	C# 版本
2002	1.0	1.0
2003	1.1	1.2
2005	2.0	2.0
2008	3.5	3.0
2010	4	4.0
2012	4.5	5.0
2013	4.5.2	5.0
2015	4.6.1	6.0
2017	4.7	7.0
2019	4.8	8.0
2020	4.8	9.0
2021	4.8	10.0

表【2-2】 Visual C# 版本的沿革

依據微軟官方的說明文件,.NET Framework 4.8 是 .NET Framework 的最後一個版本。不過針對其安全性和可靠性都會每個月適時提供錯誤修正。

2.1.2 以 .NET 5.0 產生主控台程式

還記得第一章介紹過的主控台應用程式,不過我們以 .NET 5.0 來建立跨平台的應用程式。以主制台為主的應用程式,語法單純,結構簡單,就以著名的「Hello, World!」來撰寫第一個 Visual C# 程式,順道探討方案與專案的關係。

> **範例**《Sample02.sln/Ex0201.csproj》－架構 .NET 5.0

STEP 01 啟動 VS 2022 軟體，執行「檔案 > 新增 >> 專案」指令，進入其交談窗。

STEP 02 專案範本選「主控台應用程式」，❶ 採取先前使用範本的預設值，❷「主控台應用程式」，❸ 按「下一步」鈕進入「設定新的專案」交談窗。

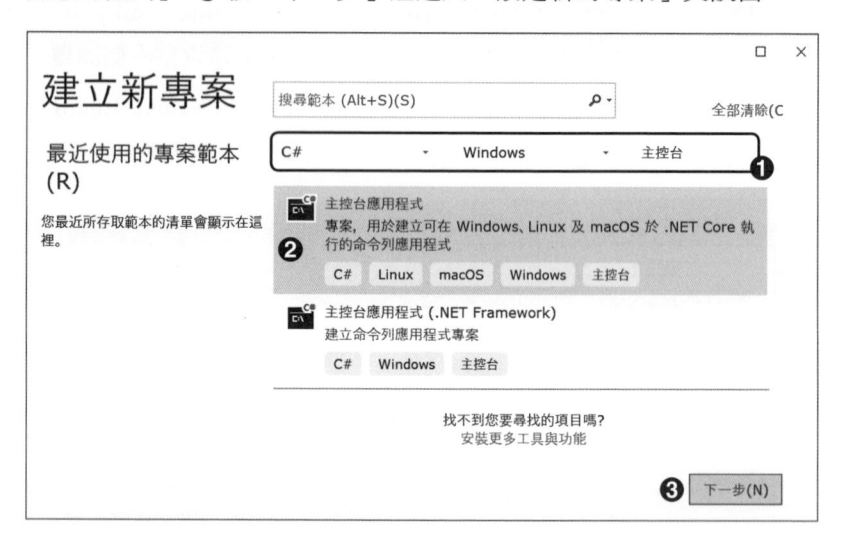

STEP 03 設定新的專案；❶ 專案名稱「Ex0201」、❷ 變更儲存位置、❸ 解決方案名稱「Sample02」，❹ 取消勾選，❺ 按「下一步」鈕。

2-4

STEP 04 其他資訊，❶ 架構變更為「.NET 5.0」，❷ 按「建立」鈕。

```
其他資訊
主控台應用程式   C#   Windows   主控台
架構(F)
  .NET 5.0 (目前) ❶

                      上一步(B)  建立(C) ❷
```

STEP 05 直接開啟「Program.cs」檔案，進入程式碼編輯畫面，就是著名的「Hello World」，已完成程式的基本架構。

```
Program.cs
Ex0201 | Ex0201.Program | Main(string[] args)
 2
 3   namespace Ex0201
 4   {
         0 個參考
 5       internal class Program
 6       {
             0 個參考
 7           static void Main(string[] args)
 8           {
 9               Console.WriteLine("Hello World!");
10           }
11       }
12   }
13
```

程式碼要從何處開始撰寫？從 Main() 主程式開始，它掌控程式的開始和結束。Main() 本身是一個方法，也是 Visual C# 可執行程式的「進入點」（Entry Point）。簡單來講，無論是主控台或 Windows Form 應用程式都由 Main() 主程式開始。

```
static void Main(string[] args)
{
    // 加入程式碼
}
```

◆ Main() 方法須在類別或結構中宣告，修飾詞 static 表明它是一個靜態方法，但存取修飾詞 public 不一定要加入。

2-5

- 從 C# 7.1 開始,方法 Main() 回傳型別能以 void、int,或是 Task、Task<int> 做修飾,關鍵字「void」表示不需有回傳值。
- 括號內參數 string[] args 是命令列引數,可在執行時輸入引數來傳遞,但不一定要使用這這些參數。

Main() 主程式若不需要使用命令列引數「string[] args」,可以在撰寫主控台應用程式時省略它們,作法如下:

```
static void Main()
{
    // 加入程式碼
}
static int Main()
{
    // 加入程式碼
    return 0;
}
```

或許比較細心的讀者可能會發現 Main() 主程式的命令列引數「string[] args」的『args』會有虛線底線來表達它可能要做修正!

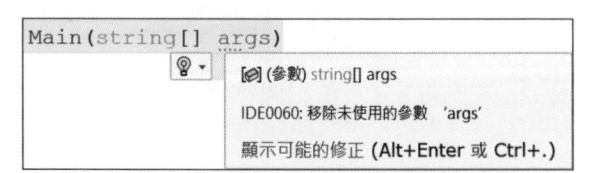

可以把 Main() 括號內的參數「string[] args」移除,或者不予理會!

TIPS

撰寫程式碼時,會用不同形式的括號,簡介如下:
- ( ):就是「括號」,放在方法或函式名稱後面,可選擇性加入參數。
- { }:稱「大括號」,用來表達某個區段,如 Main() 主程式區段。
- [ ]:方括號,宣告陣列會使用它,表達陣列的維度。
- < >:角括號,使用泛型會看到它。

呼叫 Console 類別的 WriteLine() 方法輸出整行字串,例如:

```
WriteLine(" 第一個 C# 程式 ");
```

- 使用字串時,要在前後加雙引號「""」來框住字串。

Chapter 02 Visual C# 與 .NET

範例 《Sample02.sln\Ex0201.csproj》－主控台應用程式（續）

STEP 01 使用「using static」敘述匯入靜態類別 Console；此處把第 1 行的 System 命名空間加入符號「//」形成註解，第 2 行另外匯入 Console 靜態類別。

```
1    //using System;
2    using static System.Console;    //匯入靜態類別
```

STEP 02 滑鼠指標移向 ❶ 第 10 行的分號之後，❷ 再按下 Enter 鍵插入新行。

程式碼行號
1. 插入點移向末端
2. 按下 Enter 鍵新增一個空白行

STEP 03 新增空白行之後，再按【Tab】鍵就會自動加入方法「WriteLine()」。

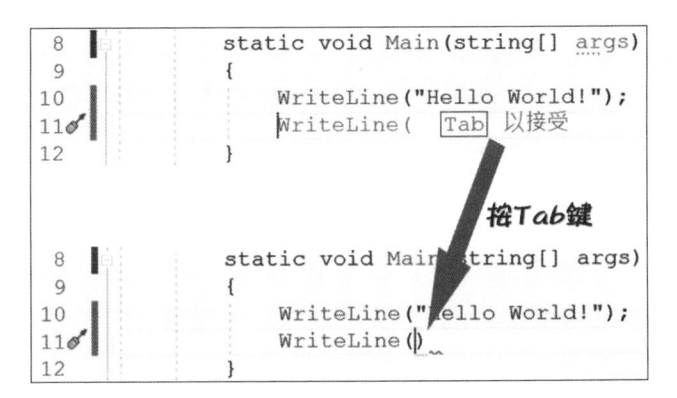

```
 8          static void Main(string[] args)
 9          {
10              WriteLine("Hello World!");
11              WriteLine(  Tab  以接受
12          }
```

按 Tab 鍵

```
 8          static void Main(string[] args)
 9          {
10              WriteLine("Hello World!");
11              WriteLine()
12          }
```

STEP 04 輸入一行程式碼「WriteLine("Visual C#...");」。

STEP 05 儲存程式。當程式有異動，左側行號會以淺色顯示，完成存檔時就會變裝成深色。

深色表示程式碼已儲存

```
 8          static void Main(string[] args)
 9          {
10              WriteLine("Hello World!");
11              WriteLine("Visual C#...");
12          }
```

淺色表示程式碼未儲存

2-7

步驟說明

- 由於 C# 是一個結構嚴謹的語言，撰寫程式時英文字母有大小寫分別。「Console」不能寫「console」；而方法「WriteLine」的 W 和 L 一定是大寫字母。
- 每一行的敘述之後一定要加上結尾分號「;」。

2.1.3 以 .NET 6.0 產生主控台程式

前述範例以 .NET 5.0 為主，嚴格來講寫了一行程式碼！對於跨平台程式，再來認識剛剛發佈的 .NET 6.0 與 .NET 5.0 有何不同？

範例《Sample02.sln\Ex0202.csproj》－架構 .NET 6.0

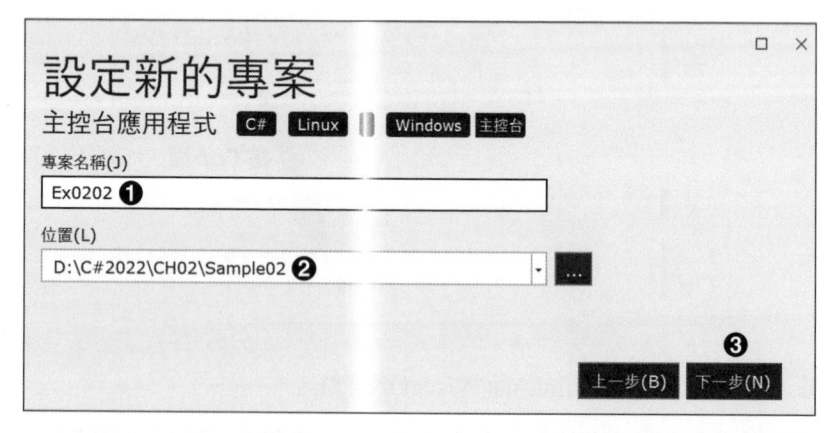

STEP 01 加入第二個的專案；執行「檔案＞加入＞新增專案」指令，進入其交談窗。

STEP 02 專案範本延續前一個專案「Ex0201.csproj」步驟 2 的設定，進入「設定新的專案」交談窗。

STEP 03 ❶ 專案名稱更改「Ex0202」，❷ 儲存位置使用預設值，❸ 按「下一步」鈕。

```
設定新的專案
主控台應用程式   C#  Linux  Windows  主控台

專案名稱(J)
Ex0202 ❶

位置(L)
D:\C#2022\CH02\Sample02 ❷

                           上一步(B)  下一步(N) ❸
```

STEP 04 其他資訊；架構變更為「.NET 6.0」，按「建立」鈕來完成新專案的建立。

STEP 05 同樣地，自動開啟「Program.cs」程式並進入程式碼編輯畫面。

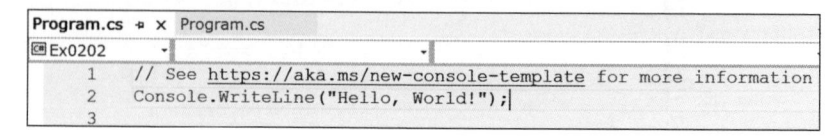

```
Program.cs + X  Program.cs
Ex0202
   1    // See https://aka.ms/new-console-template for more information
   2    Console.WriteLine("Hello, World!");
   3
```

Chapter 02 Visual C# 與 .NET

STEP 06 插入點移向程式碼第 2 行最後，❶ 先按 Enter 新增一行之後，❷ 再按【Tab】鍵來自動列示「Console.WriteLine()」敘述，最後完成「Console.WriteLine(" 我是 .NET 6.0");」。

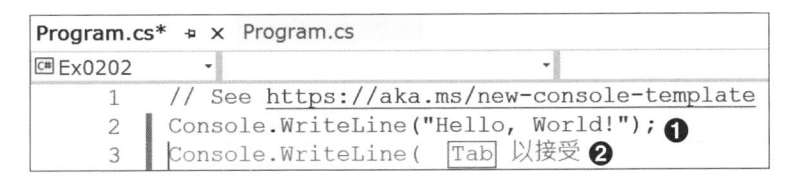

```
Program.cs* ⇆ × Program.cs
Ex0202
    1    // See https://aka.ms/new-console-template
    2    Console.WriteLine("Hello, World!");  ❶
    3    Console.WriteLine(  Tab  以接受  ❷
```

2.1.4 傳統的主控台程式

第三個專案使用傳統的主控台應用程式。它有何不同？簡單來說，它只能在 Windows 平台上執行，核心架構是 .NET Framework。

範例《Sample02.sln\Ex0203.csproj》－傳統主控台應用程式

STEP 01 加入第三個的專案；執行「檔案＞加入＞新增專案」指令，進入其交談窗。

STEP 02 專案範本選「主控台應用程式」，❶ 採取先前使用範本的預設值，❷ 選「主控台應用程式（.NET Framework）」，按「下一步」鈕進入「設定新的專案」交談窗。

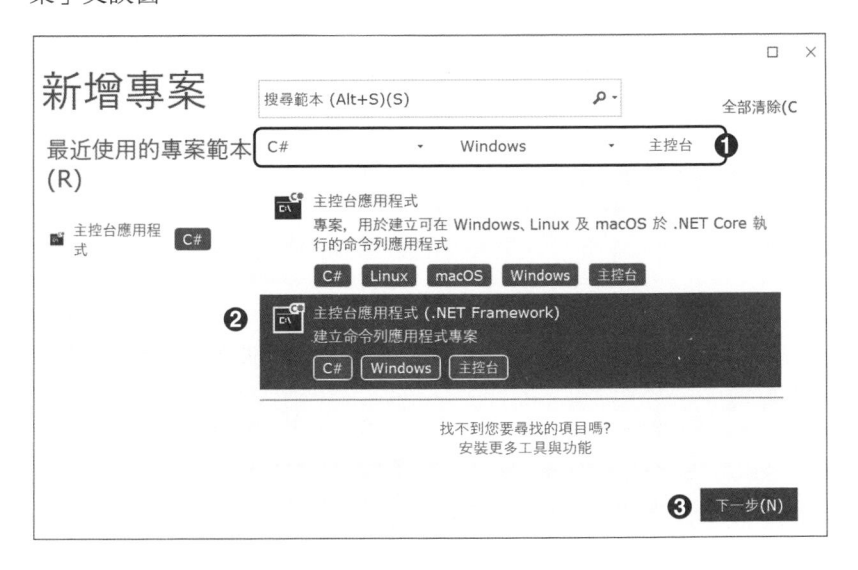

2-9

STEP 03 設定新的專案；❶ 專案名稱變更「Ex0203」，❷ 儲存位置採預設值，❸ 架構「.NET Framework」，❹ 按「建立」鈕。

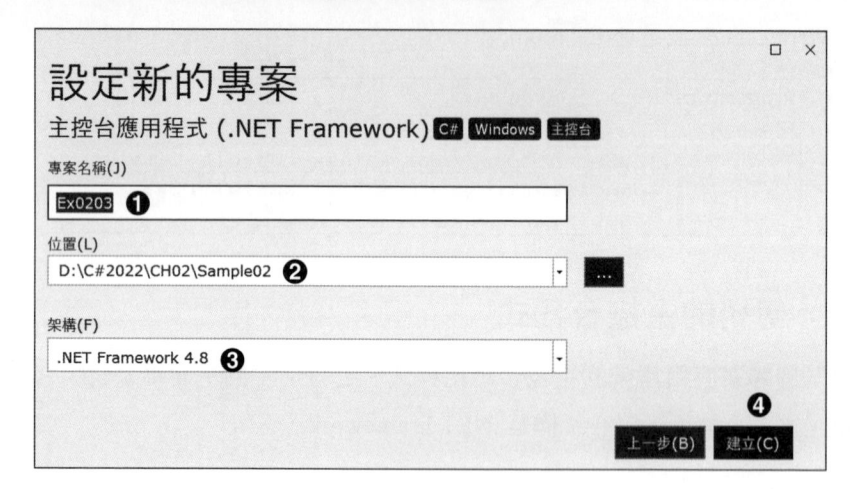

```
設定新的專案
主控台應用程式 (.NET Framework)  C#  Windows  主控台

專案名稱(J)
Ex0203  ❶

位置(L)
D:\C#2022\CH02\Sample02  ❷

架構(F)
.NET Framework 4.8  ❸

                          ❹
               上一步(B)  建立(C)
```

STEP 04 同樣地，開啟「Program.cs」檔案，進入程式碼編輯器畫面，把插入點移向 Main() 主程式的左大括號「{」(程式碼行號第 12 行)之後，按 Enter 鍵新增一行空白。

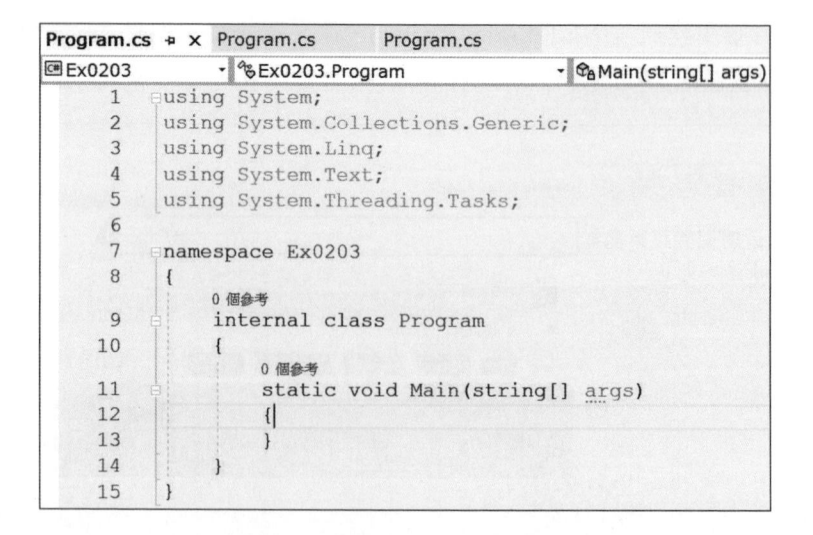

```
Program.cs ⇄ ×  Program.cs       Program.cs
Ex0203            Ex0203.Program              Main(string[] args)
    1    using System;
    2    using System.Collections.Generic;
    3    using System.Linq;
    4    using System.Text;
    5    using System.Threading.Tasks;
    6
    7    namespace Ex0203
    8    {
           0 個參考
    9        internal class Program
   10        {
               0 個參考
   11            static void Main(string[] args)
   12            {|
   13            }
   14        }
   15    }
```

STEP 05 輸入部份字串「Cons」後，連按兩次【Tab】鍵來完成「Console.WriteLine()」敘述；最後完成一行敘述「Console.WriteLine("Hello, .NET Framework!")」。

2-10

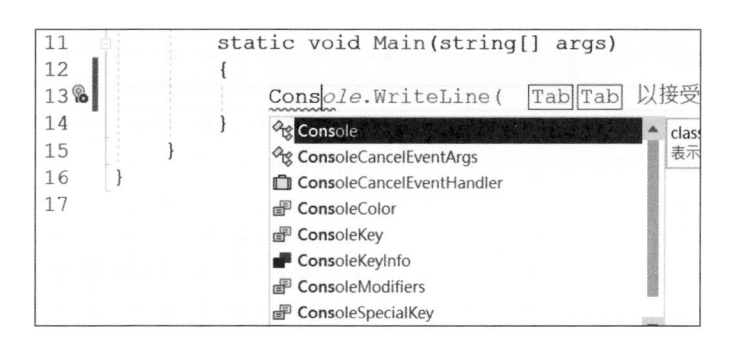

2.2 啟動專案，建置、執行程式

完成的程式得先建置再執行，有兩種方式可以實施：

(1) 執行「偵錯＞開始偵錯」指令或按鍵盤【F5】鍵；若程式未儲存會先存檔再建置。

(2) 執行「偵錯＞啟動但不偵錯」指令或按【Ctrl＋F5】鍵；存檔後直接建置。

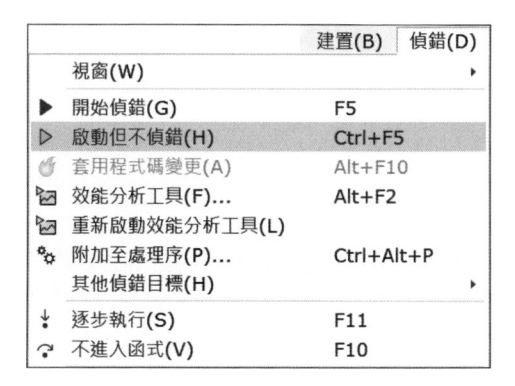

2.2.1 變更程式名稱

由於方案 Sample02 有三個專案，皆為主控台程式，皆有「Program.cs」程式，分別把「Ex0201」的「Program.cs」程式改為「Demo01」,「Ex0202」的「Program.cs」程式改為「Demo02」,「Ex0203」的「Program.cs」程式改為「Demo03」。

操作 1《重新命名》－改 Program.cs 為 Demo01.cs

STEP 01　利用方案總管，展開專案「Ex0201」資料夾，找到 ❶「Program.cs」，按滑鼠右鍵展開選單，❷ 點選「重新命名」項目。

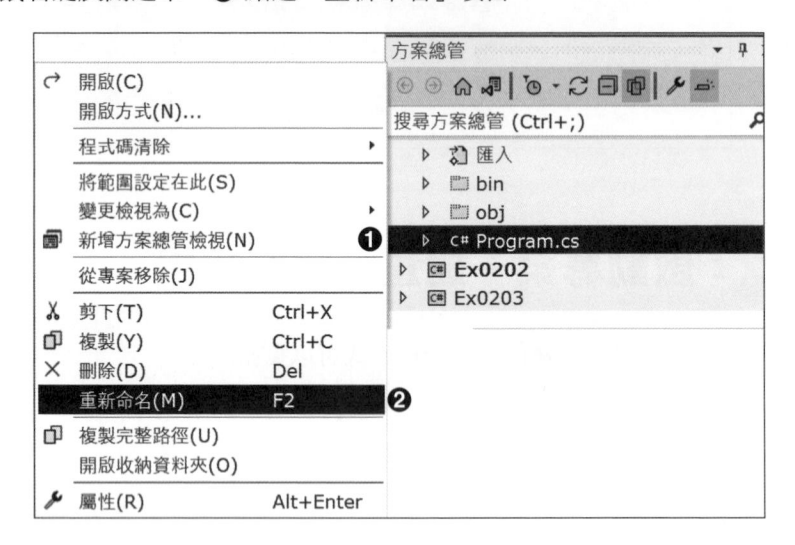

STEP 02　把「Program.cs」變更 ❶「Demo01.cs」並按下 Enter 鍵，彈出交談窗之後，❷ 按「是」鈕。

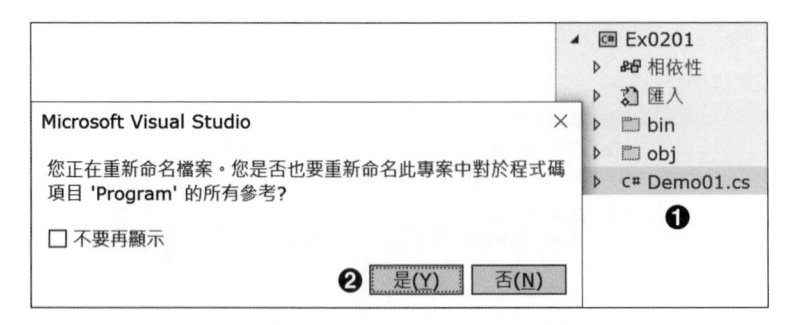

STEP 03　依照步驟 1～2 把專案「Ex0202」的「Program.cs」變更「Demo02.cs」，專案「Ex0203」的「Program.cs」改成「Demo03.cs」。

2.2.2　設定啟動專案

如何變更啟動專案？若是單一專案，當然以唯一的專案為啟動專案。若有多個專案，可以指定「單一專案」的啟動專案；也可以同時啟動多個專案。方案

Sample02 有三個專案，會以新增的第一個專案「Ex0201」為啟動專案。如何變更啟動專案，依據下述操作實施！

操作 2《啟動單一專案》

STEP 01 變更「單一專案」的啟動專案；利用方案總管，在 ❶「Ex0202」專案名稱上按滑鼠右鍵展開選單，點選 ❷「設定啟動專案」項目。

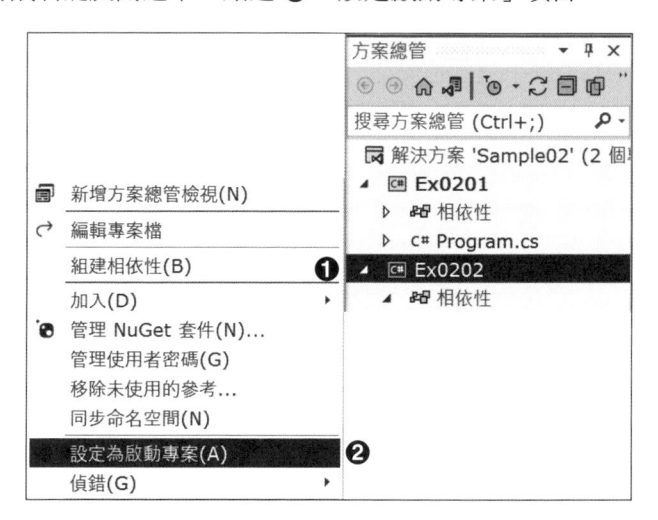

STEP 02 變更「單一專案」啟動專案的第二種方式；利用方案總管，在 ❶ 解決方案「Sample02」名稱上按滑鼠右鍵展開選單，點選 ❷「設定啟動專案」項目，進入其屬性頁交談窗。

2-13

STEP 03 選取 ❶「單一啟始專案」，從下拉清單中選取 ❷「Ex0202」，再按 ❸「確定」鈕。

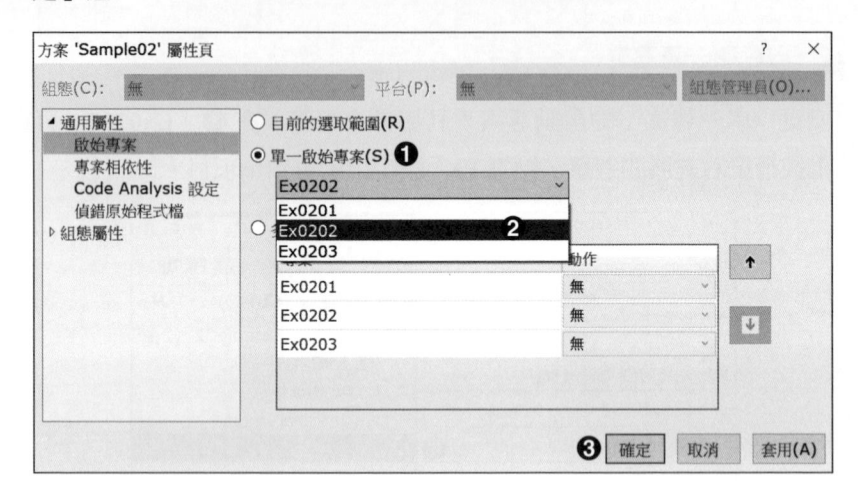

當然，要啟動單一專案，最簡便的方式就是利用 VS 2022 的標準工具列來啟動單一專案。先確認「檢視＞工具列」的「標準」工具列已有勾選，從「啟始專案」鈕，由下拉清單選取欲啟動的專案名稱。

操作 3《以 Ex0201》單一啟動專案

STEP 01 儲存檔案，再編譯、執行；按【Ctrl + F5】鍵或執行「偵錯＞啟動但不偵錯」指令；視窗下方會彈出【輸出】顯示建置結果。

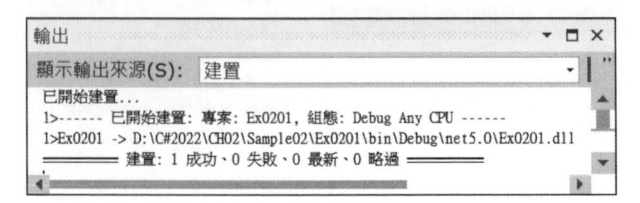

STEP 02 動偵錯控制台，顯示輸出結果。

```
Microsoft Visual Studio 偵錯主控台              —   □   ×
Hello World!
Visual C#...

D:\C#2022\CH02\Sample02\Ex0201\bin\Debug\net5.0\
Ex0201.exe (處理序 17284) 已結束，出現代碼 0。
按任意鍵關閉此視窗...
```

STEP 03 按鍵盤任意字元或者主控台視窗右上角「X」鈕來關閉視窗。

2.2.3 程式是否偵錯？

要建置程式有兩種方式：開啟偵錯（F5）或啟動但不偵錯（Ctrl + F5）。

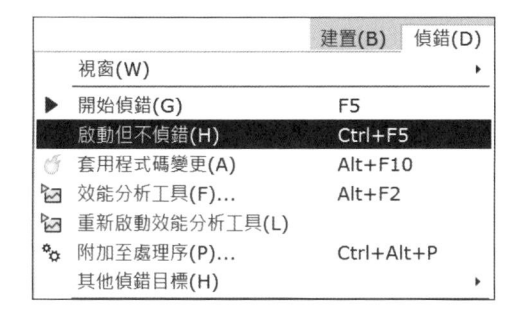

```
                              建置(B)   偵錯(D)
    視窗(W)                              ▶
 ▶  開始偵錯(G)              F5
    啟動但不偵錯(H)           Ctrl+F5
    套用程式碼變更(A)         Alt+F10
    效能分析工具(F)...         Alt+F2
    重新啟動效能分析工具(L)
    附加至處理序(P)...         Ctrl+Alt+P
    其他偵錯目標(H)                      ▶
```

方式一是使用「開始偵錯」來執行程式，可以嘗試執行「偵錯 > 開始偵錯」指令按【F5】鍵或標準工具列 ▶ Ex0201 ▾，它會以「偵錯主控台」輸出如下的畫面：

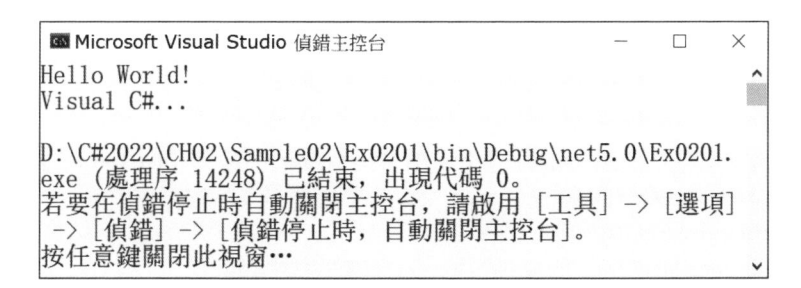

```
Microsoft Visual Studio 偵錯主控台              —   □   ×
Hello World!
Visual C#...

D:\C#2022\CH02\Sample02\Ex0201\bin\Debug\net5.0\Ex0201.
exe (處理序 14248) 已結束，出現代碼 0。
若要在偵錯停止時自動關閉主控台，請啟用 [工具] -> [選項]
 -> [偵錯] -> [偵錯停止時，自動關閉主控台]。
按任意鍵關閉此視窗...
```

這表示程式會進入偵錯模式再輸出結果。先依據指示「偵錯停止時，自動關閉主控台」。執行「工具 > 選項」指令，進入其交談窗，先點選視窗左側「偵錯」清單，再找視窗右側找到「偵錯停止時，自動關閉主控台」項目並勾選之，最後，按右下方「確定」鈕。

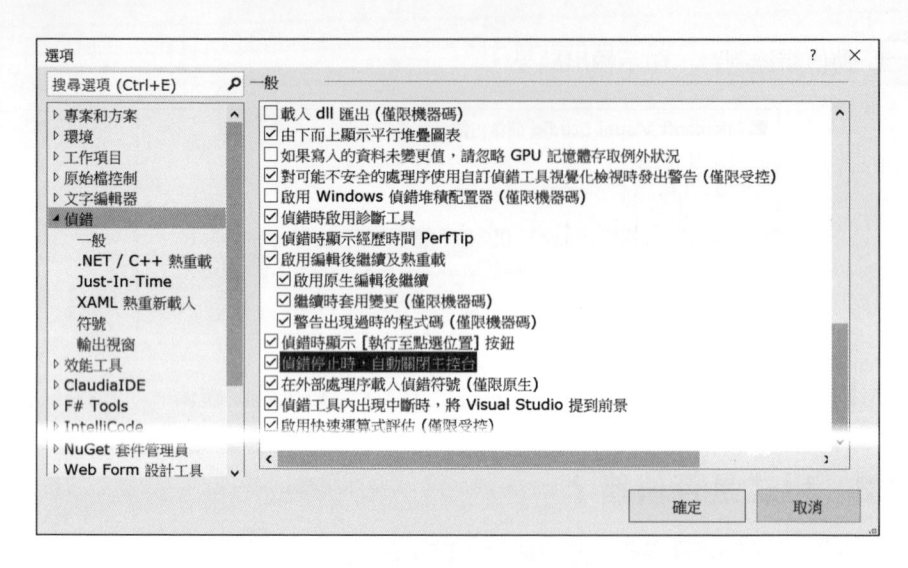

完成設定後，再按【F5】鍵，雖然會彈出主控台視窗，就只會看到畫面一閃而過。為了輸出字串，可以在主程式 Main() 末端加入一行敘述：

```
static void Main(string[] args)
{
   WriteLine("Hello World!");
   WriteLine("Visual C#...");
   ReadKey();// 讓畫面暫停
}
```

ReadKey() 方法是 Console 類別用來讀取使用者輸入的任意字元。執行程式時使用者未按下任意字元之前，畫面會暫停直到按下任意按鍵才會關閉視窗。

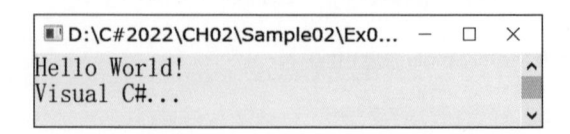

方式二是執行「偵錯＞啟動但不偵錯」指令或按快速鍵【Ctrl + F5】鍵、使用標準工具列（參考圖 2-1）的「啟動但不偵錯」鈕。

圖【2-1】 標準工具列的啟動但不偵錯鈕

如此的話，可以省略 ReadKey() 方法，主控台畫面如下：

```
static void Main(string[] args)
{
   WriteLine("Hello World!");
   WriteLine("Visual C#...");
   //ReadKey(); // 使用【Ctrl + F5】不用此方法
}
```

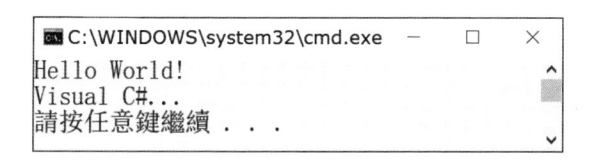

```
C:\WINDOWS\system32\cmd.exe      —    □    ×
Hello World!
Visual C#...
請按任意鍵繼續 . . .
```

對於啟動單一專案的方式有了基本了解之後，第二種方式可以同時啟動多個專案，把方案下的數個專案同時一起執行它們。

操作 4《啟動多個專案》

STEP 01 依據操作 2 的步驟 2 進入「設定啟動專案」項目的屬性頁交談窗。

STEP 02 三個專案皆變更為「啟動但不偵錯」；選取 ❶「多個啟始專案」，❷ 展開下拉清單，❸ 選取「啟動但不偵錯」，再按 ❹「確定」鈕。

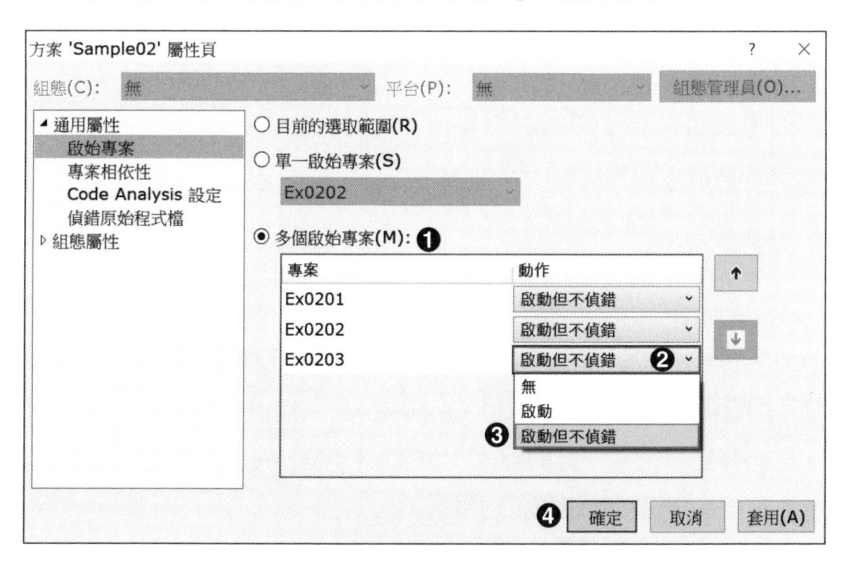

STEP 03 按快速鍵【Ctrl + F5】鍵同時啟動三個專案，再依序按任意鍵來關閉這些視窗。

```
C:\WINDOWS\system32\cmd....
Hello, World!
我是.NET 6.0             專案「Ex0202」,.NET 6.0
請按任意鍵繼續 . . .
```

```
C:\WINDOWS\system32\cmd.exe
Hello World!
Visual C#...             專案「Ex0201」,.NET 5.0
請按任意鍵繼續 . . .
```

```
C:\WINDOWS\system32\cmd.exe
Hello .NET Framework!    專案「Ex0203」,
請按任意鍵繼續 . . .      .NET Framework
```

綜合上述專案的操作，撰寫一個主控台應用程式的程序如下：

> 選擇專案範本　▶　編寫程式　▶　建置、執行

2.3 Visual C# 的撰寫風格

不同的程式語言有不同的編寫風格；直白地講就是語言規範。一起來認識 Visual C# 有那些程式語言規範。

2.3.1 程式敘述

VS 2022 的工作環境以「解決方案」為主，管理一或多個專案；每一個專案可能有一個或多個組件（Assembly），由一支或多支程式撰寫、編譯所成。程式碼可能是類別（Class），也有可能是結構（Structure）、模組（Module）等等。無論是那一種，它們皆是一行又一行的程式「敘述」（Statement，或稱陳述式、語句）。先從傳統的主控台應用程式談起，它包括：

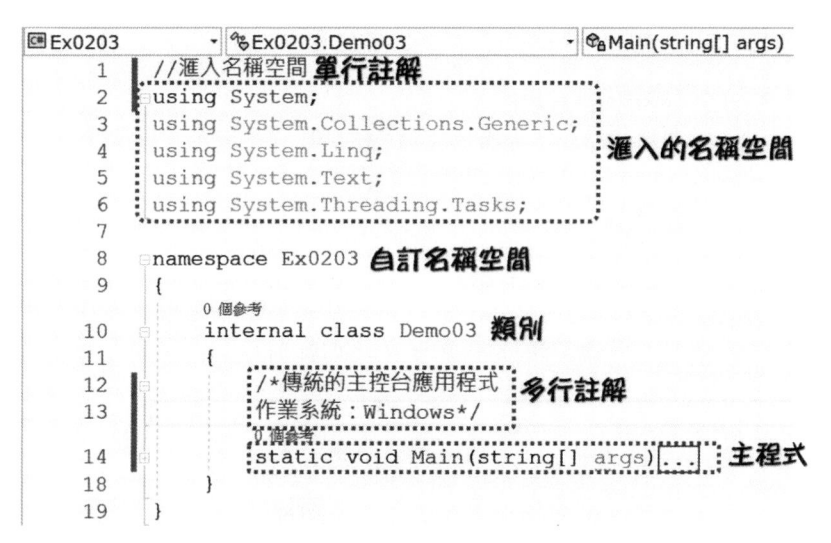

```
 1  //滙入名稱空間          單行註解
 2  using System;
 3  using System.Collections.Generic;
 4  using System.Linq;                  滙入的名稱空間
 5  using System.Text;
 6  using System.Threading.Tasks;
 7
 8  namespace Ex0203           自訂名稱空間
 9  {
10      internal class Demo03      類別
11      {
12          /*傳統的主控台應用程式
13          作業系統：Windows*/      多行註解
14          static void Main(string[] args)    主程式
18      }
19  }
```

圖【2-2】 C# 主控台應用程式

- 匯入的命名空間（Namespace）和自訂的命名空間「Ex0203」。
- 類別（Class）：以類別來區隔不同的作用，使用關鍵字「class」為開頭。
- 主程式 Main()：為 Visual C# 主控台應用程式或視窗應用程式的進入點。應用程式啟動時，Main() 方法是第一個被叫用的方法。

每一行的「敘述」中，可能包含了方法（Method）、識別字（identifier，程式碼編輯器呈黑色字體）、關鍵字（keyword，程式碼編輯器為紅色字體）和其他的字元和符號，例如：

```
Console.WriteLine("Hello .NET Framework!");
```

- WriteLine() 為方法。
- 完成的敘述要在結尾處以半形分號「;」來表達「我已經講完話了」。

TIPS

忘了結尾分號？
- 新手上路，較為疏忽之處就是每行敘述忘記了結尾分號「;」。

```
("Hello .NET Framework!")
                          CS1002: 必須是 ;
                          顯示可能的修正 (Alt+Enter 或 Ctrl+.)
```

2-19

- 直接建置程式會發生錯誤，按「否」鈕來結束其動作。

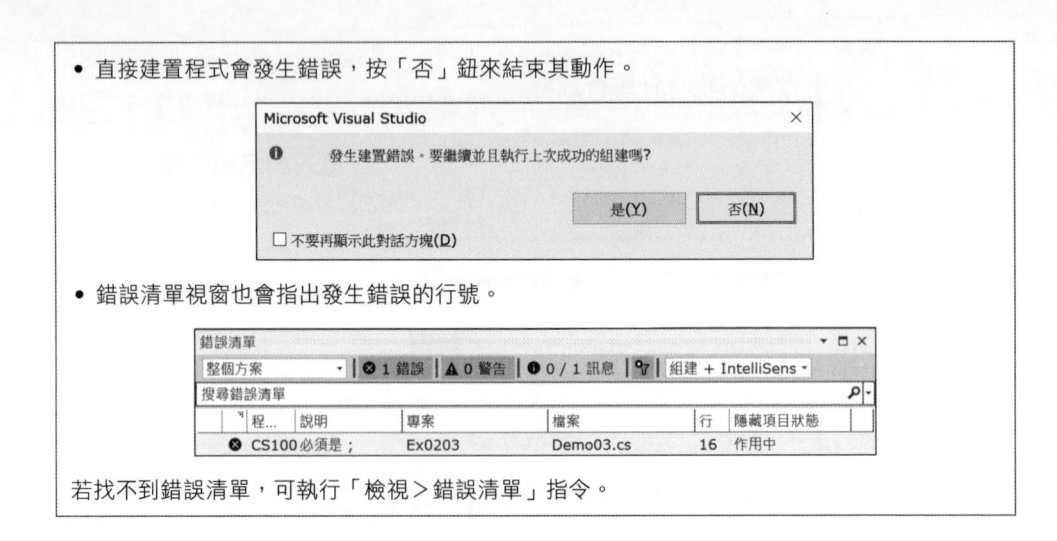

- 錯誤清單視窗也會指出發生錯誤的行號。

若找不到錯誤清單，可執行「檢視＞錯誤清單」指令。

2.3.2　程式須依區段編排

為了讓不同的敘述有所區隔，依據關鍵字的適用範圍組成程式區段（Block of code）。它由一對「{}」大括號構成；由左大括號「{」開始，進入某個區塊，而右大括號「}」表示此區段的結束。例如由 Main() 主程式組成的區塊：

```
static void Main(string[] args)
{
   Console.WriteLine("Hello .NET Framework!");
}
```

◆ 由 Main() 主程式組成的區段。

範例《Ex0203》為主控台應用程式，可以看到三個程式區段：① 自訂命名空間 namespace{}、② 類別 class{} 和 ③ 主程式 Main(){}，請參考圖【2-3】。

圖【2-3】　大括號組成的程式區段

由圖【2-3】中還可以得知，範圍最大的是命名空間「Ex0203」，其次是類別「Program」，範圍最小的是主程式 Main()。程式區段還可以展開或折疊；① ─ 表示 namespace 和 class 程式區段展開，② + 表示 Main 主程式區段是折疊狀態，呈 ... 狀態，滑鼠移向類別「Program」時，會以淺灰色網底顯示它的區域範圍，可參考圖【2-4】。

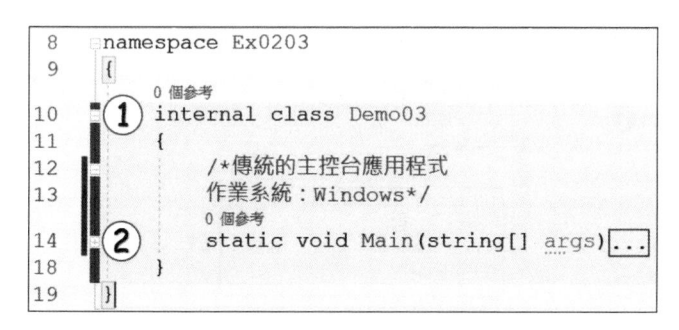

圖【2-4】 程式區段的折疊與展開

此外，當程式區段隨著程式程式碼的敘述而向下延展時，VS 2022 還會提供直條虛線來對應其大括號。

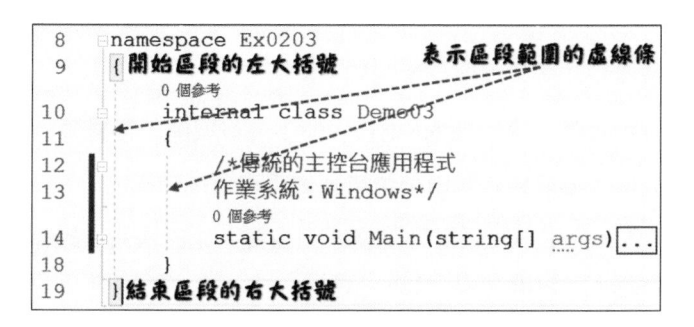

為了凸顯不同的程式區段，必須依據範圍的大小做縮排動作。所以自訂的命名空間「Ex0203」維持不變，而 class 的程式區段必須向內做縮排動作；更小範圍的 Main() 主程式則要做更多的縮排。什麼情形要配合大括號形成程式區段產生縮排？除了上述情形外，使用流程控制或自訂方法等。

那麼縮排時多少個字元才適宜？VS 2022 對於縮排採用預設功能，它會依據程式的編排方式自動縮排 4 個字元。編寫程式時，按【Tab】鍵產生縮排，按【Shift + Tab】鍵減少縮排。想要變更縮排大小，變更措施如下：

2-21

操作 5《變更縮排設定》

STEP 01 執行「工具＞選項」指令進入交談窗。

STEP 02 ❶ 展開文字編輯器；❷ 拉開 C# 選項；❸ 選取定位點；❹ 可以修改定位點大小和縮排大小，預設值為「4」，再按 ❺「確定」鈕。

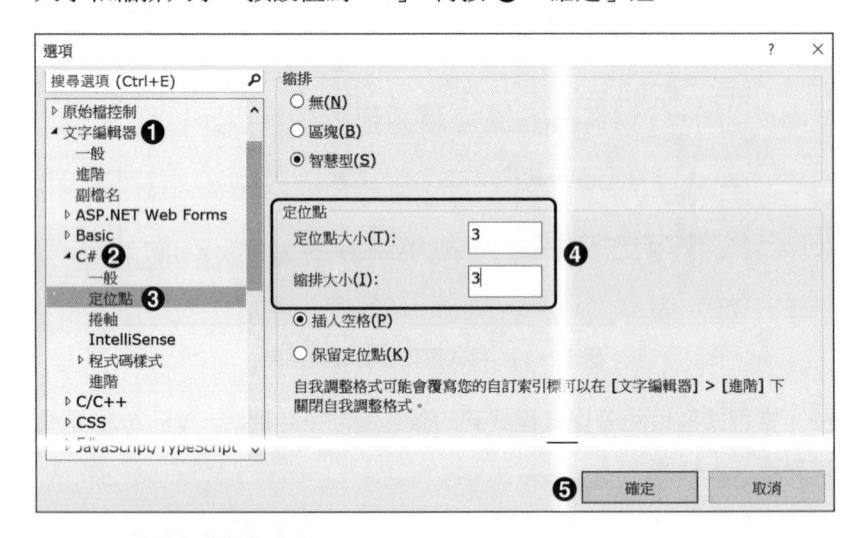

縮排時有區塊和智慧型兩項，說明如下：

- **區塊**：編寫程式碼，按下 Enter 鍵後，使下一行與前一行對齊。
- **智慧**：預設值，編寫程式時由系統決定適當的縮排樣式。

按【Tab】鍵產生縮排的效果是跳格或空白鍵，還能使用「編輯＞進階＞設定縮排」指令，勾選「空白鍵」或「Tab」鍵。

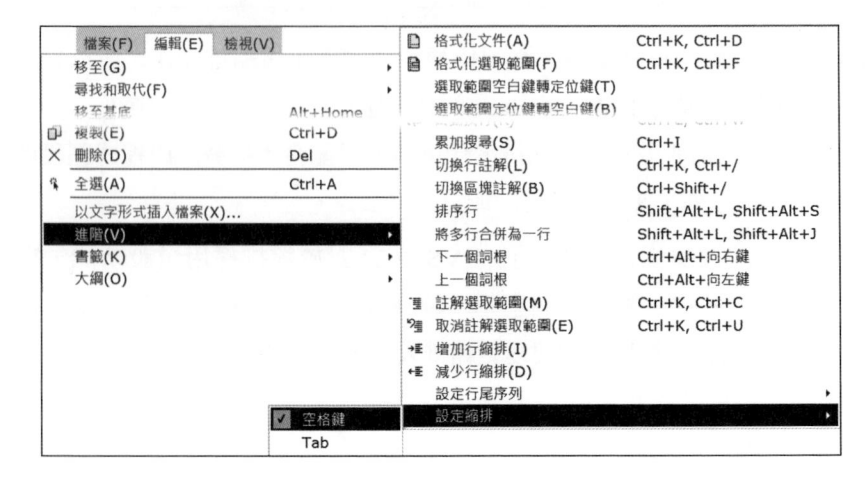

2.3.3 程式碼加上註解

為了提高程式的維護及閱讀效果,在程式碼裡加入註解(Comment)文字,Visual C# 使用「//」來形成單行註解;或者利用「/*」開始註解文字,「*/」結束註解文字,形成多行註解,可參閱圖【2-2】。形成註解的文字編輯器會以綠色呈現,編譯時 Complier 會忽略這些註解文字。

有時需要將某一行程式形成單行註解,而「文字編輯器」工具列「註解選取行 」能形成註解;「取消註解選行 」則把註解行回復原狀。利用專案「Ex0201」來認識註解的妙用!

操作 6《形成註解、取消註解》

STEP 01 產生註解行。❶ 將插入點停留在程式第 12 行,❷ 按「文字編輯器」工具列的「選取註解行」鈕之後,原本的程式碼會變成單行註解。

STEP 02 再把插入點移向已形成單行註解的第 12 行程式碼,按「文字編輯器」工具列的「取消選取註解行」鈕之後,它會變回原有的程式碼。

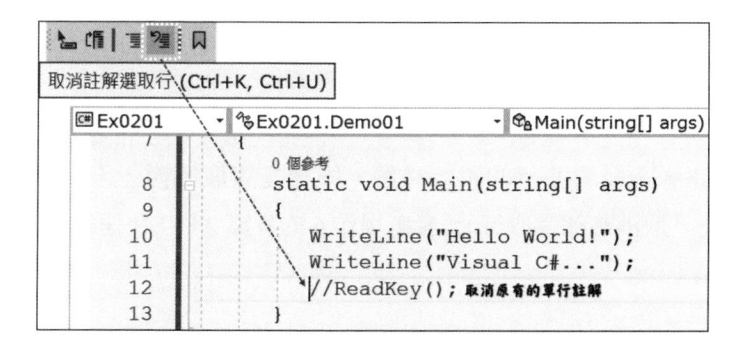

2-23

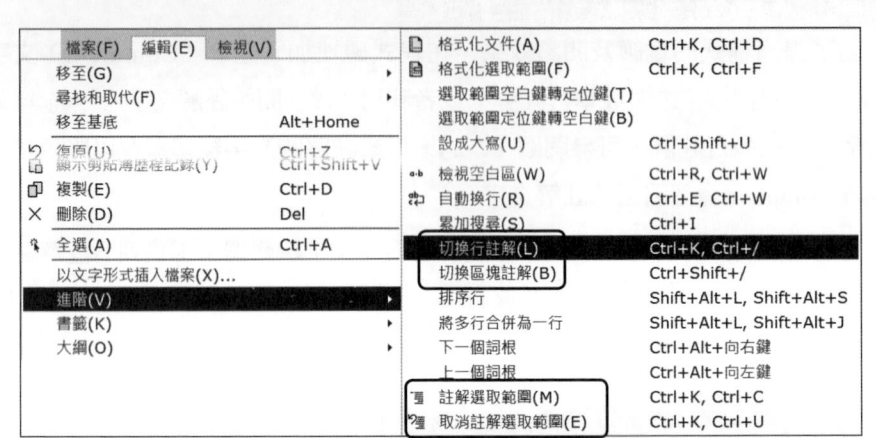

此外，還可以利用「編輯＞進階」指令下不同的項目來形成不同的註解方式。

檔案(F)	編輯(E)	檢視(V)			
	移至(G)		▶	格式化文件(A)	Ctrl+K, Ctrl+D
	尋找和取代(F)		▶	格式化選取範圍(F)	Ctrl+K, Ctrl+F
	移至基底	Alt+Home		選取範圍空白鍵轉定位鍵(T)	
↶	復原(U)	Ctrl+Z		選取範圍定位鍵轉空白鍵(B)	
	顯示剪貼簿歷程記錄(Y)	Ctrl+Shift+V		設成大寫(U)	Ctrl+Shift+U
⎘	複製(E)	Ctrl+D		檢視空白區(W)	Ctrl+R, Ctrl+W
×	刪除(D)	Del	⇄	自動換行(R)	Ctrl+E, Ctrl+W
				累加搜尋(S)	Ctrl+I
	全選(A)	Ctrl+A		切換行註解(L)	Ctrl+K, Ctrl+/
	以文字形式插入檔案(X)...			切換區塊註解(B)	Ctrl+Shift+/
	進階(V)		▶	排序行	Shift+Alt+L, Shift+Alt+S
	書籤(K)		▶	將多行合併為一行	Shift+Alt+L, Shift+Alt+J
	大綱(O)		▶	下一個詞根	Ctrl+Alt+向右鍵
				上一個詞根	Ctrl+Alt+向左鍵
				註解選取範圍(M)	Ctrl+K, Ctrl+C
				取消註解選取範圍(E)	Ctrl+K, Ctrl+U

- 選取程式碼某個範圍後，執行「編輯＞進階＞切換行註解」指令，是產生多行的單行註解。

```
 8      static void Main(string[] args)
 9      {
10          WriteLine("Hello World!");
11          WriteLine("Visual C#...");
12          ReadKey();
13      }
```
單行註解
```
 8      static void Main(string[] args)
 9      {
10          //WriteLine("Hello World!");
11          //WriteLine("Visual C#...");
12          //ReadKey();
```

- 選取程式碼某個範圍後，執行「編輯＞進階＞切換區塊註解」指令，是產生多行註解。

```
 8      static void Main(string[] args)
 9      {
10      /*  WriteLine("Hello World!");
11          WriteLine("Visual C#...");
12          ReadKey();*/
13      }
```

要取消註解區塊或多行的單行註解，同樣是選取範圍，再利用「文字編輯列」工具列的『取消註解選取行』（參考操作 6 的步驟 2）或快速鍵【Ctrl + K】再【Ctrl + U】。

2.4 C# 程式語言結構

對於 Visual C# 程式的語言規範有了初步體驗,一起來認識主控台的基本架構。

2.4.1 命名空間

命名空間(Namespace)的作用是把功能相同者聚集在一起。可以把它想像成電腦裡儲存資料的磁碟,依據資料的性質可以分門別類存放不同的資料夾;若還有需要,在資料夾之下新增子資料夾,它會形成一個階層架構。這樣的好處是兩個檔名相同的檔案,由於存放在不同的資料夾之下,可以避免因相同名稱而產生了衝突。命名空間有哪些特色!簡介如下:

- 組織大型程式碼專案。
- 使用「.」(半形 Dot)運算子來分隔屬性不同的類別。
- **global** 命名空間是「根」命名空間:global::System 一律以 .NET System 命名空間為參考。

方案 Sample02 的各個專案,都有它們各自的命名空間:

- .NET 類別庫依據不同功能所組成的命名空間,利用關鍵字「using」來滙入它們。
- 產生專案後,依據專案名稱產生的命名空間,使用關鍵字「namespace」。

主控台應用程式架構若為「.NET Framework」,則滙入的 System 命名空間如下:

```
using System;
using System.Collections.Generic;
using System.Linq;
using System.Text;
using System.Threading.Tasks;
using static System.Console; // 滙入靜態類別
```

- ✦ 使用 using 敘述匯入命名空間時,會將它放在程式的開頭。
- ✦ Using static 敘述滙入靜態類別 Console。

這些命名空間其實就是 .NET 提供的類別庫。想要進一步存取 System 底下的其他類別，須使用「.」（半形 Dot）運算子，例如：「System.Text」。那麼不使用 using 敘述來匯入命名空間會如何？由於 System 命名空間提供 Visual C# 運作的基本函式，使用 Console 類別必須如此撰寫：

```
System.Console.WriteLine();
```

本書第 1～10 章之前會以主控台應用程式為主。System 命名空間的 Console 類別則支援主控台應用程式（Console Application）的標準輸入、輸出和錯誤資料流。未匯入 System 命名空間而直接使用 Console 類別會讓程式碼產生錯誤！編譯器會在 Console 類別下方加上紅色波形線來表示它有錯誤，如圖【2-5】所示。

圖【2-5】 未引用 System 命名空間發生的錯誤

大家會覺得奇怪，那專案「Ex0202」（架構「.NET 6.0」）的命名空間藏到哪裡？一起去瞧瞧吧！

操作 7《.NET 6.0 命名空間》

STEP 01 利用方案總管視窗，先點選 ❶ 專案「Ex0202」，再按其工具列的 ❷「顯示所有檔案」圖示鈕，展開專案「Ex0202」資料夾，❸ 再展開「obj」資料夾。

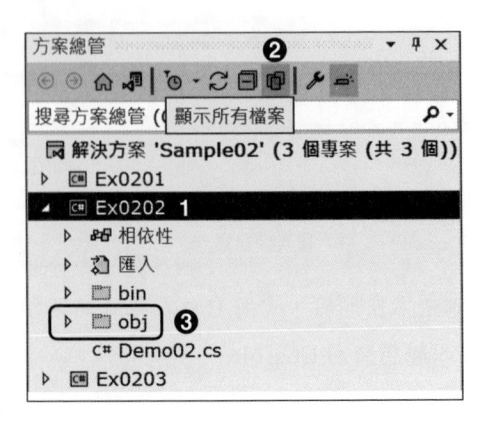

STEP 02 找到檔案「Ex0202.GlobalUsings.g.cs」；展開 Debug 資料夾，再展開「net6.0」資料夾，找到檔案「Ex0202.GlobalUsings.g.cs」並以滑鼠雙擊選它，它會以程式碼編輯器開啟。

```
▲ 📁 obj
 ❶ ▲ 📁 Debug
      ▲ 📁 net6.0 ❷
         ▷ 📁 ref
            📄 .NETCoreApp,Version=v6.0.AssemblyAttri
            📄 apphost.exe
            📄 Ex0202.AssemblyInfo.cs
            📄 Ex0202.AssemblyInfoInputs.cache
            📄 Ex0202.assets.cache
            📄 Ex0202.csproj.AssemblyReference.cache
            📄 Ex0202.csproj.CoreCompileInputs.cache
            📄 Ex0202.csproj.FileListAbsolute.txt
            📄 Ex0202.dll
            📄 Ex0202.GeneratedMSBuildEditorConfig.ed
            📄 Ex0202.genruntimeconfig.cache
         ❸ 📄 Ex0202.GlobalUsings.g.cs
```

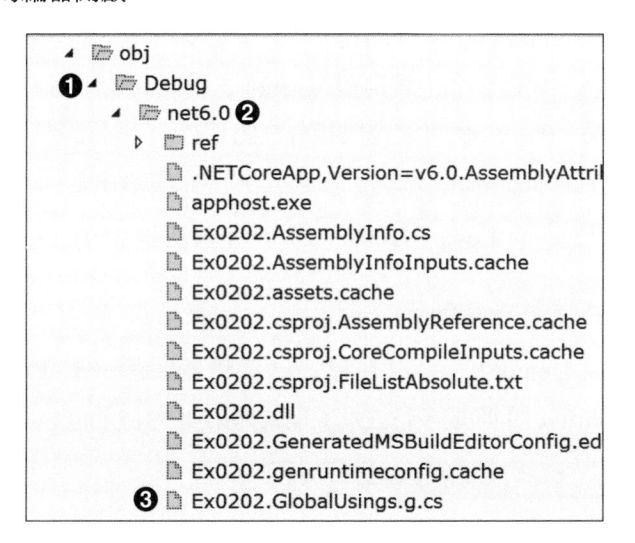

STEP 03 檢視檔案「Ex0202.GlobalUsings.g.cs」內容，原來的 using 敘述前面加上「global」說明它是全域範圍。

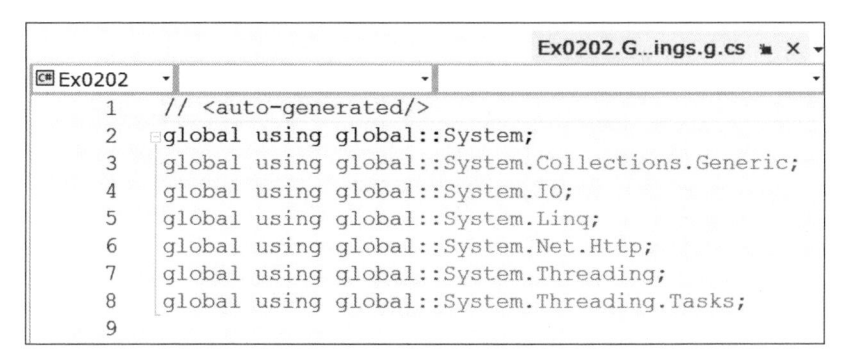

```
1  // <auto-generated/>
2  global using global::System;
3  global using global::System.Collections.Generic;
4  global using global::System.IO;
5  global using global::System.Linq;
6  global using global::System.Net.Http;
7  global using global::System.Threading;
8  global using global::System.Threading.Tasks;
9
```

通常，.NET 6.0 結合了 C# 10，經過編譯後，會在「obj」資料夾中一個「*.cs」檔案，使用「global」敘述以隱性全域來滙入一些常用的命名空間。它簡化滙入命名空間的程序，由於是全域範圍，只需將這些「using global」敘述儲存在同一個「*.cs」檔案即可。

實際上「上層語句」(Top-level Statement)已經使用於「.NET 5.0」架構，而 C# 9.0 版本中；同樣地在「.NET 6.0」架構，而 C# 10.0 版本也能使用「上層敘述」，它可以讓我們專注於程式的編寫。也就是原本的須滙入的命名空間、自訂的命名空間（Namespace）、類別（Class）和方法都交給編譯器自動產生。此外，應用程式經過編譯後，會自動產生類別和 Main() 主程式的進入點。由於應用程式必須要有一個進入點，所以一個專案也只能有一個具有「上層敘述」的檔案，通常指「Program.cs」。若有使用 using 敘述，它必須位於檔案的開頭。

進一步修改「Demo01.cs」程式碼，使用「上層語句」(Top-level Statement)。

操作 8《Top-level Statement》

STEP 01 確認檔案「Demo01.cs」已在程式碼編輯器開啟，選取範圍，按快速鍵【Ctrl + Shift + /】形成多行註解(程式碼第 4 ~ 15 行)。

```
4   /*namespace Ex0201
5   {
6       internal class Demo01
7       {
8           static void Main(string[] args)
9           {
10              WriteLine("Hello World!");
11              WriteLine("Visual C#...");
12              ReadKey();
13          }
14      }
15  }*/
```

STEP 02 輸入如下的程式碼。

```
System.Console.WriteLine("Hi! 我是 .NET 5.0...");
```

STEP 03 把專案啟動設為「Ex0201」，按【Ctrl + F5】建置、執行程式，它會輸出如下結果。

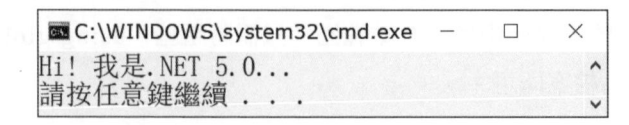

```
Hi! 我是.NET 5.0...
請按任意鍵繼續 . . .
```

Chapter 02 Visual C# 與 .NET

STEP 04 使用 using 敘述滙入命名空間「System」,按【Ctrl + F5】再重新建置、執行程式也會顯示如同步驟 3 的結果。

```
using System;                                // 匯入 System 命名空間
Console.WriteLine("Hi! 我是 .NET 5.0...");
```

STEP 05 由於 Console 屬於靜態類別,把本來 using 敘述配合 static 關鍵字,修改成匯入靜態類別敘述,程式碼如下:

```
using static System.Console;                 // 匯入靜態類別 Console
WriteLine("Hi! 我是 .NET 5.0...");            // 直接呼叫 WriteLine 方法
```

TIPS

不過,要記得「上層語句」(Top-level Statement)只支援結合了 .NET 的 C# 程式,也是是跨平台的應用程式,傳統的 .NET Framework 不支援(C# 版本 7.3),若是傳統的主控台應用程式使用了「上層語句」,它會顯示錯誤。

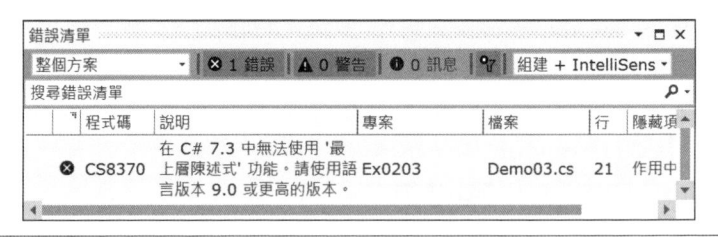

如何知道類別是靜態?可以進行下述的操作程序。

操作 9《瞄核定義》

STEP 01 插入點移向「Console」字串中間,讓它自動選取字串。

STEP 02 按滑鼠右鍵展開清單,執行「瞄核定義」項目,會在「Console」字串下方展開說明。

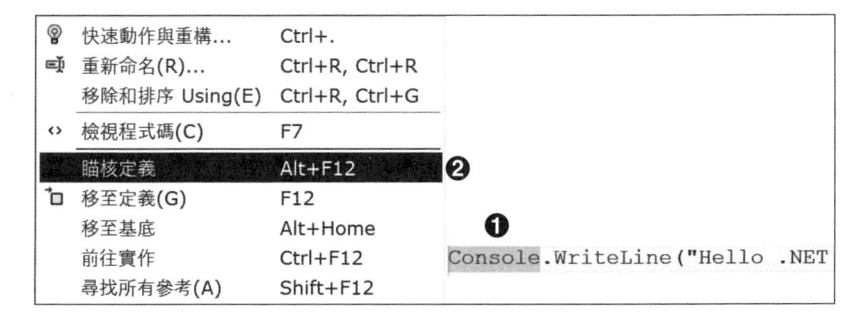

2-29

STEP 03 檢視 Console 的定義；第 14 行敘述「public static class Console」，其中的關鍵字『static』說明它是靜態類別。

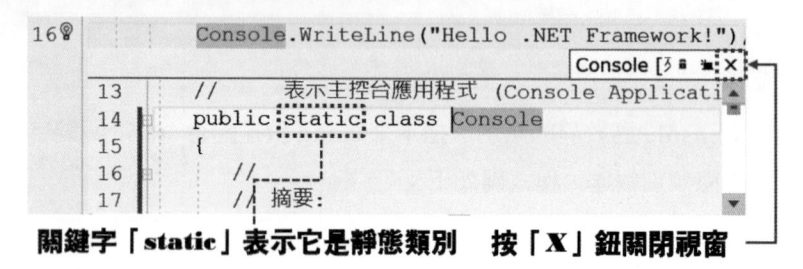

```
16    Console.WriteLine("Hello .NET Framework!")
                                    Console [3 ...X
13    //    表示主控台應用程式 (Console Applicati
14    public static class Console
15    {
16        //
17        // 摘要:
```

關鍵字「static」表示它是靜態類別　　按「X」鈕關閉視窗

2.4.2　善用 IntelliSense

　　程式碼編輯器提供 IntelliSense 功能，讓使用者可以簡化程式碼的編寫工作。執行「編輯 > IntelliSense」指令查看支援項目，它提供了「列出成員」、「參數資訊」、「快速諮詢」、「自動完成文字」和「插入程式碼片段」等。

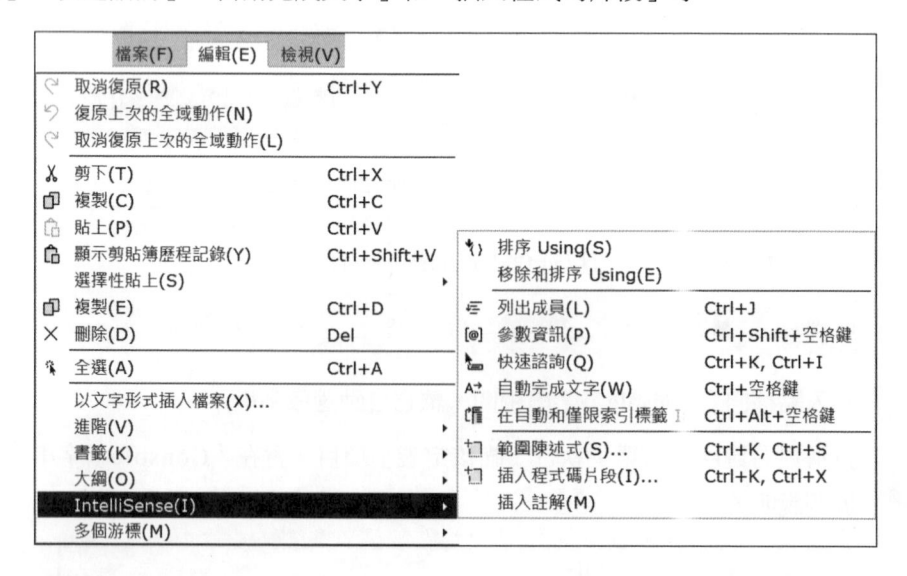

檔案(F)　編輯(E)　檢視(V)	
取消復原(R)	Ctrl+Y
復原上次的全域動作(N)	
取消復原上次的全域動作(L)	
剪下(T)	Ctrl+X
複製(C)	Ctrl+C
貼上(P)	Ctrl+V
顯示剪貼簿歷程記錄(Y)	Ctrl+Shift+V
選擇性貼上(S)	▶
複製(E)	Ctrl+D
刪除(D)	Del
全選(A)	Ctrl+A
以文字形式插入檔案(X)...	
進階(V)	▶
書籤(K)	▶
大綱(O)	▶
IntelliSense(I)	▶
多個游標(M)	▶

排序 Using(S)	
移除和排序 Using(E)	
列出成員(L)	Ctrl+J
參數資訊(P)	Ctrl+Shift+空格鍵
快速諮詢(Q)	Ctrl+K, Ctrl+I
自動完成文字(W)	Ctrl+空格鍵
在自動和僅限索引標籤 I	Ctrl+Alt+空格鍵
範圍陳述式(S)...	Ctrl+K, Ctrl+S
插入程式碼片段(I)...	Ctrl+K, Ctrl+X
插入註解(M)	

　　撰寫程式時，只要輸入部份關鍵字，如圖【2-6】所示，IntelliSense 列示與關鍵字相關成員；要選取某個成員，移動上或下的方向鍵，再按下【Enter】或【Tab】鍵即可。

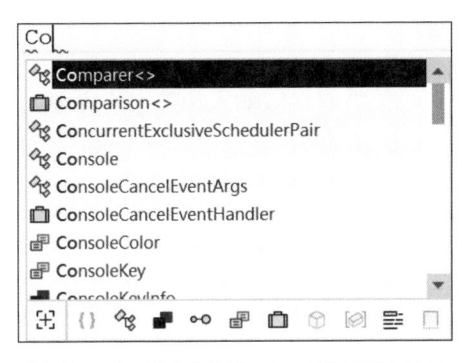

圖【2-6】 輸入部份字串，列出有關內容

若名稱無誤，例如 System 命名空間有多個類別，按下「.」（dot），會自動列出相關類別或者與此字串有關的命名空間、結構或是列舉等，相關圖示說明參考圖【2-7】。

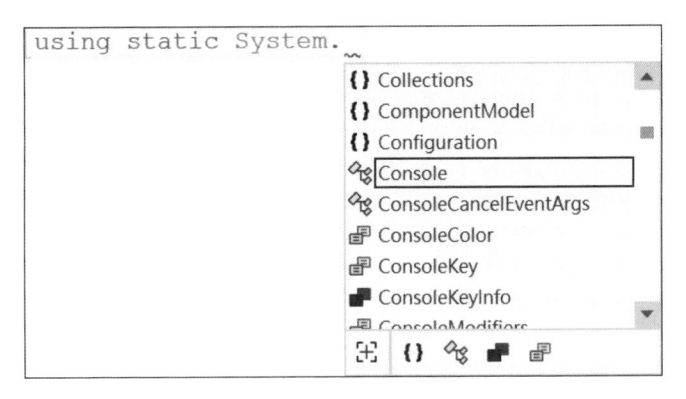

圖【2-7】 列出有關成員

編寫程式輸入部份關鍵字，VS 2022 會列示相關成員的清單，以圖【2-7】來說，最後一排有這些成員的提示說明。這些成員到底有那些？簡介如下：、、、。

將滑鼠移向某個方法，能獲取它的完整語法。如圖【2-8】所示，滑鼠指標移向 WriteLine() 方法，IntelliSense 列示它的型別和簡易說明。

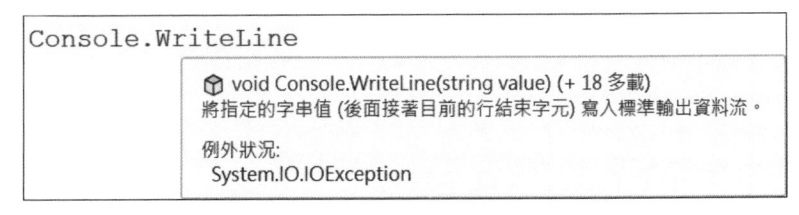

圖【2-8】 諮詢 WriteLine() 方法

2.4.3 輸入與輸出

撰寫主控台應用程式必須將資料做輸入和輸出的處理，.NET Framework 類別庫的 System.Console 類別能處理標準資料流。讀取輸入的資料時，使用 Read() 或 ReadLine() 方法；輸出資料時，使用 Write() 或 WriteLine() 方法。

讀取資料時，無論是 Read()、ReadKey() 或 ReadLine() 方法，都必須指定輸入裝置，通常以鍵盤為預設裝置。三者之間究竟有何差別？先來看看它們的語法：

```
Console.Read();
Console.ReadKey();
Console.ReadLine();
```

- Read() 方法：從標準輸入資料流讀取下一個字元。
- ReakKey() 方法：取得使用者按下的下一個字元或功能鍵；按鍵值會反應於主控台視窗中。
- ReadLine() 方法：讀取使用者輸入的一連串字元；為了讀取這串字元，也可以透過變數儲存其字串。

範例《Ex0204.csproj》

使用 ReadLine() 方法讀取資料，WriteLine() 方法配合字串插補的前導字元「$」輸出變數 name 所儲存的值。

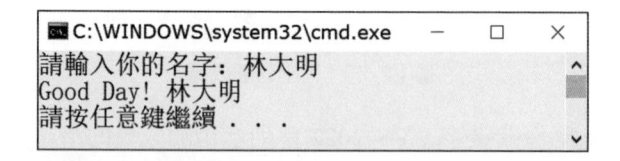

```
C:\WINDOWS\system32\cmd.exe                    —    □    ×
請輸入你的名字：林大明
Good Day！林大明
請按任意鍵繼續 . . .
```

STEP 01 執行功能表「檔案＞新增專案」指令，進入新增專案交談窗。

STEP 02 專案範本「主控台應用程式（.NET Framework）」。設定新的專案交談窗，❶ 專案名稱「Ex0204」；❷ 要勾選「為解決方案與專案置於相同目錄中」，❸ 架構「.NET Framework 4.8」，❹ 按「建立」鈕來產生新專案。

設定新的專案

主控台應用程式 (.NET Fran [主控台]

Ex0204 ❶

位置(L)
D:\C#2022\CH02

方案(S)
建立新方案

解決方案名稱(M)
Ex0204

☑ 將解決方案與專案置於相同目錄中(D) ❷

架構(F)
.NET Framework 4.8 ❸

上一步(B)　建立(C) ❹

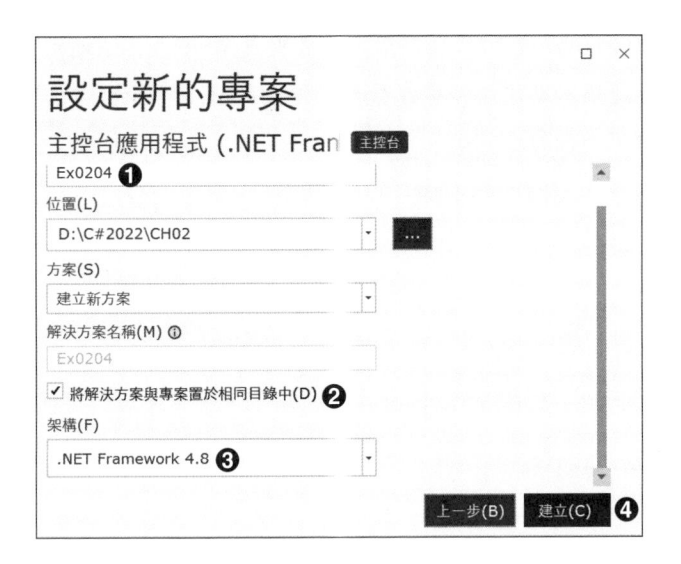

STEP 03 主程式 Main() 撰寫如下的程式碼。

```
01   using static System.Console;    // 匯入靜態類別 Console
11   static void Main()
12   {
13      Write(" 請輸入你的名字：");
14      string name = ReadLine();
15      WriteLine($"Good Day! {name}");
16   }
```

STEP 04 建置、執行，按【Ctrl + F5】鍵,若無錯誤,啟動主控台視窗,輸入名字並按 Enter 鍵來顯示結果。插入點會停留在最後一行,再按一次 Enter 鍵就能關閉視窗。

【程式說明】

- 第 14 行：以 ReadLine() 方法取得輸入名稱並交給變數 name 儲存。
  System.Console 類別的 Write() 和 WriteLine() 方法,它們會將寫入標準資料流的資料做輸出。相關語法如下：

```
Console.Write(String);
Console.WriteLine(String);
```

- Write() 或 WriteLine() 方法皆有參數,只要是符合 .NET Framework 的資料型別皆能處理,像 Unicode 的字元,或是數值的 Int32、Single 或 Double 等。

2-33

方法 Write() 和 WriteLine() 之間最大的差別是 Write() 方法輸出字元後不做換行動作，也就是插入點依然停留在原行；但使用 WriteLine() 方法輸出字元後會把插入點移向下一行的最前端。

例一：輸出字串須使用雙引號「""」來括住字串；兩個以上的字串，則可以使用運算子「+」來連接。

```
Console.WriteLine("Hello! Visual C#");
Console.WriteLine("Hi!" + "Visual C#");
```

例二：直接將數字寫在 WriteLine() 方法輸出，數學運算會直接輸出結果。

```
Console.WriteLine(242);
Console.WriteLine(14 + 116 + 239);
```

例三：加了強化輸出的效果，直接呼叫 WriteLine() 方法而不加任何參數，它有換行的作用。

```
Console.WriteLine();
```

2.4.4　格式化輸出

有時為了配合變數指定輸出值，可以加入 format 參數配合已定義好的格式化項目（Format Items），將物件的值轉換為字串，format 會預留零至多個索引編號和參數清單的物件產生對應。每個格式化項目會被對應物件的值所取代並將它們插入到另一個字串，語法如下：

```
WriteLine("format{0}...{1}...", arg0, arg1, …);
```

- format：欲格式化項目要用大括號 {} 括住，索引由編號 0 開始。
- arg0, arg1：格式化項目中對應的物件，目前是欲帶入的變數。

再仔細觀察，會發現字串的輸出格式與大括號 {} 中所設定的值有關，先來看看 {} 是如何進行設定？語法如下：

```
{ N [, M ][: 格式指定 ]}
```

- N：格式項目；以 0 為基底的索引參數，表示要進行的項目。0 代表第一個格式化字串、1 為第 2 個格式化字串。

- M：字串格式化時的對齊、區域寬度設定。
- 格式指定 (format)：有三種：數值、時間與使用者自訂格式。

為了讓 WriteLine() 方法輸出資料時更符合需求，String 類別中的 Format() 方法提供 Visual C# 更豐富的格式化字元，像是輸出時以數字指定欄寬或者是對齊方式，表【2-3】先對標準數值格式做簡單認識。

字元	說明 (例如：數值 1234.5678)
C 或 c	將數字轉為表示貨幣金額的字串。 如：{0:C2}，輸出「NT$1,234.57」。
D 或 d	將數字轉為十進位數，數值 123。 如：{0:D5}，輸出 5 位整數「00123」，不足者左邊補 0。
E 或 e	以科學記號表示，小數預設位數是 6 位。 如：{0:E}，輸出「1.234568+e003」。
Fn 或 Fn	輸出含 n 位小數，如：{0:F3}，輸出「1234.568」。
G 或 g	一般格式表示，如：{0:G}，輸出「1234.5678」。
N 或 n	數值能含有指定的小數位數，再加千分號表示。 如：{0:N}，輸出「1,234.57」；{0:N3}，輸出「1,234.568」。
X 或 x	以十六進位表示，數值 1234，如：{0:X}，輸出「4D2」。
Yes/No	數值為 0 則顯示 No，否則顯示 Yes。
True/False	數值為 0 則顯示 False，否則顯示 True。
On/Off	數值為 0 則顯示 Off，否則顯示 On。

表【2-3】 標準數值格式字元

除了使用標準數值格式之外，C# 也有提供自訂數值格式字元，再以 ToString() 方法將數值資料以指定格式輸出，表【2-4】做說明。

字元	說明（例如：數值 1234）
0	表示零值的預留位置。 如：toString("00000")，輸出「01234」。
#	表示數值的預留位置。 如：toString("#####")，「 1234」（前端空 1 位）。
.	小數點預設位數，數值 123.456。 如：toString("##.00")，輸出「123.46」。

2-35

字元	說明（例如：數值 1234）
,	每一個千分號代表 1/1,000，數值 1234567。 如：toString("#,#")，輸出「1,234,567」。 toString("#,#,")，輸出「1,235」。
%	百分比預設位置，數值 0.1234。 如：toString("#0.##%")，輸出「12.34%」。
E+0	使用科學記號，以 0 表示指數位數。 如：toString("0.##E+000")，輸出「1.23E+003」。
\	逸出字元 \ 會讓下一個字元以特殊來處理。 如：WriteLine("D:\\menu.txt")，輸出「D:\menu.txt」。

表【2-4】 自訂數值格式字元

格式化項目的對象若為日期或時間，表【2-5】列示時間格式指定字元。

時間字元	說明
G	使用地區設定來顯示一般時間格式，可以顯示時間與(或)日期，視給定的時間資訊是否完整。
g	使用地區設定來顯示簡短日期及簡短時間。
D	使用地區設定來顯示完整日期格式。
d	使用地區設定來顯示簡短日期格式。
T	使用地區設定來顯示完整時間格式。
t	使用 24 小時制來顯示時間。
f	使用地區設定來顯示完整日期及簡短時間。
F	使用地區設定來顯示完整日期及完整時間。

表【2-5】 日期/時間格式字元

隨著「字串插補」（string interpolation）的加入，配合前導字元「$」，放入大括號的是變數名稱。語法如下：

```
Console.WriteLine($"{ 變數 }");
```

- 以 $ 為前導字，表示它是「字串插補」，大括號的索引以變數來取代。
- 變數必須放在雙引號中，以成對的大括號括住。

所以，範例《Ex0204》是使用「字串插補」，大括號內是變數名稱：

```
WriteLine($"Good Day! {name}");
```

這種「字串插補」表達方式會比原先將格式項目使用索引更清爽些！後續撰寫的程式碼會以「字串插補」來輸出內容。

範例《Ex0205.csproj》－ WriteLine() 方法輸出資料

以 ReadLine() 方法接收輸入的資料，配合 WriteLine() 方法輸出資料。

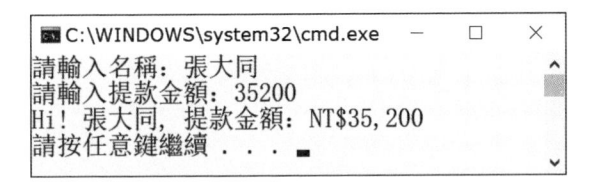

```
請輸入名稱：張大同
請輸入提款金額：35200
Hi! 張大同, 提款金額：NT$35,200
請按任意鍵繼續 . . .
```

STEP 01 執行功能表「檔案＞新增專案」指令，進入新增專案交談窗。

STEP 02 專案範本「主控台應用程式」，名稱「Ex0205」，專案的儲存位置和架構維持預設值；要勾選「將解決方案與專案置於相同目錄中」；架構「.NET 6.0」。

STEP 03 由於它只有一行敘述，自行撰寫如下的程式碼。

```
01  using System;     // 匯入命名空間
02  class Demo03
03  {
04     static void Main()
05     {
06        Console.Write("請輸入名稱：");
07        string? name = Console.ReadLine();
08        Console.Write("請輸入提款金額：");
09        int money = Convert.toInt32(ReadLine());
10        Console.WriteLine($"Hi! {name},
11            提款金額：{money:C0}");
12     }
11  }
```

STEP 04 建置、執行；按【Ctrl + F5 鍵】，若無錯誤，啟動主控台視窗，分別輸入名稱和金額，按 Enter 鍵來顯示結果。

【程式說明】

- 第 7 行：取得輸入金額，由於 ReadLine() 方法取得的是字串資料，有可能是 null 值，配合「?」運算子來形成『string?』。
- 第 9 行：由於變數 money 輸入時是字串，必須以「Convert.toInt32()」將它轉換為整數型別。
- 第 10、11 行：使用字串插補，{money:C0} 變數 money 配合標準格式字元「C」，會以貨幣並含有千位符來輸出。

重點整理

- 每一個專案可能有一個或多個組件（Assembly），由一支或多支程式撰寫編譯所成。這些程式碼可能是類別（Class）、結構（Structure）、模組（Module）等。無論是那一種，它們皆是一行又一行的程式「敘述」。

- 為了讓不同敘述有所區隔，依據關鍵字的適用範圍組成程式區段（Block of code）。它由一對「{}」大括號構成；由左大括號「{」開始，進入某個區塊，而右大括號「}」表示此區段的結束。

- 每一行的「敘述」中，可能包含了方法（Method）、識別字（identifier）、關鍵字（keyword）和其他的字元和符號。

- 程式碼要從何處開始撰寫？從 Main() 主程式的程式區段開始。它本身是一個方法，也是 Visual C# 應用程式的進入點（Entry Point）。簡單地說，無論是主控台或 Windows Form 應用程式都由 Main() 開始。

- 匯入命名空間（Namespace）使用關鍵字 using 來滙入 .NET 類別庫；自訂命名空間使用關鍵字「namespace」為開頭。

- 為了提高程式的維護及閱讀效果，Visual C# 使用「//」來形成單行註解；或者利用「/*」開始註解文字，「*/」結束註解文字，形成多行註解。

- 主控台應用程式輸出入敘述，利用 System.Console 類別的 Read()、ReadLine() 方法來讀取資料；使用 Write()、WriteLine() 方法；配合格式化字串，指定輸出格式。

- 有時為了配合變數指定輸出值，以 format 參數配合已定義好的格式化項目（Format Items），將物件的值轉換為字串；Visual C# 6.0 後，WriteLine() 方法能使用「字串插補」（string interpolation）。

MEMO

CHAPTER 03

資料與變數

學 | 習 | 導 | 引

- 共通型別系統中,C# 的資料型別有二種:實值型別和參考型別。
- 經過運算後,會改變其值的變數;另一種是給予初值就不能改變的常數。
- 為什麼需要型別轉換?隱含型別轉換和明確型別轉換如何做?。
- 運算要有運算元和運算子;C# 提供算術、指定、關係和邏輯運算子。
- 本章節範例使用「主控台應用程式」為範本,架構「.NET 5.0」,建置、執行「啟動但不偵錯」(Ctrl+F5 鍵)。

3.1 認識共通型別系統

不同資料要有適當的裝載容器。舉個最簡單例子，去購買 500c.c. 的綠茶，茶鋪的販賣人員不會拿 1000c.c. 的杯子來裝，有浪費之嫌！更不會使用 350c.c. 的杯子來裝，有溢出來的危險。所以，資料型別（Data Type）決定了資料的存放空間。

所有資料皆收納於 .NET 類別庫中，為了確保執行程式的安全性，它會以「共通型別系統」（Common Type System，簡稱 CTS，也稱一般型別系統）為主。讓所有列管的程式碼皆能強化它的型別安全。所以 Visual C# 是一種強型別（Strongly Typed）語言，無論是變數和常數都要定義資料型別。以 CTS 的觀點來看，C# 語言有兩種資料型別：

- **實值型別（Value Types）**：依據微軟官方文件的說法，它也是基本型別。資料儲存於記憶體本身，它涵蓋所有的數值型別，也包括了布林、字元等；此外亦有 enum（列舉）、struct（結構）和 record（記錄）三種值型別。

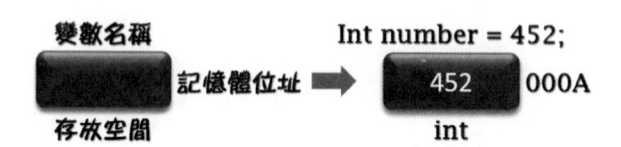

圖【3-1】 實值型別的資料儲存於記憶體

- **參考型別（Reference Types）**：字串、陣列、委派和類別等；只儲存物件的記憶體位址。

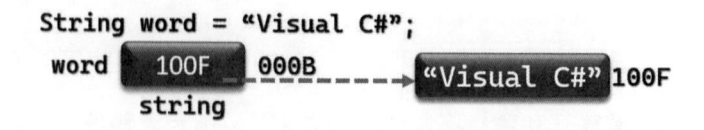

圖【3-2】 參考型別的記憶體儲存物件的記憶體位址

3.1.1 整數型別

整數資料型別（Integral Data Type）是表示資料中只有整數，不含小數位數。依據儲存容量的不同，第一種是含正、負值的整數（Signed Integral），它包含

sbyte（位元組）、short（短整數）、int（整數）、long（長整數），表【3-1】同時並列 C# 和 .NET 類別庫中 System 命名空間預先定義型別的別名。

C# 型別	.NET 型別	空間	儲存範圍
sbyte	System.Sbyte	1 Byte	-128～127
short	System.Int16	2 Bytes	-32,768～32,767
int	System.Int32	4 Bytes	-2,147,483,648～2,147,483,647
long	System.Int64	8 Bytes	-9,223,372,036,854,775,808～9,223,372,036,854,775,807

表【3-1】 含正、負值的整數型別

有負值的整數，也會有不含負值的整數（Unsigned Integral）。表【3-2】列示四種：byte（無號位元組）、ushort（無號短整數）、uint（無號整數）、ulong（無號長整數）。

C# 型別	.NET 型別	空間	儲存範圍
byte	System.Byte	1 Byte	0～255
ushort	System.UInt16	2 Bytes	0～65535
uint	System.UInt32	4 Bytes	0～4,294,967,295
ulong	System.UInt64	8 Bytes	0～18,446,744,073,709,551,616

表【3-2】 不含正、負值的整數型別

這些不含小數的整數型別，所對照的是 .NET 型別，可以使用 typeof() 運算子取得 System.Type 型別的實例，typeof() 的語法如下：

```
typeof(Types);
```

- 回傳的是 .NET 的型別，如「int」型別會以『System.Int32』回傳。

另一個 sizeof() 運算子，它可以配合參數來取得某個資料型別所佔的記憶體空間，語法如下：

```
sizeof(Types);
```

- 回傳常數值，為些資料型別所佔的記憶體空間。

從 C#7.0 開始，指定的數值允許使用「_」底線字元作為數值的千位分隔符號。例一：

```
// 參考範例《Ex0301.csproj》
int num1 = 123456;              // 原來用法
long num2 = 456_789_123;
int num3 = 0b1011_110;          // 二進位數值
```

◆ 宣告變數 num1 為 int 型別；num2 為長整數型別 (long)；0b 代表二進位數值。

例二：「_」底線字元還能進一步做為二進位或十六進位前置字元，但它不能使用於十進位來產生前置底線。

```
// 參考範例《Ex0301.csproj》
int num4 = 0b_0111_1010;        //0b 為二進位表示
int num4 = 0b_111_110_10;       // 加入底線字元來增加閱讀性
```

例三：說明 C# 的資料型別與 .NET 的關係。

```
// 參考範例《Ex0301.csproj》
int num1 = 123456;
Console.WriteLine(num1.GetType());
```

◆ 使用 GetType() 方法會回傳 number 的資料型別；GetType() 方法來自 System 命名空間，由 object 類別提別的方法。

範例《Ex0301.csproj》

認識各個記憶體空間大小不一的整數型別，使用底線字元來配合所宣告的整數值。

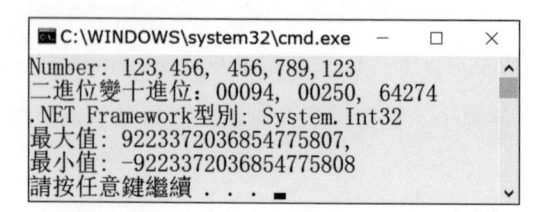

```
Number: 123,456, 456,789,123
二進位變十進位: 00094, 00250, 64274
.NET Framework型別: System.Int32
最大值: 9223372036854775807,
最小值: -9223372036854775808
請按任意鍵繼續 . . .
```

STEP 01 產生主控台應用程式專案「Ex0301.csproj」，要勾選「將解決方案與專案置於相同目錄中」，架構「.NET 5.0」。

STEP 02 Main() 主程式撰寫如下程式碼。

3-4

```
01   using static System.Console; // 滙入靜態類別
02   static void Main(string[] args)
03   {
04      int num1 = 1_23_456;          // 任意底線
05      long num2 = 456_789_123L; // 長整數加後置字元 L
06      long max = Int64.MaxValue;
07      long min = Int64.MinValue;
08      int num3 = 0b1011_110;     // 二進位
09      int num4 = 0b_1111_1010;   //0b 2 進位
10      int num5 = 0x_FB12;        //0x 16 進位
11      WriteLine($"Number: {num1:N0}, {num2:n0}");
12      WriteLine($" 二進位變十進位：{num3:D5}, {num4:d5}");
13      WriteLine($".NET 型別：{num1.GetType()}");
14      WriteLine($" 最大值：{max}, \n 最小值：{min}");
15   }
```

STEP 03 建置、執行，按【Ctrl+F5】鍵。

【程式說明】

- 第 5 行：宣告變數 num2 為長整數型別，並以「_」作為千位分隔字元，閱讀數字更易讀取。

- 第 6、7 行：長整數以 .NET 的資料型別是 Int64，利用其欄位 MaxValue 和 MinValue 來取得 Int64 的最大、最小值。

- 第 9、10 行：當數值為二或十六進位時能在前置字之後加上前置底線。

- 第 11 行：配合格式化字元「num1:N0」，輸出的數值含有千位符號但不含小數。

- 第 12 行：配合格式化字元「num3:D5」，設欄寬為 5，數值位數不足者前方補 0。

- 第 13 行：以 GetType() 方法取得 int 的 .NET 型別。

TIPS

long 型別是否使用後置字元 L
- 使用 L 後置字元時，系統會根據整數值的大小，判斷它是 long 或 ulong。若小於 ulong 範圍，會把它視為 long 型別。
- 宣告的數值「long number = 5_300_100_500;」（超過 uint 範圍）若未加後置字元 L，編譯器會依 int、uint、log、ulong 來找出它的適用範圍。為了加速資料的處理，long 型別使用後置字元是較妥當作法。

3.1.2 浮點數型別和貨幣

數值中除了整數外還包含小數位數，稱為「浮點數資料型別」（Floating Point Types），以近似值儲存於記憶體中，float（單精度浮點數）、double（倍精度浮點數）、decimal 貨幣，列於表【3-3】。

C# 型別	.NET 型別	空間	儲存範圍	精確度
float	System.Single	4 Bytes	$\pm 1.5 \times 10^{-45} \sim \pm 3.4 \times 10^{38}$	～6-9 位數
double	System.Double	8 Bytes	$\pm 5.0 \times 10^{-324} \sim \pm 1.7 \times 10^{308}$	～15-16 位數
decimal	System.Decimal	16 Bytes	$\pm 1.0 \times 10^{-28} \sim \pm 7.928 \times 10^{28}$	28-29 位數

表【3-3】 處理小數的型別

浮點數資料依據其數值範圍來宣告其型別。如果處理的數值需要精確度且範圍較小時，decimal 則是最佳選擇，它能支援 28～29 個有效數字，例如財務作業。但是 decimal 並非浮點數值資料型別，它會依據指定數值調整它的有效範圍，跟 float、double 相比，更具有精確度。

基本上，含有小數的數值系統會以 double 為預設的處理型別，如果要以 float 或 decimal 為資料型別，必須加上後置字元讓編譯器認出它的不同處。例如：

```
float num1 = 12.4578F;
decimal num3 = 1.23456M;
```

◆ float 使用後置字元 F 或 f，decimal 使用的後置字元為 M 或 m。

以 float 型別而言，宣告的變數值未加後置字元的話，編譯器會在數值下方顯示紅色波形線，指出它有錯誤！

```
float num1 = 1.2233445566778899;
```
readonly struct System.Double
Represents a double-precision floating-point number.
CS0664: 不可將類型 double 的常值，隱含轉換成類型 'float'；請使用 'F' 後置詞來建立此類型的常值

圖【3-3】 float 型別要有後置字元 F 或 f

一個有趣的問題，型別 double 與 decimal 儲存了含有小數位數的數值，運算後有何不同？簡例：

```
// 參考範例《Ex0302.csproj》
double x1 = 0.1, x2 = 0.2;
decimal y1 = 0.1M, y2 = 0.2M;
WriteLine($"double, x1 + x2 = {x1 + x2}");
WriteLine($"decimal, y1 + y2 = {y1 + y2}");
```

- 兩個 double 的數值相加，輸出「0.30000000000000004」。
- 兩個 decimal 的數值相加，輸出「0.3」。

範例《Ex0302.csproj》

分別以 float、double、decimal 來處理實數，再以 sizeof() 運算子分別取得 double、decimal 型別所佔的記憶體空間大小。

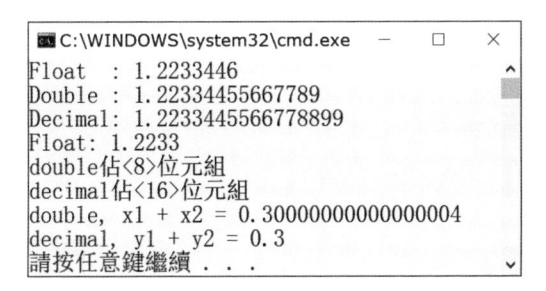

```
C:\WINDOWS\system32\cmd.exe
Float  : 1.2233446
Double : 1.22334455667789
Decimal: 1.2233445566778899
Float: 1.2233
double佔<8>位元組
decimal佔<16>位元組
double, x1 + x2 = 0.30000000000000004
decimal, y1 + y2 = 0.3
請按任意鍵繼續 . . .
```

STEP 01 產生主控台應用程式專案「Ex0302.csproj」，勾選「將解決方案與專案置於相同目錄中」，架構「.NET 5.0」。

STEP 02 Main() 主程式撰寫如下程式碼。

```
01  using static System.Console; // 滙入靜態類別
02  static void Main(string[] args)
03  {
04      float num1 = 1.2233445566778899F;
05      double num2 = 1.2233445566778899;
06      decimal num3 = 1.2233445566778899M;
07      double x1 = 0.1, x2 = 0.2;
08      decimal y1 = 0.1M, y2 = 0.2M;
09      WriteLine($"Float   : {num1}");
10      WriteLine($"Double  : {num2}");
11      WriteLine($"Decimal: {num3}");
12      // 輸出 4 位小數的數值
13      WriteLine($"Float: {num1:f4}");
14      WriteLine($"double 佔 <{sizeof(double)}> 位元組 ");
15      WriteLine($"decimal 佔 <{sizeof(decimal)}> 位元組 ");
16      // 省略部份程式碼
```

STEP 03 建置、執行，按【Ctrl+F5】鍵。

【程式說明】

- 第 4～6 行：分別宣告為 float、double、decimal 三種資料型別，其中的 float 和 decimal 要加上後置字元。
- 第 7、8 行：了解 double, decimal 分別宣告了有小數的數值，處理有何不同？
- 第 9～11 行：由於 float 只能處理 7 位小數，所以會有捨位誤差發生，只輸出「1.223345」，其餘小數會捨棄；double 處理 14 位小數；由於 decimal 能處理 28～29 位小數，所以會將小數全部輸出。
- 第 14、15 行：以運算子 sizeof() 查看型別 double, decimal 所佔的記憶體空間是多少位元組；而運算子 sizeof() 的參數是資料型別。

3.1.3 其他資料型別

還有那些資料型別？列示表【3-4】。

C# 資料	.NET	空間	儲存範圍
bool（布林）	System.Boolean	1 Byte	true 或 false。
char（字元）	System.Char	2 Bytes	Unicode16 位元字元。

表【3-4】 其他的資料型別

布林值可使用關鍵字 bool 表示，它是 System.Boolean 的別名；用來表示邏輯的 true（真）與 false（假，預設值）兩種狀態。要特別留意之處，布林的值無法像 C++ 程式語言以數值做轉換，但它可以 true 或 false 回傳運算結果。

字元資料型別在 C# 中以關鍵字 char 表示，它是 .NET 用來表達 Unicode 字元的 Char 結構的執行個體。在記憶體中佔有 2 位元組的長度，若用來儲存整數，可以儲存不帶正負號的整數 0 至 65535，而每個數字可以對應一個 Unicode 編碼字元。底下為幾種字元型別的宣告方式：

```
char key = 'B';          // 宣告字元時使用單引號
char ch2 = '\x0042';     // 以 16 進制表示
```

範例 《Ex0303.csproj》

使用 int、char 型別來轉換字元、數值。

```
C:\WINDOWS\syst...    —    □    ×
字元 α，ASCII值 = 945
ASCII 946，字元 β
請按任意鍵繼續 . . .
```

STEP 01 主控台應用程式專案「Ex0303.csproj」，要勾選「將解決方案與專案置於相同目錄中」，架構「.NET 5.0」。

STEP 02 Main() 主程式撰寫如下程式碼。

```
01  using static System.Console; // 滙入靜態類別
02  static void Main()
03  {
04     char alpha = 'α';
05     int num1 = (int)alpha;
06     int num2 = 946;
07     char beta = Convert.ToChar(946);
08     // 輸出結果
09     WriteLine($"字元 {alpha}，ASCII 值 = {num1}");
10     WriteLine($"ASCII {num2}，字元 {beta}");
11  }
```

STEP 03 建置、執行，按【Ctrl+F5】鍵。

【程式說明】

- 第 4～5 行：宣告字元變數 alpha 並直接以型別 int 轉為 ASCII 值。
- 第 6～7 行：將 ASCII 值透過 Convert 類別的 ToChar() 方法轉為字元。

3.2 變數與常數

　　學習 C# 程式語言，得先了解資料的處理。資料要取得存放空間，才能儲存或運算；這個「存放空間」通常指向電腦的記憶體，而空間大小和儲存資料的類型 (Type) 有關。如何取得此存放空間，就是使用「變數」(Variable)；它會隨著程式的執行來改變其值。

3.2.1 識別項的命名規則

變數要賦予名稱,為「識別項」(Identifier)之一種。程式中宣告變數後,系統會配置記憶體空間。識別項包含了變數、常數、物件、類別、方法等,命名規則(Rule)必須遵守下列規則:

- 不可使用 C# 關鍵字來命名。
- 名稱的第一個字元使用英文字母或底線「_」字元。
- 名稱中的其他字元可以包含英文字元、十進位數字和底線。
- 名稱的長度不可超過 1023 個字元。
- 儘可能少用單一字元來命名,會增加閱讀的困難。

對於初學者來說,只要遵循上述規定即可。不過,Visual C# 對於識別項的慣例,有三項要求得知悉:

- PascalCasing:例如「MyComputer」。
- camelCasing:例如「myComputer」。
- 建議避免使用分隔符號,例如底線「_」和連字符號「-」。

Visual C# 的命名慣例中會區分英文字元的大小寫,所以識別項為「birthday」、「Birthday」、「BIRTHDAY」是三個不同的名稱。下列敘述的識別項對 C# 來說皆是不正確的名稱。

```
Birth day      // 變數不正確,中間有空白字元
const          // 以關鍵字為名稱
5_number       // 以數字為開頭字元
```

3.2.2 關鍵字

關鍵字(keyword)對編譯器來說,通常具有特殊意義,所以它會預先保留而無法作為識別項。有那些關鍵字?表【3-5】列舉之。

abstract	as	base	bool	break	byte
case	catch	char	checked	class	const
continue	do	default	delegate	decimal	double
explicit	else	event	enum	extern	false
finally	for	float	fixed	foreach	goto
interface	if	in	int	implicit	internal
namespace	lock	long	is	new	null
operator	out	object	override	params	private
protected	ref	readonly	public	return	sbyte
stackalloc	short	sizeof	sealed	static	string
struct	try	this	throw	true	switch
unchecked	uint	ulong	typeof	unsafe	ushort
volatile	void	using	virtual	while	

表【3-5】 Visual C# 關鍵字

另有一種內容關鍵字（contextual keyword）必須依據上下文做判斷，它並非 Visual C# 關鍵字，但會用於 C# 的類別或方法，使用識別項名稱時也儘可能避開它們，表【3-6】列示如下。

ascending	add	async	await	alias	from	into	by
dynamic	get	global	group	equals	nameof	value	set
descending	let	join	partial	remove	select	when	on
orderby	var	where	notnull	nuint	nint	init	and
unmanagef	not	or	managet	yield	record		

表【3-6】 內容關鍵字

3.2.3 變數與預設值

宣告變數的作用是為了取得記憶體的使用空間，才能儲存或運算後的資料。語法如下：

```
資料型別 變數名稱；
```

一個變數只能存放一份資料，存放的資料值為「變數值」。宣告變數的同時可以利用「=」等號運算子同時指定變數的初值，例一：

```
int number = 25;
float result = 356.78F;
```

- 指定變數值時，若是浮點數 float 的值，要在數值後面加上後置字元 f 或 F。

例二：宣告的變數是合法的敘述。

```
float num1, num2;          // 變數 num1 和 num2 皆宣告為 float
num1 = num2 = 25.235F; // 將變數 num1 和 num2 皆指派相同的值
```

歸納上列敘述，使用變數時所具備的基本屬性，表【3-7】做簡單歸納。

屬性	說明
名稱（name）	能在程式碼中予以識別。
資料型別（DataType）	決定變數值可存放的記憶體空間。
位址（Address）	存放變數的記憶體位址。
值（Value）	暫存於記憶體的資料，隨程式執行而改變。
生命週期（Lifetime）	變數值使用時的存活時間。
適用範圍（Scope）	宣告變數後能存取的範圍。

表【3-7】 變數的基本屬性

當變數被宣告後，皆有預設值，由表【3-8】做通盤了解。

資料型別	預設值
參考型別	null
結構（struct）	null
整數資料型別	0（零）
浮點數型別	0（零）
bool	False
字元型別（char）	'\0' (U+0000)

表【3-8】 資料型別的預設值

從 C# 7.1 開始，若編譯器可以判斷運算式中的資料型別時，可以使用 default 運算子來作為預設值運算式或預設常值兩種。下列情形中，可以使用 default 運算子：

- 變數被指派或初始化時。
- 方法中含有選擇性參數，設此參數的預設值。
- 做為運算式主體成員中的運算式。

如何使用 default 運算子撰寫程式碼？它能以資料型別為參數，產生預設值運算式。例一：

```
int number = default(int);
int isEmpty = default(bool);
```

◆ 回傳為「0」來說明 int 型別的預設值，而布林的預設值為 False。

使用「default」為運算子為預設常值，例二：

```
int number2 = default;
```

範例 《Ex0304.csproj》

利用變數取得輸入的值，以 default 敘述進行預設值運算式，而 Parse() 方法依指定型別轉換。

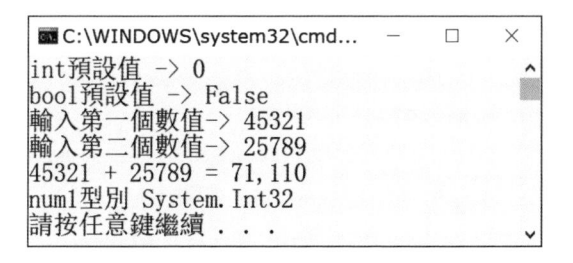

```
int預設值 -> 0
bool預設值 -> False
輸入第一個數值-> 45321
輸入第二個數值-> 25789
45321 + 25789 = 71,110
num1型別 System.Int32
請按任意鍵繼續 . . .
```

STEP 01 產生主控台應用程式專案「Ex0303.csproj」，要勾選「將解決方案與專案置於相同目錄中」，架構「.NET 5.0」；Main() 主程式撰寫如下程式碼。

```
01   using static System.Console; // 滙入靜態類別
02   static void Main(string[] args)
03   {
04       WriteLine($"int 預設值 -> {default(int)}");
05       WriteLine($"bool 預設值 -> {default(bool)}");
```

3-13

```
06        Write(" 輸入第一個數值 -> ");
07        Int num1 = int.Parse(ReadLine());
08        Write(" 輸入第二個數值 -> ");
09        Int num2 = int.Parse(ReadLine());
10        int result = num1 + num2;
11        WriteLine($"{num1} + {num2} = {(result):N0}");
12        WriteLine($"num1 型別 {num1.GetType()}");
13    }
```

STEP 02 建置、執行按【F5】鍵。

【程式說明】

- 第 4、5 行:使用 default 運算子為預設值運算式,以型別為參數,可以得知 int 預設值為「0」,bool 預設值是「false」。
- 第 7、9 行:使用 Parse() 方法把輸入的值由字串轉為 int 型別。
- 第 10 ~ 11 行:變數 result 儲存兩數相加的結果,以 WriteLine() 方法輸出時,設格式化字元「result:N0」,表示數值含有千位符號但不含小數。
- 第 12 行:由於是以 .NET 的資料型別為主,所以 GetType() 方法取得資料型別是「System.Int32」。

以實值型別來作為宣告對象,整數以 int 為主,實數則是 double 型別。若儲存空間小於 int 型別,會發生怎樣的大小事!例如把變數 num1、num2 以 short 型別宣告再相加,編譯器就會發出錯誤訊息!

```
short result = num1 + num2;
```
(區域變數) short num1
CS0266: 無法將類型 'int' 隱含轉換成 'short'。已存在明確轉換 (是否漏了轉型?)
顯示可能的修正 (Alt+Enter 或 Ctrl+.)

圖【3-4】 short 型別的數值無法直接運算

要如何處理?作法一:將兩個數值相加的結果,轉換為 short 型別;作法二:將儲存結果的變數宣告為 int,讓運算結果自動轉換為 int 型別。

```
short num1 = 300;
short num2 = 5_000;
short result = (short)(num1 + num2);   // 強迫轉換為 short 型別
int result2 = num1 + num2;             // 將變數 result2 宣告為 int
```

3.2.4 常數

某些情形下,希望應用程式於執行過程中數值變數的值維持不變,以常數(Constant)來代替是一個較好的方式。或許要思考這樣的問題:為什麼要使用常數?主要是避免程式碼的出錯。例如:有一個數值「0.000025」,運算時有可能打錯而導致結果錯誤,若以常數值處理,只要記住常數名稱即可,如此就能減少程式出錯的機率。

C# 程式語言中若有常數,須以關鍵字「const」為開頭,宣告常數的同時要給予初值,語法如下:

```
const 資料型別 常數名稱 = 常數值;
```

同樣地,常數名稱得遵守識別項的規範,以常數宣告圓周率 π,例一:

```
const double PI = 3.141596;
```

常數宣告後,可以參與常數運算式,例二:

```
public const int num1 = 5;
public const int num2 = num11 + 100;
```

此外,C# 10 能把不同的字串常數以字串插補方式來合併不同的字串常數,例三:

```
// 參考範例《Ex0305.csproj》
const string name = "Tomas";       // 字串常數
const string city = "Kaohsiung";   // 字串常數
const string work = $"{name} is currently working in {city}";
Console.WriteLine(work);
```

◆ 字串常數是 C# 10 新語法,配合 .NET 6.0,所以它無法在 .NET 5.0 使用。

範例《Ex0305.csproj》

把實數、字串宣告常數,將輸入坪數換算為平方公尺,使用常數運算式計算圓形面積;而字串常數配合字串插補輸出。

```
請輸入坪數:147
147坪 = 449.5113平方公尺
圓面積 -> 78.53975
Tomas is currently working in Kaohsiung
請按任意鍵繼續 . . .
```

STEP 01 產生主控台應用程式專案，架構「.NET 6.0」；撰寫如下程式碼。

```
01   using static System.Console;              // 滙入靜態類別
02   const float Square = 3.0579F;             // 換算單位宣告為常數
03   Write("請輸入坪數：");
04   float area = Convert.ToSingle(ReadLine());
05   WriteLine($"{area}坪 = {Square * area}平方公尺");
06   const float PI = 3.14159F;                // 宣告常數
07   const float Circular = PI * 25.0F;        // 常數運算式
08   WriteLine($"圓面積 -> {Circular}");
09   // 省略部份程式碼
```

STEP 02 建置、執行 按【Ctrl+F5】鍵；若無錯誤，輸入數值並按下【Enter】鍵做確認。

【程式說明】

- 第 2 行：宣告 Square 為常數並設常數值。
- 第 4 行：由於 ReadLine() 方法讀進來的是字串，必須以 Convert() 方法轉換為浮點數。
- 第 6、7 行：宣告 PI 值為常數，以常數運算式計算圓形面積。

3.2.5　型別可能含 Null 值

在 C# 8.0 之前，只有參考型別才允許有 Null。這樣的作法是為了避免發生意外狀況把程式碼擲回即可。參考圖【3-5】，我們回過頭來看看範例《Ex0205.csproj》中「Demo03.cs」檔案的第 9 行程式碼：

```
 9    string name = Console.ReadLine();
10    Console.Write("請輸入提款金額：");
```

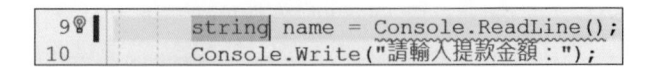

圖【3-5】 變更 name 可能含有 Null

當變數 name 宣告為 string 型別，透過 ReadLine() 方法接收從鍵盤輸人的資料，可以看到「Console.ReadLine()」敘述下方有綠色波形線條，它非錯誤訊息，但 Null 狀態分析發出了警告！因為它會去追蹤參考型別的 Null 狀態。藉由程式碼進行取值時所發出的 null 值警告，如圖【3-6】所示。

圖【3-6】 可能含有 null 的警告

什麼是「Null 狀態分析」？編譯器對於可含 null 值的變數會啟用靜態分析，並判斷所有參考型別變數的 null 狀態：

- **not-null**：靜態分析會判斷變數不含 null 值。
- **可能含 null**：靜態分析無法判斷指派的變數值是否有 null 值。

經過 Null 狀態分析，對於可能含有 null 值的變數，會發出警告或擲出 System.NullReferenceException。

宣告的變數若是數值型別，諸如 int、double 等型別，在未指派變數值之前，C# 允許我們使用含有 null 的實值型別。這意味著實值型別能隱含轉換成所對應為 null 的實值型別而儲存於堆積（Heap）中，當物件不再使用時，可以透過「資源回收機制」（Garbage Collection）讓系統自動清理。

有了初步認識之後，再看看圖【3-5】的第 9 行程式碼，如何把變數 name 的初值設為含有 null 值的型別？有兩種方式：

```
string? name = Console.ReadLine();    //1. 加入？運算子
var name = Console.ReadLine();        //2. 使用 var 做隱含型別宣告
```

◆ 表示變數 name 允許有 null 值。

第一種方式是使用「?」運算子，而第二種方式是以關鍵字做 var 來宣告隱含型別，它可以在方法區塊內使用，依據輸入的變數值來配置記憶體空間的大小。把滑鼠移近行號處的燈炮圖示，按右下角的 ▼ 鈕會展開清單，點選「使用明確類型，而非 var」項目所顯示的修正也說明使用「string?」或 var 做隱性型別宣告。

那麼數值變數呢！同樣使用「?」運算子配合型別的宣告，就能允許變數可能含有 nul 值：

```
int? num = 12;// 變數 nmu 可能含有 null 值，設初值為 12
if (num != null)// 判斷變數 num 非 null 值
   Console.WriteLine($"num = {num.Value}");// 輸出 12
else
   Console.WriteLine("num = null");
```

所以，當我們無法確認宣告變數的型別時，還可以進一步使用關鍵字「var」做隱含型別的宣告，例如：

```
var name = Console.ReadLine();
```

程式碼編譯時，會適時給變數 name 合宜的資料型別 String。依據微軟官方的說明文件，關鍵字「var」並非 variant 之意，只說明所宣告的對象是規定不嚴格的任意型別，執行時編譯器會依據判斷並指派最適當的資料型別。那麼，哪些情形下可以使用關鍵字「var」來宣告變數：

- 區域變數，指的是類別中所定義的成員方法範圍。
- for 或 foreach 迴圈中，初始化變數值；「for(var k = 1; k < 10; k++);」。
- 使用於 using 敘述，指的是讀、寫檔案時。

3.3 自訂型別與轉換

除了 Visual C# 提供的數值型別外，還能以列舉自訂常數值，或者以結構設定不同型別的資料。此外，我們已悄悄使用過型別的轉換，但還是瞧一瞧有那些型別轉換的作法。

3.3.1 列舉型別

什麼是列舉資料型別（Enumeration）？它提供一組名稱來取代相關整數的組合，使用 byte、short、int 和 long 為資料型別。定義的列舉成員可以將常數值初始化；語法如下：

```
enum EnumerationName [: 整數型別]
{
    成員名稱1 [ = 起始值],
    成員名稱2 [ = 起始值],
    . . .
}
```

- 宣告列舉常數值，必須以 enum 關鍵字為開頭。
- EnumerationName：列舉型別名稱，命名規則採 PascalCasing，也就是第一個英文字元要大寫。
- 列舉的資料型別只能以整數宣告；預設資料型別是 int。
- 列舉成員名稱之後，可指定常數值；若未指定，預設常數值由 0 開始。

通常在命名空間下定義列舉型別，方便於命名空間的存取；列舉時從「{」左大括號開始，「}」右大括號結束；列舉成員定義於區塊內。例一：

```
enum Season {spring, summer, autumn, winter};
```

- 表示列舉成員 spring 的值由「0」開始，依序遞增；所以「summer」是「1」；而「winter」是「3」。

例二：將東、西、南、北以列舉型別定義其常數值。

```
enum Location : byte
    {east  = 11, west  = 12, south = 13, north = 14};
```

- 將東、西、南、北以列舉型別來定義；並指定它的數值型別為 byte。

定義了列舉型別的成員之後，直接使用「列舉名稱.成員」來呼叫某個列舉成員。

```
Console.WriteLine("Location.east");         // 輸出 east
Console.WriteLine($"east={(byte)Location.east}"); // 輸出 11
```

利用已定義的列舉來產生變數名稱，認識它的相關語法：

```
EnumerationName 變數名稱;
變數名稱 = EnumerationName.列舉成員;
```

所以前述例子中，宣告了 Location 的列舉常數之後，直接使用列舉成員或者指派變數名稱才存取列舉型別的成員。

```
Location site;                          // 宣告列舉型別變數
site = Location.east;                   // 存取列舉型別
Location site = Location.east;          // 將兩行敘述合併成一行敘述
```

使用 enum 產生列舉區塊，可以利用「插入程式碼片段」功能。

操作《插入程式碼片段》

STEP 01 執行「編輯 > IntelliSense > 插入程式碼片段」指令。

STEP 02 展開程式碼片段；從清單中，滑鼠雙擊 ❶「Visual C#」項目，展開第二層清單，❷ 滑鼠雙擊「enum」項目，插入 enum 區塊。

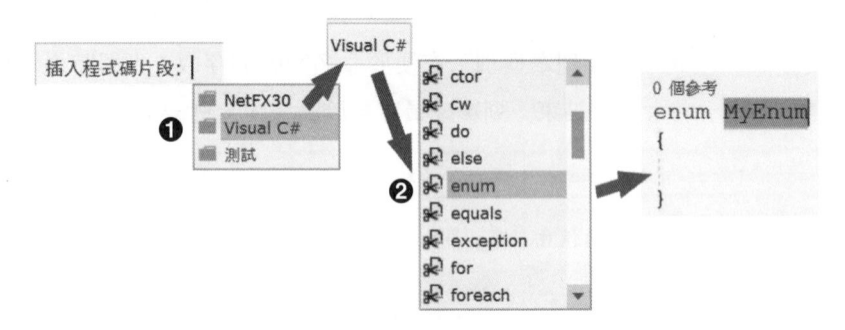

STEP 03 何處可宣告列舉？除了命名空間之下，還能在類別程式下宣告。

```
internal class Program
{
    0 個參考
    enum MyEnum...

    0 個參考
    static void Main(string[] args)
    {
```

範例《Ex0306.csproj》

先定義列舉 City 並產生相關成員，在 Main() 主程式中存取列舉成員。

```
城市：Kaohsiung, Tainan
新竹、台中的郵遞區號：300, 400
Kaohsiung 郵遞區號：800
請按任意鍵繼續 . . .
```

STEP 01 產生主控台應用程式專案，架構「.NET 5.0」。

STEP 02 命名空間「Ex0306」下宣告 enum，除了「插入程碼片段」外，先輸入 enum 關鍵字，按兩次 Tab 鍵產生相關敘述的區塊，再修改 enum 的名稱（預設是 MyEnum）；定義列舉 City 相關成員。

```
 4  namespace Ex0306
 5  {
 6      //step1.宣告列舉型別常數值
        7 個參考
 7      enum City : short    //各城市的郵遞區號
 8      {
 9          Taipei = 100,
10          Sinjhu = 300,
11          Taijhong = 400,
12          Tainan = 700,
13          Kaohsiung = 800
14      }
```

STEP 03 若宣告的 enum 無誤，按下「.」(dot) 運算子時會列出 enum 成員，移動方向鍵做選取，呈反白狀態，按 Enter 或空白鍵可將列舉成員加入程式碼。

```
zone2 = City.
              ★ Tainan
              Kaohsiung
              Sinjhu
              Taijhong
              Tainan
              Taipei
```

STEP 04 Main() 主程式撰寫如下程式碼。

```
01  using static System.Console;      // 滙入靜態類別
02  static void Main()
03  {
04      City zone1, zone2;             //step2.宣告列舉變數
05      short pt1, pt2;
06      zone1 = City.Kaohsiung;        //step3.存取列舉成員
07      zone2 = City.Tainan;
08      pt1 = (short)City.Sinjhu;      // 輸出常數值須指定型別轉換
09      pt2 = (short)City.Taijhong;
10      WriteLine($"城市：{zone1}, {zone2}");
11      WriteLine($"新竹、台中的郵遞區號：{pt1}, {pt2}");
12  }
```

STEP 05 建置、執行，按【Ctrl+F5】鍵。

【程式說明】

- 第 4、5 行：宣告列舉變數 zone1、zone2 和數值變數 pt1、pt2 來分別存取列舉型別 City 的成員。
- 第 6、7 行：以列舉變數存取列舉型別成員。
- 第 8、9 行：一般變數存取列舉成員時，成員要依其型別轉換為 short，此處使用明確型別轉換，請參考章節《3.3.3》。
- 第 10～11 行：輸出 enum 成員時，列舉變數只會取得成員名稱來輸出；一般變數會輸出所定義的常數值。

3.3.2 結構

儲存資料時，會碰到的狀況是資料可能由不同的資料型別所組成。例如，學生註冊時，要有姓名、入學日期，繳交的費用⋯等。以「使用者自訂型別」(User Defined Type) 的觀點來看待，「結構」(Structure) 可符合上述需求，組合不同型別的資料項目。語法如下：

```
[AccessModifier] struct 結構名稱
{
    資料型別 成員名稱1;
    資料型別 成員名稱2;
}
```

- AccessModifier：存取修飾詞，設定結構存取範圍，包含 public、private 等。
- 必須以關鍵字 struct 定義結構，大括號 {} 表示結構的開始和結束。
- 結構名稱：命名規則採 PascalCasing，也就是第一個英文字元要大寫。
- 每一個結構成員，依據需求定義不同的資料型別。

完成定義的結構是一種「複合資料型別」。要使用結構型別的成員，還得建立結構變數才能使用，語法如下：

```
結構型別 結構變數名稱;
結構變數名稱.結構成員;
```

- 存取結構成員，同樣要做用「.」(Dot) 運算子。

範例 《Ex0307.csproj》

先宣告結構 Computer，再以結構變數對其成員進行存取。

```
C:\WINDOWS\system32\cmd...    —    □    ×
電腦價格 NT$28,340
製造日期 2021年12月21日
序號 ZCT-20211221309A
請按任意鍵繼續 . . .
```

STEP 01 主控台應用程式專案，名稱「Ex0307」，架構「.NET 5.0」，於此命名空間下，撰寫結構程式。

```
namespace Ex0307
{
    //step1.宣告結構
    1 個參考
    struct Computer
    {
        //價格price, 序號serial, 製造日期madeDate
        public int price;
        public string serial;
        public DateTime madeDate;
    }
```

步驟說明

列舉和結構的識別名稱，第一個英文字元必須大寫，不然系統會發出警告訊息。

```
struct computer
```
> struct Ex0307.computer
> IDE1006: 違反命名規則: 這些字組必須包含大寫字母: computer
> 顯示可能的修正 (Alt+Enter 或 Ctrl+.)

STEP 02 Main() 主程式撰寫如下程式碼。

```
01   using static System.Console;        // 滙入靜態類別
11   static void Main()
12   {
13       Computer personPC;                // 產生結構變數
14       personPC.price = 23_750;
15       personPC.madeDate = DateTime.Today;
16       personPC.serial = "ZCT-20211221309A";
17       WriteLine($" 電腦價格 {personPC.price:c0}" +
```

```
18              $"\n 製造日期 {personPC.madeDate:D}" +
19              $"\n 序號 {personPC.serial}");
20     }
```

STEP 03 建置、執行,按【Ctrl+F5】鍵。

【程式說明】

- 第 13 行,產生一個結構變數 personPC,利用它存取結構成員。
- 第 14 ～ 16 行,利用結構變數設定成員的初值,使用「.」(dot) 運算子做成員存取;「DateTime.Today」能取得今天日期,再指派給結構成員 madeDate。
- 第 17 ～ 19 行:輸出結構變數的值,price 之後「c0」會以貨幣加上千位分號來輸出;madeDate 取得系統目前的日期,「D」表示只輸出日期。

> **TIPS**
>
> 對於 C# 來說,如何把程式碼斷行?只要有括號,有逗點,就可以將敘述拆成兩行。使用字串插補,把字串斷行時以「+」字元做串接。
>
> ```
> WriteLine($" 價格 -{personPC.price:C}" +
>           $"\n 製造日期:{personPC.madeDay:D}" +
>           $"\n 序號:{personPC.serial}");
> ```

C# 10 也對結構做了調整,就以範例《Ex0307.csproj》修改程式碼:

```
// 參考範例《Ex0307_N6.csproj》
Computer personPC = new();//step2. 定義結構變數
WriteLine($" 電腦價格 {personPC.Price:c0}" +
          $"\n 製造日期 {personPC.madeDate:D}" +
          $"\n 序號 {personPC.Serial}");
struct Computer      //step1. 宣告結構
{
   //C#10, 產生結構欄位價格 price, 序號 serial, 製造日期 madeDate
   public int Price = 35_288;
   public string Serial = "ZCT-20211221309B";
   public DateTime madeDate = DateTime.Today;
}
```

- 由於使用上層敘述,名稱空間被隱藏,所以先宣告結構,然後在結構的上方再產生結構變數。
- 宣告結構的當下,針對結構成員設定初值。

當然，C# 10 也允許結構以接近於定義類別的方式，建立結構：

```
// 參考範例《Ex0307_N6.csproj》
struct Person    // 接近於 class 撰寫方式
{
   public int Order { get; set; }
   public string Name { get; set; }
   public DateTime Make { get; set; }
   public Person()// 建構函式設定初值
   {
      Order = 36_733;
      Name = "張小風";
      Make = DateTime.Now;
   }
}
```

- 有關於類別的程式碼撰寫請參考第六章（Chapter 6）。

3.3.3 隱含型別轉換

「資料型別轉換」（Type Conversion）就是將 A 資料型別轉換為 B 資料型別。不過，什麼情況下會需要型別轉換？例如，運算的資料可能同時擁有整數和浮點數；另外一種常見的情形就是範例《Ex0306》的敘述：

```
pt1 = (short)City.Sinjhu;
```

- 將列舉常數以轉換運算子 () 轉為 short 型別。

「隱含型別轉換」是指程式在執行過程，依據資料的作用，自動轉換為另一種資料型別。不同型別之間要如何轉換？透過圖【3-7】說明轉換原則。

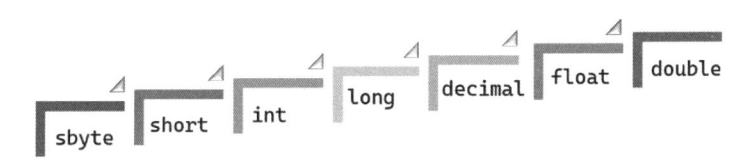

圖【3-7】 含有正、負值的型別轉換

當資料含有正負值時，圖【3-7】最左邊的「sbyte」是空間最小的資料型別，最右邊的「double」是最大空間。由左邊的小空間向右轉換成大空間是「擴展轉換」；「縮小轉換」則是由右邊的大空間向左換成小空間，有可能造成儲存值的流失。例如，資料型別為「long」的變數，轉換成 decimal、float 或 double 皆為「擴

展轉換」，轉換為 int、short、sbyte，可能會因溢流現象（overflow）造成資料的流失。

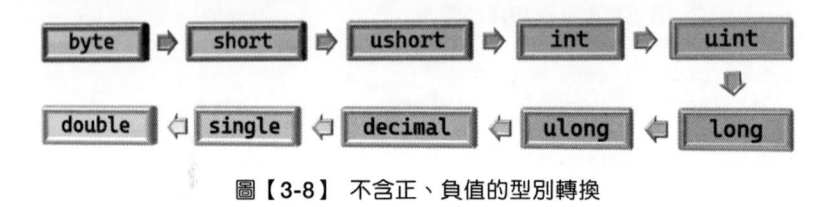

```
byte → short → ushort → int → uint
                                  ↓
double ← single ← decimal ← ulong ← long
```

圖【3-8】 不含正、負值的型別轉換

資料轉換，除了原有的正、負值外還得加上其他不含負值的正整數，如圖【3-8】所示：byte 是空間最小的資料型別，double 是最大空間。「擴展轉換」是由 byte 依箭頭方向轉換至大空間；「縮小轉換」則是由 double 大空間依箭頭反方向換成小空間，有可能造成儲存值的流失。例如，資料型別為「uint」的變數，轉換成 long、ulong、decimal、float 或 double 皆為「擴展轉換」，轉換為 int、ushort、short、byte，可能會因溢流現象（overflow）造成資料的流失。更明確的作法，藉由表【3-9】說明。

型別	可以自動轉換的型別
sbyte	short、int、long、float、double 或 decimal
byte	short、ushort、int、unit、long、ulong、float、double 或 decimal
short	int、long、float、double 或 decimal
ushort	int、uint、long、ulong、float、double 或 decimal
int	long、float、double 或 decimal
uint	long、ulong、float、double 或 decimal
long	float、double 或 decimal
char	ushort、int、unit、long、ulong、float、double 或 decimal
float	double
ulong	float、double 或 decimal

表【3-9】 隱含型別轉換

範例 《Ex0308.csproj》

型別自動轉換。依據小空間換大空間的做法，讓 int 自動轉換為 float 型別；另一個作法是 int 自動轉換為 long 型別。

Chapter 03 資料與變數

```
C:\WINDOWS\system32\cmd...   —   □   ×
125 + 64.78 = 189.78
num3的資料型別System.Int64
請按任意鍵繼續 . . .
```

STEP 01 產生主控台應用程式專案，架構「.NET 5.0」。

STEP 02 更改主控台應用程式專案的 Program.cs；❶ 先直接把 Program 更改為「AutoChange」，再移向行號的提示鈕 ❷ 按右下角▼鈕，從下拉清單，❸ 選取「將 'Program' 重新命名為 'AutoChange'」。

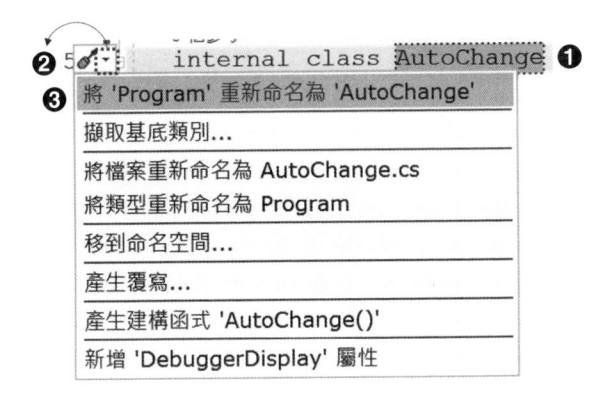

```
❷ 5        internal class AutoChange  ❶
  ❸ 將 'Program' 重新命名為 'AutoChange'
    擷取基底類別...
    將檔案重新命名為 AutoChange.cs
    將類型重新命名為 Program
    移到命名空間...
    產生覆寫...
    產生建構函式 'AutoChange()'
    新增 'DebuggerDisplay' 屬性
```

STEP 03 Main() 主程式撰寫如下程式碼。

```
01   using static System.Console;      // 滙入靜態類別
02   static void Main(string[] args)
03   {
04       int num1 = 125;
05       float num2 = 64.78F;
06       float result = num1 + num2;   //num1 自動轉換為 float
07       int num3 = 209_548_3647;
08       long bigNum = num3;           //int 自動轉為 long 型別
09       WriteLine($"{num1} + {num2} = {result}");
10       WriteLine($"num3 的資料型別 {bigNum.GetType()}");
11   }
```

STEP 04 建置、執行，按【Ctrl+F5】鍵。

【程式說明】

- 第 4、5 行：變數 num1 為 int 型別，變數 num2 為 float 型別。

3-27

- 第 6 行：將兩個變數相加，其中的 num1 會自動轉換為 float 型別，表示它由小空間換成大空間，資料並無遺失之慮。
- 第 8、10 行：原是 int 型別的變數 num3 指派給 long 型別，再以方法 GetType() 取得是自動轉換後的型別。

3.3.4 明確型別轉換

系統的「隱含型別轉換」能減輕編寫程式碼的負擔，相對地，有可能會讓資料的型別不明確，或者轉換成錯誤的資料型別；為了降低程式的錯誤，資料明確地「轉型」(Cast) 有其必要性。轉型是明確地告知編譯器欲轉換的型別。若是「縮小轉換」有可能造成資料遺失。進行型別轉換時有三種方式：

(1) 使用轉換運算子 ()（括號）。
(2) 利用 Prase() 方法。
(3) 以 Convert 類別提供的方法做轉換。

轉換型別時，在變數或運算式前以轉換運算子「()」指明欲轉換的型別，語法如下：

```
變數 = (欲轉換型別) 變數或運算式；
```

這種明確型別轉換的作法在前面的範例皆使用過：

```
pt2 = (short)City.Taijhong;
```

- 利用轉換運算子 () 將取得的資料轉為 short 型別。

型別轉換的第二種作法是指定欲轉換的資料型別，再利用 Parse() 方法，語法如下：

```
數值變數 = 資料型別.Parse(字串);
```

- Parse() 方法轉換型別時，以 C# 程式語言的資料型別為主。

主控台應用程式中，ReadLine() 方法讀進的資料是字串，透過 Parse() 方法轉換成指定的數值型別，簡例如下：

```
area = float.Parse(Console.ReadLine());
```

- 以 Parse() 方法轉換 float 型別，再指定給 area 變數，進行下一個敘述。

範例 《Ex0309.csproj》

把輸入的整數值，以 Parse() 方法由字串轉換為 int 型別；在運算過程型再自動轉換為 double 型別。

```
■ C:\WINDOWS\system32\cm...   —   □   ×
請輸入公斤：49
49公斤 = 108.0264磅
請按任意鍵繼續 . . .
```

STEP 01 產生主控台應用程式專案，架構「.NET 5.0」，Main() 主程式撰寫如下程式碼。

```
01   using static System.Console; // 滙入靜態類別
02   static void Main()
03   {
04      const double Pound = 2.20462D;// 常數
05      Write("請輸入公斤：");
06      int weight = int.Parse(ReadLine());
07      WriteLine($"{weight}公斤 = {weight * Pound}磅");
08   }
```

STEP 02 建置、執行，按【Ctrl+F5】鍵；若無錯誤輸入數值做單位換算。

【程式說明】

- 第 4 行：宣告 Pound 為常數並設常數值。
- 第 6 行：由於 ReadLine() 方法讀取的值是字串，須以 Parse() 方法轉換為 int，再指定給 weight 變數。
- 第 7 行：變數 weight 雖宣告為 int，經過運算後，已由 int 自動轉換為 double。

利用 Convert 類別提供的方法將運算式轉換為相容的型別，它的方法以 .NET 的資料型別為主；表【3-10】針對字串部份列示其方法。

C# 型別	Convert 類別方法	C# 型別	Convert 類別方法
decimal	ToDecimal(String)	float	ToSingle(String)
double	ToDouble(String)	short	ToInt16(String)
int	ToInt32(String)	long	ToInt64(String)
ushort	ToUInt16(String)	uint	ToUInt32(String)
ulong	ToUInt64(String)	DateTime	ToDateTime(String)

表【3-10】 Convert 類別提供的方法

Convert 類別還可以配合其他型別做資料格式的轉換。範例以 ToDateTime() 方法，將讀取字串轉為日期格式。ToDateTime() 方法的語法如下：

```
DateTime 物件 = Convert.ToDateTime(字串);
```

- DateTime 結構用來處理日期和時間。

範例《Ex0310.csproj》

使用結構 DateTime 配合 Convert 類別，把字串轉換成 DateTime，或者把 DateTime 結構轉為字串輸出。

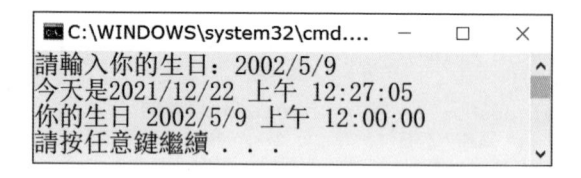

```
C:\WINDOWS\system32\cmd....
請輸入你的生日：2002/5/9
今天是2021/12/22 上午 12:27:05
你的生日 2002/5/9 上午 12:00:00
請按任意鍵繼續 . . .
```

STEP 01 產生主控台應用程式專案，架構「.NET 5.0」，Main() 主程式撰寫如下程式碼。

```
01  using static System.Console; // 滙入靜態類別
02  static void Main()
03  {
04      Write("請輸入你的生日：");
05      string birth = ReadLine(); // 讀取日期
06      DateTime special = Convert.ToDateTime(birth);
07      DateTime Atonce = DateTime.Now;
08      string thisDay = Convert.ToString(Atonce);
09      WriteLine($" 今天是 {thisDay} \n 你的生日 {special}");
10  }
```

STEP 02 建置、執行 按【Ctrl+F5】鍵；若無錯誤輸入正確格式的日期。

【程式說明】

- 第 5、6 行：ReadLine() 方法讀取輸入字串後，指定給 birth 變數儲存。Convert 類別的 ToDateTiem() 方法將讀取的資料轉為日期後，指定給 special 物件存放。
- 第 7、8 行：以 DateTime 結構的屬性 Now 來取得目前的日期和時間，再以其物件儲存，呼叫 Convert 類別的 ToString() 方法轉為字串來輸出。

- 要注意的是執行時輸入的日期格式，必須是「1982/5/26」。不能輸入「19820506」，編譯器會認為是數字而丟出錯誤訊息，說明輸入的資料格式不對。

```
C:\WINDOWS\system32\cmd.exe
請輸入你的生日：19820506
Unhandled exception. System.FormatException: String '19820506' was not recognized as a valid DateTime.
   at System.DateTimeParse.Parse(ReadOnlySpan`1 s, DateTimeFormatInfo dtfi, DateTimeStyles styles)
   at System.Convert.ToDateTime(String value)
   at Ex0310.Program.Main(String[] args) in D:\C#2022\CH03\Ex0310\Program.cs:line 18
請按任意鍵繼續 . . .
```

3.4 運算子

程式語言中，經由運算產生新值，而運算式（Expression）是運算元和運算子結合而成。「運算元」（Operand）是被運算子處理的資料，包含變數、常數值等；「運算子」（Operator）指的是運用一些數學符號，例如＋（加）、－（減）、＊（乘）、/（除）等；運算子會針對特定的運算元進行處理程序，如下敘述。

```
total = A + (B * 6);
```

上述運算式中，運算元包含了變數 total、A、B 和數值 6。＝、＋、()、＊ 則是運算子。運算式可由多個運算元配合運算子來組成；若運算子只使用一個運算元，稱「一元」（Unary）運算子，兩個運算元就是「二元」（Binary）運算子；「?:」則是 C# 程式語言中唯一的三元運算子。C# 究竟提供那些運算子？概分下述幾項。

- **算術運算子**：使用於數值計算。
- **指定運算子**：簡化加、減、乘、除的運算子。
- **關係運算子**：比較兩個運算式，並傳回 true 或 false 的比較結果。
- **邏輯運算子**：使用於流程控制，將運算元做邏輯判斷。

要注意的地方是「＝」（等號）運算子的作用是『指派、設定為』，而不是數學式中「相等」的作用。最常見的作法就是把等號右邊的數值指定給等號左邊的變數使用。

3.4.1 算術運算子

算術運算子用來執行加、減、乘、除的計算,有一元和二元兩種運算子,對於所有的整數和浮點數皆可運算,表【3-11】簡介使用的運算子。

運算子		簡例	說明
一元	+	+645	表明數值為正數。
一元	-	-645	表明數值為負數。
一元	++	++A、A++	遞增運算子,置運算子之前或之後。
一元	--	--A、A--	遞減運算子,置運算子之前或之後。
二元	+	x=20+30	兩個運算元 25、32 相加。
二元	-	x=45-20	將兩個運算元相減。
二元	*	x=25*36	將兩個運算元相乘。
二元	/	x=50/5	將兩個運算元相除。
二元	%	x=20%3	相除後取所得餘數,x = 2。

表【3-11】 算術運算子

運算式中有多個運算子時,秉持的原則就是「由左而右,先乘除後加減,有括號優先」。一元運算子的用法較為特殊,它可以配合加、減運算子,形成遞增或遞減運算子,下列敘述做簡單示範。

```
int num1 = 5; int num2 = 10;
++num1;// 遞增運算子:表示運算元本身會自行加 1
--num2;// 遞減運算子:表示運算元本身會自行減 1
```

使用遞增或遞減運算子時,運算子放在運算元前,稱「前置」運算;運算子放在運算元之後,即是「後置」運算。以遞增運算子做運算,例一:

```
// 參考範例《Ex0311.csproj》
int num1 = 10, num2 = 20;
WriteLine($"num1 = {num1}, num2 = {num2}");
// 遞增運算子做前置運算,num1 本身加 1,再與 num2 運算
WriteLine($" 前置運算, {++num1} + {num2} = {num1 + num2}");
// 遞增運算子做後置運算,先與 num2 運算,num1 本身再加 1
WriteLine($"num1 = {num1}, num2 = {num2}");
WriteLine($" 後置運算, {num1} + {num2} = {num1++ + num2}"
        + $" num1 = {num1}");
```

- num1 做前置運算，自己本身先加 1，再與 num2 做運算。
- num1 做前置運算，先與 num2 做運算，再自己本身加 1。

```
num1 = 10, num2 = 20
前置運算, 11 + 20 = 31
num1 = 11, num2 = 20
後置運算, 11 + 20 = 31, num1 = 12
請按任意鍵繼續 . . .
```

以遞增運算子做運算，例一：

```
// 參考範例《Ex0311.csproj》
num1 = 10; num2 = 20;
WriteLine($"num1 = {num1}, num2 = {num2}");
// 遞減運算子做前置運算, num1 本身減 1, 再與 num2 運算
WriteLine($" 前置運算, {--num1} - {num2} = {num1 - num2}");
// 遞減運算子做後置運算, 先與 num2 運算, num1 本身再減 1
WriteLine($"num1 = {num1}, num2 = {num2}");
WriteLine($" 後置運算, {num1} - {num2} = {num1-- - num2}"
        + $", num1 = {num1}");
```

- num1 做後置運算，自己本身先減 1，再與 num2 做運算。
- num1 做後置運算，先與 num2 做運算，再自己本身減 1。

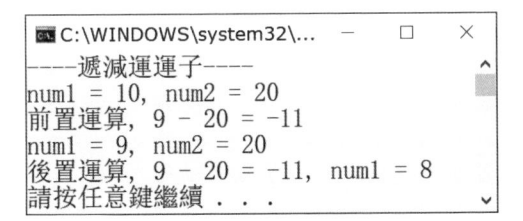

```
-----遞減運運子-----
num1 = 10, num2 = 20
前置運算, 9 - 20 = -11
num1 = 9, num2 = 20
後置運算, 9 - 20 = -11, num1 = 8
請按任意鍵繼續 . . .
```

範例《Ex0312.csproj》

宣告兩個整數值，做基本運算的加、減、乘、除、取餘數運算。其中的除法運算，若為整數，所得商數就是整數，得進一步將其中整數明確轉換成浮點數，所得商數才是浮點數。

```
32667 + 7536 = 40203
32667 - 7536 = 25131
32667 * 7536 = 246178512
整數除法-> 32667 / 7536 = 4
浮點數除法 -> 32667 / 7536 = 4.33479
32667 % 7536 = 2523
請按任意鍵繼續 . . .
```

3-33

STEP 01 產生主控台應用程式專案，架構「.NET 5.0」，Main() 主程式撰寫如下程式碼。

```
01   using static System.Console; // 滙入靜態類別
02   static void Main()
03   {
04      int num1 = 32_667, num2 = 7_536;
05      // 兩數相除，將變數 num2 轉為 float 型別
06      float result = (float)num1 / num2;
07      WriteLine($"{num1} + {num2} = {(num1 + num2):n0}");
08      WriteLine($"{num1} - {num2} = {(num1 - num2):n0}");
09      WriteLine($"{num1} * {num2} = {(num1 * num2):n0}");
10      WriteLine($" 整數除法 -> {num1}/{num2} = {num1/num2}" +
11         $"\n 浮點數除法 -> {num1} / {num2} = {result:f5}");
12      WriteLine($"{num1} % {num2} = {(num1 % num2)}");
13   }
```

STEP 02 建置、執行，按【Ctrl+F5】鍵。

【程式說明】

- 第 6 行：兩數相除不一定會整除，將變數 num1 轉換 float 型別，也把儲存運算結果的 result 變數宣告為 float 型別，才能取得含有小數的運算結果。
- 第 11 行：WriteLine() 方法輸出的資料會有 5 位小數。

3.4.2　指派運算子

指派運算子用來簡化加、減、乘、除的運算式；例如，將兩個運算元相加，敘述如下：

```
int num1 = 25;
int num2 = 30;
num1 = num1 + num2;    // 可以使用指派運算子簡化敘述
num1 += numb2;
```

原本是 num1 與 num2 相加後，再指定給 num1 變數儲存，透過指派運算子可簡化敘述。有那些指派運算子？表【3-12】列舉之。

運算子	簡例	說明
=	op1 = op2	將運算元 op2 指定給變數 op1 儲存。
+=	op1 += op2	op1、op2 相加後，再指定給 op1。
-=	op1 -= op2	op1、op2 相減後，再指定給 op1。
*=	op1 *= op2	op1、op2 相乘後，再指定給 op1。
/=	op1 /= op2	op1、op2 相除後，再指定給 op1。
%=	op1 %= op2	op1、op2 相除後，所得餘數指定給 op1。

表【3-12】 指運算子

範例《Ex0313.csproj》

使用指派運算子，讓兩個運算元的加、減、乘、除、餘數更簡單些。

```
num1 = 52, num2 = 123788.66
num1 += num2, num1 = 123,840.656
num1 -= num2, num1 = 52.000
num1 *= num2, num1 = 6,437,010.000
num1 /= num2, num1 = 2,380.55103
num1 %= num2, num1 = 40.551
請按任意鍵繼續 . . .
```

STEP 01 產生主控台應用程式專案，架構「.NET 5.0」，Main() 主程式撰寫如下程式碼。

```
01  using static System.Console; // 滙入靜態類別
02  static void Main()
03  {
04     float num1 = 52.00F;
05     float num2 = 123_788.655F;
06     WriteLine($"num1 = {num1}, num2 = {num2}");
07     WriteLine($"num1 += num2, num1 = {num1 += num2:n3}");
08     WriteLine($"num1 -= num2, num1 = {num1 -= num2:n3}");
09     WriteLine($"num1 *= num2, num1 = {num1 *= num2:n3}");
10     // 重設變數 num1、num2 的值
11     num1 = 123_788.655F; num2 = 52.0F;
12     WriteLine($"num1 /= num2, num1 = {num1 /= num2:n5}");
13     WriteLine($"num1 %= num2, num1 = {num1 %= num2:n3}");
14  }
```

STEP 02 建置、執行，按【Ctrl+F5】鍵。

【程式說明】

- 第 6 ～ 13 行：將變數 num1、num2 做運算，再以指派運算子指派給變數 num1 儲存其結果。

3.4.3 比較運算子

關係運算子用來比較兩邊的運算式，包含字串、數值等，再回傳 true 或 false 的結果，通常會應用於流程控制中，透過表【3-13】來認識它們。

運算子	簡例	結果	說明（op1 = 20, op2 = 30）
==	op1 == op2	false	比較兩個運算元是否相等。
>（大於）	op1 > op2	false	op1 是否大於 op2。
<（小於）	op1 < op2	true	op1 是否小於 op2。
>=（大於或等於）	op1 >= op2	false	op1 是否大於或等於 op2。
<=（小於或等於）	op1 <= op2	true	op1 是否小於或等於 op2。
!=（不等於）	op1 != op2	true	op1 是否不等於 op2。

表【3-13】 關係運算子

範例《Ex0314.csproj》

使用比較運算子來比較兩個運算式，依所得結果回傳 True 或 False 之布林值。

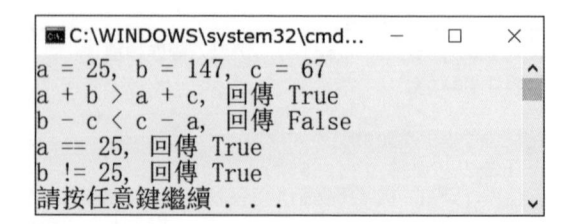

```
a = 25, b = 147, c = 67
a + b > a + c, 回傳 True
b - c < c - a, 回傳 False
a == 25, 回傳 True
b != 25, 回傳 True
請按任意鍵繼續 . . .
```

STEP 01 產生主控台應用程式專案，架構「.NET 5.0」，Main() 主程式撰寫如下程式碼。

```
01   using static System.Console; // 滙入靜態類別
02   static void Main()
03   {
04       int a = 25, b = 147, c = 67;
05       WriteLine($"a = {a}, b = {b}, c = {c}");
```

```
06      bool result = (a + b) > (a + c);
07      WriteLine($"a + b > a + c, 回傳 {result}");
08      result = (b - c) < (c - a);
09      WriteLine($"b - c < c - a, 回傳 {result}");
10      result = a == 25;
11      WriteLine($"a == 25, 回傳 {result}");
12      result = b != 25;
13      WriteLine($"b != 25, 回傳 {result}");
14    }
```

STEP 02 建置、執行，按【Ctrl+F5】鍵。

【程式說明】

- 第 6 行：變數「a + b」的結果確實大於「a + c」，所以回傳 True。
- 第 10 行：變數 a 是否等於數值 25，運算子使用「==」，25 確實等於 25 所以回傳 True。
- 第 12 行：變數 b 是否不等於數值 25，運算子使用「!=」，147 確實不等於 25 所以回傳 False。

3.4.4 邏輯運算子

程式的控制流程要做邏輯判斷時，Visual C# 提供邏輯運算子；以布林值為主的兩個運算式之間做邏輯判斷，也能與關係運算子合用，回傳「真 (true)」與「假 (false)」兩種值。邏輯運算子概分三種：

- 一元運算子：邏輯否定運算子「!」把布林值做反相運算。
- 二元邏輯運算子：包含 &(and)、|(or)、^(xor) 運算子，針對運算元做邏輯判斷。
- 二元條件邏輯運算子：&&(條件式邏輯 AND)、||(條件式邏輯 OR 運算子。

先認識它使用的語法：

結果 = 運算式 1 邏輯運算子 運算式 2

先認識邏輯運算子，表【3-14】列示說明。

運算子	運算元1	運算元2	結果	說明
一元！	true		false	!op1 反相後 false。
	false		true	!op1 反相後 true。
&（and）	true	true	true	兩個運算元為 true，得 true。
|（or）	true	false	true	當中有一項為 true，得 true。
^（xor）	true	true	false	xor 亦稱邏輯互斥 or 運算子。
	true	false	true	
	false	true	true	
	false	false	false	

表【3-14】 邏輯運算子

將運算元進行條件邏輯判斷，回傳 True 或 False 的結果，表【3-15】做說明。

運算子	運算式1	運算式2	結果	說明
&&（且）	true	true	true	兩邊運算式為 true 才會回傳 true。
	true	false	false	
	false	true	false	
	false	false	false	
||（或）	true	true	true	只要一邊運算式為 true 就會回傳 true。
	true	false	true	
	false	true	true	
	false	false	false	

表【3-15】 邏輯運算子

邏輯運算子如何運作？通常採取「快捷運算」(Short-circuit evaluation) 作法：

- **&&(AND) 運算**：運算式1以 false 回傳，就不會繼續對運算式2做判斷。
- **||(OR) 運算**：運算式1若回傳 true，就不會繼續對運算式2做判斷。

範例《Ex0315.csproj》

使用邏輯運算子或邏輯條件運算子，取得左、右兩邊運算元的比較結果後，再以布林值回傳。

```
C:\WINDOWS\system32\cmd....    —    □    ×
a = 25, b = 55, c = 147, d = 223
AND: (a < b) && (c > d) = False
OR:  (a > b) || (c < d) = True
XOR: (a > b) ^  (c < d) = True
!(a > b) = True
請按任意鍵繼續 . . .
```

> **STEP 01** 產生主控台應用程式專案,架構「.NET 5.0」,Main() 主程式撰寫如下程式碼。

```
01    using static System.Console; // 滙入靜態類別
02    static void Main()
03    {
04        int a = 25, b = 55, c = 147, d = 223;
05        //&& 運算子需兩邊的運算式都成立才會回傳 true
06        WriteLine($"a = {a}, b = {b}, c = {c}, d = {d}");
07        bool result = (a < b) && (c > d);
08        WriteLine($"AND: (a < b) && (c > d) = {result}");;
09        result = (a > b) || (c < d);
10        WriteLine($"OR: (a > b) || (c < d) = {result}");
11        result = (a > b) ^ (c < d);
12        WriteLine($"XOR: (a > b) ^ (c < d) = {result}");
13        result = !(a > b);
14        WriteLine($"!(a>b) = {result}");
15    }
```

【程式說明】

- 第 7 行:變數 a 的值大於變數 b,而變數 c 的值也未大於變數 d,所以只有右邊的運算式成立,使用 && 運算子會以 false 回傳。
- 第 9 行:|| 運算子只要一邊的運算式成立就會回傳 true,而變數 a 之值沒有大於 b;變數 c 的值確實小於變數 d,只有右邊運算式成立,回傳 true。
- 第 11 行:^ 運算子做 xor 運算,左邊運算式不成立(false),而右邊運算式成立(true),所以回傳 true。
- 第 13 行:! 運算子做反相運算,a 沒有大於 b,回傳 false,反相後變成 true。

3.4.5 運算子的優先順序

當運算式中有不同運算子,就得考量運算子的優先順序,採用原則如下:

- 算術運算子的優先順序會高於關係運算子、邏輯運算子。

- 比較運算子的優先順序都相同,且高於邏輯。
- 優先順序相同的運算子,依據運算式的位置由左至右執行。

運算子的優先順序,透過表【3-16】簡列。

優先順序	運算子	運算次序
1	() 括號、[] 註標	由內而外
2	+(正號)、-(負號)、!、++、--	由內而外
3	*、/、%	由左而右
4	+(加)、-(減)	由左而右
5	<、>、<=、>=	由左而右
6	==、!	由左而右
7	&&	由左而右
8	||	由左而右
9	?:	由右而左
10	=、+=、-=、*=、/=、%=	由右而左

表【3-16】 運算子的優先順序

重點整理

- Visual C# 是一種強型別語言,在 CTS(Common Type System)下共有二種資料型別:實值型別和參考型別。
- 含有負數的整數型別,有:sbyte、short、int、long;另外則是不含負值的整數型別:byte、ushort、uint、ulong。
- 浮點數資料型別有 float 和 double。其他資料型別有:bool、char、decimal 和列舉(enum)和結構(struct)。
- 識別項命名規則(Rule):① 不可使用 C# 關鍵字;② 第一個字元使用英文字母或底線「_」字元;③ 名稱中的其他字元可以包含英文字元、十進位數字和底線; 名稱長度不可超過 1023 個字元。
- 變數的基本屬性有:名稱(Name)、資料型別(DataType)、位址(Address)、值(Value)、生命週期(Lifetime)、可視範圍(Scope)。
- 列舉資料型別(Enumeration)提供一組名稱來取代相關整數的組合,使用 byte、short、int 和 long 為資料型別;定義的列舉成員可以將常數值初始化。
- 結構(structure)可以在宣告範圍內組成不同型別的資料項目。
- 「隱含型別轉換」是指程式在執行過程,依據資料的作用,自動轉換為另一種資料型別。
- .NET 亦提供明確型別轉換,例如 ToString()、Parst() 方法,或者使用 Convert 類別來轉換型別資料。
- 算術運算子用來執行加、減、乘、除的計算;指派運算子則用來簡化加、減、乘、除運算式。
- 關係運算子用來比較兩邊的運算式,包含字串、數值等,再回傳 true 或 false 的結果,通常會應用於流程控制中。
- Visual C# 提供邏輯運算子;在兩個運算式之間進行關係判斷,也能與關係運算子合用,回傳「真(true)」與「假(false)」兩種值。

MEMO

流程控制 04

學｜習｜導｜引

- 結構化程式是學習程式語言的必備基礎，藉由 UML 活動圖來說明流程控制的意義。
- 有條件就能做選擇；從單一條件到多種條件，學習使用 if、if/else 敘述、if/else if 和 switch/case 敘述。
- 迴圈會處理重覆的敘述，它包含 for、while 和 do/while 迴圈。
- break 和 continue 敘述通常會搭配迴圈讓流程控制更具彈性。
- 本章節專案以「主控台應用程式」為範本，架構「.NET 6.0」，採用「上層敘述」，直接撰寫程式碼；建置、執行按 F5 鍵（開始偵錯）。

4.1 認識結構化程式

常言道:「工欲善其事,必先利其器」。撰寫程式當然要善用一些技巧,而「結構化程式設計」是軟體開發的基本精神;編寫程式時,依據由上而下(Top-Down)的設計策略,將較複雜的內容分解成小且較簡單的問題,產生「模組化」程式碼,由於程式邏輯僅有單一的入口和出口,所以能單獨運作。所以討論結構化的程式會包含下列三種流程控制:

- **循序結構(Sequential)**:由上而下的程式敘述,這也是前述章節最為常見的處理方式,例如:宣告變數後,設定變數的初值。

圖【4-1】 循序結構

- **決策結構(Selection)**:決策結構是一種條件選擇敘述,依據條件可以單一條件做單向或雙向判斷;或者在多重條件下只能擇一。
- **反覆結構(Iteration)**:反覆結構就是迴圈控制,在條件符合下重覆執行,直到條件不符合為止。例如,拿了 1000 元去超市購買物品,直到錢花光了,才會停止購物動作。

後續的流程圖採 UML 的活動圖來表達流程控程,有關於 UML 活動圖的元素以下表做簡介。

元素	說明
●	起始點,表示活動的開始。
◉	結束點,表示活動的結束。
▢	活動,表示一連串的執行細節。
→	轉移,代表控制權的改變。
◇	決策,代表判斷的準則。

4.2 條件選擇

決策結構依據其條件做選擇;條件依其選擇性分為「單向」、「雙向」和「多重」。單一條件下,if/else 敘述能提供單向或雙向選擇;多重選擇下,回傳單一結果,switch/case 敘述則是處理法寶。

4.2.1 單一選擇

我們常常會說:「如果明天天氣好,就騎腳踏車吧!」。句中點出「天氣」是單一條件,「天氣好」表示條件成立,只有一個選擇「騎腳踏車」,就像 if 敘述,語法如下:

```
if(條件運算式) // 如果天氣好
{
    true 的程式敘述;       // 就去騎腳踏車
}
```

- if 敘述可使用一對大括號 {} 來產生程式區段;如果只有一行敘述可以省略區段。
- 「條件運算式」可搭配關係運算子。若條件成立(true)才會進入程式區段敘述;若條件不成立(false)就不會進入區段敘述。

例如:if 敘述配合「關係運算子」判斷成績是否大於等於 60 分。

```
if(grade >= 60)
   Console.WriteLine("Passing…");
```

- grade 的變數值要大於或等於 60,才會輸出 "Passing…";若 grade 變數值小於 60 的話,就不會輸出任何資料。

以 UML 活動圖表示單一條件的 if 敘述如圖【4-2】所示。

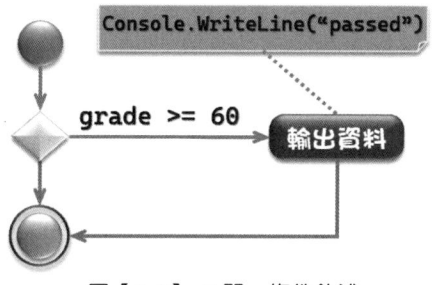

圖【4-2】 if 單一條件敘述

操作 《範圍陳述式》－取得 if 敘述

STEP 01 取得 if 敘述語法的協助；程式碼編輯器畫面中，執行「編輯/IntelliSense/範圍陳述式」指令。

STEP 02 啟動『範圍陳述式』選單，❶ 滑鼠雙擊「if」敘述加入部份程式碼。if 敘述的 ❷「true」可以條件運算式替換。

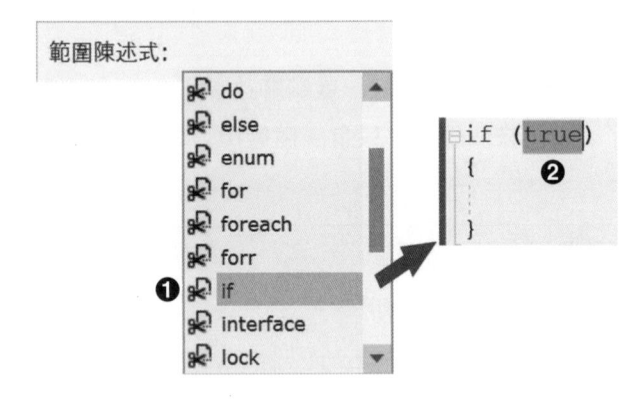

範圍陳述式：
- do
- else
- enum
- for
- foreach
- forr
- ❶ if
- interface
- lock

```
if (true)
{       ❷

}
```

TIPS

- 先輸入關鍵字「if」再按鍵盤的【Tab】鍵兩次；IntelliSense 就會補上程式碼片段。

```
if (true) // 將 true 變更為條件運算式
{
    // 撰寫符合條件的敘述
}
```

範例《Ex0401.csproj》

使用 if 敘述來判斷輸入分數是否大於等於 60，如果大於 60，才會顯示訊息；分數小於 60 就不會顯示訊息。

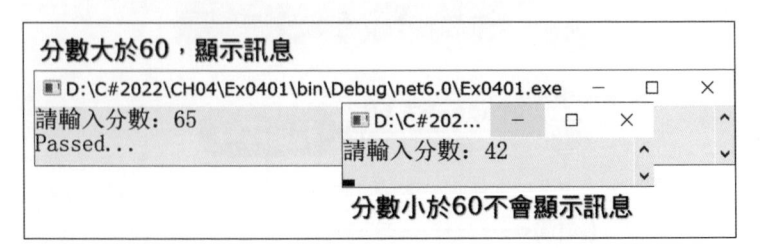

分數大於 60，顯示訊息
```
D:\C#2022\CH04\Ex0401\bin\Debug\net6.0\Ex0401.exe
請輸入分數：65
Passed...
```

```
D:\C#202...
請輸入分數：42
```
分數小於 60 不會顯示訊息

4-4

STEP 01 主控台應用程式專案，架構「.NET 6.0」；無 Main() 主程式，撰寫如下程式碼。

```
01   Write("請輸入分數：");
02   int score = Convert.ToInt32(ReadLine());    // 轉 int 型別
03   if (score >= 60)    // 分數大於或等於 60 分才會顯示 "Passing..."
04   {
05       WriteLine("Passed...");
06   }
07   ReadLine();// 按 Enter 鍵才能關閉視窗
```

STEP 02 建置、執行按【F5】鍵，輸入數值後，若無錯誤按【Enter】鍵才能關閉視窗。

【程式說明】

- 第 2 行：由於使用 .NET 6.0 架構，從 ReadLine() 接收的資料只能以 Convert 類別的 ToInt32 轉為 int 型別。
- 第 3～6 行：if 單一條件敘述，輸入數值倘若未大於 60 時，不會進入 if 區段；分數大於 60 的話表示條件成立（true），才會顯示「Passed…」字串。

4.2.2 雙重選擇

「如果明天下雨，就搭公車去上課；沒有下雨的話，就騎單車」。表示下雨是單一條件；沒有下雨條件就不成立。此時有兩種選擇：下了雨，符合條件（true）就搭公車；不下雨就不符合條件（false），只好改騎單車。當單一條件有雙向選擇時，得採用 if/else 敘述，語法如下：

```
if(條件運算式)
{
    true 程式敘述;
}
else
{
    false 程式敘述;
}
```

若條件的運算結果符合（true），就進入 if 區段敘述；若運算結果不符合（false），就執行 else 的區段敘述。同樣地，else 的敘述有多行，要加上 {}（大括號）形成區段。if/else 敘述的簡例如下：

```
if(grade >= 60)
   Console.WriteLine("Passing…");
else
   Console.WriteLline("Failed");
```

- grade 的變數值要大於或等於 60（true），輸出 "Passing"，grade 變數值小於 60 的話（false）則輸出 "Failed"。

以 UML 活動圖表示 if/else 單一條件的雙向敘述，如圖【4-3】所示。

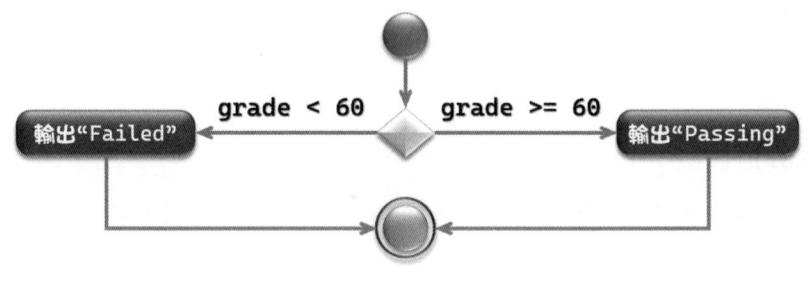

圖【4-3】 if/else 敘述

範例《Ex0402.csproj》

C# 7.0 開始，可以使用 is 運算子檢查運算式的結果是否與指定的型別相容，配合 if/else 敘述來判斷實值型別是否含有 null 值。

```
D:\C#2022\CH04\Ex0402\bin\Debug...    —    □    ×
number，含有null的實值型別
```

STEP 01 主控台應用程式，架構「.NET 6.0」；無 Main() 主程式，撰寫如下程式碼。

```
01   int? number = null;    // 使用 ? 運算子，變數 number 含有 null 值
02   if (number is null)
03   {
04      WriteLine($" 實值型別 {number} 含有 null 值 ");
05   }
06   else
07   {
08      WriteLine(" 實值型別 {number} 不含 null 值 ");
09   }
10   ReadLine();
```

STEP 02 建置、執行按【F5】鍵，若無錯誤得按【Enter】鍵關閉視窗。

【程式說明】

- 第 1 行：宣告變數 number 時配合「?」運算子，它會轉換成含有 null 的實值型別。
- 第 2～5 行：if/else 敘述的 if 區段，條件運算式使用 is 運算子來判斷 number 變數是否為 null，符合的話則輸出相關訊息。
- 第 6～9 行：條件不符合的話就由 else 敘述區段輸出相關訊息。

if/else 敘述也可以使用「? :」條件運算子來簡化其內容。它是 Visual C# 唯一的三元運算子，運算時需要三個運算元而稱之，語法如下：

```
條件式 ? true 敘述 : false 敘述
```

- 條件式符合時，執行「?」運算子後的敘述。
- 條件不符合則執行「:」運算子後的敘述。

例如：將範例「Ex0402」以條件運算子來表達。

```
string result =
    (number is null) ? "number 含有 null 值" : "不含 null";
Console.WriteLine(result);
```

- 條件運算後的結果交給變數 result，再以 WriteLine() 方法輸出結果。

主控台應用程式中，條件運算子亦能配合 WriteLine() 方法做輸出，藉由下述範例做實地了解。

範例 《Ex0403.csproj》

依據輸入的數值，配合條件運算子做運算。

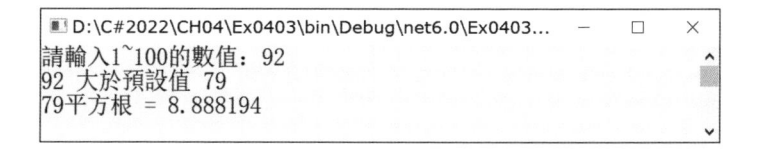

```
D:\C#2022\CH04\Ex0403\bin\Debug\net6.0\Ex0403...
請輸入1~100的數值：92
92 大於預設值 79
79平方根 = 8.888194
```

STEP 01 主控台應用程式，架構「.NET 6.0」；無 Main() 主程式，撰寫如下程式碼。

```
01  using static System.Console;
02  using static System.Math;
```

```
11    ushort guess = 79;
12    Write("請輸入 1～100 的數值：");
13    ushort result = Convert.ToUInt16(ReadLine());
14
15    WriteLine(result > guess ?              // 條件運算式
16       $"{result} 大於預設值 {guess}" :      //true 敘述
17       $"{result} 小於預設值 {guess}");      //false 敘述
18
19    WriteLine(result > guess ? // 條件運算式
20       $"{guess} 平方根 = {Sqrt(guess):f6}" : //true
21       $"{result} 的 3 次方 = {Pow(result, 3):N0}"); //false
22    ReadKey();
```

STEP 02 建置、執行按【F5】鍵，依提示訊息輸入數值並按下【Enter】鍵，按任意鍵關閉視窗。

【程式說明】

- 第 2 行：Math 本身為靜態類別，提供數學計算的方法，以 using static 敘述匯入。
- 第 13 行：ReadLine() 方法讀取輸入數值，以 Convert 類別的 ToInt16() 方法轉換為 ushort 型別，再以變數 result 儲存。
- 第 15～17 行：WriteLine() 方法輸出時，配合「？:」條件運算子做判斷；若 result 變數值大於 guess 的值，就輸出 result；反之，就輸出 guess 的預設值。
- 第 19～21 行：依據前一個條件敘述，result 值大於 guess 值會算出 guess 的平方根，否則計算 result 的 3 次方之值。

4.2.3 巢狀 if

巢狀 if 敘述基本上是「if/else」敘述的變形；換句話說就是 if/else 敘述中還含有「if/else」；如同洋蔥般，一層一層由外向內包裹成條件。執行時，符合第一層條件，才會進入第二個條件，一層層進入到最後一個條件。所以利用巢狀 if 可以讓程式敘述具有變化，語法如下：

```
if(條件運算1)      //第一層if
{
    if(條件運算1)      //第二層if
    {
        if(條件運算1)      //第三層if
        {
            //符合條件運算1、2、3的敘述;
        }
        else
        {
            //符合條件運算1、2,不符合條件運算3敘述
        }
    }
    else//第二層else
    {
        //符合條件運算1,不符合條件運算2
    }
}
else//第一層else
{
    //不符合條件運算1敘述
}
```

巢狀 if 敘述是一層層進入,所以第三層的 if 敘述,代表著它符合條件運算 1、2、3。第三層的 else 敘述則表示條件運算 1、2 有符合;但條件運算 3 並不符合。由於巢狀 if 結構較為複雜,較好的撰寫方式利用 IntelliSense 先加入第一層 if/else 敘述,填入部份程式碼之後,再加入第二層的 if/else 敘述,依此方式往下加入下一層 if/else 敘述,如圖【4-4】所示。

```
//巢狀if第一層:大於或等於60分
if (true)
{
                    //巢狀if第二層:大於或等於70分
                    if (true)
                    {
                        |
                    }
                    else
                    {
                        WriteLine($"分數{score} -> D級");
                    }
}
else
{
    WriteLine($"分數{score} -> E級");
}
    WriteLine($"分數{score} -> E級");
}
```

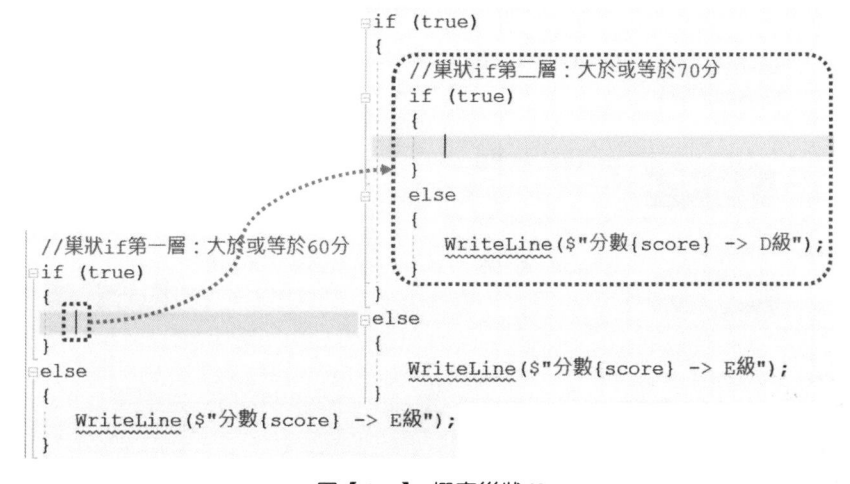

圖【4-4】 撰寫巢狀 if

程式碼的適時註解和縮排，方便於設計者閱讀和日後維護，未縮排的程式碼，某些情況下可能造成編譯的錯誤！如圖【4-5】所示，程式碼若未縮排，會提高閱讀的困難度！

```
//巢狀if第一層：大於或等於60分
if (true)
{
//巢狀if第二層：大於或等於70分
if (true)
{

}
else
{
    WriteLine($"分數{score} -> D級");
}
}
else
{
    WriteLine($"分數{score} -> E級");
}
```

圖【4-5】　沒有縮排的程式碼

把成績單的分數分成五個等級，A 者 100 ～ 90 分、B 者 89 ～ 80、C 者 79 ～ 70，D 者 69 ～ 60；E 者 60 分以下，利用巢狀 if 敘述來實做此成績分級，它的流程控制如圖【4-6】所示。

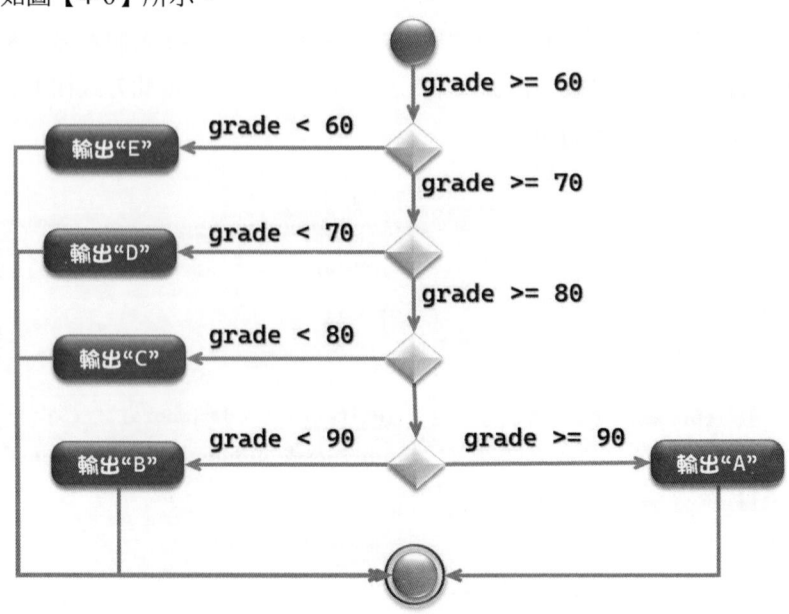

圖【4-6】　巢狀 if 敘述

範例《Ex0404.csproj》

輸入分數後，以巢狀 if 敘述設定多個條件來判斷分數等級。

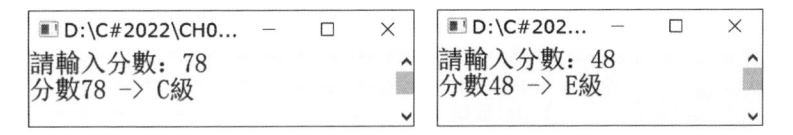

```
■D:\C#2022\CH0...  —  □  ×
請輸入分數：78
分數78 -> C級
```

```
■D:\C#202...  —  □  ×
請輸入分數：48
分數48 -> E級
```

STEP 01 主控台應用程式，架構「.NET 6.0」；無 Main() 主程式，撰寫如下程式碼。

```csharp
01  using static System.Console;    // 匯入靜態類別Console
02
03  Write("請輸入分數：");
04  ushort score = Convert.ToUInt16(ReadLine());
05  if (score >= 60)     // 第一層if敘述
06  {
07     if (score >= 70)// 巢狀if第二層：大於或等於70分
08     {
09        if (score >= 80)// 巢狀if第三層：大於或等於80分
10        {
11           // 條件運算子：大於或等於90分
12           WriteLine(score >= 90 ?
13              $" 分數{score} -> A級 " : $" 分數{score} -> B級 ");
14        }
15        else   // 第三層else敘述
16           WriteLine($" 分數{score} -> C級 ");
17     }
18     else    // 第二層else敘述
19        WriteLine($" 分數{score} -> D級 ");
20  }
21  else // 第一層else敘述
22     WriteLine($" 分數{score} -> E級 ");
23  ReadKey();
```

STEP 02 建置、執行按【F5】鍵，依提示訊息輸入數值並按下【Enter】鍵，按任意鍵關閉視窗。

【程式說明】

- 第 5～22 行：第一層 if/else 敘述，分數大於或等於 60 者，才會進入第二層 if 敘述；小於 60 分，會進入第 22 行 else 敘述，得到 E 級結果。

- 第 7～19 行：第二層 if/else 敘述，分數大於或等於 70 者，才會進入第三層 if 敘述；分數小於 70 分進入第 19 行 else 敘述，得到 D 級結果。

- 第 9 ～ 16 行：第三層的 if/else 敘述，分數大於等於 80 者，才會進入第三層 if 敘述；分數小於 80 分進入第 16 行 else 敘述，得到 C 級結果。
- 第 12 ～ 13 行：使用條件運算子，分數大於等於 90 者，輸出 A 級；分數小於 90 分者，得到 B 級。

4.2.4　多重條件下 if/else if

多個條件下，if/else 敘述變身為巢狀 if 時，對於初學者而言會增加程式撰寫的困難度。要處理多個條件的另一個方式就是使用「if/else if」敘述，它可以說是 if/else 敘述的進化版本，透過下列敘述來認識。

```
if(條件運算1)
{
    //符合條件運算1敘述
}
else
{
    if(條件運算2)
    {
         //符合條件運算2敘述
    }
}
```

將上述的 if/else 敘述改善後，是不是就形成如下的語法：

```
if(條件運算1)
{
    //符合條件運算1敘述;
}
else if(條件運算2)
{
    //符合條件運算2敘述;
}
else
{
    //上述條件運算皆不符合的敘述;
}
```

「if/else if」敘述會將條件逐一過濾，經過運算找到符合條後就不會再往下執行。

範例 《Ex0405.csproj》

利用 if/else if 敘述，依金額大小計算個人綜合所得額稅率。

```
D:\C#2022\CH04\Ex04...    —    □    ×
請輸入你的結算額：71365520
稅率40%，繳交稅額 = 27,741,208
```

STEP 01 產生主控台應用程式專案「Ex0405.csproj」，架構「.NET 6.0」。

STEP 02 使用上層敘述，無 Main() 主程式，直接撰寫如下程式碼。

```
01   // 完整範例參考「Program.cs」
02   if (result > 4_400_000)
03   {
04       result = result * 0.4M - 805_000;
05       WriteLine($"稅率40%，繳交稅額 = {result:N0}");
06   }
07   else if (result > 2_350_000)
08   {
09       result = result * 0.3M - 365_000;
10       WriteLine($"稅率30%，繳交稅額 = {result:N0}");
11   }
12   else if (result > 1_170_000)
13   {
14       result = result * 0.2M - 130_000;
15       WriteLine($"稅率20%，繳交稅額 = {result:N0}");
16   }
17   else if (result > 520_000)
18   {
19       result = result * 0.12M - 36_400;
20       WriteLine($"稅率12%，繳交稅額 = {result:N0}");
21   }
22   else
23   {
24       result *= 0.05M;
25       WriteLine($"稅率5%，繳交稅額 = {result:N0}");
26   }
27   ReadKey();
```

STEP 03 建置、執行按【F5】鍵，輸入數值並按下【Enter】鍵，完成計算後按任意鍵關閉視窗。

【程式說明】

- 第 2 ～ 6 行：if 敘述程式區段。若變數 result 大於 4,400,000 就執行第一個條件運算並顯示結果；要注意之處是使用了 decimal 型別，所以第 4 行的「0.4」要加上後置字元 M。
- 第 7 ～ 11 行：else if 敘述程式區段。若 result 值未大於 4,400,000 就繼續前往第二個條件；若金額大於 2,350,000 就執行計算並顯示結果。
- 第 22 ～ 26 行：上述條件皆不符合會執行 else 敘述之後的計算並顯示結果。

4.2.5　多條件使用 switch/case 敘述

採用「if/else if/else」敘述，或者尋求「switch/case」敘述來解決問題，都是不錯的處理方法！先來看看 switch/case 敘述語法。

```
switch(運算式)
{
    case 值1:
        程式區段1;
        break;
    case 值2:
        程式區段2;
        break;
...
    case 值n:
        程式區段n;
        break;
    default:
        程式區段n+1;
        break;
}
```

- switch 敘述會形成一個區段，其運算式可為數值或字串。
- 每個 case 標籤都得指定一個常數值，但不能以相同的值給兩個 case 敘述使用；其資料型別必須和運算式相同。
- 執行 switch 敘述，會進入 case 區段去尋找符合的值，case 敘述相符者，以 break 敘述離開 switch 區段之敘述。
- 若沒有任何的值符合 case 敘述，會跳到 default 敘述，執行其他區段敘述。

範例 《Ex0406.csproj》

利用「列舉」定義星期常數值，再以 switch/case 敘述判斷輸入的數值應轉換的星期數字。由於無名稱空間、類別，須把列舉名稱來替換原有的「Program.cs」。

```
D:\C#2022\CH04\Ex04...    —    □    ×
輸入0~6數值，轉換星期 -- 4
Thursday 是星期四
```

STEP 01 主控台應用程式，架構「.NET 6.0」。

STEP 02 利用方案總管視窗，點選檔案「Program.cs」再按【F2】鍵把「Program」形成選取狀態，更名為「Weeks.cs」。

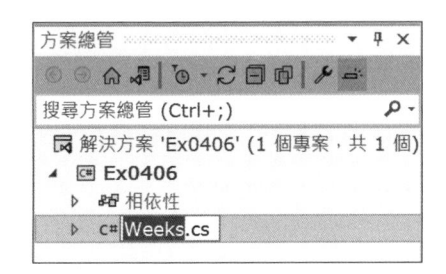

STEP 03 使用上層敘述，無 Main() 主程式，直接撰寫如下程式碼。

STEP 04 快速取得 switch/case 敘述；在程式碼編輯區，輸入部份關鍵字「swit」，連按兩次【Tab】鍵，就能取得其敘述。再把其中的「switch_on」修改為運算式，再補入其他敘述。

```
switch (switch on)
{
    default:
}
```

```
01   using static System.Console;    // 滙入靜態類別
02   Write(" 輸入 0～6 數值，轉換星期 -- ");
03   byte days = Convert.ToByte(ReadLine());
04   switch (days)
05   {
06      case 0: // 數值 0 是星期天，存取列舉成員
07         WriteLine($"{Weeks.Sunday} 是星期天 ");
08         break;
```

```
09      case 1:    // 數值1是星期一
10          WriteLine($"{Weeks.Monday} 是星期一");
11          break;
12      case 2:    // 數值2是星期二
13          WriteLine($"{Weeks.Tuesday} 是星期二");
14          break;
15      case 3:    // 數值3是星期三
16          WriteLine($"{Weeks.Wednesday} 是星期三");
17          break;
18      case 4:    // 數值4是星期四
19          WriteLine($"{Weeks.Thursday} 是星期四");
20          break;
21      case 5:    // 數值5是星期五
22          WriteLine($"{Weeks.Friday} 是星期五");
23          break;
24      case 6:    // 數值6是星期六
25          WriteLine($"{Weeks.Saturday} 是星期六");
26          break;
27      default: // 輸入0～6以外的數值
28          WriteLine(" 數字不正確，重新輸入");
29          break;
30   }
31   ReadKey();
32
33   enum Weeks : byte    // 以byte為列舉型別
34   {
35       Sunday, Monday, Tuesday,
36       Wednesday, Thursday, Friday, Saturday
37   }
```

STEP 05 建置、執行按【F5】鍵，依提示訊息輸入數值並按下【Enter】鍵，按任意鍵關閉視窗。

【程式說明】

- 第4～30行：switch敘述判斷輸入的days值；如果輸入數值是0～6以外，就跳到第27行的default敘述，提示使用者重新輸入數值。

- 第6～8行：若days值為0，表示「weeks.Sunday」（weeks為列舉名稱）就輸出星期天；並以break敘述結束switch敘述並停止程式的執行。

- 第33～37行：要把列舉型別放到switch/case敘述之後，以byte型別來定義列舉Weeks，未定義常數值，表示第一個成員「Sunday」由0開始，「Monday」為1，依此類推。

4.3 迴圈

重複結構的流程處理，其邏輯性就如同生活中的「如果…就持續…」的情形相同。當程式中某一條件成立時會重複執行某一段敘述，我們把這種流程結構稱為「迴圈」。因為重複處理的流程會依附著設定的條件運算，假如條件設計不當，會造成「無窮迴圈」現象，設計時必須小心注意！一般來說，迴圈包含：

- **for 和 for/each 迴圈**：可計次迴圈；for 迴圈以計數器控制迴圈執行之次數，for/each 迴圈讀取集合的每個物件。
- **while 迴圈**：前測試迴圈。條件判斷 true 的情形下進入迴圈執行，直到條件為 false 才離開迴圈。
- **do/while 迴圈**：後測試迴圈。進入迴圈先執行敘述，再做條件運算。

4.3.1 for 迴圈

使用 for 迴圈時必須有計數器、條件運算和控制運算式來完成重複計次的工作，語法如下：

```
for(計數器；條件運算式；控制運算式)
{
   // 程式敘述；
}
```

- 計數器：控制 for 迴圈次數，宣告數變後須做初始化設定；第一次進入迴圈會被執行一次。
- 條件運算式：條件運算成立（true）時，進入區段內重複執行其敘述，直到條件為 false 時才會停止並離開迴圈。
- 控制運算式：條件運算式為 true 才會執行，配合 for 迴圈的計數器做遞增或遞減運算。
- 注意之處：for 迴圈也要以大括號 {} 產生程式區段，計數器、條件運算式和控制運算式要以「；」（分號）區隔。

使用 for 迴圈最經典的範例就是把數字累加。由「1+2+3+…+10」來了解 for 迴圈的運作方式；UML 活動圖表示如圖【4-7】。

圖【4-7】 for 迴圈

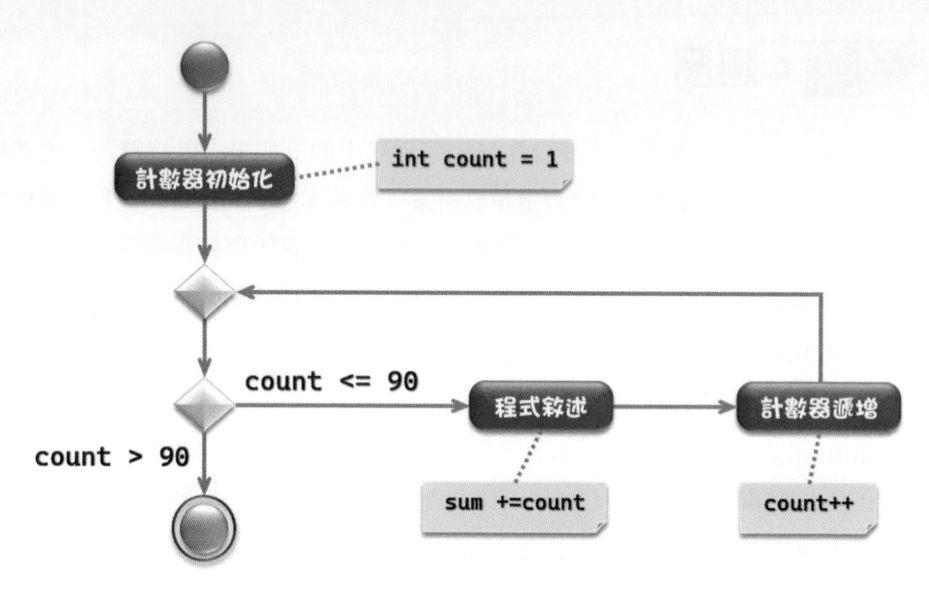

for 迴圈究竟如何運作？配合圖【4-8】的簡例說分明。

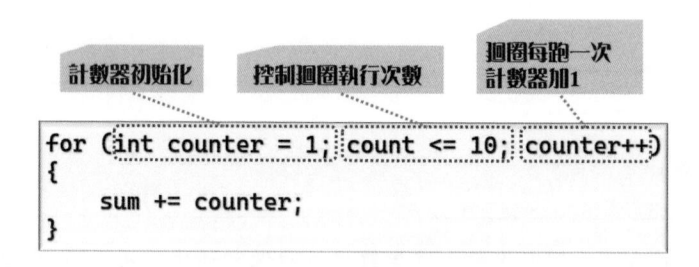

```
for (int counter = 1; count <= 10; counter++)
{
    sum += counter;
}
```

圖【4-8】 for 迴圈的運作

- 計數器：宣告變數並設定初值，所以「int counter = 1」。由於 counter 宣告於 for 迴圈內是一個區域變數，只適用於 for 迴圈，離開此迴圈就無法使用。
- 條件運算式「counter <= 10」：控制迴圈執行次數，條件成立時，就會進入 for 迴圈執行敘述，直到計器值大於 10（表示條件不成），才會離開迴圈。
- 控制運算式「counter++」：依據計數器所給予的初值，條件運算式成立的情形下，每進入 for 迴圈一次，就做一次累加；直到迴圈結束為止。

如何取得 for 迴圈部份程式碼？輸入關鍵字 for，再連按兩次【Tab】鍵來取得 for 迴圈組成的部份程式碼如圖【4-9】，其中的變數「i」為計數器，再修改變數「length」為所需的變數值即可。

```
for (int i = 0; i < length; i++)
{

}
```

圖【4-9】 for 迴圈的程式碼片段

範例 《Ex0407.csproj》

把數值「1 + 2 + 3 + 4 + … + 10」以 for 迴圈做數值。

```
D:\C#2...
k = 00, sum = 00
k = 01, sum = 01
k = 02, sum = 03
k = 03, sum = 06
k = 04, sum = 10
k = 05, sum = 15
k = 06, sum = 21
k = 07, sum = 28
k = 08, sum = 36
k = 09, sum = 45
k = 10, sum = 55
```

STEP 01 主控台應用程式，架構「.NET 6.0」；無 Main() 主程式，撰寫如下程式碼。

```
01  int k, sum = 0;    // 儲存加總結果
02  for (k = 1; k <= 10; k++)
03  {
04      WriteLine($" k = {k:d2}, sum = {sum += k:d2}");
05  }
06  ReadKey();
```

STEP 02 建置、執行按【F5】鍵，按任意鍵關閉視窗。

【程式說明】

- 第 2～5 行：for 迴圈，設定計數器的初值為 1，條件運算「k <= 10」，控制運算是迴圈每執行一次就加 1。

- 第 4 行：輸出計數器和每次數值累加結果，設 sum 變數初值為 0，儲存數值累加結果。從「k=1, sum =1」開始；直到 counter 的值大於 11，表示條件運算不成立，就會結束迴圈。

  在 for 迴圈宣告的變數為區域變數，離開 for 迴圈若繼續使用會發生錯誤！

```
int sum = 0;    // 儲存加總結果
for (int k = 1; k <= 10; k++)
   sum += k;
Console.WriteLine($"k = {k}, sum = {sum}");
```

- 變數 k 的適用範圍 (Scope) 只能在 for 迴圈內，超出其範圍就會發生錯誤！如圖【4-10】所示。

```
{k:d2}, sum = {sum += k:d2}");
CS0103: 名稱 'k' 不存在於目前的內容中
```

圖【4-10】 變數 k 只能在 for 迴圈內使用

要讓變數 k 的適用範圍變大，解決之道就是在 for 迴圈外來宣告變數 k；再進一步把 WriteLine() 方法也置於 for 迴圈外，不過它只會輸出數值累加後的結果。

```
int k, sum = 0;   // 儲存加總結果
for (k = 1; k <= 10; k++)
{
   sum += k;      // 存放數值的累加
}
Console.WriteLine($"k = {k}, sum = {sum}");// 輸出 k=11, sum=55
```

- 為什麼「counter = 11」？這是計數器經由控制運算加 1，由 10 變成 11，還要再比對條件運算式，發現條件不成立才結束其迴圈。

使用 for 迴圈做數值累加，調整計數器、條件運算和控制運算會有不同結果，列舉如下：

```
// 將偶數值 2+4+6…相加
for (counter = 2; counter <= 10; counter += 2)
// 將奇數值 1+3+5+…相加
for (counter = 1; counter <= 10; counter += 2)
```

for 廻圈雖然是一個可計次的廻圈；在某些情形下，它也能形成無窮盡廻圈。做法很簡單，就是 for 廻圈不使用計數器和條件運算式，敘述如下：

```
for( ; ;){
   // 程式敘述
}
```

範例 《Ex0408.csproj》

for 廻圈中沒有計數器、條件運算式，依據輸入值和選擇來決定廻圈是否繼續執行。

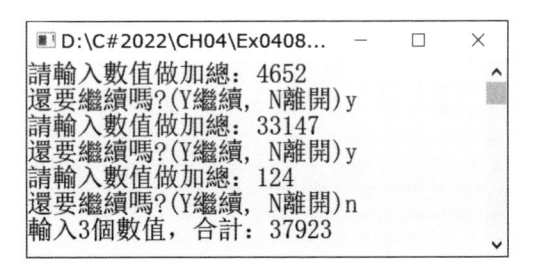

STEP 01 主控台應用程式，架構「.NET 6.0」；無 Main() 主程式，撰寫如下程式碼。

```
01   int sum = 0, count = 0;
02   for (; ; )
03   {
04       Write("請輸入數值做加總：");
05       int number = Convert.ToInt32(ReadLine());
06       count++;                    // 計數器累計次數
07       sum += number;              // 儲存數值
08       Write("還要繼續嗎？(Y繼續，N離開)");
09       string? endkey = ReadLine();
10       if (endkey == "y" || endkey == "Y")
11           continue;               // 繼續執行
12       else if (endkey == "n" || endkey == "N")
13           break;                  // 結束廻圈
14   }
15   WriteLine($"輸入 {count} 個數值，合計：{sum}");
16   ReadKey();
```

STEP 02 建置、執行按【F5】鍵，依提示訊息輸入數值並按下【Enter】鍵，按任意鍵關閉視窗。

4-21

【程式說明】

- 第 2～14 行：for 迴圈，不設計數器、條件運算和控制運算。計數器由 count 取代，使用者按「Y or y」就累計次數。
- 第 9 行：endkey 變數接收使用者輸入的字元，有可能含 null 值，所以使用「?」運算子，形成「string? endkey」。
- 第 10～13 行：使用「if/else if」敘述來判斷按下的按鍵。「Y or y」表示繼續，continue 敘述會繼續執行程式；「N or n」表示不再繼續，break 敘述中斷迴圈，輸出累加結果。

4.3.2　while 迴圈

如果並不知道迴圈要執行幾次，那麼 while 迴圈或 do-while 迴圈就是較好的處理方式，語法如下：

```
while(條件運算式)
{
   // 執行條件為 true 敘述；
}
```

進入 while 迴圈時，必須先檢查條件運算式，符合時才會執行迴圈內的敘述；若不成立就跳離迴圈。因此迴圈內的某一段敘述必須能改變條件運算式的值來結束迴圈的執行，否則會形成無窮盡迴圈。那麼 while 迴圈與 for 迴圈有何不同？透過下述簡例來說明。

```
int counter = 1;        // 計數器
while(counter <= 10)
{
    sum += counter;
    counter++;          // 將計數累加
}
Console.WriteLine(" 累加結果：{0}", sum);
```

使用 while 迴圈時，counter 變數相當於 for 迴圈的計數器。條件運算式「counter <= 10」相當於 for 迴圈的條件運算式，「sum += counter」則是將加總後的結果儲存於 sum 變數。控制運算則是以 counter 變數做計數累加，與 for 迴圈的控制運算式是一樣的；利用圖【4-11】做說明。

4-22

```
for (int counter = 1; count <= 10; counter++)
{
    sum += counter;
}
```

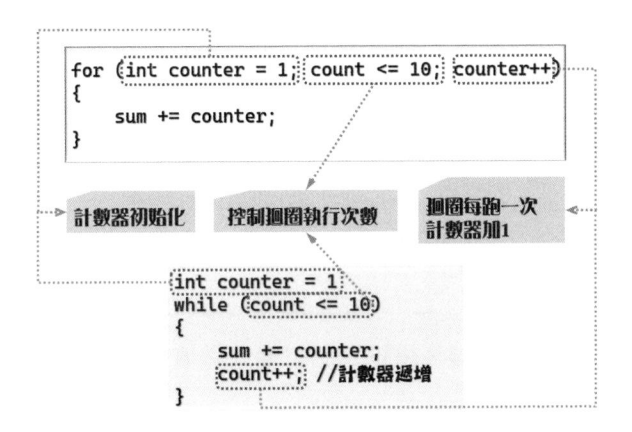

計數器初始化　　控制迴圈執行次數　　迴圈每跑一次計數器加1

```
int counter = 1
while (count <= 10)
{
    sum += counter;
    count++; //計數器遞增
}
```

圖【4-11】 for 迴圈和 while 迴圈

範例《Ex0409》是利用 while 迴圈來求取兩個整數的最大公因數 (GCD)，利用數學輾轉相除法的原理，讓兩數相除來取得 GCD 的值；其流程控制表示如下圖【4-12】。

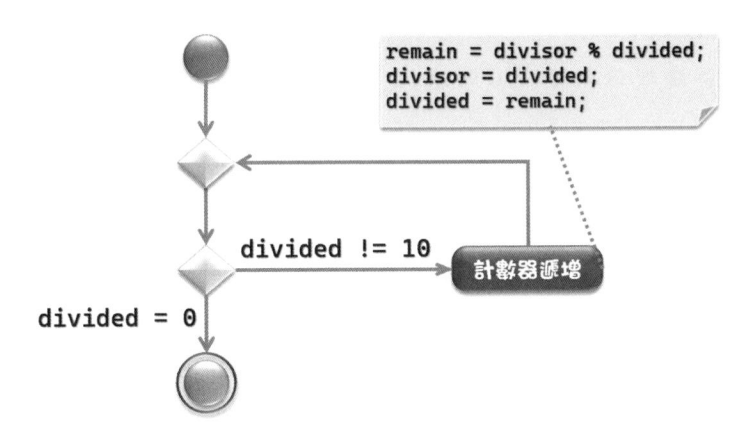

```
remain = divisor % divided;
divisor = divided;
divided = remain;
```

divided != 10　計數器遞增

divided = 0

圖【4-12】 while 迴圈

範例《Ex0409.csproj》

輸入兩個數值來找出它們的 GCD，使用輾轉相除法配合 while 迴圈來獲取。

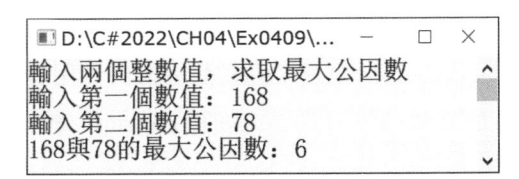

```
D:\C#2022\CH04\Ex0409\...
輸入兩個整數值，求取最大公因數
輸入第一個數值：168
輸入第二個數值：78
168與78的最大公因數：6
```

4-23

STEP 01 主控台應用程式,架構「.NET 6.0」;無 Main() 主程式,撰寫如下程式碼。

```
01   // 省略部份程式今,完整範例請參考「Gcd.cd」。
02   while (divided != 0)              // 被除數不能為 0
03   {
04       remain = divisor % divided;   // 求取餘數
05       divisor = divided;            // 被除數 (diveded) 更換成除數 (divisor)
06       divided = remain;             // 將前式所得餘數更換為除數 (divisor)
07   }
```

STEP 02 建置、執行按【F5】鍵,依提示訊息輸入數值並按下【Enter】鍵,按任意鍵關閉視窗。

【程式說明】

- 第 2～7 行:while 迴圈。條件運算式的被除數「divided != 0」情形下(true),進入迴圈執行敘述。當「divided = 0」表示條件不成立,就會離開 while 迴圈。

- 第 4 行:將兩數相除來取得餘數,如果餘數為 0,則除數(divisor)就是這兩個整數的最大公因數。

- 第 5 行:處理餘數不是 0 的狀況,必須將除數(divisor)更換成被除數(divided)。

- 第 6 行:取得第 3 行所得餘數變更為除數,執行到餘數為 0 為止。

4.3.3　do/while 迴圈

無論是 while 或 do/while 迴圈都是處理迴圈未知執行的次數。while 迴圈是先做條件運算,再進入迴圈執行敘述;而 do/while 迴圈恰好相反,先執行敘述,再做條件運算。對於 do/while 迴圈來說,敘述至少會被執行一次,而 while 迴圈在條件運算不符合的情形下就不會進入迴圈。do/while 迴圈的語法如下:

```
do{
    // 程式敘述;
}while( 條件運算 );
```

- 不要忘記條件運算之後要有「;」字元來結束迴圈。

什麼情形下會使用 do/while 迴圈?通常是要詢問使用者是否要讓程式繼續執行時!下述簡例還是以「1+2+3+‥‥+10」來認識 do/while 迴圈的運作,敘述如下:

```
int counter = 1, sum =0;        //counter 是計數器
do{
   sum += counter;              //sum 儲存數值累加結果
   counter++;                   // 控制運算：讓計數器累加
}while(counter <= 10);          // 條件運算式
```

進入 do/while 廻圈後，先執行程式敘述後再做條件運算；若條件為 true 就不斷重覆執行，直到 while 敘述的條件運算為 false 才會離開廻圈。它的流程控制如圖【4-13】所示。

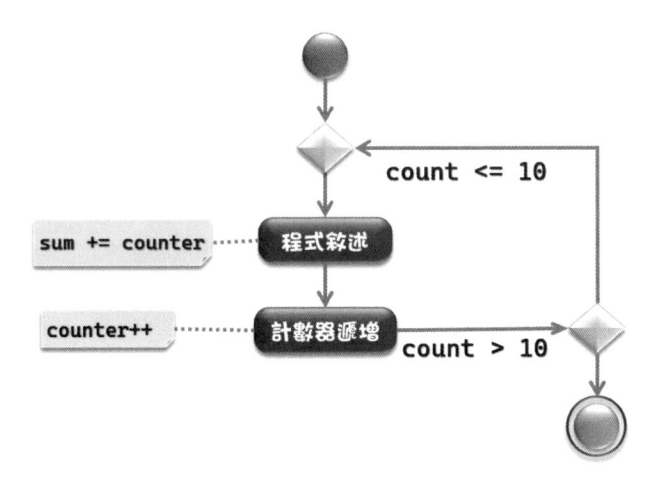

圖【4-13】 do/while 流程控制

範例《Ex0410.csproj》

產生亂數，以 do/while 廻圈來猜其數字太大或太小或猜中了，並記錄次數。

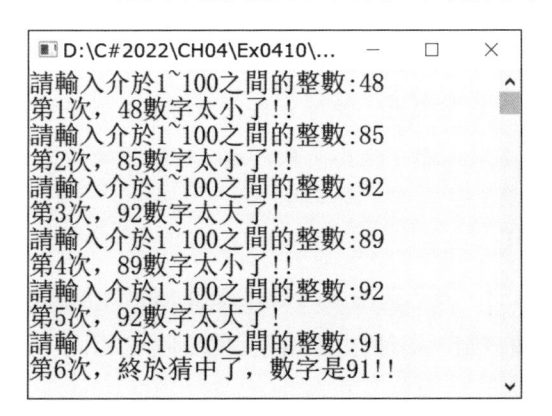

```
請輸入介於1~100之間的整數:48
第1次，48數字太小了!!
請輸入介於1~100之間的整數:85
第2次，85數字太小了!!
請輸入介於1~100之間的整數:92
第3次，92數字太大了!
請輸入介於1~100之間的整數:89
第4次，89數字太小了!!
請輸入介於1~100之間的整數:92
第5次，92數字太大了!
請輸入介於1~100之間的整數:91
第6次，終於猜中了，數字是91!!
```

STEP 01 主控台應用程式,架構「.NET 6.0」;無 Main() 主程式,撰寫如下程式碼。

```csharp
01  // 省略部份程式碼
02  Random rnd = new();                    // 產生隨機值物件
03  int value = rnd.Next(1, 100);          // 隨機值 1～100 之間
04  do
05  {
06     Write("請輸入介於 1～100 之間的整數:");
07     int keyin = Convert.ToInt32(ReadLine());
08     if (keyin > value)
09        WriteLine($"第 {counter} 次,{keyin} 數字太大了!");
10     else if (keyin < value)
11        WriteLine($"第 {counter} 次,{keyin} 數字太小了!!");
12     else
13     {
14        WriteLine(
15           $"第 {counter} 次,終於猜中了,數字是 {keyin}!!");
16        guess = true;                    // 表示猜對了
17     }
18     counter++;                           // 累加猜的次數
19  } while (!guess);                       // 以 guess 做為條件判斷
```

STEP 02 建置、執行按【F5】鍵,依提示訊息輸入數值並按下【Enter】鍵,按任意鍵關閉視窗。

【程式說明】

- 第 2 行:從 C# 9.0 開始,若已知運算式的目標類別,可以省略其名稱。
- 第 4～19 行:do/while 廻圈,沒有猜對的情形下(條件成立)會繼續執行廻圈,直到使用者猜對才會結束廻圈。
- 第 8～17 行:if/else if/else 敘述;使用者輸入的數值和預設值做比較判斷。
- 第 8～9 行:輸入數字太大,執行 if 區段敘述並告知使用者。
- 第 10～11 行:若輸入數字太小,執行 else If 區段的敘述並通知使用者。

4.3.4 巢狀 for

廻圈也有巢狀廻圈,表示廻圈之內還有廻圈;最常看到就是 for 廻圈。每一層廻圈都有獨立的廻圈控制,這種作法和前面的巢狀 if 相同,也就是廻圈之間不可以將區段重疊。

範例《Ex0411.csproj》

使用兩層 for 廻圈，繪製簡單的「*」字元，外層 for 控制列數，內層 for 則在每一列輸出字元「*」。巢狀 for 的特色，就是內層 for 廻圈沒有結束時，外層 for 廻圈不會變更計器數的值；每次進入內層 for 廻圈都是從設定的初值開始。

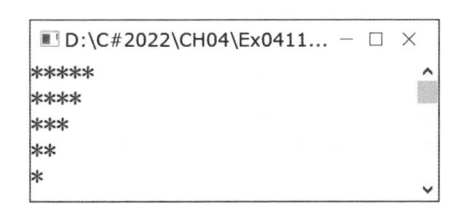

```
■ D:\C#2022\CH04\Ex0411...  —  □  ×
*****
****
***
**
*
```

STEP 01 主控台應用程式，架構「.NET 6.0」；無 Main() 主程式，撰寫如下程式碼。

```
01  for (int one = 5; one >= 1; one--)      // 外層 for 控制行數
02  {
03      for (int two = 1; two <= one; two++)   // 內層控制輸出數目
04          Write("*");
05      WriteLine();
06  }
07  ReadKey();
```

STEP 02 建置、執行按【F5】鍵，按任意鍵關閉此視窗。

【程式說明】

- 第 1～7 行：外層 for 廻圈，控制列數。
- 第 3～5 行：內層 for 廻圈，負責輸出 * 字元。透過下表做解說。

外層 for 廻圈			內層 for 廻圈			備註
廻圈	計數器 one	條件運算式 one >= 1	廻圈	計數器 two	條件運算式 two <= one	Write("*")
1	5	5 >= 1, true	1	1	1<=5, true	*
			2	2	2<=5, true	**
			3	3	3<=5, true	***
			4	4	4<=5, true	****
			5	5	5<=5, true	*****
			6	6	6<=5, false	外層 for 換行

外層 for 廻圈			內層 for 廻圈			備註
廻圈	計數器 one	條件運算式 one >= 1	廻圈	計數器 two	條件運算式 two <= one	Write("*")
2	4	4 >= 1，true	1	1	1 <= 4, true	*
^	^	^	2	2	2 <= 4, true	**
^	^	^	3	3	3 <= 4, true	***
^	^	^	4	4	4 <= 4, true	****
^	^	^	5	5	5 <= 4, fasle	外層 for 換行
3	3	3 >= 1，true	1	1	1 <= 3, true	*
^	^	^	2	2	2 <= 3, true	**
^	^	^	3	3	3 <= 3, true	***
^	^	^	4	4	4<=3, false	外層 for 換行
4	2	2 >= 1，true	1	1	1<=2, true	*
^	^	^	2	2	2<=2, true	**
^	^	^	3	3	3<=2, false	外層 for 換行
5	1	1 >= 1, true	1	1	1<=1, true	*
^	^	^	2	2	2<=1, false	外層 for 換行
6	0	0 >= 1, false				結束廻圈

- 外層 for 停留在第一個廻圈；內層 for 廻圈利用 Write() 方法印出 5 個 * 字元，執行到條件運算為 false 時，外層 for 廻圈的 WriteLine() 方法會換到新行。依此類推，直到外層 for 廻圈結束。

外層for, one = 1　　外層for, one = 2　　外層for, one = 3　　外層for, one = 4　　外層for, one = 5
內層for, two <= 5　　內層for, two <= 4　　內層for, two <= 3　　內層for, two <= 2　　內層for, two <= 1

4.3.5 其他敘述

一般來說，break 敘述用來中斷廻圈的執行，continue 敘述則是暫停目前執行的敘述，它會回到目前敘述的上一個區段，讓程式繼續執行下去。因此，可以在 for、while、do/while 廻圈中的程式敘述中加入 break 或是 continue 敘述，利用一個簡單的範例來說明這二者間的差異。

範例《Ex0412.csproj》

使用 for 廻圈找出奇數，break 能中斷廻圈的執行，而 continue 敘述則停止此次廻圈的執行，回到 for 廻圈繼續下一個敘述。

```
D:\C#2022\CH04\Ex0412...
Counter = 1,  Sum = 1
Counter = 3,  Sum = 4
Counter = 5,  Sum = 9
Counter = 7,  Sum = 16
Counter = 9,  Sum = 25
Counter = 11, Sum = 36
Counter = 13, Sum = 49
```

STEP 01 主控台應用程式，架構「.NET 6.0」；無 Main() 主程式，撰寫如下程式碼。

```
01  int counter, sum = 0;
02  for (counter = 0; counter <= 20; counter++)
03  {
04      if (counter % 2 == 0)           // 找出奇數
05          continue;                   // 繼續廻圈
06      sum += counter;
07      if (sum > 60)                   // 第二個 if 敘述
08          break;                      // 中斷廻圈
09      WriteLine($"Counter = {counter}, Sum = {sum}");
10  }
11  ReadKey();
```

STEP 02 建置、執行按【F5】鍵，按任意鍵關閉此視窗。

【程式說明】

♦ 第 2～10 行：for 廻圈處理數值相加。利用 if 敘述設定條件找出奇數值，當累加數值大於 60 就停止廻圈的執加。

4-29

- 第 4～5 行：if 敘述判斷計數器（counter）的值，把它除以 2，若餘數為 0，就不再繼續下一個敘述；它會回到上一層 for 迴圈繼續迴圈的執行。所以 counter 是偶數「2,4, 6, …」時不做數值累加；所以 for 迴圈只做奇數累加。
- 第 7～8 行：第二個 if 敘述程式區段，當 sum 累加的值大於 60 時，就以 break 敘述來中斷整個迴圈的執行而結束應用程式。

重點整理

- 「結構化程式設計」是軟體開發的基本精神。依據由上而下（Top-Down）的設計策略，將較複雜的內容分解成小且簡單的問題，產生「模組化」程式碼。它包含三種流程控制：循序、決策和反覆結構。
- 條件選擇的「單一選擇」是表示 if 敘述的條件運算成立（true），執行區段內的敘述。「雙向選擇」則使用 if/else 敘述，條件運算成立會進入 if 區段，條件不成立則執行 else 區段。
- 條件運算子「? :」簡化 if/else 敘述，條件符合時執行「?」運算子之後的敘述；若條件不符合則執行「:」運算子之後的敘述。
- 巢狀 if 是「if/else」敘述的變形。也就是 if/else 敘述含有「if/else」；執行時，符合第一層條件，才會進入第二個條件，一層層進入到最後一個條件。
- 條件選擇多重時，if/else if 或 switch/case 敘述皆能處理。switch 敘述的條件運算可處理數值或常數，case 敘述所處理的資料型別必須和運算式同；不符合的值則使用 default 敘述。
- 重覆流程結構有 for、while 和 do/while 迴圈。
- for 屬於可計次迴圈，必須配合計數器、條件運算和條件控制做迴圈控制。
- while 迴圈是前測式迴圈，符合指定條件才進入迴圈，直到條件不符合才離開迴圈。do/while 迴圈則是後測試迴圈，會進入迴圈執行敘述，再做條件判斷。
- break 敘述用來中斷迴圈的執行，continue 敘述則是暫停目前執行的敘述，它會回到目前敘述的上一個區段，讓程式繼續執行。

CHAPTER

陣列和字串 05

學｜習｜導｜引

- 由一維陣列開始，從宣告、配置記憶體空間到設定初值；簡化其步驟，將陣列初始化；搭配 for、foreach 迴圈讀取陣列的元素。

- 宣告二維陣列；或者以初始化動作來產生陣列。

- 陣列長度不固定時，使用「不規則陣列」，它意味著『陣列中有陣列』；「隱含陣列」則是陣列的資料型別未做明確宣告。

- 認識 String 的不變性；StringBuilder 是管理字串的好幫手。

- 本章節範例使用「主控台應用程式」為範本，架構「.NET 6.0」，建置、執行「開始偵錯」(F5 鍵)。

5.1 使用一維陣列

陣列由陣列元素組成。為什麼要使用陣列？先來瞭解實際情形。以程式處理某一項「資料」須先設定變數名稱，再將此項資料給予指派。舉例來說，學校要計算學生成績，每位學生成績可能有 4～5 科的分數；透過程式處理的話，這些成績也要 4～5 個變數做儲存。全班有 30 個學生，需要的變數會更多！假設一個學年有 3 個班級，那麼統計全校學生的成績，要有更多的變數才能處理！

電腦的記憶體有限，為了讓記憶體空間發揮的淋漓盡致，利用「陣列」這種特殊的資料結構可解決上述問題。把程式中同類資料全部記錄在某一段記憶體中，一來可省去為同類資料一一命名的步驟，二來還可以透過「索引值」（Index）取得存在記憶體中真正需要的資訊。因此，陣列可視為一連串資料型別相同的變數。

5.1.1 宣告一維陣列

變數與陣列最大的差別在於，一個變數只能儲存一個資料，而陣列能把型別相同的資料集合在一起，稱為「陣列元素」，它佔用連續的記憶體空間。陣列依據其維度，可分為一維陣列（Single-dimensional array）、維度為二以上習慣稱多維陣列…等。

宣告陣列變數之後，記憶體要配置空間才能存放變數值；宣告變數並給予初值，表示完成變數的「初始化」。產生一個完整的陣列也有三個步驟：❶ 宣告陣列變數；❷ 配置記憶體；❸ 設定陣列初值。宣告一維陣列的語法如下：

```
資料型別 [] 陣列名稱；
```

- 資料型別：為了取得記憶體空間，必須告知編譯器要使用的資料型別，例如 int、string、float 和 double 等。
- 中括號 []（或稱註標）要放在資料型別後，表示陣列維度（dimension），括號內無任何字元來表示它是一維（Single-Dimension）陣列。
- 陣列名稱：必須遵守識別項規範。

陣列經過宣告不代表已取得記憶體空間，必須以 new 運算子完成實體化（Instance）程序，才能進一步取得記憶體空間的配置，語法如下：

```
陣列名稱 = new 資料型別[size];
```

- size：表示陣列長度或陣列元素。

就如同變數的作法，也可以將第一步和第二步合併；宣告陣列並以 new 運算子來設定陣列長度，合併後的語法如下所述。

```
陣列名稱 = new 資料型別[size];
```

例一：宣告陣列並設定其長度。

```
int[] grade;                // 宣告陣列
grade = new int[4];         // 以 new 運算子實體化長度為 4 的陣列
int[] grade = new int[4];   // 將上述兩行合併成一行
```

- 宣告了一個 int 型別的陣列，它的名稱 grade。
- 宣告陣列後，它如何存放於記憶體？圖【5-1】做說明。

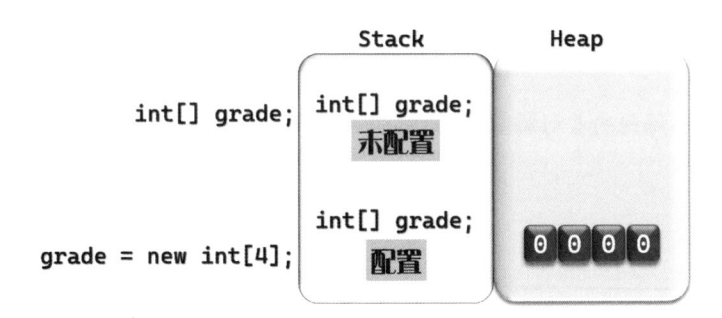

圖【5-1】 建立陣列取得記憶體配置

陣列經過宣告，須以 new 運算子取得了連續的記憶體空間，不過陣列裡並無任何元素 (element)；若是數值型別會將初值設為「0」，若是 string 當然就是空字串。要在陣列存放資料，可以針對個別的陣列元素給予初值，語法如下：

```
陣列名稱[索引編號] = 初值;
```

陣列的索引編號 (index) 從 0 開始。中括號 [] 內標上數字做表示，一個索引編號代表只能存放一個陣列元素。例如：

```
int[] grade = new int[4];
grade[2] = 34;
```

- 宣告一維陣列 grade，以 new 運算子實體化之後，表示可存放 4 個元素，它的索引編號從 grade[0] 到 grade[3]。
- 指定 grade[2] 存放數值「34」。

宣告陣列時做初始化設定；也就是產生陣列的步驟簡化成二步或一步，配合大括號 {} 填入陣列元素。如何做？作法一：宣告陣列並初始化，利用簡例做說明。

```
int[] grade1 = {92, 74, 69, 57};
int[] grade2 = new int[4] {92, 74, 69, 57};
```

- 宣告一維陣列 grade 並在大括號內填入其元素，元素與元素之間用逗點隔開。

grade 變數如何存放陣列元素，透過圖【5-2】做了解。

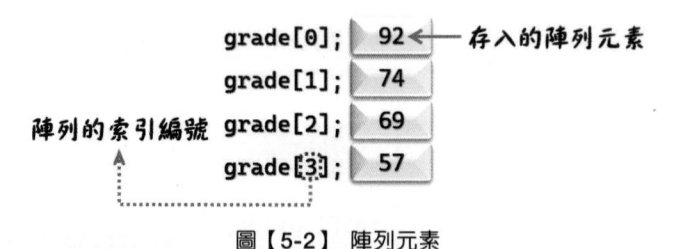

```
          grade[0];  92  ← 存入的陣列元素
          grade[1];  74
陣列的索引編號 grade[2];  69
          grade[3];  57
```

圖【5-2】 陣列元素

作法二：宣告陣列並以 new 運算子完成初始化，簡例如下。

```
int[] grade3;
grade3 = new int[]{92, 74, 69, 57};
int[] grade4 = new int[] {92, 74, 69, 57};
```

- 宣告一維陣列 grade3；以 new 運算子初始化陣列元素。
- 宣告一維陣列 grade4，把前述兩行敘述合併成一行敘述。

不管是陣列 grade3 或 grade4，皆使用大括號 {} 來初始化陣列元素，所以資料型別之後的中括號 []，可以不填入數值。

5.1.2 讀取陣列元素

如何讀取陣列元素？一個已經初始化的陣列，能利用 foreach 迴圈讀取其元素。那麼陣列元素該如何讀取？依照陣列位置存放的順序來讀取。這個存放位置，從索引編號 0 開始到最後，語法如下：

```
foreach(資料型別 物件變數 in 集合)
{
    程式區段敘述；
}
```

- 物件變數，對象包含陣列或物件，它的資料型別必須和集合或陣列相同。
- 集合（Collection）：集合的資料型別必須和物件變數相同。
- foreach 迴圈執行區段敘述時，依據陣列的長度來決定迴圈次數；可搭配 break 或 continue 敘述。

範例《Ex0501.csproj》

使用 foreach 迴圈依序讀取陣列的項目並加入索引，了解陣列中每個元素對應的位置（索引）。

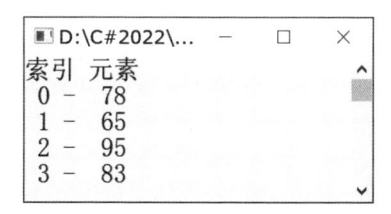

```
索引 元素
0  -  78
1  -  65
2  -  95
3  -  83
```

STEP 01 主控台應用程式，架構「.NET 6.0」；無 Main() 主程式，撰寫如下程式碼。

```
01  int[] grade;     //step1.宣告一維陣列
02  grade = new int[] { 78, 65, 92, 85 };//step2.初始化陣列元素
03  int index = 0;   // 加入索引，由 0 開始
04  WriteLine("索引  元素");
05  foreach (int item in grade)//step3.讀取陣列元素
06  {
07      WriteLine($" {index} - {item,3}");// 設 item 的欄寬為 3
08      index += 1;  // 遞增
09  }
10  ReadKey();
```

STEP 02 建置、執行按【F5】鍵，按任意鍵關閉視窗。

【程式說明】

- 第 1、2 行：第一步，宣告一維陣列 grade，第二步以 new 運算子將它初始化。
- 第 5～9 行：第三步，foreach 廻圈讀取陣列元素，以變數 index 為索引編號，從第「0」個元素開始，直到陣列元素讀取完畢。

for 廻圈也能處理陣列，但必須取得陣列的長度才能讀取。來自 System 命名空間的 Array 類別（參考下一個小節《5.2》）所提供的屬性「Length」能取得陣列長度，語法如下：

```
陣列名稱.Length;
```

for 廻圈讀取陣列的簡例如下：

```
//參考範例《Ex0501.csproj》
for(int item =0; item < grade.Length; item++)
{
   Console.WriteLine($"陣列，索引{item} > {grade[item]}");
}
```

- for 廻圈中計數器「item = 0」，表示陣列的索引編號從零開始。
- 條件運算「item < grade.Length」，表示計數器大於陣列長度就會停止運算離開廻圈。
- 條件控制「item++」；每讀取一個陣列元素，計數器(索引)就加 1，直到陣列讀取完畢。
- 輸出陣列元素，必須以「陣列名稱[索引編號]」做處理。

5.2 Array 類別

Array 類別屬於 System 名稱空間，是所有陣列的基底類別，提供所有陣列的屬性和方法。表【5-1】介紹它的屬性和方法。

屬性、方法	說明
Length	取得陣列所有維度的項目總數（長度）。
Rank	取得陣列的維度數目（number of dimensions）。
IsFixedSize	以布林值回傳陣列的大小是否已固定。
BinarySearch()	已排序的一維陣列裡搜尋某個項目或元素。
Copy()	將陣列 A 指定其範圍的元素複製到陣列 B。
CopyTo()	將目前一維陣列的所有示素複製到指定的一維陣列。
GetLength()	取得指定維度的項目數（長度）。
GetLowerBound()	下界值，也就是取得陣列指定維度第一個元素的索引。
GetUpperBound()	上界值，也就是取得陣列指定維度最後一個元素的索引。
Sort()	將一維陣列排序。
Reverse()	將一維陣列的所有元素反轉其順序。
IndexOf()	搜尋一維陣列中指定物件，傳回第一個符合者的索引。
Resize()	將一維陣列的長度變更為指定的大小。
SetValue()	依指定的索引位置來設定某個元素的值。

表【5-1】 Array 類別的屬性和方法

由於方法 GetLowerBound()、GetUpperBound() 可以取得陣列的上、下界值，配合 for 廻圈來讀取陣列元素，例如：一維陣列。

```
Int number = {78, 125, 43, 67, 18};
int lower = number.GetLowerBound(0);    // 下界值，為 0
int upper = number.GetUpperBound(0);    // 上界值，為 5，陣列長度
for (int item = lower; item < upper; item++)
   Write(age[item]);
```

◆ GetLowerBound() 和 GetUpperBound() 方法皆將參數設為「0」，表示維度為「1」。
◆ 一維陣列 number 的下、上界值會分別回傳「0」和「5」。若將 GetUpperBound() 方法參數設為「1」表示超出索引界值範圍，會丟出異常「IndexOutOfRangeException」。

5.2.1 資料做排序

將數值由小而大排序稱為遞增；若把數字由大而小排序則是遞減。Array 類別的 Sort() 方法能以一維陣列為排序對象，它能單以一維陣列為排序對象，也能指定排序範圍，相關語法如下：

```
Array.Sort(Array)
Array.Sort(Array, index, length)
```

- 要排序的一維陣列。
- index：指定欲排序的開始索引值。
- length：指定要排序的元素個數。

Sort() 方法只能做遞減排序，要完成遞減排序，要有二道手續；先使用 Sort() 方法完成遞增排序，再以 Reverse() 方法反轉陣列元素。Reverse() 方法的語法簡介如下：

```
Array.Sort(陣列1, [陣列2]);      // 陣列元素由小而大排序
Array.Reverse(陣列);             // 將陣列元素做反轉
```

- 陣列 1：欲排序的索引 key（鍵）。
- 陣列 2：選項參數。它會指向參數「陣列 1」中每個索引 key 所對應的元素（項目）。

範例 《Ex0502.csproj》

建立一維陣列並初始化內容；排序前使用 forech 迴圈讀取，排序後則以 for 迴圈處理，了解這兩個迴圈的不同處。Sort() 方法完成遞增排序，可以再使用 Reverse() 方法把陣列反轉來完成遞減排序。

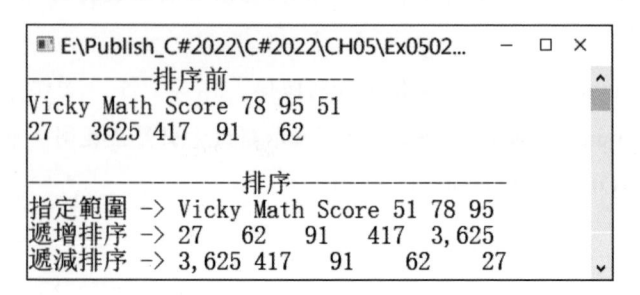

```
■ E:\Publish_C#2022\C#2022\CH05\Ex0502...   —   □   ×
----------排序前----------
Vicky Math Score 78  95  51
27    3625 417   91    62

----------------排序----------------
指定範圍 -> Vicky Math Score 51 78 95
遞增排序 -> 27    62    91    417   3,625
遞減排序 -> 3,625 417   91    62    27
```

5-8

STEP 01 主控台應用程式,架構「.NET 6.0」;無 Main() 主程式,撰寫如下程式碼。

```
01   // 宣告一維陣列並初始化
02   String[] student = {
03      "Vicky", "Math", "Score", "78", "95", "51"};
04   int[] number = {27, 3625, 417, 91, 62 };
05   WriteLine("---------- 排序前 ----------");
06   foreach (String element in student)
07      Write($"{element} ");
08   WriteLine();
09   foreach (int item in number)
10      Write($"{item, -5}");
11   Array.Sort(student, 3, 3);     // 從索引 3 開始取 3 個元素排序
12   Array.Sort(number);            // 遞增排序
13   WriteLine("\n\n---------------- 排序 ----------------");
14   Write(" 指定範圍 -> ");
15   int lower = student.GetLowerBound(0);   // 陣列下界值
16   int upper = student.GetUpperBound(0);   // 陣列上界值
17   for (int item = lower; item < upper; item++)
18      Write($"{student[item]} ");
19   WriteLine();
20   Write(" 遞增排序 -> ");
21   for (int item = 0; item < number.Length; item++)
22      Write($"{number[item], -5:N0}");
23   WriteLine();
24   Array.Reverse(number);         // 反轉陣列元素
25   Write(" 遞減排序 -> ");
26   for (int item = 0; item < number.Length; item++)
27      Write($"{number[item], -6:N0}");
28   WriteLine();
29   ReadKey();
```

STEP 02 建置、執行按【F5】鍵,按任意鍵關閉視窗。

【程式說明】

- 第 6 ~ 7 行:由 foreach 迴圈讀取未排序的陣列元素並輸出。
- 第 11、12 行:使用 Array 類別的 Sort() 方法把 student、number 兩個陣列排序;student 指定範圍排序,number 是整個陣列進行排序。
- 第 15 ~ 18 行:以 GetLowerBound()、GetUpperBound() 取得 student 陣列的下、上界值,再使用 for 迴圈讀取陣列。
- 第 21 ~ 22 行:屬性 Length 取得陣列長度,配合 for 迴圈輸出排序後的陣列元素,「-5」表示欄寬是 5 並向左對齊。

- 第 24 行：如果要做遞減排序，當 Sort() 方法做遞增排序後，再以 Reverse() 方法反轉陣列，達到遞減排序。

進一步來檢視 Sort() 方法排序有兩個陣列時，相關語法如下：

```
Array.Sort(Array1, Array2)
Array.Sort(Array, Array, index, length)
```

- Array1（key）：以第一個陣列為主做排序，其索引會成為排序的鍵值。
- Array2（value）：能對應到第一個陣列的索引所存放的陣列項目（元素）。

當排序有兩個陣列時就形成簡易的字典結構，以 key 為主，帶出所對應的 value，如同去便利商店買飲料，每份商品（key）都有標示不同的價格（value），顧客結帳時會隨商品而帶出所對應的金額。

範例《Ex0503.csproj》

下表是一個含有名稱和出生年份的表格，依索引編號之順序，分別以 name、born 兩個陣列各別存放其資料。第一次排序以 born 為 key，第二次排序以 name 為 key。

	索引	[0]	[1]	[2]	[3]	[4]	[5]
Array1	Name(key)	Brie	Randall	Tomas	Benedict	Vicky	Meryl
Array2	Born(value)	1974	1981	1967	1978	1989	1953

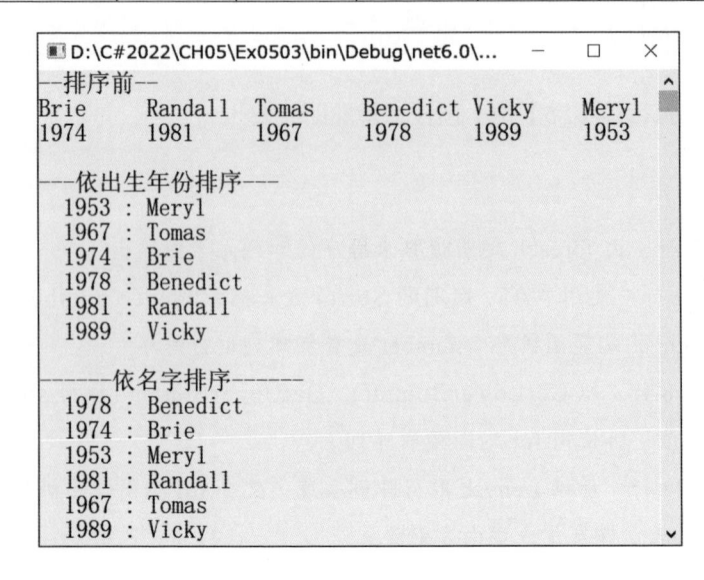

```
--排序前--
Brie      Randall   Tomas     Benedict  Vicky     Meryl
1974      1981      1967      1978      1989      1953

----依出生年份排序----
 1953 : Meryl
 1967 : Tomas
 1974 : Brie
 1978 : Benedict
 1981 : Randall
 1989 : Vicky

------依名字排序------
 1978 : Benedict
 1974 : Brie
 1953 : Meryl
 1981 : Randall
 1967 : Tomas
 1989 : Vicky
```

STEP 01 主控台應用程式，架構「.NET 6.0」；無 Main() 主程式，直接撰寫如下程式碼。

```
01   int[] born = { 1974, 1981, 1967, 1978, 1989, 1953 };
02   string[] name = { "Brie", "Randall", "Tomas",
03       "Benedict", "Vicky", "Meryl" };
04   WriteLine("-- 排序前 --");
05   foreach (string element2 in name) // 讀取排序前的兩個陣列元素
06      Write($"{element2, -9}");
07   WriteLine();
08   foreach (int element1 in born)
09      Write($"{element1, -9}");
10   WriteLine();
11   Array.Sort(born, name);// 依出生年份遞增排序
12   WriteLine("\n--- 依出生年份排序 ---");
13   display(born, name);// 呼叫靜態方法 display() 輸出結果
14   Array.Sort(name, born);
15   WriteLine("\n------ 依名字排序 ------");
16   display(born, name);
17   // 省略部份程式碼
```

STEP 02 建置、執行按【F5】鍵，按任意鍵關閉視窗。

【程式說明】

- 第 1 ～ 3 行：宣告兩個陣列元素並初始化，分別存放出生年份的 born 和名稱的 name。

- 第 11 行：Sort() 方法以放入兩個陣列為參數，以 born 為 key，而 name 為 value 做排序。

- 第 14 行：Sort() 方法以 name 為 key，而 born 為 value 做排序。

5.2.2 按圖索驥靠索引

陣列中的每個陣列元素都會對應的索引編號（位置），最大的好處就是方便尋找！想要知道陣列裡是否有某個元素？IndexOf() 方法可尋找陣列的某個元素，再回傳它其位置（索引值）。語法如下：

```
Array.IndexOf(陣列名稱, value[, start, count]);
```

- value：陣列中欲尋找的項目，只要找到符合的第一個元素就會回傳結果。多數陣列以 0 為下界值，找不到 value 時，傳回 -1 值。

- start：選項參數；開始尋找的索引值，省略此參數，由索引編號 0 找起。
- count：選項參數；配合 start 值指定欲尋找的元素數目，省略此參數表示以整個陣列為搜尋對象。

下述簡例中，IndexOf() 方法會回傳陣列元素「354」的索引編號『3』。

```
int[] number = {56, 78, 9, 354, 17};// 宣告陣列並初始化
int index = Array.IndexOf(number, 354);
```

另一個跟搜尋陣列元素有關的方法是 BinarySearch()，不過它搜尋的對象是已排序的陣列，先認識它的語法：

```
Array.BinarySearch(Array, value)
```

- Array：欲搜尋的陣列，但陣列在事前須已完成排序。
- value：欲搜尋的值。未若找 value 會以負值回傳，有找到的話則回傳索引值。

範例 《Ex0504.csproj》

利用 IndexOf() 方法找出陣列中年齡是 24 歲的人員。若有第二筆記錄，則使用 while 迴圈重覆尋找陣列中下一個年齡 24 的人員。當陣列經過排序，就能以方法 BinarySearch() 搜尋指定的值。

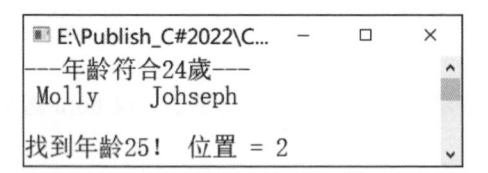

```
■ E:\Publish_C#2022\C...    —    □    ×
----年齡符合24歲----
Molly     Johseph

找到年齡25！  位置 = 2
```

STEP 01 主控台應用程式，架構「.NET 6.0」；無 Main() 主程式，撰寫如下程式碼。

```
01  string[] name = {"Molly", "Eric", "Johseph",
02      "Peter", "Iron", "Priyanka"};
03  int[] age = { 24, 26, 24, 26, 28, 25 };
04  int index = Array.IndexOf(age, 24);    // 回傳 24 歲的 index 值
05  WriteLine("--- 年齡符合 24 歲 ---\n");
06  while (index >= 0)    //while 迴圈找到符合 24 歲的人
07  {
08      Write($" {name[index], -8}");//-8 表示欄寬為 8，靠左對齊
09      index = Array.IndexOf(age, 24, index + 1);// 找下一筆
10  }
11  Array.Sort(age);    // 欲搜尋陣列先做排序
```

```
12    var key = Array.BinarySearch(age, 25);
13    switch (key)
14    {
15       case >= 0:
16          WriteLine($"\n 找到年齡 25！位置 = {key}");
17          break;
18       default:
19          WriteLine($"\n 未找到年齡 25！位置 = {key }");
20          break;
21    }
22    ReadKey();
```

STEP 02 建置、執行按【F5】鍵，按任意鍵關閉視窗。

【程式說明】

- 第 1～3 行：宣告二個陣列，name 存放名字，age 存放年齡。
- 第 4 行：利用 IndexOf() 方法找出 24 歲的索引編號。
- 第 6～10 行：利用 while 迴圈找到符合 24 歲的人，將變數 index 遞增 1，可以移動到下一筆繼續尋找。
- 第 12 行：使用 BinarySearch() 方法前，得把陣列先進行排序。
- 第 13～21 行：C# 9.0 允許 switch 敘述使用模式比對，它會根據運算式選取符合條件的敘述來執行。

5.2.3 改變陣列的大小

陣列建立時通常要指定它的大小，欲改變陣列大小可以使用 Resize() 方法，語法如下：

```
Array.Resize(ref 陣列名稱, newSize)
```

- ref 關鍵字加在陣列名稱前作為呼叫參考，而且必須是一維陣列。
- newSize：重新指定陣列大小。

以 Resize() 方法重新配置陣列大小時，參數之一的 newSize 有三種情形要考量：

- newSize 等於舊陣列長度，Resize() 方法不會執行。
- newSize 大於舊陣列長度，舊陣列的所有元素會複製到新陣列。

- newSize 小於舊陣列時,舊陣列元素會以複製填滿新陣列,多的元素則會忽略。

範例《Ex0505.csproj》

先設定型別為 string 的一維陣列,第一次以 Array.Resize() 方法將陣列加大;第二次再以 Array.Resize() 方法將陣列變小。透過 foreach 廻圈的讀取來了解陣列的內部變化。

```
原有陣列-> Orange, Apple, Banana, Grape,

變大的陣列****
Orange, Apple, Banana, Grape, Waterlemon, Strawberry,
變小的陣列****
Orange, Apple, Banana, Grape, Waterlemon,
```

STEP 01 主控台應用程式,架構「.NET 6.0」;無 Main() 主程式,撰寫如下程式碼。

```
01  // 省略部份程式碼
02  Array.Resize(ref fruit, fruit.Length + 2);    // 將陣列變大
03  fruit[4] = "Waterlemon";    // 加入陣列元素
04  fruit[5] = "Strawberry";
05  WriteLine("\n\n 變大的陣列 ****");
06  foreach (string item in fruit)
07     Write($"{item}, ");
08
09  Array.Resize(ref fruit, fruit.Length - 1); // 陣列變小
10  WriteLine("\n 變小的陣列 ****");
11  foreach (string item in fruit)
12     Write($"{item}, ");
13  ReadKey();
```

STEP 02 建置、執行按【F5】鍵,按任意鍵關閉視窗。

【程式說明】

- 第 2 ~ 4 行:「newSize > fruit」以 Array.Resize() 方法將 fruit 陣列加大,再加入兩個元素。
- 第 6 ~ 7 行、11 ~ 12 行:foreach 廻圈讀取陣列元素,查看 fruit 陣列的改變情形。
- 第 9 行:再以 Array.Resize() 將陣列變小,它會捨棄部份元素。

5.2.4 陣列的複製

要複製陣列，考量其本身是參考型別，必須指定它的開始和結束範圍，認識 Array 類別提供的第一個方法 CopyTo()，語法如下：

```
CopyTo(array, index);
```

- array：指定的目標陣列。
- index：欲複製陣列的開始位置。

使用 CopyTo() 方法會將來源陣列的元素全部複製到新的陣列，所以是透過來源陣列呼叫 CopyTo() 方法。要指定複製元素是若干個，則 Array 類別的靜態方法 Copy() 來實施，語法如下：

```
Array.Copy(sourceArray, destinationArray, length)
```

- sourceArray：來源陣列。
- destinationArray：目的陣列。
- length：欲複製的項目數，其資料型別為 Int32 或 Int64。

範例《Ex0506.csproj》

使用方法 Copy() 和 CopyTo() 複製陣列，並了解兩種方法的不同處。

```
使用CopyTo()方法
orange, apple, lemon, pineapple, papaya, guava,
使用靜態方法Copy()
orange, apple, lemon, pineapple,
```

STEP 01 主控台應用程式，架構「.NET 6.0」；無 Main() 主程式，直接撰寫如下程式碼。

```
01  // 省略部份程式碼
02  string[] produce = new string[fruit.Length];
03  string[] product = new string[4];
04  fruit.CopyTo(produce, 0);
05  WriteLine("使用 CopyTo() 方法 ");
06  foreach (string item in produce)
07     Write($"{item},");
08  WriteLine();
```

```
09
10   Array.Copy(fruit, product, 4);
11   WriteLine("使用靜態方法 Copy()");
12   foreach (string item in product)
13      Write($"{item}, ");
14   WriteLine();
15   ReadKey();
```

STEP 02 建置、執行按【F5】鍵，按任意鍵關閉視窗。

【程式說明】

- 第 2、3 行：建立兩個目的陣列 produce、product 存放複製後的元素，資料型須和 fruit 相同。其一陣列 produce 的長度必須和 fruit 相同，宣告時以 fruit 陣列為其長度。其二 product 陣列只存放 4 個元素。
- 第 4 行：fruit 陣列呼叫 CopyTo() 方法，它會將所有元素複製給陣列 produce。
- 第 10 行：呼叫 Array 類別的靜態方法 Copy()，複製前 4 個元素到 product 陣列。

5.3 有維有度話陣列

　　陣列的維度是「一」（或只有一個註標），稱為「一維陣列」（Single-Dimensional Array）。不過程式設計需求上，也會使用維度為 2 的「二維陣列」（Two-Dimensional Array），最簡單的例子就是 Microsoft Office 軟體中的 Excel 試算表，利用欄與列的觀念來表示位置。如果教室裡只有一排學生，可以使用一維陣列來處理。如果有 5 排學生，每一排有四個座位，表示教室裡能容納 20 個學生。這樣的描述表達了二維陣列的基本概念：由列、欄組成。當陣列的維度是二維（含）以上，又稱「多維陣列」（Multi-Dimensional Array），例如一棟建築物含有多間教室時，就是多維陣列的構成。

5.3.1 建立二維陣列

　　二維陣列跟一維陣列相同；經由宣告、以 new 運算子配置記憶體空間，再指定陣列元素。或者直接初始化來產生二維陣列。二維陣列的語法如下：

```
資料型別 [,] 陣列名稱；                          // 步驟 1：宣告二維陣列
陣列名稱 = new 資料型別 [ 列數，欄數 ]；         // 步驟 2：配置記憶體
資料型別 [,] 陣列名稱 = new 資料型別 [ 列數，欄數 ]；
```

- 宣告二陣列後,以 new 運算子來配置記憶體空間。
- 將步驟 1、2 合併來宣告二維陣列並以 new 運算子配置列、欄數。

宣告二維陣列,中括號 [] 內要加上逗點來表示它有列、有欄;同樣地,列、欄皆有長度或大小。例如宣告一個整數型別 4×3 的二維陣列,簡述如下:

```
int[,] number;              //宣告二維陣列
number = new int[4, 3];     //建立 4 列,3 欄的陣列
```

- 建立一個 4 列 ×3 欄的二維陣列 number,它的位置由索引編號表示如下。

	欄[0]	欄[1]	欄[2]
列[0]	number[0, 0]	number[0, 1]	number[0, 2]
列[1]	number[1, 0]	number[1, 1]	number[1, 2]
列[2]	number[2, 0]	number[2, 1]	number[2, 2]
列[3]	number[3, 0]	number[3, 1]	number[3, 2]

5.3.2 二維陣列初始化

同樣地,以 new 運算子配置二維陣列的記憶體空間後,必須進行陣列元素的初值設定。語法如下:

```
陣列名稱 [ 列索引編號, 欄索引編號 ] = 初值;
```

還記得方法 SetValue(),它也可以設定二維陣列的值,語法如下:

```
SetValue(value, index1, index2)
```

- value:依指定位置新增的二維陣列元素。
- index1, index2:二維陣列中,index1 列索引,index2 欄索引。

例一:宣告二維陣列 number 並以 new 運算子取得 4 列 ×3 欄的記憶體空間。

```
int[,] number = new int[4, 3];
number[0, 0] = 64;
number.SetValue(123, 0, 1);
```

- 指定第 1 列(索引編號 0)第 1 欄(索引編號 0)的空間存放數值「64」。
- 指定第 1 列(索引編號 0)第 2 欄(索引編號 1)的空間存放數值「123」。

例二：宣告二維陣列的同時進行初始化動作。

```
int[,] number = {
   {75, 64, 96}, {55, 67, 39}, {45, 92, 85}, {71, 69, 81}};
int[,] number2 = new int[4, 3]
   {{75, 64, 96}, {55, 67, 39}, {45, 92, 85}, {71, 69, 41}};
```

- 二維陣列 number 宣告同時將其陣列元素初始化，大括號內還有 4 組大括號 {} 代表列的長度 4。每一組（列）大括號存放 3 個陣列元素，所以它是一個 4 列 ×3 欄的二維陣列。

- new 運算子建立二維陣列並初始化元素，它的存放位置 (索引) 列示如圖【5-3】。

	欄[0]	欄[1]	欄[2]
列[0]	number[0, 0] = 75	number[0, 1] = 81	number[0, 2] = 93
列[1]	number[1, 0] = 52	number[1, 1] = 63	number[1, 2] = 36
列[2]	number[2, 0] = 45	number[2, 1] = 94	number[2, 2] = 82
列[3]	number[3, 0] = 72	number[3, 1] = 68	number[3, 2] = 46

圖【5-3】 二維陣列存放的元素

如果陣列維度是 2 以上時，藉由指定維度取得陣列長度，可使用 GetLength() 方法，語法如下：

```
陣列名稱.GetLength(dimension);
```

- dimension：取得陣列維度。

例三：GetLength() 方法取得陣列維度值後再指派給變數使用。

```
int[,] score = {{75, 64, 96}, {55, 67, 39}};
int row = score.GetLenght(0);
int column = score.GetLength(1);
```

- 表示 score 陣列是一個 2×3 的二維陣列，列數「2」，欄數「3」。
- 取得列數值（第 1 維陣列），變數 row 回傳值是「2」。
- 取得欄數值（第 2 維陣列），變數 column 回傳值是「3」。

方法 SetVaule() 能用來設定陣列的值，而方法 GetValue 就能依其指定的位置來取得某個元素的值，先認識其語法：

```
GetValue(index)
SetValue(value, index)
```

- value：指定陣列中元素的值。
- index：欲新增元素的位置。

例四：宣告一維陣列後，指派其元素和位置。

```
int[] number
  new int[3];                // 一維陣列能存放 4 個元素
number.SetValue(12, 0);
number.SetValue(25, 1);
number.SetValue(38, 2);
number.GetValue(0);          // 回傳第一個元素 12
```

例五：宣告二維陣列後，新增其元素。

```
int[,] number = new int[3, 3];    // 宣告 3×3 二維陣列
number.SetValue(11, 0, 0);        // 第 0 列，第 0 欄，元素 11
number.SetValue(12, 0, 1);        // 第 0 列，第 1 欄，元素 12
number.SetValue(13, 0, 2);        // 第 0 列，第 2 欄，元素 13
WriteLine(number.GetValue(0, 0)); // 回傳第 0 列，第 0 欄元素
```

- 先宣告二維陣列 number 後，方法 SetValue 依位置設元素，GetVale() 再依位置取得元素。

操作 《程式發生錯誤》

STEP 01 上述簡述中，把 GetUpperBound() 方法參數設為「1」會發生「未處理的例外狀況」讓執行中的程式中斷並進入偵錯模式。

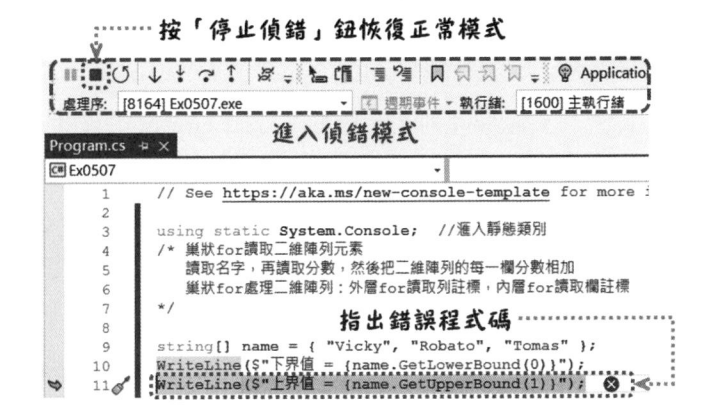

STEP 02 發生「例外狀況」後會一併彈出「未處理的例外狀況」訊息方塊。❶ 點選「檢視詳細資料」進入「快速監看式」交談窗查看；❷ 按「關閉」鈕關閉

快速監看式,再按「未處理的例外狀況」訊息方塊右上角的「X」關閉訊息方塊。

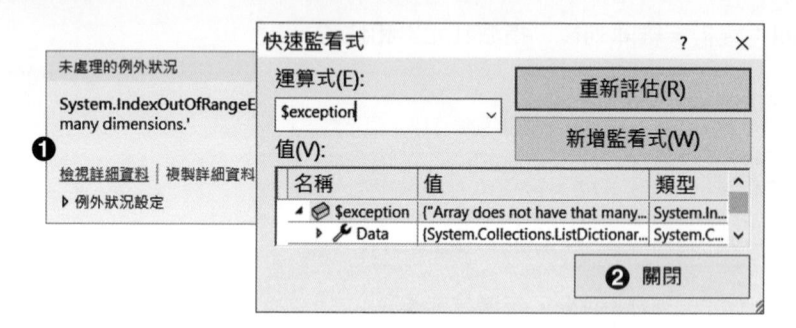

STEP 03 再按工具列的「停止偵錯」鈕讓程式恢復正常的編輯模式,修正錯誤的程式碼。

此外,建置程式若是按【Ctrl + F5】發生錯誤時顯示的情形就不太相同,它不會進入偵錯模式而是由主控台視窗輸出錯誤訊息,可直接關掉主控台視窗。

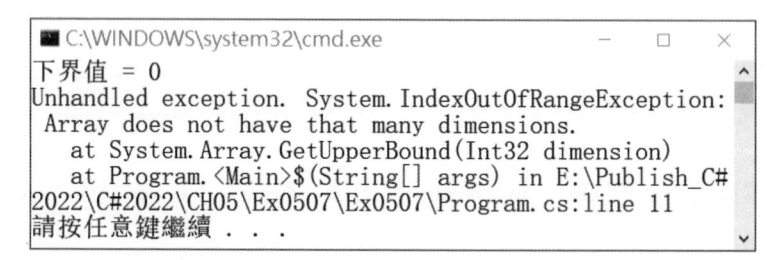

範例 《Ex0507.csproj》

score 是二維陣列,要讀取陣列元素時,以 GetLength() 方法取得列和欄的長度,配合雙層 for 迴圈是較好的處理方式,然後將每個人的分數相加。

STEP 01 主控台應用程式,架構「.NET 6.0」;無 Main() 主程式,撰寫如下程式碼。

```
01   int outer, inner;// 巢狀 for 的計數器
02   int[] sum = new int[3];// 存放每個人的總分
03   string[] name = { "Mary", "Tomas", "John" };
04   // 讀取名字並輸出,{0,7} 表示預設 7 個欄位來存放
05   foreach (string item in name)
06      Write("{0,7}", item);
07   WriteLine();
08   int[,] score = {{75, 64, 96}, {55, 67, 39},
09                   {45, 92, 85}, {71, 69, 81} };
10   int row = score.GetLength(0);
11   int column = score.GetLength(1);
12
13   for (outer = 0; outer < row; outer++)// 讀取列數
14   {
15      for (inner = 0; inner < column; inner++)// 讀取欄的元素
16         Write($"{score[outer, inner],7}");
17      WriteLine();
18      sum[0] += score[outer, 0];// 第 1 欄分數相加
19      sum[1] += score[outer, 1];// 第 2 欄分數相加
20      sum[2] += score[outer, 2];// 第 3 欄分數相加
21   }
22   WriteLine("-----------------------");
23   WriteLine($"Sum: {sum[0]} {sum[1],5} {sum[2],6}");
24   ReadKey();
```

STEP 02 建置、執行按【F5】鍵,按任意鍵關閉視窗。

【程式說明】

- 第 8～9 行:宣告 4×3 的二維陣列 score 並初始化,存放每個人成績。
- 第 10、11 行:以 GetLength() 方法取得指定陣列的維度數目。所以 GetLenght(0) 會取得第一維度(列)的長度,GetLength(1) 取得第二維度(欄)的長度。
- 第 13～21 行:外層 for 迴圈讀取列的長度。
- 第 15～16 行:內層 for 迴圈讀取每列陣列中每欄的元素。
- 第 18～20 行:sum[0] 會將第 1 欄分數相加而得到 Mary 總分,其餘第 2 欄、第 3 欄則是得到 Tomas 和 John 的總分數。

> **TIPS**
>
> foreach 迴圈讀取二維陣列
> - 利用 foreach 迴圈當然讀取二維陣列是沒有問題！敘述如下：
>   ```
>   foreach (int one in score)
>       Console.Write("{0}", one)
>   ```
> - 要注意的地方它是讀取二維陣列所有元素。

5.3.3 多維陣列

二維陣列以列、欄來表示，就像一間教室排在桌椅可能容納 20～30 人的學生來上課，那麼更多的學生，就要有更多間的教室，從平面往立體發展。當陣列超過二維，習慣以多維陣列來稱呼。以三維陣列（Three-dimension Array）來說，代表它有三個註標，是一個「M×N×O」的多維陣列。宣告語法如下：

```
資料型別[, ,] 陣列名稱；
```

- M：代表二維陣列個數，N：二維陣列的列數；O 為二維陣列的欄數。
- 資料型別後的中括號內要有兩個逗號來表示它是三維陣列。

例一：宣告一個「2×2×3」三維陣列，表示「M=2, N=2, O=3」，2×3 的二維陣列有 2 個，其陣列結構示意如圖【5-4】。

```
int[, ,] Ary = new int[2, 2, 3];
```

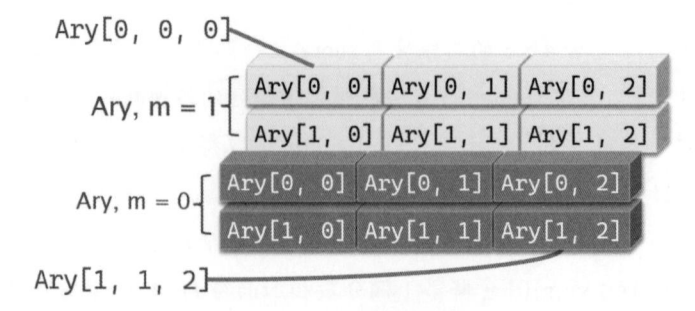

圖【5-4】 三維陣列結構

三維陣列究竟是如何組成？就以上課的教室為例，一間教室可以容納「2×3 = 6」個學生，當上課的學生大於 6 時，就要有第二間教室來容納更多學生。所以「2×2×3」三維陣列中第一個「2」可視為兩個「2×3」的二維陣列。

範例《Ex0508.csproj》

產生一個「2×2×3」三維陣列並以三層 for 廻圈讀取陣列的元素。

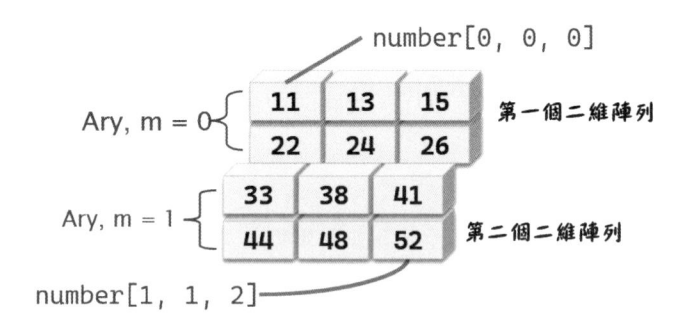

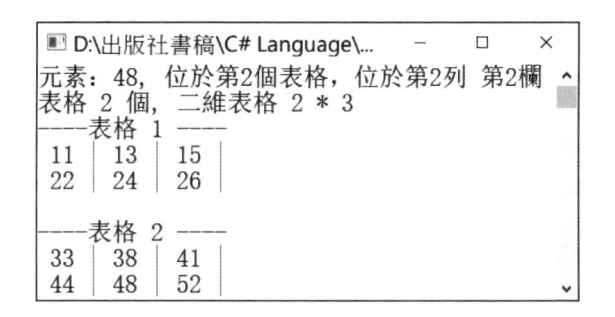

STEP 01 主控台應用程式，架構「.NET 6.0」；無 Main() 主程式，撰寫如下程式碼。

```
01  int[, , ] num3D = new int[2, 2, 3] {
02          {{11, 13, 15 }, { 22, 24, 26 }},
03          {{33, 38, 41 }, { 44, 48, 52 }}};
04  Write($"元素：{num3D[1, 1, 1]}, " +
05         $"位於第 2 個表格, 位於第 2 列  第 2 欄 \n");
06  //GetLength() 方法取得多維陣列的 Table(M), Row(N), Column(O)
07  int table = num3D.GetLength(0);
08  int row = num3D.GetLength(1);
09  int column = num3D.GetLength(2);
10  Write($" 表格 {table} 個，二維表格 {row} * {column}\n");
11
12  for (int first = 0; first < table; first++)
13  {
```

```
14        WriteLine($"---- 表格 {first + 1} ----");
15        for (int second = 0; second < row; second++)
16        {
17           for (int thrid = 0; thrid < column; thrid++)
18              Write($"{num3D[first, second, thrid], 3} |");
19           WriteLine();    // 換行
20        }//end second for-loop
21        WriteLine();       // 換行
22     }//end first for-loop
23     ReadKey();
```

STEP 02 建置、執行按【F5】鍵,按任意鍵關閉視窗。

【程式說明】

- 第 1 ～ 3 行:建立 2×2×3 三維陣列並初始化,須以叁層 for 迴圈讀取陣列元素。
- 第 4 ～ 5:直接輸出某個索引編號的元素。
- 第 12 ～ 22 行:第一層 for 迴圈,配合表格變數 table 來讀取多維陣列的表格索引值。
- 第 15 ～ 20 行:第二層 for 迴圈,配合列變數 row 來讀取三維陣列的列索引值。
- 第 17 ～ 18 行:第三層 for 迴圈,配合欄變數 column 來讀取三維陣列的欄索引,呼叫 Write() 方法輸出陣列元素。

5.3.4 不規則陣列

前述介紹的陣列經過宣告後,陣列大小是固定的。但凡事皆可能有例外,例如從資料庫擷取資料,並不知道有多少筆資料,就無法以固定陣列處理;這種情形下可採用「不規則陣列」。不規則陣列(A jagged array),就是陣列裡的元素也是陣列,所以也有人把它稱為「陣列中的陣列」或「鋸齒陣列」。由於陣列元素採用參考型別,初始化時為 null;陣列的每一列長度也有可能不同,意味著陣列的每一列也必須實體化才能使用。使用不規則陣列跟其他陣列一樣先做宣告、再以 new 運算子取得記憶體空間,設定陣列長度;其語法如下:

```
資料型別 [][] 陣列名稱 = new 資料型別 [陣列大小][];
陣列名稱 [0] = new 資料型別 []{...};
陣列名稱 [1] = new 資料型別 []{...};
```

方式一：宣告不規則陣列，列的長度為 3，然後以 new 運算子指定每一列的長度，然後再存取個別的陣列元素，敘述如下。

```
int[][] number = new int[3][];// 宣告陣列
number[0] = new int[4];        // 初始化第一列陣列，存放 4 個元素
number[1] = new int[3];
number[2] = new int[5];
number[0][1] = 12;             // 指定個別元素
```

方式二：宣告不規則陣列 number2，列長為 3，配合 new 運算子初始化每一列陣列並填入其元素。

```
int[][] number2 = new int[3][];
number2[0] = new int[] {11, 12, 13, 14};
number2[1] = new int[] {22, 23, 24};
number2[2] = new int[]{31, 32, 33, 34, 35};
```

方式三：宣告陣列的當下並完成初始化動作。

```
int[][] number3 = new int[][]
{
   new int[] {11,12,13,14},
   new int[] {22,23,24},
   new int[] {31,32,33,34,35}
};
```

方式四：宣告的陣列未設長度，直接使用 new 運算子做初始化。

```
int[][] number4 =
{
   new int[] {11,12,13,14},
   new int[] {22,23,24},
   new int[] {31,32,33,34,35}
};
```

範例 《Ex0509.csproj》

利用不規則陣列存入選修者的名字和科目，再以巢狀 for 廻圈讀取。

```
■ E:\Publish_C#2022\C#2022\CH05\Ex05...   —   □   ×
Johson 英文會話    國文      程式設計
Molly  國文       計算機概論
Peter  英文       人工智慧   多媒體論   應用文
```

STEP 01 主控台應用程式,架構「.NET 6.0」;無 Main() 主程式,撰寫如下程式碼。

```
01   string[][] subject = new string[3][];
02   subject[0] = new string[]//step2. new 運算子將陣列元素初始化
03      {"Johson"," 英文會話 "," 國文 "," 程式設計 "};
04   subject[1] = new string[]
05      {"Molly", " 國文 ", " 計算機概論 "};
06   subject[2] = new string[]
07      {"Peter", " 英文 ", " 人工智慧 ", " 多媒體論 "," 應用文 "};
08   for (int one = 0; one < subject.Length; one++)
09   {
10      for (int two = 0; two < subject[one].Length; two++)
11         Write($"{subject[one][two],-7}");
12      WriteLine();
13   }
14   ReadKey();
```

STEP 02 建置、執行按【F5】鍵,按任意鍵關閉視窗。

【程式說明】

- 第 1 行:第一步,宣告不規則陣列 subject,表示它有 subject[0] ～ subject[2] 的 3 列陣列。
- 第 2 ～ 7 行:第二步,陣列以 new 運算子做初始化。
- 第 8 ～ 13 行:第三步,外層 for 廻圈,利用「Length」屬性來取得列的註標值。
- 第 10 ～ 11 行:內層 for 廻圈依據每列長度來讀取每欄元素並以欄寬為 7 靠左對齊方式來輸出結果。

5.3.5 隱含型別陣列

先了解「隱含」(implicitly)的意義,相對於「明確宣告」(Explicit Declaration),它有『不明確表示』的意涵。通常建立陣列時要明確宣告它的資料型別;隱含型別是對於陣列的資料型別不做明確表示。它的語法如下:

```
var 陣列名稱 = new[]{…};
```

宣告隱含型別陣列時,以 var 關鍵字取代原有的資料型別,同樣地必須以 new 運算子來取得記憶體空間,下述簡例認識隱含型別陣列。

```
var data = new[] {11, 21, 310, 567 }; //int[]
```

◆ 使用關鍵字 var 來宣告一個隱含型別陣列並初始化。

TIPS

宣告陣列時須採用一致的資料型別，不然編譯器還是會發出錯誤訊息！

```
var source = new[] { "vicky", 25, 78, 65 };
```
CS0826: 找不到隱含類型陣列的最佳類型

範例 《Ex0510.csproj》

建立一個隱含型別的不規則陣列，再以巢狀 for 迴圈讀取陣列元素。

```
讀取隱含的不規則陣列：
  68  135   83   75   64  211   37
```

STEP 01 主控台應用程式，架構「.NET 6.0」；無 Main() 主程式，撰寫如下程式碼。

```
01   var number = new[]
02      { new[]{68, 135, 83}, new[]{75,64,211,37}};
03   WriteLine("讀取隱含的不規則陣列：");
04   for (int one = 0; one < number.Length; one++)
05   {
06      for (int two = 0; two < number[one].Length; two++)
07         Write($"{number[one][two],4}");
08   }
09   WriteLine();
10   ReadKey();
```

STEP 02 建置、執行按【F5】鍵，按任意鍵關閉視窗。

【程式說明】

◆ 第 1～2 行：以 var 關鍵字宣告一個隱含型別的不規則陣列，然後初始化每一列的陣列元素。

◆ 第 4～8 行：外層 for 迴圈以 Length 屬性取得陣列的長度。內層 for 迴圈也以同樣方式來取得每列的總欄數，讀取並做輸出。

5-27

5.4 字元和字串

「字串」代表文字物件。從字面上解讀，可以解釋成「把字元一個一個串起來」。它們可以對應到 .NET 類別庫 System 命名空間的 String 類別和 Char 結構。單指 Char 結構本身是指「UTF-16」的 Unicode 字元，中文稱為「萬用字元碼」。那麼字串又是什麼？可以把它視為「Char 物件的循序唯讀集合」，所以組成字串物件的 Char 和表示單一字元的 Unicode 不能混為一談。

5.4.1 逸出序列

位於 System 名稱空間下的 Char 結構的大小是以 Unicode 16 位元表示字元常值、十六進位逸出序列（Escape Sequence）或是 Unicode。所謂的「逸出序列」是指『\』這個特殊字元，緊接在它後面的字元要做特殊處理。表【5-2】列出一些常用的逸出序列。

逸出序列	字元名稱	範例	執行結果
\'	單引號	Write("ZCTs\' Book");	ZCTs' Book
\"	雙引號	Write("C\"#\" 升記號 ");	C"#" 升記號
\n	換新行	Write("Visual \nC#");	Visual C#
\t	Tab 鍵	Write("Visual\t C#");	Visual　　C#
\r	歸位字元	WriteLine("Visual\rC#");	C#sual
\\	反斜線	Write("D:\\ 範例 ");	D:\ 範例

表【5-2】 逸出序列常用字元

「\t」就如同在兩個字元之間按下鍵盤的「Tab」，讓兩個字元之間分隔。「\r」會讓 C# 這兩個字元回到此行的開始位置，取代了 Vi 而變成了「C#sual」。

除了逸出序列外，可以利用 Char 結構的方法來判斷字串中的字元，表【5-3】做簡單說明。

方法	說明
IsPunctuation(Char)	指定的 Unicode 字元是否為標點符號。
IsLower(Char)	指定的 Unicode 字元是否為小寫字母。
IsUpper(Char)	指定的 Unicode 字元是否為大寫字母。
IsWhiteSpace(Char)	指定的 Unicode 字元是否為空白字元。

表【5-3】 Char 結構判斷字元的方法

5.4.2　String 類別建立字串

字串的用途相當廣泛，它能傳達比數值資料更多的訊息，例如一個人的名字、一首歌的句子，甚至整個段落的文字。前面的範例裡，其實已經將字串派上戰場，複習一下它的宣告語法：

```
string 字串變數名稱 = "字串內容";
```

- 關鍵字 string 是 String 類別的別名。
- 字串變數名稱同樣遵守識別項的命名規則。
- 指定字串內容時要在前後加上雙引號。

例一：建立字串。

```
string strNull = null;                 // 設定字串的初值是 null
string strEmpty = String.Empty;        // 初始化為空字串
string strVacant = "";                 // 一個空字串
string word = "Hello World! ";         // 宣告字串並設定初值
```

- Empty 為 String 類別的欄位，表達它是一個空白的文字欄位，狀態為唯讀。
- 空字串 strEmpty、strVacant 表示它們是 String 物件，存放零個字元；屬性「Length」會回傳「0」值。

例二：利用布林值判斷字串是否為 null。

```
bool isEmpty = (strEmpty == strVacant);    // 回傳 True
bool isNull = (strNull == strEmpty);       // 回傳 False
```

- strNull 並非空字串，若呼叫屬性 Length 會擲出異常「NullReferenceException」。

字串中如果要繪製長線條,最簡單的作法就是呼叫 Console 類別的方法 WriteLine() 做輸出,敘述如下:

```
Console.WriteLine("------------");
```

有更簡潔方式,就是藉助 String 類別的建構函式來設定,先認識其語法:

```
String(char c, int count);
```

- char:以字元表達,使用時要以單一字元來表示。
- count:字元重覆的字數。

修改前述 WriteLine() 方法表達的長線條,以 String 類別的建構函式繪出:

```
String ch = new String('-', 35);
Console.WriteLine(ch);    // 輸出 35 個字元「-」
```

- 由於 char 為字元,使用時前後要加單引號。

Visual C# 的字串沒有結尾字元。所以字串的 Length 屬性所取得的是 Char 物件數,非 Unicode 字元數。String 類別兩個常用屬性,簡介如下。

- **Chars**:取得字串中指定索引位置的字元。
- **Length**:取得字串的長度(Char 總數)。

由於字串來自字元物件,它的每個字元皆有位置,也就是索引。它的語法如下:

```
String.Chars[index]
```

索引編號從零開始,依此特性,透過 Chars 屬性可傳回指定位置的字元,不過要注意的是 Chars 屬性並不是直接使用,藉由下述實做範例了解。

範例《Ex0511.csproj》

藉由 Chars 屬性了解字串與字元的關係,指定索引編號,for 迴圈讀取字元。

```
D:\C#2022\CH05\Ex0511...    □   ×
句子 Microsoft Visual Studio 10.0!,
有 5 個字詞,

讀取第一個字詞
[0] = 字元 <M>
[1] = 字元 <i>
[2] = 字元 <c>
[3] = 字元 <r>
[4] = 字元 <o>
[5] = 字元 <s>
[6] = 字元 <o>
[7] = 字元 <f>
[8] = 字元 <t>
字串總長度 -> 29
```

STEP 01 主控台應用程式，架構「.NET 6.0」；無 Main() 主程式，撰寫如下程式碼。

```
01   string word = "Microsoft Visual Studio 10.0!";
02   int index;       // 字串索引編號
03   int numWd = 0;   // 計算字詞數
04   word = word.Trim();   // 去除字串中的空白
05   for (int item = 0; item < word.Length; item++)
06   {
07       if (Char.IsPunctuation(word[item]) |
08           Char.IsWhiteSpace(word[item]))
09       numWd++;
10   }
11   WriteLine($" 句子 {word}, \n 有 {numWd} 個字詞 ");
12   WriteLine("\n\n 讀取第一個字詞 ");
13   for (index = 0; index < 9; index++)
14       WriteLine($"[{index}] = 字元 <{word[index]}>");
15   WriteLine($" 字串總長度 -> {word.Length}");
16   ReadKey();
```

STEP 02 建置、執行按【F5】鍵，按任意鍵關閉視窗。

【程式說明】

- 第 1 行：宣告 word 字串並初始化其內容。
- 第 5 ～ 10 行：for 迴圈讀取字串中的字元，進一步以 if 敘述配合 IsPunctuation() 或 IsWhiteSpace() 方法來判斷是否有標點符號或空白字元。

- 第 13 ～ 14 行：配合 Chars 屬性的特質，讀取索引編號（index = 0）、「0 ～ 8」，再以 for 迴圈讀取第一個字詞的字元。
- 第 15 行：利用 Length 屬性取得 word 字串的總長度是「29」。

5.4.3 字串常用方法

使用字串時，不外乎將兩個字串做比較，將字串串接或者將字串分割，表【5-4】列舉一些常用的字串方法。

string 方法	說明
CompareTo()	比較執行個體與指定的 string 物件其排序是否相等。
Split()	分割字串，以字元陣列為分隔符號（Delimiter）割成子字串。
Insert()	在指定的索引位置插入指定字元。
Replace()	指定字串來取代字串中符合條件的子字串。

表【5-4】 String 常用方法

CompareTo() 方法可進行字串的比較，語法如下：

```
CompartTo(String strB)
```

strB：要比較的字串，其比較所得結果以表【5-5】做說明。

值	條件
小於零	表示執行個體的排序次序在 strB 之前。
Zero	表示執行個體的排序次序和 strB 相同。
大於零	表示執行個體的排序次序在 strB 之後。

表【5-5】 CompartTo() 方法

CompartTo() 方法並不是比較兩個字串的內容是否相同，下述簡例說明。

例一：

```
string str1 = "abcd";
string str2 = "aacd"; //str1 的排序次序在 str2 之後
int result = str1.CompareTo(str2); //result = 1
```

例二：

```
string str1 = "abcd";
string str2 = "accd"; //str1 的排序次序在 str2 之前
int result = str1.CompareTo(str2);//result = -1
```

例三：

```
string str1 = "abcd";
string str2 = "ab\u00Adcd"; // str2「ab-cd」
int result = str1.CompareTo(str2);//result = 0
```

Split() 方法會依據字元陣列所提供的符號字元將字串分割。簡例如下：

```
char[] separ = {',', ':' };
string str1 = "Sunday,Monday:Tuesday";
string[] str2 = str1.Split(separ);
foreach(string item in str2)
    Console.WriteLine("{0}", item);
```

- str1 字串配合 separ 字元陣列，以 Split() 方法分割後，變成三行字串：Sunday、Monday、Tuesday。

要在原有字串中插入其他字串，Insert() 方法可提供協助，語法如下：

```
Insert(int startIndex, string value)
```

- startIndex：插入的索引位置，一般來說從零起始。
- value：要插入的字串。

如何插入字串？下述簡例來學習它的用法。先宣告字串變數 str 並初始化其內容，將 wds 字串以 Insert() 方法插入 str 字串裡。

```
string str = "Learning programing";
string wds = " visual C#";
string sentence = str.Insert(str.Length, wds);
Console.WriteLine(sentence);
```

- 那麼 wds 字串要從何處插入？就從字串 str 的尾端加入，利用 Length 屬性取得 str 字串長度來作為 Insert() 方法插入位置的參考。

Replace() 方法可用新字串來取代舊字串，語法如下：

```
Replace(string oldValue, string newValue);
```

- oldValue：要被取代的字串。
- newValue：取代符合條件的指定字串。

字串「She is a nice girl」變成「She is a beautiful girl」，意味著 nice 要被 beautiful 取代，做法如下。

```
string str = "She is a nice girl";
string wds = "beautiful";
string sentence = str.Replace("nice", wds);
Console.WriteLine(sentence);
```

- 宣告並初始化 wds 字串。
- 呼叫字串的 Replace() 方法，其參數 oldValue 指定為「nice」，newValue 則由 wds 字串變數來完成取代動作。

範例《Ex0512.csproj》

使用字串方法 Insert() 在字串插入新的字串，Replace() 方法以 Programming 取代原有的 Code 字串，最後以 Split() 作字串分割。

```
原來字串Visual Code,
插入字串後: Visual Studio Code
取代後字串: Visual Studio Programming

---字串分割後---
Visual
Studio
Programming
```

STEP 01 主控台應用程式，架構「.NET 6.0」；無 Main() 主程式，撰寫如下程式碼。

```
01   string source = "Visual Code";    // 原始字串
02   string wds = "Studio ";           // 欲插入字串
03   string sentence = source.Insert(7, wds);
04   WriteLine($"原來字串 {source}, \n 插入字串後:{sentence}");
05   string word = "Programming";      // 欲取代字串
06   sentence = sentence.Replace("Code", word);
07   WriteLine($"取代後字串:{sentence}");
08
09   char[] separ = { ' ' };           // 以空白字串來分割
10   string[] str2 = sentence.Split(separ);
11   WriteLine("\n--- 字串分割後 ---");
12   foreach (string item in str2)
13       WriteLine($"{item}");
```

STEP 02 建置、執行按【F5】鍵，按任意鍵關閉視窗。

【程式說明】

- 第 3 行：利用 Insert() 方法將新的字串 wds 字串在指定位置插入。
- 第 6 行：利用 Replace() 方法，將 Programming 字串取代 Code 字串。
- 第 10～13 行：分割字串，以空白字元為依據，foreach 迴圈做讀取動作。

搜尋字串的的概念就是設定條件，回傳字串的索引編號，共有 4 個方法，而 SubString() 方法可從字串中擷取部份字串，它們的語法很相似，列示如下：

```
IndexOf(string value);
LastIndexOf(string value);
```

- IndexOf()、LastIndexOf() 方法的參數 value，它的索引位置從零開始，沒有找到時回傳 -1；LastIndexOf() 方法回傳指定字串最後一次出現的所在位置。

```
StartsWith(string value);
EndsWith(string value);
```

- StartsWith() 方法的 value，若符合此字串的開頭，回傳 true，否則是 false。
- EndsWith() 方法的 value，若符合此字串的結尾，回傳 true，否則是 false。

擷取字串的子字串，認識方法 Substring() 的語法：

```
Substring(int startIndex, length)
```

- startIndex：擷取子字串的起始字元位置，而子字串以零為起始。
- length：擷取子字串的字元數。

範例 《Ex0513.csproj》

方法 StartsWith() 和 EndsWith() 比對開頭和結尾的字串，而 Substring() 依據指定位置來擷取部份字元數。

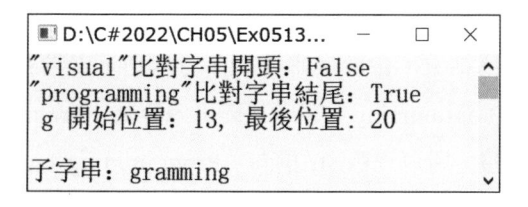

```
D:\C#2022\CH05\Ex0513...
"visual"比對字串開頭: False
"programming"比對字串結尾: True
g 開始位置: 13, 最後位置: 20

子字串: gramming
```

5-35

STEP 01 主控台應用程式，架構「.NET 6.0」；無 Main() 主程式，撰寫如下程式碼。

```
01   string str = "Visual C# programming";// 原始字串
02   bool begin = str.StartsWith("visual");
03   WriteLine($"\"visual\" 比對字串開頭：{begin}");
04   bool finish = str.EndsWith("programming");
05   WriteLine($"\"programming\" 比對字串結尾：{finish}");
06   int start = str.IndexOf("g");// 找出字元第一次出現的索引
07   int last = str.LastIndexOf("g");
08   WriteLine($" g 開始位置：{start}, 最後位置：{last}");
09
10   string secondStr = str.Substring(start, 8);// 擷取子字串
11   WriteLine($"\n 子字串：{secondStr}");
```

STEP 02 建置、執行按【F5】鍵，按任意鍵關閉視窗。

【程式說明】

- 第 2 行：StartsWith() 方法比較字串開頭的「Visual」和「visual」是否相同，bool 型別的變數「begin」儲存結果；第一個字母有大小寫之不同，回傳 False。
- 第 4 行：利用 EndsWith() 方法比較結尾的字串「programming」，bool 型別的變數「finish」儲存結果，兩個字串相同所以回傳 True。
- 第 6、7 行：IndexOf() 方法找尋字串的字元「g」，找到第一個符合回傳索引編號 13；而 LastIndexOf() 方法是找尋字串最後一個符合的字元「g」，回傳索引編號 20。
- 第 10 行：IndexOf() 方法取得的索引編號值儲存於變數 start，進一步成為 Substring() 方法擷取子字串的起始值，擷取 8 個字元的子字串。

5.4.4　StringBuilder 類別修改字串內容

對於 Visual C# 而言，字串是「不可變」（Immutable）；也就是字串建立後，就不能改變其值。宣告一個字串變數 str 並初始化內容為「Programming」，將內容變更為「Programming language」，系統會建立新字串並放棄原來字串，而變數 str 會指向新的字串而回傳結果。由於字串屬於參考型別，宣告 str 變數的同時，會建立執行個體來儲存「Programming」字串；變更內容為「Programming language」，會新建另一個執行個體。所以變數 str 指向「Programming language」，舊有的執行個體就供記憶體回收。

如果要修改字串內容，另一個方法就是藉助「System.Text.StringBuilder」類別，它提供字串的附加、移除、取代或插入的功能。

使用 StringBuilder 類別時，必須利用 new 運算子來建立它的物件（也就是執行個體），它的語法如下：

```
StringBuilder 物件名稱;// 建立 StringBuilder 物件
物件名稱 = new StringBuilder();//new 運算子初始化物件
StringBuilder 物件名稱 = new StringBuilder();// 合併上述
```

如同先前建立陣列的作法，產生 StringBuilder 物件前要做宣告，再以 new 運算子取得記憶體的使用空間。也可以將建立物件，取得記憶體空間以一行敘述來完成。下列敘述作解說：

```
using System.Text;           // 須滙入 System 名稱空間的 Text 類別
StringBuilder strb;          // 宣告 StringBuilder 物件
strb = new StringBuilder();  // 取得記憶體空間
StringBuilder strb = new StringBuilder(); // 合併上述 2 行
```

建立 StringBuilder 物件之後，就能進一步利用「.」（dot）運算子存取 StringBuilder 的屬性和方法。

StringBuilder 常用屬性，利用表【5-6】做簡介。

屬性	說明
Capacity	取得或設定 StringBuilder 物件的最大字元數。
Chars	取得或設定 StringBuilder 物件中指定位置的字元。
Length	取得或設定目前 StringBuilder 物件的字元總數。
MaxCapacity	取得 StringBuilder 物件的最大容量。

表【5-6】 StringBuilder 常用屬性

對於 StringBuilder 來說，屬性 Capacity 的預設容量是 16 個字元，加入字串若大於 StringBuilder 物件的預設長度，記憶體會依據總字元動態調整 Length 屬性，讓 Capacity 屬性的值加倍。下述簡例說明：

```
StringBuilder strb = new StringBuilder();    //①
string word = "If we are determined to fight for it.";
strb.Append(word);
```

5-37

- ① 未加入字串，Capacity 為 16 個字元。
- 「word.Length」會取得長度「37」。
- 以 Append() 方法附加的字串已超過 16 個字元，會以字串變數 word 的長度「37」為 Capacity 的容量。

Append() 方法將字串附加到 StringBuilder 物件，語法如下：

```
Append(string value);
```

使用 Append() 方法是從字串尾端加入新的字串；要加入行結束字元則使用 AppendLine() 方法。或者以 AppendFormat() 方法加入格式化字串，讓 StringBuilder 物件在插入字串時更具彈性。

Insert() 方法在指定位置插入 StringBuilder 物件，語法如下：

```
Insert(int index, string value)
```

- index：開始插入的位置。
- value：插入的字串。

要從 StringBuilder 物件移除指定的字元，藉助方法 Remove()，語法如下：

```
Remove(int startIndex, int length)
```

- startIndex：欲移除的索引位置。
- length：移除的字元數。

Replace() 方法同樣是指定字串來取代 StringBuilder 物件中符合的字串。

```
Replace(string oldValue, string newValue)
```

- oldValue：被取代的舊字串。
- newValue：欲取代的新字串。

任何的字串物件皆能以方法 ToString() 轉換為字串，語法如下：

```
ToString();      // 轉換為 String 物件
```

那麼使用 String 和 StringBuilder 類別的差別在那裡：

- **字串變動性**：如果不需要常常修改字串內容，就以 String 類別為主；若要經常變更字串內容，StringBuilder 會比較好。
- 使用字串常值，或者建置字串後要做大量搜尋，String 類別會比較好。

範例 《Ex0514.csproj》

使用 StringBuilder 類別，它能依據給予的字串，取得字元長度和 Capacity 的容量。

```
■ 選取 D:\C#2022\CH05\Ex0514\bin\Debug\net6....   —   □   ×
預設容量：16
字串長度    總容量
37          37
40          74
83          148
原來字串 -- If we are determined to fight for it.
Stolen Focus will debate about attention.
變更後字串 -- If we are determined to fight for it.
Stolen Focus will debate attention.
插入後字串 -- If we are determined get it back.
Stolen Focus will transform the debate attention.
```

STEP 01 主控台應用程式，架構「.NET 6.0」；無 Main() 主程式，撰寫如下程式碼。

```
01  using System.Text;
02  StringBuilder strb = new();
03  WriteLine($"預設容量：{strb.Capacity}");
04  strb.Append("If we are determined to fight for it.");
05  WriteLine("\n字串長度    總容量");
06  WriteLine($"{strb.Length, -10} {strb.Capacity}");
07  strb.AppendLine("\n");
08  WriteLine($"{strb.Length, -10} {strb.Capacity}");
09  strb.AppendLine(
10      "Stolen Focus will debate about attention.");
11  WriteLine($"{strb.Length, -9} {strb.Capacity}");
12
13  WriteLine($"\n原來字串 -- {strb}");
```

5-39

```
14    string text = "about ";    //Remove()方法移除字串
15    int index = strb.ToString().IndexOf(text);
16    if (index >= 0)
17        strb.Remove(index, text.Length);
18    WriteLine($"變更後字串 -- {strb}");
19    strb.Replace("to fight for it", "get it back");
```

STEP 02 建置、執行按【F5】鍵，按任意鍵關閉視窗。

【程式說明】

- 第 1 行：StringBuilder 須滙入 System 名稱空間的 Text 類別。

- 第 2、3 行：建立 StringBuilder 物件 strb，再以 Capacity 屬性來查看未存放字串時它的預設字元長度。

- 第 3 ~ 10 行：利用 Append()、AppendLine() 方法將字從尾端附加到 strb 物件裡。配合屬性 Length 來觀察 Capacity 容量的變化。第一次使用 Append() 時，Length 的字元長度和 Capacity 的容量相同。第二次以 AppendLine() 方法加入換行符號，Length 的字元數 37 而 Capacity 容量則加倍「37*2=74」；第三次時 Capacity 容量則是「74*2=148」。

- 第 14 ~ 17 行：要移除 strb 物件中的「about」字串，先以 ToString() 方法將 strb 物件轉為字串，再以 IndexOf() 方法取得欲刪除字串的索引編號，儲存於 index 變數中，然後再以 Remove() 方法刪除。

- 第 19 行：Replace() 方法以新字串「get it back」取代舊字串「to fight for it」。

重　點　整　理

- 電腦的記憶體是有限的，為了節省記憶體空間，C# 程式語法中提供了「陣列」這種特殊的資料結構來解決問題。

- 變數與陣列最大的差別在於，一個變數只能儲存一個資料，而一個陣列卻可以連續儲存資料型別相同的多個資料。

- 建立陣列三步驟：❶ 宣告陣列變數；❷ 配置記憶體；❸ 設定陣列初值。

- 讀取陣列元素利用 foreach 迴圈，它會依照陣列的順序來讀取，從索引編號 0 開始到最後；for 迴圈也能處理陣列，但必須取得陣列的長度。

- Array 類別「Length」屬性能獲取陣列長度，而「Rank」屬性能取得陣列的維度。Sort() 方法將一維陣列排序而 Reverse() 方法能反轉陣列元素，IndexOf() 方法回傳陣列某個元素的位置，GetLength() 方法能取得指定維度的長度。

- 複製陣列時，Array 類別的 CopyTo() 方法會將來源陣列的元素全部複製到新的陣列。若指定欲複製元素，則以靜態方法 Copy() 來實施。

- 二維陣列以維度 2 表示。它必須經由宣告、以 new 運算子配置記憶體空間，再指定陣列元素；或者以初始化來產生二維陣列；以巢狀 for 迴圈來處理陣列元素是較好方式。

- 「不規則陣列」（Jagged Array）表示陣列裡的元素也是陣列，所以又稱為「陣列中的陣列」或「鋸齒陣列」。由於陣列的每列長度可能不一，所以陣列的每一列也必須實體化才能使用。

- 「隱含」（implicitly）的意義是相對於「明確宣告」（Explicit Declaration）；隱含型別是不明確表示陣列的資料型別，宣告時使用關鍵字「var」。

- 「字串」可以解釋成「把字元一個一個串起來」；這裡的字元（Char）是指 Unicode 字元，中文稱為「萬用字元碼」。

- .NET Framework 類別庫 System 命名空間的 String 類別提供屬性和方法。屬性 Chars 取得字串中指定索引位置的字元；Length 取得字串的長度；方法 Insert() 能在字串中插入指定字串；Replace() 以新字串取代指定的舊字串；Split() 進行字串的分割。

- 字串具有不變性，要管理字串可藉助「System.Text.StringBuilder」類別，它提供字串的附加、移除、取代或插入的功能。

MEMO

學習物件導向 06

學|習|導|引

- 從物件導向程式設計的觀點來認識類別和物件。
- 如何定義類別?如何實體化物件?一起來認識。
- 物件的旅程由建構函式開始,解構函式則是物件的終點,同一類別中,依據需求可將建構函式多載。
- 類別能定義一般類別和靜態類別;為了區別,類別的靜態成員會使用 static 關鍵字。

6.1 物件導向的基礎

所謂「物件導向」（Object Oriented）是將真實世界的事物模組化，主要目的是提供軟體的再使用性和可讀性。最早的物件導向程式設計（Object Oriented Programming，簡稱OOP）是1960年Simula語言中提出，它導入「物件」（Object）概念，引入了「類別」（Class）並定義屬性和方法（Method）。資料抽象化（Data Abstraction）則在1970年被提出探討，衍生出「抽象資料型別」（Abstract data type）概念，提供了「資訊隱藏」（Information hiding）的功能。1980年Smalltalk程式語言對於物件導向程式設計發揮最大作用。它除了匯集Simula的特性之外，也引入「訊息」（message）和「繼承」（Inheritance）的概念。

物件導向究竟是什麼？透過物件和傳遞的訊息來表現所有動作。簡單來說，就是「將腦海中描繪的概念以實體方式表現」。

6.1.1 認識物件

何謂物件？我們生活的世界，人、車子、書本、房屋、電梯、大海和大山...等，皆可視為物件。物件具有「屬性」（Attribute）；而手機以品牌、尺寸和外觀等，這些描述手機特徵皆是。

隨著科技普及，手機具有照像、上網、即時通訊等相關功能；從物件觀點來看，就是方法（Method）。屬性表現了物件的靜態特徵，方法則是物件動態的特寫。這說明物件導向技術能模擬真實世界，一個系統也是由多個物件組成。

物件除了屬性和方法外，物件具有生命，表達物件內涵還包含了「行為」（Behavior）或溝通方式。人與人之間藉由語言來傳遞訊息。那麼物件之間如何進行訊息的傳遞？以手機來說，撥打電話時，按鍵會有提示音讓使用的人知道是否按下正確的數字，按下「撥打」鈕，才會進行通話。以物件導向程式設計概念來看，數字按鈕和撥打鈕分屬兩個物件。按下數字按鈕後，「撥打」功能接收了這些數字，按下『通話』功能才會建立通話機制。進一步來說，方法可以傳遞訊息！號碼正確，訊息做了傳送，可以得到相關的回應。

6.1.2 提供藍圖的類別

物件導向應用於分析和系統設計時,稱為「物件導向分析」(Object Oriented Analysis)和「物件導向設計」(Object Oriented Design)。物件導向設計包含三個特性:封裝(Encapsulation)、繼承(Inheritance)和多型(Polymorphism)。對於應用程式的開發來說,藉由物件導向程式語言的發展,將程式設計融入物件導向的概念,例如 Visual Basic、Visual C# 和 Java 等等。

Visual C# 是不折不扣的物件導向程式語言。一般來說,類別(Class)提供實作物件的模型,撰寫程式時,必須先定義類別,設定成員的屬性和方法。例如,蓋房屋之前要有規劃藍圖,標示座落位置,樓高多少?何處要有大門、陽台、客廳和臥室。它的主要目的就是反映出房屋建造後的真實面貌。因此,可以把類別視為物件原型,產生類別之後,還要具體化物件,稱為「實體化」(Instantiation),經由實體化的物件,稱為「執行個體」(Instance)。類別能產生不同狀態的物件,每個物件也都是獨立的執行個體。

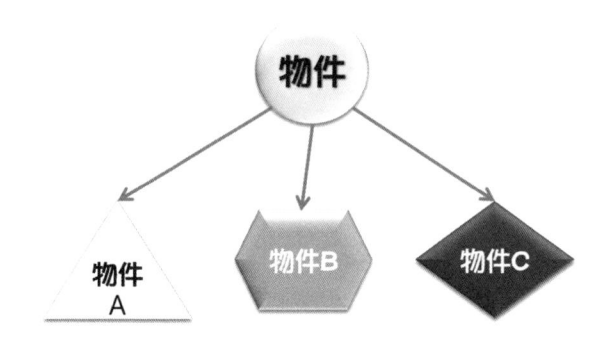

圖【6-1】 類別能產生不同的物件

6.1.3 抽象化概念

要模擬真實世界,必須把真實世界的東西抽象化為電腦系統的資料。資料抽象化(Data Abstraction)是以應用程式為目的來決定抽象化的角度,基本上就是「簡化」實體。資料抽象化的目的是方便於日後的維護,當應用程式的複雜性愈高,資料抽象化做得愈好,愈能提高程式的再利用性和閱讀性。

再來看看手機。抽象化之後，手機的操作介面會有不同的按鍵，將顯示數字的屬性和操作按鍵的行為結合起來就是「封裝」（Encapsulation）。按數字 5，不會變成數字 8；使用手機只能透過操作介面，外部無法變更它的按鍵功能，如此一來就能達到「資訊隱藏」（Information hiding）的目的。對於使用手機的人來說，並不需要知道數字如何顯示，確保按下正確的數字鍵就好。

建立抽象資料型別時包含兩種存取範圍：公有和私有。公有範圍所定義的變數皆能自由存取，但是私有範圍定義的變數只適用它本身。由於外部無法存取私有範圍的變數，這就是資訊隱藏的一種表現方式。

想要進一步了解物件狀態須透過其「行為」，這也是「封裝」（Encapsulation）概念的由來。在物件導向技術裡，物件的行為通常是利用「方法」（method）來表示，它會定義物件接收訊息後應執行的操作。對於 C# 來說，處理的方法概分為二種：一種是用來存取類別實體的變數值，另一種則是呼叫其他方法與其他物件產生互動。

6.2 類別程式和 .NET 架構

對於物件導向的觀念有所認識之後，要以 C# 程式語言的觀點來深入探討類別和物件的實作，配合物件導向程式設計（OOP）的概念，瞭解類別和物件的建立方式！

6.2.1 定義類別

每個定義的類別會由不同的類別成員（Class Member）組成，它包含欄位、屬性、方法和事件。欄位和屬性表達物件的資訊，方法則是負責資料的傳遞和運算。

- 欄位（Field）：可視為任意型別的變數，可直接存取，通常會在類別或建構函式中宣告。
- 屬性：用來描述物件特徵。
- 方法：定義物件行為。
- 事件：提供不同類別與物件之間的溝通。

使用類別之前，必須以關鍵字 class 為開頭做宣告，它的語法如下：

```
class 類別名稱
{
    [存取修飾詞] 資料型別 資料成員；
    [存取修飾詞] 資料型別 方法
    {
        ...
    }
}
```

- 類別名稱：建立類別使用名稱，須遵守識別項的規範。類別名稱之後有一對大括號來產生區段。
- 存取修飾詞（modifier）有五個：private、public、protected、internal 和 protected internal（參考章節 6.2.3）。
- 資料成員包含欄位和屬性：可將欄位視為類別內所定義的變數，一般會以英文小寫作為識別名稱的開頭。

建立一個 Student 類別，只有一個公開的欄位（變數），敘述如下：

```
class Student    // 宣告類別
{
    public string name;// 宣告類別的欄位
}
```

- 類別名稱的第一個英文字母必須大寫，若未大寫會在第一個下方顯示綠色虛線。

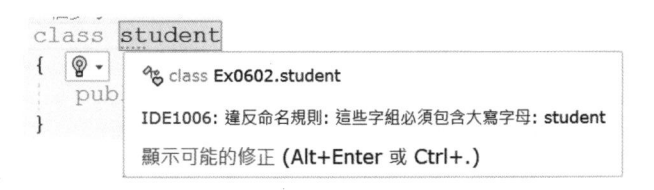

```
class student
{   💡▾
    pub        class Ex0602.student
}              IDE1006: 違反命名規則: 這些字組必須包含大寫字母: student
               顯示可能的修正 (Alt+Enter 或 Ctrl+.)
```

如何以 UML 類別圖表示類別 Student 和其欄位？參考圖【6-2】UML 類別圖。

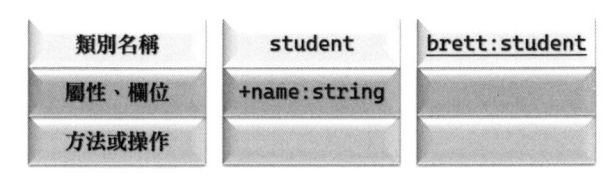

類別名稱	student	brett:student
屬性、欄位	+name:string	
方法或操作		

圖【6-2】 UML 類別圖

- 長方形組成由上而下分成三個部分：類別名稱、屬性或欄位和方法或操作。
- 表示屬性、方法時以「存取範圍 屬性名稱：資料型別 [= 初值]」做描述。
- 存取範圍以「+」符號表示 public 屬性或方法，「-」字元為 private 範圍；「#」則是 protected。
- 「brett : student」說明物件「brett」為類別 Student 實體化的名稱。

6.2.2 .NET 5.0 撰寫類別程式

使用 .NET 5.0 撰寫主控台應用程式時，必須將新加入的類別放在命名空間下，也就是主控台應用程式所產生的類別「Program」之前，參考圖【6-3】的作法，否則編譯會發生錯誤！

```
.NET 5.0 主控台應用程式
namespace Ex0602                        ◄------ 名稱空間
{
    //宣告Student類別
    2 個參考
    class Student                       ◄------ 撰寫的類別程式
    {
        public string name;   //定義一個欄位
    }

    //主控台應用程式
    0 個參考
    internal class Program..            ◄------ 主控台程式
}
```

圖【6-3】 .NET 5.0 撰寫類別程式的位置

6.2.3 .NET 6.0 撰寫類別程式

參考圖【6-4】，.NET 6.0 撰寫主控台應用程式第一種情形，由於它採用「上層敘述」，不需要自行定義命名空間，所以程式架構是 ❶ 先定義類別，❷ 再實體化類別的相關程式碼。

```
.NET 6.0 主控台應用程式
using System;

//實體化類別
Person tomas = new();          ········· 2.類別實體化敘述
tomas.name = "Tomas ";
Console.WriteLine(tomas.name);
Console.ReadKey();

//定義Person類別,只有一個欄位name
class Person                    ········· 1.撰寫類別程式
{
    public string? name;
}
```

圖【6-4】 .NET 6.0 使用上層敘述撰寫類別程式

　　參考圖【6-5】,以 .NET 6.0 撰寫主控台應用程式的第二種情形,直接加入類別程式或者在命名空間下定義類別。由上而下的程式架構是 ❶ 實體化類別的相關程式碼,❷ 定義的類別,❸ 自行定義命名空間 Ex0601,此命名空間下也定義了一個 Student 類別。

```
.NET 6.0 主控台應用程式
Student.Show();                          ❶
Ex0601.Student.Display();

class Student ❷
{
    public static void Show()            ········· 靜態方法
    {
        WriteLine("Hello! Brett White!");
    }
}

namespace Ex0601 ❸
{
    public class Student                 ········· 名稱空間Ex0601
    {                                              類別程式
        public static void Display()...  ········· 靜態方法
    }
}
```

圖【6-5】 .NET 6.0 定義類別程式

此外，使用 .NET 6.0 撰寫主控台應用程式，是在專案中另外加入類別程式，由於它是一個獨立的檔案，會滙入有關的命名空間，並以專案名稱為自訂的命名空間，稱為「檔案範圍命名空間」（File-scoped Namespace），它是 C# 10.0 的新語法。

圖【6-6】 .NET 6.0 與獨立的類別程式

6.2.4　C# 10.0 檔案範圍命名空間

「檔案範圍命名空間」故名思義，說明它是建立 C# 專案所產生的命名空間，而它的適用範圍就是整個專案。檢視圖【6-6】，若要實體化 Student 類別，相關程式碼就回到「Program.cs」檔案中，以「上層敘述」來撰寫。實體化物件時，必須滙入此檔案範圍命名空間「Ex0604」，否則會發生如圖【6-7】的錯誤！

圖【6-7】 類別程式須滙入檔案範圍命名空間

所以在「Program.cs」（未變更名稱情形下）檔案中，必須滙入此類別的命名空間，才能把類別實體化時，

```
// 參考範例《Ex0604》
Ex0604.Student tomas = new(); // 命名空間.類別名稱
```

可以選擇滙入 Ex0604 命名空間，敘述如下：

```
using Ex0604;      // 滙入命名空間
Student tomas = new();
```

對於檔案範圍命名空間，C# 10.0 也有一個不錯的改變！先檢視獨立的類別檔案「Student.cs」，其程式架構如下：

```
using System;      // 滙入的命名空間
namespace Ex0604 // 自訂的命名空間
{
   internal class Student   // 類別
   {
      // 程式敘述
   }
}
```

所以，它是一個標準的 C# 程式。不過，C# 10.0 的新語法中，此「檔案範圍命名空間」以一對大括號所產生的區段可以省略，只要加入結尾分號即可，形成如下結構：

```
using System;      // 滙入的命名空間
namespace Ex0604; // 檔案範圍命名空間，省略一對大括號
internal class Student    // 類別
{
   // 程式敘述
}
```

此外，一個專案可能有多個檔案，為了輸出，常常要滙入 System 命名空間下的 Console 類別，為了達到一致性效果，可以加入「全域」作法，使用 global 敘述。

```
global using static System.Console;     // 滙入靜態類別
```

表示在此專案中，無論有多少個程式檔案都適用，不過建議此行敘述放在「Program.cs」檔案中的開頭敘述。

6.3 類別、物件和其成員

對於 .NET 6.0 和 C# 10.0 新語法有了基本認識之後，就要展開物件導向的生命旅程，把類別實體化，了解存取修飾詞的適用範圍。

6.3.1 實體化物件

由於類別屬於參考型別，要實體化物件須使用 new 運算子，語法如下：

```
類別名稱 物件名稱；
物件名稱 = new();
類別名稱 物件名稱 = new();    // 合併前述兩行
```

◆ 從 C# 9.0 開始，如果運算式是已知類別，可以省略類別名稱。

如何產生一個 Student 物件！從何處撰寫程式？很簡單！採用 .NET 5.0 架構可以在 Main() 主程式區段裡撰寫。

```
Student brett; // 建立 Student 類別的物件 brett
brett = new(); // 以 new 運算子將 brett 實體化
Student brett = new(); // 將前述兩行合併成一行
```

產生物件後，物件的狀態如何被改變？如何利用方法來進行操作？必須利用「.」(dot) 運算子存取類別所產生的物件成員，語法如下：

```
物件名稱.資料成員；
```

產生了 Student 類別的物件 tomas 之後，對外公開 (public) 的資料成員 name，可以使用物件 tomas 直接存取，參考圖【6-8】。

圖【6-8】 存取類別的欄位

範例《Ex0603.csproj》

宣告類別 Person 並有一個公開欄位 name，並利用它來產生兩個物件 toams 和 peter。

```
D:\C#2022\CH06\Ex0603\bin...    —    □    ×
Hello! Tomas Evantee,
Peter Mindy
```

STEP 01 主控台應用程式;架構「.NET 6.0」,定義 Person 類別。

```
11  class Person
12  {
13      public string? name; // 宣告類別欄位
14  }
```

STEP 02 類別實體化。

```
01  Person tomas = new();    // 第一個物件
02  Person peter = new();    // 第二個物件
03  tomas.name = "Tomas Evantee";
04  peter.name = "Peter Mindy";
05  Console.WriteLine($"Hello! {tomas.name}, {peter.name}");
```

STEP 03 建置、執行按【F5】鍵;若無錯誤,主控台視窗顯示結果。

【程式說明】

- 第 1 ~ 4 行:以 new 運算子實體化兩個 Student 物件 tomas 和 peter,以點運算子「.」存取欄位 name 並設其值。
- 第 5 行:WriteLine() 方法輸出欄位值。

6.3.2 存取權限

宣告類別時,它的資料成員和方法會因為存取修飾詞而有不同等級的存取權限:

- **public**:表示任何類別皆可存取,適用於對外公開的資料。
- **private**:當物件的資料不想對外公開時,只能被類別內的方法來存取,或是同類別的其他物件也能存取該物件的資料。
- **protected**:唯有繼承的子類別物件(參考章節《7.2.2》)才能存取。
- **internal**:命名空間下宣告的類別和結構,以 public 或 internal 為存取範圍。若未指定存取修飾詞,其預設是 internal。

將存取修飾詞的存取範圍整理、歸納於表【6-1】。

存取權限	作用	存取範圍
public	公開	所有類別皆可存取。
private	私有	只適用該類別的成員函數。
protected	保護	產生繼承關係的衍生類別。
internal	內部	只適用於目前專案（組件）。
protected internal		只限於目前組件或衍生自包含類別的型別。

表【6-1】 存取修飾詞

在物件導向技術的世界裡，為了達到「資訊隱藏」目的，可以透過「方法」來封裝物件的成員。存取權限的作用能讓物件掌握成員，控制物件在被允許的情形下才能讓外界使用。為了保護物件的欄位不被外界其他類別所存取，通常會將資料成員宣告為 private；但是範例《Ex0601》將欄位存取範圍為 public，表示資料未受保護！如何提高資料的安全性，繼續認識類別的方法。

6.3.3 定義方法成員

將欄位公開雖然很方便，卻有潛在的危險！為了確保資料成員的安全，透過「方法」（method）是比較好的作法，這才能達到前文所提到「由於外部無法存取私有範圍的變數，就是資訊隱藏的一種表現方式」。將欄位 name 的存取變更為 private，再以二個方法來設定和取得 name 欄位值，方法成員的語法如下：

```
[存取修飾詞] 回傳值型別 methodName(資料型別 參數串列){
   程式敘述；
   [return 運算式；]
}
```

- 回傳值型別：它必須與 return 敘述回傳值的型別相同。若方法沒有回傳任何資料，以 void 取代。
- methodName：方法名稱；同樣遵守識別項規範。
- 資料型別：定義方法時，接收資料的參數也要有型別。
- 參數串列：依據需求設定多個參數來接收資料，每個參數都必須清楚地宣告其資料型別。無任何傳入值，保留括號即可。
- return 敘述：回傳運算結果。

方法成員如何傳遞參數？參考圖【6-9】；setName() 方法沒有使用 return 敘述回傳運算結果，所以它的回傳值型別是「void」。當它接收物件 brett 所傳遞的引數「Brett Dalton」後，再指定給欄位 name 儲存（有關於方法中引數的傳遞機制請參考第 7 章）。

```
brett.setName(" Brett Dalton ")

public void setName( String title )
{
    name = title;
}
```

圖【6-9】 方法成員傳遞參數

瞧一瞧加入方法的 Student 類別，如何以 UML 類別圖來表示！圖【6-10】說明。Student 類別兩個公開的方法，前方以「+」符號表示，其中的 ShowName() 方法有參數，所以括號內以「參數名稱：型別」表示；不需要回傳值，所以冒號之後的型別以「void」表達。

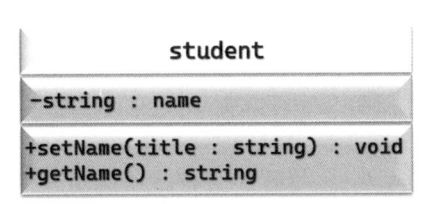

```
         student
-string : name
+setName(title : string) : void
+getName() : string
```

圖【6-10】 UML 類別圖

如何呼叫類別內的方法！同樣使用「.」（dot）運算子，語法如下：

物件名稱 . 方法名稱（引數串列）;

採用模組化作法，將類別的程式碼獨立存放另一個檔案，所以範例《Ex0604》會有兩個 C# 檔案：

- 「**Student.cs**」：建立主控制台應用程式後新增的類別檔案「Student.cs」，存放自行定義的類別，展開後可以看到所定義的一個欄位和兩個方法，參考圖【6-11】。
- 「**ShowApp.cs**」：主控台主程式。採用「上層敘述」建立 Student 兩個物件：tomas 和 emily。

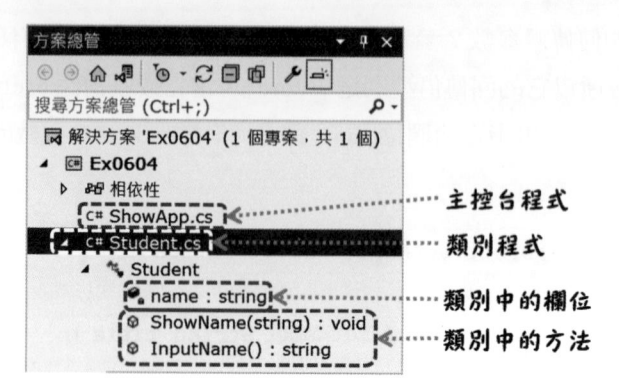

圖【6-11】 主控台應用程式和類別檔案

範例《Ex0604.csproj》

類別 Student，先宣告一個欄位 name，存取修飾詞變更為「private」，以兩個方法 ShowName() 和 InputName() 讀取欄位。

STEP 01 主控台應用程式，架構「.NET 6.0」。

STEP 02 加入一個類別檔案。執行「專案＞加入類別」指令，進入新增項目交談窗。

STEP 03 加入類別。❶ 選「類別」；❷ 名稱變更「Student.cs」；按 ❸「新增」鈕。

STEP 04 程式碼編輯新增了「Student.cs」索引標籤；從 class Student 區段撰寫相關程式碼。

6-14

```
01    namespace Ex0604;    //C# 10.0 語法
02    internal class Student
03    {
04       private string name = "";      // 類別的欄位為空字串
05       public void ShowName(string title) => name = title;
06       public string InputName() => name;
07    }
```

STEP 05 檔案「Program.cs」更名為「ShowApp.cs」，無 Main() 主程式，撰寫如下程式碼。

```
11    using static System.Console;       // 滙入靜態類別
12    using Ex0604;      // 滙入定義類別的檔案範圍命名空間
13    Student tomas = new();      // 建立兩個物件並實體化
14    Student emily = new();
15    tomas.ShowName("Toams Dalton");
16    emily.ShowName("Emily VanCamp");
17    //InputName() 方法回傳參數值
18    WriteLine($" 第一個學生 {tomas.InputName()}");
19    WriteLine($" 第二個學生 {emily.InputName()}");
20    ReadKey();
```

STEP 06 儲存檔案；由於檔案有兩個，以組合鍵【Ctrl + Shift + S】或指令「檔案 > 全部儲存」。

STEP 07 建置、執行按【F5】鍵，按任意鍵關閉視窗。

【程式說明】

- 第 5 行：方法成員 ShowName() 為公開的存取範圍，讓「ShowApp.cs」程式可以直接存取；傳入參數值後，再指派給欄位 name 儲存。
- 第 6 行：定義 InputName() 方法；return 敘述回傳欄位值 name。
- 第 13、14 行：由於 Student 是一個獨立的檔案，且定義於「Ex0604」命名空間下，存取時必須使用「自訂命名空間.類別名稱」方式或者滙入此命名空間才能存取。
- 第 15、16 行：ShowName() 方法分別傳入參數 Tomas Dalton、Emily VanCamp 給欄位 name 儲存。
- 第 18 ～ 19 行：WriteLine() 方法，輸出 InputName() 方法所回傳的值。

6.3.4 類別屬性和存取子

　　類別的成員有欄位（Field）和屬性（Attribute）；欄位亦稱「執行個體欄位」（Instance Field），屬性（Property）則是物件靜態特徵的呈現。前述範例中，將欄位的存取範圍設為 public，外界可直接存取，會使類別內的資料成員無法受到保護。所以採取的作法是以存取修飾詞限定欄位的存取（封裝的基本作法），再利用類別內的方法存取欄位值。以欄位而言，它所宣告的位置須在類別內、方法外（方法內所宣告的變數稱為「區域變數」），可視為類別內的「全域變數」。

　　為了不讓外部存取欄位內容，更彈性的作法就是將欄位改成屬性的副本，經由公開的屬性來存取私有的欄位，這種作法稱為「支援存放」（baking store）。配合「存取子」（Accessor）的 get 或 set 做讀取、寫入或計算之私用（Private）。讓類別在「資訊隱藏」機制下，又能以公開方式提供設定或取得屬性值，提升方法的安全性和彈性。屬性的語法如下：

```
private 資料型別 欄位名稱;
public 資料型別 屬性名稱
{
    get
    {
        return 欄位名稱;
    }
    set
    {
        欄位名稱 = value;
    }
}
```

- 存取子 set 指定新值給屬性時要使用關鍵字 value，同樣要有程式區段。
- 存取子 get 用來回傳屬性值，屬性被讀取時會執行其程式區段。
- 屬性中只有存取子 get，表示是一個「唯讀」屬性；若只有存取子 set，表示是一個「唯寫」屬性；若二者皆有，表示能讀能寫。

　　要注意的是，屬性不能歸類為變數，它與欄位不同。使用屬性時：❶ 要以存取修飾詞指定欄位的存取範圍；❷ 設定屬性的資料型別和名稱；❸ 使用存取子 get 和 set。

```
public string Name //定義屬性
{
    get { return _name; }
    set { _name = value; }
}
```

chris.Name;//執行時 ← 回傳name值
name取得新值

圖【6-12】 存取子 get 和 set 的運作

那麼屬性的存取子 get 和 set，又是如何指定新值，回傳屬性值？檢視圖【6-12】可得知，執行「chris.Name = "Chris Mindy"」敘述時，Name 屬性會經由外部賦予新值。存取子 set 會以 value 這個隱含引數來接收並指派給欄位 _name；而存取子 get 則以 return 敘述回傳 _name 的欄位值。

類別內以公開屬性來表達私有欄位，圖【6-13】說明 UML 類別圖中屬性以 <<property>> 表達，前方的「+」符號代表它是對外公開，關鍵字 void 說明方法 Display() 不具回傳值。

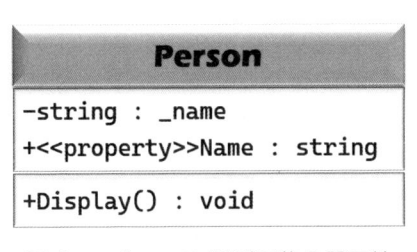

```
           Person
-string : _name
+<<property>>Name : string
+Display() : void
```

圖【6-13】 UML 類別圖的公開屬性

範例 《Ex0605.csproj》

類別中，以公開屬性存取私有欄位。

```
Hollo! Chris Mindy.
```

STEP 01 主控台應用程式，架構「.NET 6.0」。

STEP 02 加入一個類別檔案，檔名「Person.cs」，撰寫如下程式碼。

```
01   namespace Ex0605;      //C# 10.0 語法  檔案範圍命名空間
02   internal class Person    // 自訂類別 Person
03   {
```

```
04       private string _name = "";  // 定義欄位來取得輸入名稱
05       public string Name  // 定義屬性
06       {
07          get { return _name; }
08          set { _name = value; }
09       }
10       public void Dispaly() =>
11          Console.WriteLine($"Hollo! {Name}.");
12    }
```

STEP 03 使用上層敘述，「Program.cs」撰寫如下程式碼。

```
21  global using static System.Console;//C# 10.0 語法
22  Ex0605.Person chris = new();
23  chris.Name = "Chris Mindy"; // 給予名稱 Chris Mindy
24  chris.Dispaly();// 顯示名稱訊息
25  ReadKey();
```

STEP 04 建置、執行按【F5】鍵，按任意鍵關閉視窗。

【程式說明】

- 第 2～12 行：類別 Person 定義了私有欄位 name，以公開屬性 Name 並配合存取子 set 和 get，取得外部資料，再呼叫方法成員 Display() 顯示內容。

- 第 4 行：將欄位 _name 的存取範圍設為 private，只有 Person 類別能存取。

- 第 5～9 行：定義屬性 Name 的存取範圍為 public，存取子 get 取得欄位值 _name 並回傳，set 以變數 value 取得欄位值，再指派給欄位 _name 儲存（參考圖 6-7）。

- 第 10～11 行：Display() 為方法成員，public 為公開的存取範圍。由於不需要回傳結果，資料型別設為「void」，取得欄位值並輸出。

- 第 21 行：使用「global」修飾詞加到 using 指示詞前方，形成「全域」，表示適用整個專案。

- 第 22 行：建立 Person 物件 chris，宣告時要加上命名空間「Ex0604」才能存取。

- 第 23、24 行：設定名字儲存於 Name 屬性，呼叫 Display() 方法輸出。

當程式中加入類別，可利用 VS 2022 提供的類別檢視和物件瀏覽器檢視其內容。執行「檢視＞類別檢視」指令，會啟動類別檢視視窗；它的預設位置會與方案總管同。

圖【6-14】 類別檢視

從圖【6-14】得知，展開專案「Ex0604」會有兩個 C# 檔案（*.cs）：Person 和 Program。點選 Person 檔案，可以進一步看到定義的方法 Display()、屬性 Name、欄位 _name，由於它不對外公開（存取修飾詞 private），所以右下角會有上鎖的小圖示。

那麼物件瀏覽器呢？執行「檢視＞物件瀏覽器」指令，以索引標籤形式開啟於視窗中間。依據圖【6-15】的作法，展開專案「Ex0605」，❶ 點選「Person」類別，其方法和屬性反應於右側窗格，❷ 選取欄位 name 之後，下方窗格會顯示其資料型別和存取修飾詞 private。

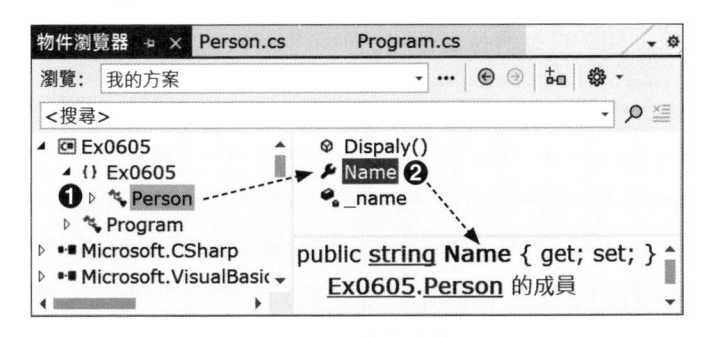

圖【6-15】 物件瀏覽器

某些情形下，可能排除某個存取子，形成唯讀或唯寫狀態。「唯讀」屬性表示執行程式時，只能讀取而無法修改其值，如果將範例《Ex0605》改寫成唯讀屬性，就是只保留存取子 get，撰寫如下。

```
public string title{    // 唯讀屬性
   get{return _name;}
}
```

「唯寫」屬性表示執行程式時，只能寫入資料而無法讀取。將範例《Ex0605》改寫，保留存取子 set，撰寫如下：

```
public string title{    // 唯寫屬性
   set{_name = value;}
}
```

撰寫類別程式，為了讓宣告的屬性更簡潔，程式區段中只保留存取子 get 和 set，不加任何的程式碼，編譯器會自動支援私有（private）欄位。

```
private string name;    // 定義欄位
public string title{    // 定義屬性
   get{return name;}
   set{name = value;}
}
public string title {get; set;}// 採用自動實做屬性
```

也就是經過自動實做屬性，原有的私有欄位 name，編譯器會以匿名作法自動支援，只能由屬性的存取子 get、set 存取欄位的資料。

從 C# 7.0 開始，使用運算式主體定義來實作屬性 get 和 set 存取子，所以上述簡例的屬性除了使用「自動實做屬性」之外，也能以運算式主體表達：

```
private string _name;    // 定義欄位
public string Title{    // 定義屬性
   get => _name;
   set => _name = value;
}
```

範例《Ex0606.csproj》

類別 Student 中，原來的私有欄位 name 和 age 被匿名，公開屬性 Title 和 Ages 採自動實做屬性，配合存取子 get 和 set 讀寫資料，然後由方法成員 ShowMessage() 顯示相關訊息。

```
■ D:\C#2022\CH06\Ex0606\...   —   □   ×
請輸入你的名字：Luke Evantee
請輸入你的年齡：32
Hollo! Luke Evantee, 年齡：32.
```

STEP 01 主控台應用程式，架構「.NET 6.0」。

STEP 02 加入一個類別檔案，檔名「Student.cs」，撰寫如下程式碼。

```
01   namespace Ex0606; //C#10.0 檔案範圍命名空間
02   internal class Student
03   {
04      public string? Title { get; set; }
05      public short Ages { get; set; }
06      public void ShowMessage() =>
07         Console.WriteLine($"Hollo! {Title}, 年齡：{Ages}.");
08   }
```

STEP 03 使用上層敘述，「Program.cs」撰寫如下程式碼。

```
11   Ex0606.Student luke = new();        // 建立 student 物件
12   Write("請輸入你的名字：");             // 讀取輸入名字和年齡
13   luke.Title = ReadLine();
14   Write("請輸入你的年齡：");
15   luke.Ages = Convert.ToInt16(ReadLine());// 轉為 short 型別
16   luke.ShowMessage();
```

STEP 04 建置、執行按【F5】鍵，按任意鍵關閉視窗。

【程式說明】

- 第 4~5 行：自動實做屬性。宣告兩個欄位 Title、Ages，存取範圍為 public，只有存取子 get、set，未加任何程式碼。

- 第 6~7 行：ShowMessage() 為方法成員，public 為公開的存取範圍。由於不需要回傳結果，所以資料型別設為「void」，取得欄位值並輸出。

- 第 11 行：建立 Student 物件 luke 並實體化，需加入命名空間，形成「Ex0606.Student」。

- 第 13、15 行：屬性 Title 儲存輸入名字，Ages 儲存輸入年齡，呼叫 ShowMessage() 方法來輸出名字和年齡。

通常屬性採自動實做時其初值的設定有兩種方式：

- 利用建構函式傳入參數值，請參考範例《Ex0604》。
- 將自動實做屬性給予初值。

將自動實做屬性給予初值是 Visual C# 6.0 的作法，而且允許使用 get 存取子將值初始化；將前述範例《Ex0604》修改，屬性設定初值。

```
// 參考範例《Ex0607.csproj/Student.cs》
internal class Student
{
   // 自動實做屬性並設初值
   public string Title { get; set; } = "Poe Dameron";
   public short Ages { get; set; } = 22;
   public DateTime enrolled { get; } = DateTime.Now;
   // 省略部份程式碼
}
```

◆ 將三個屬性 Title、Age、entrolled 設定初值；其中的 enrolled 只有 get 存取子，表示取得日期之後就無法變更。

```
//Program.cs
Ex0607.Student poe = new();
poe.ShowMessage();
```

◆ 「Program.cs」程式就很簡單，建立物件並進一步呼叫 showMessage() 方法輸出屬性的相關值。

6.4 物件旅程

類別孕育了物件，而物件的生命旅程究竟何時展開？初始化物件得使用「建構函式」（Constructor），它對於物件的生命週期有更豐富的描述。物件的生命起點由建構函式開始，解構函式則為物件劃下句點，並從記憶體中清除，有那些建構式！將會在本章節說明。

6.4.1 產生建構函式

如何在類別內定義建構函式，宣告如下：

```
[存取修飾詞] 類別名稱 (參數串列)
{
    // 程式敘述；
}
```

乍看之下，跟宣告類別的方法很相似，不過要注意三件事：

- 建構函式必須與類別同名稱，存取修飾詞使用 public。
- 建構函式雖然有參數串列，但是它不能有回傳值，也不能使用 void。
- 可依據需求，在類別內定義多個建構函式。

UML 類別圖中，如何表示建構函式？由於建構函式屬於類別的操作，可參考圖【6-16】。由於建構函式與類別同名稱，須以「<<constructor>>」再加上其名稱，若有參數，同樣是以「參數名:型別」放在括號之內。

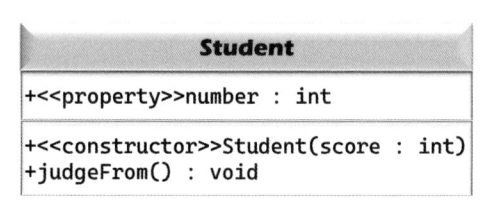

```
                 Student
+<<property>>number : int

+<<constructor>>Student(score : int)
+judgeFrom() : void
```

圖【6-16】 UML 類別圖的建構函式

範例《Ex0608.csproj》

屬性 number、Name 採自動實做屬性，建構函式的參數接收到資料後會分別指派給相關屬性存放。建構函式初始化物件時以 Console.WriteLine() 輸出訊息。方法成員 judgeFrom() 依據屬性值做級別判斷。

```
請輸入名字：Tomas Skywalker
請輸入分數：65
呼叫了建構函式！
Hi! Tomas Skywalker, 分數 65, 通過考核！
```

STEP 01 主控台應用程式，架構「.NET 6.0」。

STEP 02 加入一個類別檔案，檔名「Student.cs」，撰寫如下程式碼。

```
01  namespace Ex0608;      //C# 10.0,檔案範圍命名空間
02  internal class Student
```

```
03    {
04       private int _score;// 私有欄位
05       public int Score     //init 將值指派給屬性或索引子元素
06       {
07          get => _score;
08          init => _score = value;
09       }
10       public string Name { get; set; }// 自動實做屬性
11       public Student(string _name, int _score)
12       {
13          WriteLine(" 呼叫了建構函式！");
14          Score = _score; // 將接收的值指定給屬性
15          Name = _name;
16       }
17       // 省略部份程式碼
18    }
```

STEP 03 建置、執行按【F5】鍵，按任意鍵關閉視窗。

【程式說明】

- 第 4～9 行：C# 9.0，可以使用 init 關鍵字在屬性或索引子中定義其方法。透過建構函式，將值指派給屬性或索引子元素。
- 第 11～16 行：Student 類別的建構函式；參數接收到資料，會指定給屬性 Number 和 Name 存放。

6.4.2　解構函式回收資源

使用建構函式初始化物件。當程式執行完畢後，也必須清除該物件所佔用的資源，釋放記憶體空間。如何清除物件？得藉助「解構函式」（destructor，MS 官方文件譯為完成項）來幫忙。語法如下：

```
~類別名稱()
{
    // 程式敘述;
}
```

- 解構函式必須在類別名稱之前加上「～」符號，它不能使用存取修飾詞。
- 一個類別只能有一個解構函式；它不含任何參數，也不能有任何的回傳值；無法被繼承或多載。
- 解構函式無法直接呼叫，只有物件被清除時才會執行。

> 範例 《Ex0609.csproj》

建構函式初始化物件，解構函式清除物件。為了查看「完成項」（解構函式）的作用，使用「.NET Framework 4.8」架構來建立專案。

```
C:\WINDOWS\system32\cmd.e...    —    □    ×
請輸入名字：Poe Manavalan
請輸入分數：73
呼叫了建構函式！
Hi! Poe Manavalan, 分數 73, 成績尚可！
解構函式清除物件！
請按任意鍵繼續 . . .
```

STEP 01 主控台應用程式專案「Ex0609.csproj」，架構「.NET Framework 4.8」。

STEP 02 加入一個類別檔案，檔名「Student.cs」，撰寫如下程式碼。

```
01  internal class Student
02  {
03     public int Grade { get; set; }// 自動實做屬性
04     public string Name { get; set; }
05     public Student(string _name, int _grade)
06     {
07        WriteLine(" 呼叫了建構函式！");
08        Name = _name;
09        judgeFrom(_grade);   // 呼叫 judgeFrom() 方法
10     }
11
12     ~Student()    // 解構函式
13     { WriteLine(" 解構函式清除物件！"); }
14     // 省略部份程式碼
15  }
```

STEP 03 建置、執行按【Ctrl + F5】鍵；若無錯誤，主控台視窗顯示結果。

【程式說明】

- 第 9 行：建構函式中直接呼叫 judgeFrom() 方法並以分數為參數做傳遞。
- 第 12 ～ 13 行：定義解構函式；建置程式須按【Ctrl + F5】執行，物件初始化和清除物件時的訊息才會顯示。

6.4.3 使用預設建構式

大家一定會覺得很奇怪，在前面幾個小節中並沒有宣告建構函式，那麼物件又是如何進行初始化動作？一般來說，使用 new 運算子來實體化物件，便會叫用預設建構函式。所以不含任何參數的建構函式稱為「預設建構函式」(Default Constructor)。倘若程式中自行定義了建構式，此時編譯器就不會提供預設建構函式。

範例《Ex0610.csproj》

預設建構函式無參數，被呼叫時顯示目前時間。

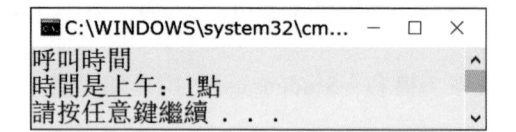

```
呼叫時間
時間是上午：1點
請按任意鍵繼續 . . .
```

STEP 01 主控台應用程式，架構「.NET 6.0」。

STEP 02 加入一個類別檔案，檔名「TimeInfo.cs」，撰寫如下程式碼。

```
01   namespace Ex0610;    //C# 10.0 檔案範圍命名空間
02   internal class TimeInfo
03   {
04      public TimeInfo() { WriteLine("呼叫時間"); }
05      public int Hrs { get; set; } // 自動實做屬性 Hrs
06      public void ShowTime(int tm)
07      {
08         Hrs = tm;
09         if (Hrs > 12)
10         {
11            Hrs %= 12;
12            WriteLine($"時間是下午：{Hrs}點");
13         }
14         else
15            WriteLine($"時間是上午：{Hrs}點");
16      }
17   }
```

STEP 03 建置、執行按【F5】鍵；若無錯誤，主控台視窗顯示結果。

【程式說明】

- 第 4 行：定義了無參數的預設建構函式；被呼叫時會「顯示時間」字串。
- 第 6～16 行：方法 showTime()，依據屬性 Hrs 取得的時間來顯示是上午或下午。

6.4.4 建構函式的多載

多載（overloading）的概念是「名稱相同，但參數不同」。就像在學校選修科目一樣，每位學生可依自己的需求來選修不同，可能是這樣：

```
Mary();     // 可能沒有選修
Tomas(國文, 英文);
Eric(計概, 數學, 國文, 程式語言);
```

轉化為程式碼來處理每位學生的選修科目時可能需要很多方法，但這不符合模組化的要求。如果使用同一個名稱，但攜帶的參數不同；執行時編譯器依據參數量來呼叫對應的建構函式；如此一來不但能簡化程式的設計，也能降低設計的困難度。相同的道理，建立物件時可依據需求讓建構函式多載。

範例 《Ex0611.csproj》

建構函式可以多載，依據傳入參數來決定呼叫那一個建構函式。

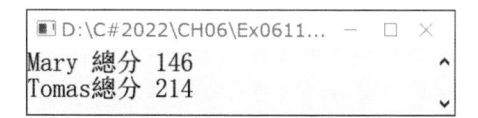

```
D:\C#2022\CH06\Ex0611...
Mary 總分 146
Tomas總分 214
```

STEP 01 主控台應用程式，架構「.NET 6.0」。

STEP 02 加入一個類別檔案，檔名「Student.cs」，撰寫如下程式碼。

```
01  namespace Ex0611;    //C#10.0 檔案範圍命名空間
02  internal class Student
03  {
04      private int Math { get; set; }
05      private int Eng { get; set; }
06      private int Comp { get; set; }
07      public Student(int sb1, int sb2)
08      {
09          Math = sb1; Eng = sb2;
10          int total = Math + Eng;
```

```
11         sum(total);  // 呼叫方法成員
12      }
13      public Student(int sb1, int sb2, int sb3)
14      {
15         Math = sb1; Eng = sb2; Comp = sb3;
16         int total = Math + Eng + Comp;
17         sum(total);  // 呼叫方法成員
18      }
19      // 運算式主體 - 方法成員，回傳總分
20      public void sum(int result) =>
21         WriteLine($" 總分 {result}");
22   }
```

STEP 03 使用上層敘述，「Program.cs」撰寫如下程式碼。

```
31   global using static System.Console;   // 全域，適用整個專案
32   using Ex0611;  // 滙入宣告類別的命名空間
33   Console.Write("Mary ");
34   Student mary = new(79, 67);
35   Console.Write("Tomas ");
36   Student tomas = new(55, 85, 74);
```

STEP 04 建置、執行按【F5】鍵；若無錯誤，主控台視窗顯示結果。

【程式說明】

- 第 4 ～ 6 行：定義 3 個自動實做屬性。
- 第 7 ～ 12、13 ～ 18 行：建構函式一，參數 2 個；建構函式二，參數 3 個。
- 第 20 ～ 21 行：方法成員 sum()，建構函式會呼叫它，輸出計算的總分。
- 第 34、36 行：建立 Student 物件：Mary 物件以建構式初始化時含有 2 個參數；Tomas 物件則有 3 個參數。

6.4.5 物件的初始設定

Visual C# 提供「物件初始設定式」（Object initializers）作法。建立類別後，以 new 運算子將物件實體化，或者使用建構式攜帶參數來初始化物件。什麼是「物件初始設定式」？先前介紹陣列時，於宣告當下以大括號初始化陣列元素，套用相同作法來指派物件的值，透過類別裡的欄位或屬性做存取，不呼叫建構函式。

```
class Person {      // 建立一個類別,屬性 Name、Age 採自動實做屬性
    public int Name { get; set; }
    public string Age { get; set; }
}
// 宣告物件時採「物件初始設定式」作用,依據屬性給予相關初值
Person mary = new Person { Name = "Mary", Age = 3 };
```

範例 《Ex0612.csproj》

把類別中的物件在實體化時,做初始設定。

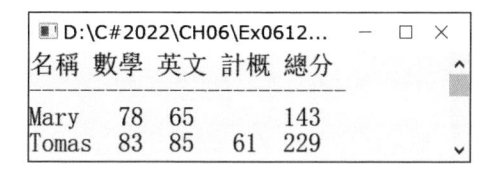

```
D:\C#2022\CH06\Ex0612...
名稱 數學 英文 計概 總分
-----------------------
Mary    78   65        143
Tomas   83   85   61   229
```

STEP 01 主控台應用程式,架構「.NET 6.0」。

STEP 02 加入一個類別檔案,檔名「Student.cs」,撰寫如下程式碼。

```
01  namespace Ex0612;   //C# 10.0 檔案範圍命名空間
02  internal class Student
03  {
04     public int Math { get; set; } // 數學
05     public int Eng { get; set; }   // 英文
06     public int Comp { get; set; }  // 計概
07     // 運算式主體 - 類別方法,回傳總分
08     public int sum() => Math + Eng + Comp;
09  }
```

STEP 03 使用上層敘述,「Program.cs」撰寫如下程式碼。

```
11   Ex0612.Student Mary = new() { Math = 78, Eng = 65 };
12   Ex0612.Student Tomas = new()
13   { Math = 83, Eng = 85, Comp = 61 };
14   WriteLine(" 名稱 數學 英文 計概 總分 ");
15   string line = new ('-', 25);
16   WriteLine(line);
17   Write($"Mary {Mary.Math, 4}{Mary.Eng, 4}");
18   Write($"{Mary.Total(), 10}");
19   Write($"\nTomas {Tomas.Math, 3}{Tomas.Eng, 4}" +
20        $"{Tomas.Comp, 5}{Tomas.Total(), 5}");
```

STEP 04 建置、執行按【F5】鍵；若無錯誤，主控台視窗顯示結果。

【程式說明】
- 第 4～6 行：定義 3 個自動實做屬性，分別存放國文、英文和計概成績。
- 第 8 行：定義方法 Total()，使用運算式主體回傳加總的分數。
- 第 11～13 行：宣告 Student 物件 Mary 和 Tomas，採用物件初始設定式，分別給予國文、英文和計概的分數；然後呼叫 Total() 方法輸出總分。

6.5 靜態類別

　　前面所定義的類別，都是針對物件成員來進行描述。靜態類別和一般類別最大的差異就是靜態類別不能使用 new 運算子來實體化類別，為了有所區隔加上「靜態」，靜態類別的屬性、方法也必須定義成「靜態」才能使用。

　　為了與物件區隔，定義類別成員時會加上 static 關鍵字，所以稱為靜態成員。那麼靜態類別和一般類別成員的差別在那裡？

- 不能使用 new 運算子將靜態類別實體化（Instantiated）。
- 靜態類別的成員和方法皆為靜態，屬於密封類別（Sealed Class），無法繼承。
- 靜態類別不會有執行個體，只能使用私有的建構函式；或者配合靜態建構函式。
- 靜態成員存取時只能使用靜態類別名稱。

　　一般類別也能將其成員加入 static 關鍵字來成為靜態成員，它們是所有物件共同擁有，讓獨立的各物件間具有「溝通的管道」，如此一來就不須要全域變數作為物件成員間的暫存，避免記憶體空間的浪費。此外，存取靜態成員只能以類別名稱，無法以執行個體做存取動作。

6.5.1 靜態屬性

　　一般類別宣告「靜態欄位」，編譯器於執行時期「僅為每個類別配置一份該屬性的記憶體空間」。為了進一步說明，先瞭解靜態欄位的宣告，語法如下：

```
class 類別名稱 {
    存取修飾詞 static 傳回值型別 類別成員名稱；
    . . . .
}
```

靜態欄位有兩個常見的作用，分別是計算已實體化的物件數，或儲存所有執行個體間的共用值。

範例《Ex0613.csproj》

以靜態類別欄位來統計產生的物件個數。

```
D:\C#2022\CH06\Ex0613...
沒有實體化，0個學生
第1學生，名字 Vicky    ，年齡 23
第2學生，名字 Charles  ，年齡 18
第3學生，名字 Michelle，年齡 20
```

STEP 01 主控台應用程式，架構「.NET 6.0」。

STEP 02 加入一個類別檔案，檔名「Student.cs」，撰寫如下程式碼。

```
01  namespace Ex0613;    //C# 10.0 檔案範圍命名空間
02  internal class Student
03  {
04      public static int Count { get; private set; }
05      // 自動實做成員屬性：Name, Age
06      public string Name { get; set; }
07      public int Age { get; set; }
08      public Student(string stuName, int stuAge)
09      {
10          Name = stuName; Age = stuAge;
11          Count++;// 建立物件時就累計
12          WriteLine(
13              $" 第 {Count} 學生，名字 {Name, -8}，年齡 {Age, 3}");
14      }
15  }
```

STEP 03 使用上層敘述，「Program.cs」直接撰寫如下程式碼。

```
21  using static System.Console;    // 滙入靜態類別
22  namespace Ex0613;    //C# 10.0 檔案範圍命名空間
23  WriteLine($" 沒有實體化，{Student.Count} 個學生 ");
24  Student one = new ("Vicky", 23);
25  Student two = new ("Charles", 18);
26  Student three = new ("Michelle", 20);
```

> **STEP 04** 建置、執行按【F5】鍵；若無錯誤，主控台視窗顯示結果。

【程式說明】

- 第 4 行：static 宣告 count 為靜態類別屬性，自動實做屬性，只要生成物件就會進行記錄；其中的 set 存取子使用 private 為存取修飾詞。
- 第 8 ～ 14 行：定義含有 2 個參數的建構函式，放入類別靜態屬性 Count，由於建構函式用來初始化物件；每生成一個物件，Count 值就會累計。
- 第 23 行：直接以類別名稱 Student 存取靜態屬性 Count。
- 第 24 ～ 26 行：生成含有參數的物件。

6.5.2 類靜態別方法

與靜態屬性類似，若要使用類別靜態方法，必須以「static」關鍵字宣告類別方法為「類別靜態方法」，語法如下：

```
class 類別名稱 {
    存取修飾詞 static 傳回值型別 類別成員名稱；
    存取修飾詞 static 傳回值型別 類別方法名稱{...};
}
```

- 經過 static 宣告的靜態成員，都屬於全域變數範圍，無論類別產生多少物件，都會共享這些靜態成員。
- 靜態成員在記憶體只會保留一份，所以能在同一類別的物件間傳遞資料，記錄類別的狀況；不像其他的資料成員，會伴隨物件而個別產生。

範例《Ex0614.csproj》

產生類別 Circle 之後，建立兩個類別靜態方法，分別計算圓的周長和圓面積。

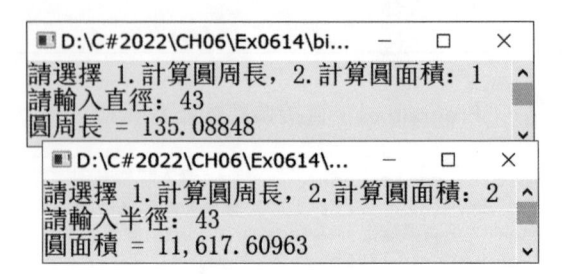

```
D:\C#2022\CH06\Ex0614\bi...
請選擇 1.計算圓周長, 2.計算圓面積：1
請輸入直徑：43
圓周長 = 135.08848
```

```
D:\C#2022\CH06\Ex0614\...
請選擇 1.計算圓周長, 2.計算圓面積：2
請輸入半徑：43
圓面積 = 11,617.60963
```

STEP 01 主控台應用程式,架構「.NET 6.0」。

STEP 02 加入一個類別檔案,檔名「Circle.cs」,撰寫如下程式碼。

```
01   namespace Ex0614;      //C# 10.0 檔案範圍命名空間
02   internal class Circle
03   {
04      public static double calcPeriphery(string one)
05      {
06         double periphery = double.Parse(one);
07         double result = periphery * Math.PI;
08         return result;
09      }
10      // 第二個類別靜態方法 -- 計算圓面積
11      public static double CalcArea(string two)
12      {
13         double area = double.Parse(two);
14         double circleArea = 2 * area * area * Math.PI;
15         return circleArea;
16      }
17   }
```

STEP 03 使用上層敘述,「Program.cs」直接撰寫如下程式碼。

```
21   // 省略部份程式碼
22   switch (wd)// 依據輸入值做計算
23   {
24      case "1":
25         Write(" 請輸入直徑:");
26         // 直接呼叫類別名稱做存取
27         double caliber = Circle.calcPeriphery(ReadLine()!);
28         WriteLine($" 圓周長 = {caliber:N5}");
29         break;
30      case "2":
31         Write(" 請輸入半徑:");
32         var ridus = Circle.CalcArea(ReadLine()!);
33         WriteLine($" 圓面積 = {ridus:N5}");
34         break;
35      default:
36         WriteLine(" 選擇錯誤 ");
37         break;
38   }
```

STEP 04 建置、執行按【F5】鍵;若無錯誤,主控台視窗顯示結果。

【程式說明】

- 第 4 ～ 9 行：第一個類別靜態方法 calcPeriphery()，傳入直徑值計算圓周長，return 敘述回傳計算後結果；由於參數 one 是 string 型別，以 Parse() 方法將它轉成 double 型別，再給 periphery 變數儲存。
- 第 11 ～ 16 行：第二個類別靜態方法，傳入半徑值計算圓面積，return 敘述回傳計算後的結果；由於參數 two 是 string 型別，以 Parse() 方法將它轉 double 型別，再給 area 變數儲存。
- 第 22 ～ 38 行：switch/case 敘述判斷 wd 變數值。輸入「1」，取得使用者輸入的直徑，呼叫靜態類別方法 Circle.calcPeriphery() 輸出圓周長。輸入「2」，取得使用者輸入的半徑，直接呼叫靜態類別方法 Circle.calcArea() 輸出圓面積。
- 第 27 行：「!」運算子置於運算元之後，表示允許 null 值，所以「ReadLine()!」表示 ReadLine() 方法接收輸入值可以含有 null 值。

> **TIPS**
> Null 容許運算子「!」在執行時間不會有任何作用，它只會變更運算式的 null 狀態。

6.5.3　不對外公開的建構函式

已經知道建構函式用來初始化物件。那麼類別呢？產生類別之後，定義其靜態欄位和方法，同樣也有「靜態建構函式」初始化任何靜態成員，或者以私有建構函式來防止物件初始化。定義的類別只要有靜態成員存在，會自動呼叫靜態建構函式或者採用私有建構函式。先認識其特性：

- 靜態建構函式無參數，不使用存取修飾詞；因此，也無法直接呼叫它。
- 靜態建構函式的執行時期，無法以程式做控制。
- 靜態建構函式可視為使用類別的記錄檔，將項目寫入其中。

範例《Ex0615.csproj》

使用關鍵字「static」產生靜態建構函式，配合 DateTime 結構記錄物件產生的時間。由於靜態建構函式只會執行一次，以 DateTime 結構作為唯讀靜態欄位，Now 屬性取得系統時間。建構函式使用 TimeSpan 結構為時間間隔，以毫秒為單位，記錄物件生成。

Chapter 06 學習物件導向

```
■ D:\C#2022\CH06\Ex0615\bin\Debug...   —   □   ×
靜態建構函式執行的時間：下午 02:25:42
未實體化，0個學生

            間隔(sec)             名字    年齡
----------------------------------------------
第1個學生, 0.8246766666666667    Teddy    23
第2個學生,             1.06725  Charles   18
第3個學生, 1.0680483333333333   Rahgav    20
```

STEP 01 主控台應用程式，架構「.NET 6.0」。

STEP 02 加入一個類別檔案，檔名「Student.cs」，撰寫如下程式碼。

```
01  namespace Ex0615;    //C# 10.0 檔案範圍命名空間
02  internal class Student
03  {
04     static readonly DateTime startTime;
05     // 靜態屬性 -- 記錄生成的物件
06     public static int Count { get; private set; }
07     // 自動實做成員屬性：Name, Age
08     public string Name { get; set; }
09     public int Age { get; set; }
10     static Student()
11     {
12        // 取得系統目前的日期和時間，ToLongTimeString() 只顯示時間
13        startTime = DateTime.Now;
14        WriteLine($" 靜態建構函式執行的時間:" +
15           $"{startTime.ToLongTimeString()}");
16     }
17     public Student(string _name, int _age)
18     {
19        //TimeSpae 為時間間隔，以毫秒為間隔單位
20        TimeSpan initTime = DateTime.Now - startTime;
21        Name = _name; Age = _age;
22        Count++;   // 建立物件時就累計
23        WriteLine($" 第 {Count} 個學生," +
24           $"{initTime.TotalMilliseconds / 60, 18}" +
25           $"{Name, 8} {Age,3}");
26     }
27  }
```

STEP 03 建置、執行按【F5】鍵；若無錯誤，主控台視窗顯示結果。

6-35

【程式說明】

- 第 4 行：以 DateTime 結構建立 startTime，加上 static 和 readonly（唯讀）關鍵字，表示它具有靜態唯讀的特性，用來儲存系統目前的日期和時間。
- 第 10 ～ 16 行：定義靜態建構函式；只要它被執行，透過 DateTime 結構的 Now 屬性來取得時間戳，顯示系統目前時間。它與初始化的建構函式並不相同；只會執行一次，不會隨著物件增加來累計。
- 第 17 ～ 26 行：定義含有兩個參數的建構函式；以 TimeSpan 結構為時間間隔，以毫秒 Milliseconds 為間隔單位；每次建構函式實體化物件時就會扣除系統時間，記錄生成物件的間隔毫秒數。

綜合範例的演練，將初始化物件生命的建構函式和只會執行一次的靜態建構函式以表【6-2】說明其不同處。

	建構函式	靜態建構函式
與類別同名稱	是	是
初始化物件	是	否
存取修飾詞	public	不能使用
是否有參數	可以選擇	不能有參數
執行次數	可以多次呼叫	只會執行一次

表【6-2】 建構函式和靜態建構函式

一般類別會以建構函式初始化物件，即使沒有定義建構函式也會配置預設建構函式來完成。類別有了靜態成員才會使用私有建構函式；也就是其存取修飾詞使用 private。所以，類別中有私有建構函式時，程式碼以 new 運算子初始化物件時會提示如圖【6-17】所示訊息。

```
AnyNumber anyNum = new AnyNumber();
```

class AnyNumber (+ 1 多載)

CS0122: 'AnyNumber.AnyNumber()' 由於其保護層級之故，所以無法存取

圖【6-17】 私有建構函式無法初始化物件

> **範例**《Ex0616.csproj》

AnyNumber 類別以靜態欄位、私有建構函式，配合靜態類別方法隨機產生一個數字。

```
D:\C#2022\CH06\Ex0616...   —   □   ×
Current number:
1, 165, 448, 596
```

STEP 01 主控台應用程式，架構「.NET 6.0」。

STEP 02 使用上層敘述，「Program.cs」撰寫如下程式碼。

```
01   AnyNumber.Randnum();   // 類別呼叫靜態方法
02   WriteLine("Current number:" +
03      $"\n{AnyNumber.currentNum:N0} ");
04   ReadKey();
05
06   class AnyNumber         //AnyNumber 為一般類別，但成員皆有靜態
07   {
08      private AnyNumber() { }        // 私有建構函式
09      public static int currentNum;   // 靜態欄位
10      static readonly Random rand = new();
11      public static int Randnum()     // 類別靜態方法
12      {
13         currentNum = rand.Next();   // 產生亂數
14         return currentNum;
15      }
16   }
```

【程式說明】

◆ 第 1 行：直接以類別名稱 Numbers 呼叫其靜態方法。

◆ 第 2～3 行：「{Numbers.currentNum:N0}」表示 currentNum 產生的值不含小數，加上千位分號來輸出。

◆ 第 8 行：宣告一個私有建構函式，也是空的建構函式，這是為了不讓它自動產生預設建構函式，也就無法將物件以 new 運算子做初始化。

◆ 第 6～16 行：類別靜態方法 randNum()，靜態欄位 currentNum 將產生的亂數值以 return 回傳。

◆ 第 9 行：前面加上 static 關鍵字，它會產生靜態欄位數值。

◆ 第 10 行：把 Random 類別的物件 rand 加上修飾詞 readonly 表示是唯讀物件。

重點整理

- 物件導向程式設計於 1960 年 Simula 語言中提出，它導入「物件」概念，引入「類別」並定義屬性和方法（method）。資料抽象化（data abstraction）則在 1970 年被提出探討，而衍生出「抽象資料型別」（Abstract data type）概念，提供了「資訊隱藏」（Information hiding）的功能。

- 1980 年 Smalltalk 程式語言將物件導向程式設計發揮最大作用。除了匯集 Simula 的特性之外，也引入「訊息」（message）和「繼承」（Inheritance）概念。

- 物件導向設計包含三個特性：封裝、繼承和多型。

- 類別是物件原型，類別下的實體能各自擁有不同的狀態。宣告類別後，類別內必須包含資料成員（欄位、屬性）和方法成員。

- 定義方法成員，括號中若有參數串列須設型別；return 敘述回傳運算結果；回傳值型別必須與 return 敘述回傳值相同，設為 void 則無任何回傳資料。

- 屬性（Property）表現物件的靜態特徵。配合「存取子」（Accessor）的 get 或 set 做讀取、寫入或計算之私用（Private）。讓類別在「資訊隱藏」機制下，又能以公開方式提供設定或取得屬性值，提升方法的安全性和彈性。

- 初始化物件就得使用「建構函式」（constructor）；物件的生命起點由建構函式開始，解構函式則為物件劃下句點，並從記憶體中清除。

- 定義建構函式須與類別同名稱，存取修飾詞使用 public；有參數串列但是不能有回傳值，也不能用 void；可依據需求在類別內使用多個建構函式。

- 一個類別只能有一個解構函式。定義時須在類別名稱之前加上「～」符號，它不含任何參數，不能使用存取修飾詞；也不能有任何的回傳值；無法被繼承或多載。

- C# 提供「物件初始設定式」作法。建立物件初化化時不呼叫建構函式，而以大括號來指派物件的值，透過類別裡的欄位或屬性做存取。

- 定義類別時加上 static 關鍵字是靜態成員。靜態類別和一般類別的差別在那裡？① 不能使用 new 運算子將靜態類別實體化。② 靜態類別屬於密封類別（Sealed Class），無法產生繼承。③ 靜態類別沒有執行個體，只能使用私有建構函式或者靜態建構函式。④ 靜態成員存取時只能使用靜態類別名稱。

- 靜態建構函式的特性如下：① 無參數，不使用存取修飾詞；因此，無法直接呼叫它。② 執行時期無法以程式做控制。③ 當作使用類別的記錄檔，將項目寫入。

- 類別中有靜態成員時才會使用私有建構函式；其存取修飾詞使用 private。所以，類別中有私有建構函式時，程式碼以 new 運算子初始化物件會發生錯誤。

MEMO

方法和傳遞機制

CHAPTER 07

學│習│導│引

- 從 .NET 類別庫提供方法（函式）說起；再以物件導向觀點瞭解「方法」（Method）有那些運作機制！

- 定義方法，首先了解方法中形式參數要如何傳遞！傳「值」表示以數值為傳遞對象，傳「址」則以記憶體位址為傳遞對象，所以要有方法參數 ref、out 和 params。

- 進一步討論以物件、陣列做引數傳遞時，要如何處理？具名引數、選擇性引數有何妙用！

- 本章範例，「Ex0701 ～ Ex0704」以架構「.NET 6.0」為專案範本，其餘皆是以架構「.NET 5.0」來撰寫。

7.1 方法是什麼？

大家一定使用過鬧鐘吧！無論是手機上的鬧鈴設定，或是撞針式的傳統鬧鐘，其功能就是定時呼叫。只要定時功能沒有被解除，它會隨著時間的循環，不斷重覆響鈴的動作。以程式觀點來看鬧鐘定時呼叫的功能，就是所謂的「方法」（Method），程序語言稱它為「函式」（Function）。兩者之差別在於「方法」是從物件導向程式設計觀點，「函式」則是結構化程式設計的用語，例如 Visual C++。第六章節介紹類別時已初探過 Visual C# 的方法，執行時必須呼叫方法的名稱，然後它會依據執行程序回傳或不回傳結果。那麼使用方法有何優點？列舉如下：

- 利用方法可以建立資訊模組化。
- 方法能重複使用，方便日後的除錯和維護。
- 從物件導向觀念來看，提供操作介面的方法可達到資料隱藏作用。

依其程式的設計需求，方法可以概分二種：

- 系統內建，由 .NET 類別庫提供。
- 程式設計者依據需求所自行定義。

7.1.1 系統內建方法

.NET Framework 類別庫提供 Random（亂數）、String（字串）、Math（數學）和 DateTime（日期/時間）類別等這些類別，我們可以直接引用它們的屬性和方法。String 和 DateTime 類別，在前面的章節都有陸陸續續使用過，針對 Math 和 Random 類別做簡單講解。首先，介紹 Math 靜態類別，它來自於 System 命名空間，提供數學計算，一些常用的屬性和方法，表【7-1】列舉之。

欄位和方法	說明
PI 欄位	圓周率，就是常數 π 值。
Pow() 方法	指定乘冪數的指定數字，ex: 5*5*5 = 53 = Pow(5, 3)。 語法：public static double Pow(double x, double y) x：乘冪數；y：指定乘冪數。

欄位和方法	說明
Round() 方法	捨入指定的小數位數；未指定小數位數就是捨入成最接近的整數。 語法：public static double Round(double value, int digits) value：欲捨入的數值；digits：指定的小位數。
Sqrt() 方法	傳回指定數字的平方根。 語法：public static double Sqrt(double d) d：求平方根的數字。
Max()	傳回兩個數字較大的一個。 語法：public static short Max(int val1, int val2)) val1：比較的第 1 個數字；val2：比較的第 2 個數字。

表【7-1】 Math 類別常用的屬性和方法

由於 Math 為靜態類別，使用時直接以類別名稱做存取，「Math. 屬性」或「Math. 方法 ()」。

範例《Ex0701.csproj》

透過 Math 類別的欄位 PI，計算圓面積公式「πR^2」，要以自訂常數 PI 再加上「半徑 * 半徑」("*" 是乘號) 處理，但利用 Math 類別就簡單多了。

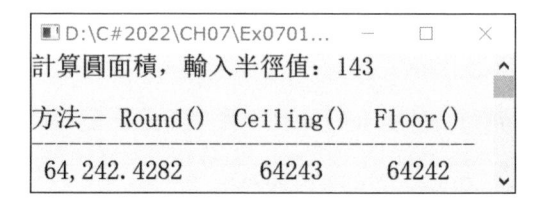

```
■ D:\C#2022\CH07\Ex0701...    —   □   ×
計算圓面積，輸入半徑值：143

方法-- Round()   Ceiling()   Floor()
---------------------------------
64,242.4282       64243       64242
```

STEP 01 主控台應用程式，架構「.NET 6.0」；使用上層敘述，撰寫如下程式碼。

```
01  Write("計算圓面積，輸入半徑值：");
02  double radius = Convert.ToDouble(ReadLine());
03  double area = Math.PI * Math.Pow(radius, 2);
04  string line = new('-', 35);
05  WriteLine($"\n方法 {"Round()", 10}" +
06      $"{"Ceiling()", 10}{"Floor()", 10}");
07  WriteLine(line);
08
09  Write($"{ Math.Round(area, 4), 12:N4}" +
10          $"{Math.Ceiling(area), 10:N0} " +
11          $"{ Math.Floor(area), 10:N0}");
```

STEP 02 建置、執行按【F5】鍵,按任意鍵關閉視窗。

【程式說明】

- 第 1～2 行:輸入半徑後,以 Convert.ToDouble 方法轉換為 double 型別儲存於 radius 變數。
- 第 3 行:計算圓面績「PI* 半徑 * 半徑」,藉助 Math 類別提供的 PI 欄位值,Pow() 方法指定冪次方。
- 第 9～11 行:輸出圓面積時,分別利用 Math 類別提供 Round()、Ceiling()、Floor() 方法觀察輸出數值的變化。

Random 類別提供隨機產生的亂數,將它常用的方法列於表【7-2】做簡介。

方法	說明
Next()	傳回非負值隨機整數,ex:Next(10, 100) 產生 10～100 亂數值。 語法:public virtual int Next(int minValue, int maxValue) minValue 下限;maxValue 上限。
NextBytes()	產生位元組陣列的隨機亂數。

表【7-2】 亂數常用方法

範例《Ex0702.csproj》

利用 DateTime 結構的屬性 Ticks 來作為亂數種子,隨機產生亂數。

```
D:\C#2022\CH07\Ex0702...
樂透,有: 151  51 124  38  35
特別獎:240
```

STEP 01 主控台應用程式,架構「.NET 6.0」;使用上層敘述,撰寫如下程式碼。

```
01  Random lotto = new ((int)DateTime.Now.Ticks);
02  byte[] item = new byte[6];     // 儲存隨機數
03  lotto.NextBytes(item);
04  Write(" 樂透,有:");
05  for (int count = 0; count < item.Length; count++)
06  {
07     if (count == 5)    // 將第 6 個陣列元素做為特別獎
08     {
09        byte special = item[count];
```

7-4

```
10          WriteLine($"\n 特別獎:{special}");
11      }
12      else
13          Write($"{item[count],4}");
14  }
15  WriteLine();// 換行
16  ReadKey();
```

STEP 02 建置、執行按【F5】鍵，按任意鍵關閉視窗。

【程式說明】

- 第 1 行：先建立 Random 物件 lotto，再利用 DateTime 結構的屬性 Ticks 來作為亂數種子；這樣的作法是避免產生有次序的亂數。Ticks 為時間刻度，1 毫秒有 10,000 個刻度，或者是千萬分之一秒。
- 第 2 行：陣列 item 儲存隨機產生的 6 個亂數。
- 第 3 行：lotto 物件呼叫 NextBytes() 方法來產生 0 ~ 255 的隨機陣列。
- 第 5 ~ 14 行：for 迴圈讀取 item 的陣列元素。for 迴圈中以 if/else 敘述進行條件判斷，第 9 行以 special 變數來儲存陣列的第 6 個元素做為特別獎，所以 for 迴圈只會輸出 5 個陣列元素。

7.1.2 宣告方法

如何自訂方法？其實第六章節講述類別時，已介紹過類別中的方法，它包含方法成員、初始化物件的建構函式和專屬於類別的靜態類別方法！此處複習一下宣告方法的語法。

```
[修飾詞] [static] 回傳值型別 methodName([parameterList]){
   . . . ;
   [return 計算結果;]
}
```

- 修飾詞：就是存取修飾詞，限定方法的存取範圍；常用的有 private、public 和 protected，省略修飾詞時，以 private 為存取範圍。
- 回傳值型別：定義方法之後，要有回傳值型別。方法不回傳任何資料，使用 void 關鍵字。
- methodName：方法名稱；其命名必須遵守識別項的規範。

- parameterList：參數串列；方法若無參數串列，得加上左、右括號()，而且不能省略。參數若有多個時，每一個都要清楚地宣告型別，然後再以逗點「,」做區隔。
- 程式區段（方法主體）：處理方法的敘述，連同 return 敘述都要放在大括號 {} 內。
- return 敘述：回傳方法的運算結果，回傳時其型別必須和回傳值型別相同；此外，它一定是方法主體內最後一行敘述。

方法定義（Method Definition）之後，要在其他程式中「呼叫函式」（Calling Method），它的語法如下：

```
[ 變數名稱 ] = methodName(argumentList)
```

- 直接呼叫方法名稱（methodName）或將方法稱的回傳結果指定給變數名稱儲存。
- argumentList：引數串列，將資料傳遞給方法定義的參數串列。

定義方法中若有回傳值就得在方法主體的最後一行使用 return 敘述回傳結果。

例一：定義方法 Multiply() 需回傳計算結果。

```
double Multiply(double num1, double num2) {
      return num1 * num2;      // 回傳兩數相乘的結果
}
```

- 方法 Multiply() 把 num1、num2 兩個數值相乘後，再以 return 敘述回傳結果。

例二：定義 display() 方法使用 void 關鍵字，表示它無需回傳值。

```
private static void display(string title) {
   Console.WriteLine("Hello! {0}", title);
   return;
}
```

- 在方法主體加上 return 關鍵字，並加上「;」來結束此行敘述，讓方法將程式控制權明確地轉移到呼叫方法身上。

由於 Visual C# 並未支援全域變數，方法的宣告一定要在類別內。在方法主體內所宣告的變數，它的有效範圍（scope）僅限於方法主體，這是區域變數（local variable）的概念。主程式與方法的互動，如下圖【7-1】所示。

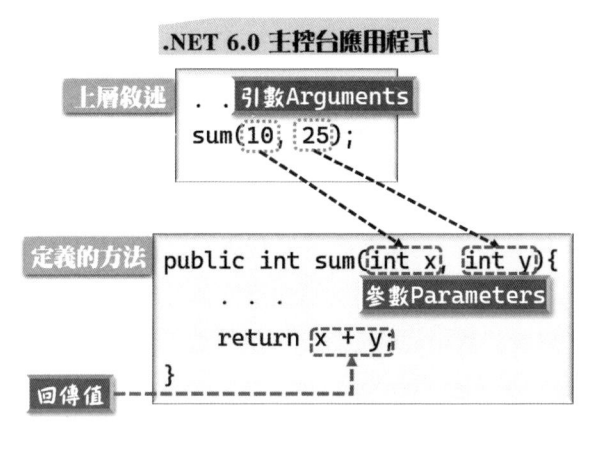

圖【7-1】 主程式呼叫方法

　　主程式會去呼叫 sum() 方法，將引數 10 和 25 分別傳遞給 sum() 方法的參數「x」和「y」，return 敘述回傳計結果「35」給主程式的 sum() 方法。所以「方法定義」和「呼叫方法」是兩件事，綜合歸納如下：

- **方法定義（Method Definition）**：方法 sum() 以形式參數 x、y 來接收資料。
- **呼叫方法（Calling Method）**：主程式呼叫方法時會把實際引數 10、25 做傳遞動作。
- 執行程式「呼叫方法」，程式的控制權會轉到 sum() 方法身上，完成運算由 return 敘述回傳結果，控制權才會回到主程式。
- **方法簽章（Method Signatures）**：表示定義方法要有名稱，配合任何型別的參數，在類別或結構中宣告，以存取修飾詞指定存取範圍；完成運算的回傳值。

如何定義方法？下列敘述做簡單認識。

```
public int addition(int num1, int num2)
{
    return num1 + num2;
}
```

◆ 定義 addition() 方法，參數 num1、num2 都要宣告其資料型別，return 敘述回傳相加結果。

　　例二：定義靜態方法 display()，沒有使用存取修飾詞則以 private 為存取範圍。

```
static void display(string name)
{
    Console.WriteLine("Hello! Your name is { name }");
}
```

◆ 使用 void 關鍵字，表示無回傳值，方法主體可以省略 return 敘述。

定義方法時，Visual C# 6.0 之後若只有單一敘述能使用「運算式主體定義」（Expression Body Definitions）。當方法需要回傳計算結果，配合運算子「=>」來簡化方法主體，省略大括號和 return 敘述，語法如下：

```
定義方法 => 方法主體；
```

定義方法的「[修飾詞] [static] 回傳值型別 函數名稱 ([參數串列])」還是維持來的宣告方式，放在運算子「=>」左側。藉由一個簡例來說明「運算式主體」所定義的方法。

```
public int addition(int num1, int num2)     // 一般定義的方法
{
    return num1 + num2;
}
// 變更為運算式主體
int addValue(int num1, int num2) => num1 + num2; // 運算式主體
```

◆ 雖然無 return 回傳結果，但方法主體會自動回傳參數 num1、num2 相加後的結果。

除了方法外，哪些地方可以使用運算式主體？表【7-3】簡列相關訊息。

類別成員	C# 更改的版本
方法	6.0
唯讀屬性	6.0
屬性	7.0
建構函式	7.0
解構函式 (完成項)	7.0
索引子 get, set	7.0

表【7-3】 類別成員與運算式主體

對於方法（Method）有了基本概念之後，進一步了解 Main() 主程式與方法如何互動？第一種情形，建立靜態方法後，「呼叫方法」（主程式）與「方法定義」位於同一個類別「Program」之下，從主程式（呼叫者）呼叫靜態方法，語法如下：

```
靜態方法名稱 ( 引數串列 );
變數 = 靜態方法名稱 ( 引數串列 );
```

什麼是靜態方法？表示產生類別之後，不經過物件實體化，直接呼叫類別方法做存取，為了有效區別，會以「static」關鍵字為修飾詞。

- public 是存取修飾詞，表示任何類別皆可存取。
- static 表示它屬於靜態類別的方法。
- void 使用於 Main() 方法表示不需要回傳值。

當 Program 類別未建立執行個體（物件）時，必須定義靜態方法才能使用。由圖【7-2】得知，return 敘述回傳的計算結果，主程式以變數「avg」做儲存。此處靜態方法 Average() 回傳的資料型別，儲存計算結果的 total 和主程式的變數 avg，三者的資料型別必須一致。

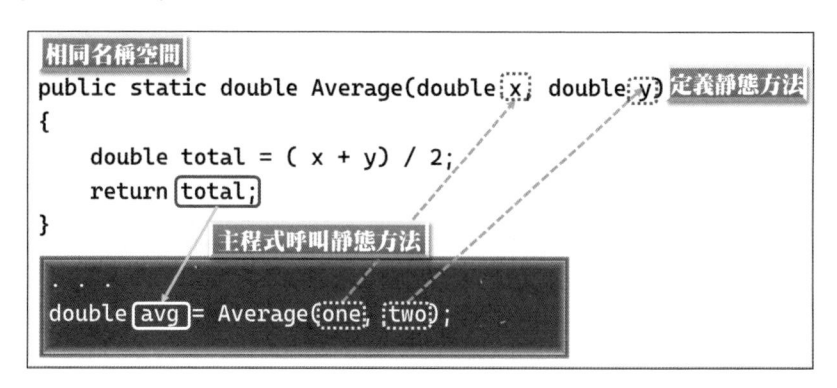

```
相同名稱空間
public static double Average(double x, double y)  定義靜態方法
{
    double total = ( x + y) / 2;
    return total;
}
                        主程式呼叫靜態方法
...
double avg = Average(one, two);
```

圖【7-2】 呼叫靜態方法

那麼靜態類別方法撰寫何處？若使用 .NET 6.0，由於採用上層敘述，靜態類別方法可以放在「上層敘述」之後或者定義了靜態類別方法之後再呼叫亦可。

- 先定義靜態類別方法，從主程式呼叫其靜態方法。

```
 5     //定義靜態方法
 6     static double CalcAverage(double Chin_score,
 7         double Eng_score, double Math_score)...
14
26     //呼叫方法 -- 計算平均分數
27     equal = CalcAverage(chinese, english, math);
28     WriteLine($"{studentName}！你好！" +
29         $"，3科平均 = {equal:N3}");
```

7-9

如果不使用靜態類別方法？那就是第六章所介紹，自行定義類別並實體化物件，透過物件來呼叫方法。

範例《**Ex0703.csproj**》

程式中直接呼叫 CalcAverage() 靜態方法時欲傳遞的引數個數及定義 calcAverage() 方法所接收的參數個數必須一致。

```
D:\C#2022\CH07\Ex0703...
請輸入名字：王大同
請輸入國文分數：78
請輸入英文分數：65
請輸入數學分數：93
王大同！你好！，3科平均 = 78.667
```

STEP 01 主控台應用程式，架構「.NET 6.0」；使用上層敘述，撰寫如下程式碼。

```
01   static double CalcAverage(double Chin_score,
02       double Eng_score, double Math_score)
03   {
04      // 變數 Average_score 儲存平均分數
05      double Average_score = (
06         Chin_score + Eng_score + Math_score) / 3;
07      return Average_score;     // 回傳計算後的平均分數
08   }
09   double chinese, english, math, equal;// 各科分數
10   Write(" 請輸入名字：");
11   string? studentName = ReadLine();
12   Write(" 請輸入國文分數：");
13   // 省略部份程式碼
14
15   equal = CalcAverage(chinese, english, math);
16   WriteLine($"{studentName}！你好！" +
17       $"，3科平均 = {equal:N3}");
```

STEP 02 建置、執行按【F5】鍵，按任意鍵關閉視窗。

【程式說明】

- 第 1～8 行：定義靜態類別方法 CalcAverage() 接收傳入參數，求取分數平均後，再以 return 敘述回傳結果。

- 第 15 行：位於相同類別之下，直接呼叫靜態類別方法 calcAverage() 方法，傳入引數，再把 return 敘述回傳的結果儲存於變數 equal。

7.1.3 方法的多載

實際上多載 (Overloading) 的用法已在第六章介紹建構函式時介紹過。複習一下「多載」概念，也就是方法名稱相同，設定長短不一的參數串列；由於名稱相同，編譯器依參數來呼叫適用的方法。

範例《Ex0704.csproj》

定義一個 DoWork() 方法並多載。

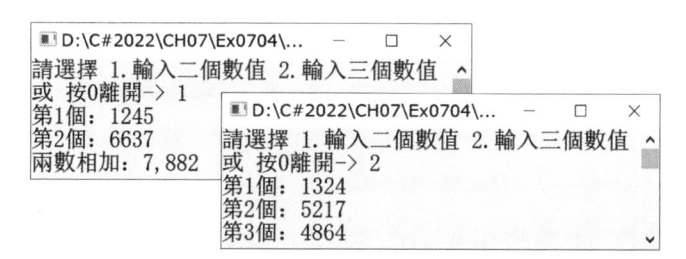

```
D:\C#2022\CH07\Ex0704\...
請選擇 1.輸入二個數值 2.輸入三個數值
或 按0離開-> 1
第1個: 1245
第2個: 6637
兩數相加: 7,882
```

```
D:\C#2022\CH07\Ex0704\...
請選擇 1.輸入二個數值 2.輸入三個數值
或 按0離開-> 2
第1個: 1324
第2個: 5217
第3個: 4864
```

STEP 01 主控台應用程式專案，架構「.NET 5.0」。

STEP 02 Main() 主程式呼叫 DoWork() 方法時，由於 DoWork() 方法並不存在，其名稱會顯示紅色波狀線表示錯誤，滑鼠移向此錯誤處，❷ 點選「顯示可能的修正」，❸ 滑鼠再單擊「產生方法 'Program.DoWork'」來加入程式碼。

```
❸ 產生方法 'Program.DoWork'    ⊗ CS0103 名稱 'DoWork' 不存在於目前的內容中
                                第 45 到 46 行
❶ DoWork()
   CS0103: 名稱 'DoWork' 不存在於目前的內容中
                                   te static void DoWork()
❷ 顯示可能的修正 (Alt+Enter 或 Ctrl+.)   {
                                       throw new NotImplementedException()
                                   }
                               }
                               預覽變更
```

7-11

STEP 03 DoWork() 方法會加入到「Program」類別區段內，Main() 主程式之後，先把存取修飾詞變更為「public」。

.NET 5.0 主控台應用程式

```
namespace Ex0704
{
    0 個參考
    internal class Program
    {
        0 個參考
        static void Main(string[] args)...   主程式
        
        3 個參考
        private static void DoWork()   方法DoWork()
        {
            throw new NotImplementedException();   變更「public」
        }
    }
}
```

STEP 04 主程式中含有參數的 DoWork() 方法也比照步驟 2 的操作加入並把 private 更改為「public」。

.NET 5.0 主控台應用程式

```
public static void DoWork(int[] number)    含參數的方法DoWork()
{
    throw new NotImplementedException();
}

2 個參考
public static void DoWork()    不含參數的方法DoWork()
{
    throw new NotImplementedException();
}
```

STEP 05 Main() 主程式程式碼。

```
01  static void Main()
02  {
03      // 省略部份程式碼
04      if (outcome == 0)
05          DoWork();  // 呼叫方法，沒有引數
06      else if (outcome == 1)
07      {
08          int size = 2;                    // 設定陣列長度
```

```
09          number = new int[size];      // 依據長度，重設陣列大小
10          for (int i = 0; i < number.Length; i++)
11          {
12             Console.Write($"第{i + 1}個：");
13             number[i] = int.Parse(ReadLine());
14          }
15          DoWork(number);      // 呼叫方法，以陣列為傳遞引數
16       }
17       else if (outcome == 2)
18       {
19          int size = 3;
20          number = new int[size];
21          for (int i = 0; i < number.Length; i++)
22          {
23             Write($"第{i + 1}個：");
24             number[i] = int.Parse(ReadLine());
25          }
26          doWork(number, 0);      // 呼叫方法
27       }
28    }
```

STEP 06 多載方法 DoWork() 程式碼。

```
31   public static void DoWork()=>WriteLine("沒有輸入任何數值");
32   public static void DoWork(int[] one)
33   {
34      int total = 0;
35      for (int i = 0; i < one.Length; i++)
36         total += one[i];
37      Write($"兩數相加：{total:n0}", total);
38   }
39   public static void DoWork(int[] one, int max)
40   {
41      // 利用 Math.Max 找出 3 個數的最大值
42      max = Math.Max(one[0], Math.Max(one[1], one[2]));
43      Write($"最大值：{max:n0}");
44   }
```

【程式說明】

- 第 4～27 行：以 if/else if 敘述來判斷選擇的數值。

- 第 6～16 行：選擇 1 時呼叫有 1 個參數的 doWork() 靜態方法，把輸入的兩個相加；所以第 9 行重設 number 陣列的大小，再以 for 迴圈來讀取。

- 第 17～27 行：選擇 2 時，呼叫有 2 個參數的 doWork() 靜態方法，把輸入的三個找出最大值；所以第 16 行重設 number 陣列，並以 for 迴圈讀取。

- 第 31 行：使用「運算式主體」定義一個無參數的 doWork() 方法；運算子「=>」右側的方法主體直接以 WriteLine() 方法輸出。
- 第 32～44 行：方法多載，共有 3 個：不含參數、1 個參數和 2 個參數的 doWork() 方法。
- 第 32～38 行：定義一個參數的 doWork() 方法，接收的是陣列，以 for 迴圈讀取陣列元素，再把 2 個數值相加。
- 第 39～44 行：定義二個參數的 doWork() 方法，以 for 迴圈讀取陣列元素，再把 3 個數值利用靜態類別 Math 的 Max() 方法來判斷那一個最大；由於 Max() 只能判斷 2 個數值，所以利用 2 個 Max() 方法。

7.2 參數的傳遞機制

使用方法時，若要取得回傳結果得透過 return 敘述；但是它只能回傳一個結果。方法之間若要回傳多個參數值，就必須進一步了解方法中參數、引數間資料的傳遞。Visual C# 提供了傳值（Passing by Value）、傳址（Passing by Reference）二種方法。「方法定義」時若括號內有指定對象，稱為「參數」（Parameter）；「呼叫方法」才有傳遞資料的動作，所以是「引數」（Argument）。說明傳遞機制前，先瞭解二個名詞：

- 實際引數（Actual argument，簡稱引數）：程式中「呼叫方法」將資料傳遞者。
- 形式參數（Formal parameter，簡稱參數）：「方法定義」時設定參數接收資料，進入方法主體執行敘述或運算。

那麼傳遞機制所要探討就是實際引數做資料傳遞時要採用那一種？當引數是實值型別，傳值或傳址會有相同結果嗎？或者引數是參考型別，傳值或傳址不同處又那裡？一同來學習！

7.2.1 傳值呼叫

傳值呼叫（Passing by Value）是指實際引數呼叫方法時，會先將變數內容（值 value）複製，再把副本傳遞給形式參數。要注意的地方是實際引數所傳遞的

「引數」和形式參數（方法）必須是相同的型別，否則會引發編譯的錯誤！由於實際引數和形式參數分佔不同的記憶體位置。「方法定義」所接受的是變數值，而非變數本身；執行程式時，形式參數若有改變，並不會影響原來實際引數的內容。

範例《Ex0705.csproj》

如何進行「Passing by value」？先宣告一個類別 Arithmetic（取代原有的 Program.cs），再定義一個類別靜態方法 Progression()，再自行產生一個 Main() 主程式並呼叫此靜態方法做等差級數的公式計算。

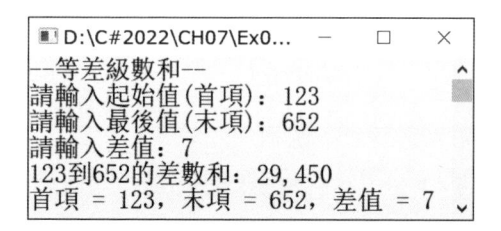

```
--等差級數和--
請輸入起始值(首項)：123
請輸入最後值(末項)：652
請輸入差值：7
123到652的差數和：29,450
首項 = 123，末項 = 652，差值 = 7
```

STEP 01 主控台應用程式，架構「.NET 5.0」，Main() 主程式，撰寫如下程式碼。

```
01   static void Main(string[] args)
02   {
03      WriteLine("-- 等差級數和 --");// 輸入各項參數
04      Write(" 請輸入起始值 ( 首項 ) : ");
05      int first_value = int.Parse(ReadLine()!);
06      Write(" 請輸入最後值 ( 末項 ) : ");
07      int last_value = int.Parse(ReadLine()!);
08      Write(" 請輸入差值 : ");
09      int item = int.Parse(ReadLine()!);
10      int total = Progression(    // 呼叫類別靜態方法
11         first_value, last_value, item);
12      WriteLine($"{first_value} 到 {last_value}" +
13         $" 的差數和 : {total:N0}");// 輸出等差級數和
14      // 輸出實引數內容
15      WriteLine($" 首項 = {first_value}," +
16         $" 末項 = {last_value}，差值 = {item}");
17      ReadKey();
18   }
```

STEP 02 定義靜態方法 Progression()，撰寫如下程式碼。

```
21   static int Progression(int first, int last,
22          int diversity)
23   {
24      int temp, number;
25      if (first < last)    // 檢查傳入的首項是否大於末項
26      {
27         temp = first; // 首項小於末項則予以置換
28         first = last;
29         last = temp;
30      }
31      number = (first - last) / diversity + 1;   // 計算項數
32      int sum = (number * (first + last)) / 2;   // 計算差數和
33      return sum; // 回傳計算結果
34   }
```

STEP 03 建置、執行按【F5】鍵，按任意鍵關閉視窗。

【程式說明】

- 第 10 ~ 11 行：呼叫 Progression() 方法並傳入引數，由於採「傳值呼叫」，傳遞的是變數值；最後以 total 變數儲存計算結果。

- 第 21 ~ 34 行：定義類別靜態方法 Progression()，有 3 個參數：起始值，末項和差值。它們會接收主程中第 10 ~ 11 行所傳遞的數值。

- 第 25 ~ 30 行：if 陳述式判斷所接收的 3 個引數值，如果起始值小於末項，就利用 temp 變數進行置換的動作。

- 第 31 ~ 32 行：數學公式「項數 (首項 + 末項)/2」，所以第 31 行先算出項數，第 32 行求差數和，再以 return 敘述回傳計算結果給主程式的 total 變數做儲存。

7.2.2 傳址呼叫

傳遞引數另一種機制是「傳址」（By Reference）。何謂「傳址」？指的是記憶體的位址。從圖【7-3】可以得知，實際引數呼叫方法時會傳遞記憶體位址給形式參數，連同記憶體儲存的資料也會連帶傳送；形成實際引數、形式參數共用相同的記憶體位址，當形式參數的值被改變時，也會影響實際引數的內容（請參考圖【7-4】）。何種情形之下會使用傳址呼叫？通常是方法內要將多項資料結果回傳，而且 return 敘述只能回傳一個結果的情形下！使用傳址呼叫還要注意二件事：

Chapter 07 方法和傳遞機制

◆ 無論是實際引數或形式參數,其型別前必須加上方法參數 ref 或 out。
◆ 實際引數所指定的引數,必須給予初值設定。

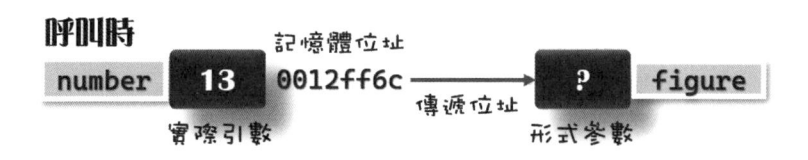

圖【7-3】 實際引數傳遞位址給形式參數

圖【7-4】 實際引數、形式參數共用相同位址

範例《Ex0706.csproj》

　　如何做 Passing by reference?同樣是以 Defference 類別(取代原有的 Program 類別),再利用靜態方法 CalcNum() 和 CalcNumeral() 來認識傳值和傳址呼叫的不同處。

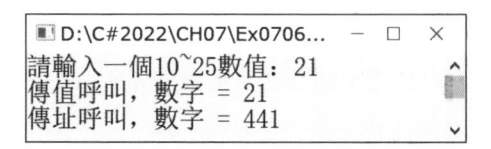

STEP 01 主控台應用程式,架構「.NET 5.0」;Main() 主程式,撰寫如下程式碼。

```
01   static void Main()
02   {
03      Write("請輸入一個 10 ～ 25 數值:");
04      double number = double.Parse(ReadLine()!);
05      if (number is < 10 or > 25)
06         Write("超出範圍,不做計算");
07      else
08      {
09         CalcNum(number);            // 傳值呼叫
10         WriteLine($"傳值呼叫,數字 = {number}");
11         CalcNumeral(ref number);    // 傳址呼叫
```

7-17

```
12          WriteLine($"傳址呼叫,數字 = {number}");
13      }
14      ReadKey();
15  }
```

STEP 02 定義兩個靜態方法 CalcNum() 和 CalcNumeral(),撰寫如下程式碼。

```
21  static void CalcNum(double figure) =>
22      figure = Math.Pow(figure, 2);
23  static void CalcNumeral(ref double figure) =>
24      figure = Math.Pow(figure, 2);
```

STEP 03 建置、執行按【F5】鍵,按任意鍵關閉視窗。

【程式說明】

- 第 5 ～ 6 行:使用運算子 is 配合邏輯運算子做模式比對,檢查運算式是否特定範圍內(10 ～ 25)。從 C# 9.0 開始,可以使用 not、and 和 or 模式形成組合器,做邏輯模式比對。

- 第 9 行:呼叫 CalcNum() 方法進行引數的傳遞,由於傳遞機制採用傳值,輸出的 number 值依然是「18」,並未改變。

- 第 11 行:呼叫 calcNumeral() 方法並做引數的傳遞,採用傳址,所以引數 number 的前端要必須加上「ref」關鍵字,因為實際引數(number)和形式參數(figure)共用相同的記憶體位址,輸出的 number 值是計算結果,表示值已改變。

- 第 21 ～ 22 行:CalcNum() 方法中的參數採用傳值,沒有回傳值所以為 void,參數 figure 接收數值後,用 Math 類別的 Pow() 方法計算它冪次方。

- 第 23 ～ 24 行:CalcNumeral() 方法的參數採用傳址,也以 void 表示沒有回傳值,參數 figure 的型別前必須加上「ref」關鍵字,figure 接收數值後,同樣用 Math 類別的 Pow() 方法計算它冪次方。

7.3 方法的傳遞對象

方法中要傳遞的對象是可能是實值型別,也有可能是參考型別。以它們為對象進行傳遞時要注意那些事項?「傳址呼叫」要搭配方法的相關參數,它們有:ref、out、params。方法參數 ref 已在前一個章節使用過,那麼 out 和 ref 的差別在那裡?params 對於傳參考呼叫能提供什麼協助,一同來瞭解!

7.3.1 以物件為傳遞對象

方法中要傳遞的對象是物件時,分別以傳值呼叫和傳址呼叫做討論。

範例《Ex0707.csproj》

如何以物件為傳遞對象?同樣是以 Score 類別(取代原有的 Program 類別),再利用靜態方法 ShowMsg() 做傳址呼叫,由於共用相同的記憶體位置,所以改寫原先宣告的值。

> 輸出:Teddy, 分數 91

STEP 01 主控台應用程式,架構「.NET 5.0」;使用上層敘述,先撰寫 Score 類別,再自行產生 Main() 主程式,撰寫如下程式碼。

```
01   static void Main()
02   {
03      Score first = new()        // 建立物件
04      { Name = "Janet", Mark = 95 };
05      ShowMsg(first);            // 以物件做傳遞對象
06      WriteLine($"{first.Name}, 分數 {first.Mark}");
07      ReadKey(); // 螢幕暫停
08   }
09   // 宣告靜態方法
10   static void ShowMsg(Score one) => one = new()
11         { Name = "Peter", Mark = 73 };    // 指定名字、分數
12   // 類別 Score 請參考範例《Ex0707》
```

STEP 02 建置、執行按【F5】鍵,按任意鍵關閉視窗。

【程式說明】

- 第 1～8 行：主程式中實體化另一個物件 first，設定它的屬性值之後，呼叫靜態類別方法 showMsg()，以 first 為傳遞對象。因為採用傳值呼叫，只會輸出主程式所實體化的物件和它的屬性值。
- 第 10～11 行：定義靜態方法，接收對象是 Score 類別所實體化的物件。方法主體內 new 運算子實體化一個新的物件，並重新指定新的屬性值。

範例《Ex0707》的程式碼修改如下：將靜態方法 showMsg() 加上關鍵字 ref，而主程式中呼叫靜態類別 showMsg() 的實際引數也加上關鍵字 ref，表示使用「傳址呼叫」，當呼叫方法中引數的任何變更，都會反映在呼叫方法中，所以它會輸出靜態方法的欄位值，而非主程式中的原有的設定值。

```
// 參考範例《Ex0708.csproj》
internal class Program
{
   static void Main(string[] args)
   {
      ModifyScore ted = new()           // 建立物件
      { Name = "Teddy", Mark = 91 };
      ShowMsg(ref ted);                 // 以物件做傳遞對象
      Console.WriteLine($"{ted.Name}, 分數 {ted.Mark}");
      Console.ReadKey();                // 螢幕暫停
   }
   static void ShowMsg(ref ModifyScore one)// 參數 ref，傳址呼叫
   {
      one = new ModifyScore()           // 重新建立一個物件，指定名字和分數
      { Name = "Peter", Mark = 73 };
   }
}
class ModifyScore                       // 欄位：Name、Mark 自動實做屬性
{
   public string Name { get; set; }
   public int Mark { get; set; }
}
```

- 傳遞對象無論是實值型別或是參考型別，傳遞方式不同而結果也不同。所以輸出「Peter, 分數 73」。

7.3.2 參數 params

進行引數傳遞時，若引數不固定數目，可使用方法參數 params；當方法中已使用了方法參數 params，就無法再使用其他的方法參數，而且方法中 params 關鍵字只能使用一次。什麼情形下會使用方法參數 params？通常是處理陣列元素！由於陣列的長度可能不一致，配合 for 迴圈，更能靈活讀取陣列元素。

範例《Ex0709.csproj》

每位學生選修的科目不同，將選修的分數儲存於陣列中；傳遞對象為陣列。由於長度不一，定義靜態方法所接收參數以陣列為主，並且在資料型別前加入方法參數 params。

```
D:\C#2022\CH07\Ex0709...    —  □  ×
Peter 修了4科
總分 = 252，平均 = 63.000
Robecca 修了7科
總分 = 542，平均 = 77.429
```

STEP 01 主控台應用程式，架構「.NET 5.0」；Main() 主程式，撰寫如下程式碼。

```
01   static void Main()
02   {
03      int[] score1 = { 78, 96, 45, 33 }; // 宣告陣列並初始化
04      Write("Peter 修了 {0}科 \n", score1.Length);
05      CalcScore(score1); // 呼叫靜態方法
06      // 省略部份程式碼
07   }
08   static void CalcScore(params int[] one)
09   {
10      int sum = 0;
11      for (int count = 0; count < one.Length; count++)
12         sum += one[count]; // 加總陣列元素
13      double average = (double)sum / one.Length; // 求平均值
14      WriteLine($" 總分 = {sum}，平均 = {average:f3}");
15   }
```

STEP 02 建置、執行按【F5】鍵，按任意鍵關閉視窗。

【程式說明】

- 第 1 ～ 7 行：主程式。建立兩個陣列，score1 有 4 個陣列元素，score2 有 7 個陣列元素。
- 第 5 行：呼叫靜態方法 CalcScore() 並以陣列為傳遞對象，完成運算輸出結果。
- 第 8 ～ 15 行：定義靜態方法 CalcScore()，方法參數 params 接收長度不一致的陣列。Length 屬性取得陣列大小，再以 for 迴圈讀取陣列元素後做加總，求平均值。

7.3.3　關鍵字 ref 和 out 的不同

傳遞機制中採用「傳址呼叫」時，方法參數是 ref 或 out 都必須加在實際引數和形式參數前端。它們的最大差異，有 ref 關鍵字的實際引數必須先做初始化，而 out 關鍵字則不用將變數設定初始化，但必須在方法內完成變數值的指派動作。先透過下列的簡述來佐證。

```
// 參考範例《Ex0710.csproj》
static void Main()      // 主程式
{
    InitArray(out int[] two);   // 呼叫處理陣列的靜態方法
    Write("陣列元素：");
    for (int i = 0; i < two.Length; i++)
       Write(two[i] + " ");
}
// 定義靜態方法
static void InitArray(out int[] one) =>
      one = new int[5] {21, 12, 32, 14, 5};
```

- 主程式 Main() 宣告了一個陣列 two，但沒有做初始化動作，而是呼叫靜態類別方法 InitArray() 的主體將陣列初始化！
- 實際引數所傳遞的陣列，要加上方法參數 out；同樣形式參數的 InitArray() 方法接收陣列時，資料型別前方也要有方法參數 out。這表示使用傳址機制配合 out 時不做初始化是可行的。

範例《Ex0711.csproj》

定義靜態方法 CalcScore()，以傳址呼叫來傳遞引數，各科成績的引數使用方法參數 ref，表示主程式中這些變數要給予初值。但是引數 sum 必須統計各科分數才會產生，使用方法參數 out，宣告不用設定初值。

```
┌─────────────────────────────────────┐
│ ■ D:\C#2022\CH07\Ex0711\bin\D...  — □ × │
│ 請輸入你的名字：林小慧                │
│ 請輸入國文：92                       │
│ 請輸入英文：67                       │
│ 請輸入數學：83                       │
│                                     │
│         國文-30% 英文-30% 數學-40% 合計 │
│ ─────────────────────────────────── │
│ 林小慧    27.600   20.100  33.200  80.9 │
└─────────────────────────────────────┘
```

STEP 01 主控台應用程式，架構「.NET 5.0」；Main() 主程式，撰寫如下程式碼。

```
01  static void Main()
02  {
03      // 省略部份程式碼
04      CalcScore(ref chinese, ref english,
05          ref mathem, out double total);
06      WriteLine($"{name}");
07      WriteLine($" 國文 30% {chinese}，英文 30% {english}，"
08          + $" 數學 40% {mathem} \n 合計 = {total}");
09  }
10  static void CalcScore(ref double chin, ref double eng,
11      ref double math, out double sum)
12  {
13      chin *= 0.3;
14      eng *= 0.3;
15      math *= 0.4;
16      sum = chin + eng + math;
17  }
```

STEP 02 建置、執行按【F5】鍵，按任意鍵關閉視窗。

【程式說明】

- 第 10 ～ 17 行：定義靜態方法 CalcScore() 方法，以傳址呼叫接收傳入的參數，方法主體中依據各科所佔百分比做計算並儲存於 sum 參數。

- 第 1 ～ 9 行：Main() 主程式中，實際引數會呼叫 CalcScore() 方法並傳遞引數值；由於實際引數和形式參數共用相同的記憶體位址，未使用 return 敘述依舊得到總分。

7-23

7.3.4 更具彈性的具名引數

　　一般狀況，實際引數傳遞的順序必須依據方法中列示的順序，而「具名引數」（Named Argument）提供更彈性的作法。「具名」要指定名稱，所以傳遞引數時，可以指定欲傳遞的引數名稱，而不是依據方法中已定義好的參數順序，這就是具名引數的作法。傳遞引數時，將引數與參數名稱建立關聯，而不是依據參數清單中的參數位置。也就是實際引數進行呼叫時，使用參數名，再以「:」（冒號）指定引數名號即可。

```
[修飾詞] 回傳值型別 方法名稱 (型別 參數1, 型別 參數2) {...}
方法名稱 (參數2:引數2, 參數1:引數1);
```

　　透過圖【7-5】所示，實際引數呼叫 calcFee() 方法時，先指定參數名，再給予引數值，中間以「:」區隔，例如「y: two」。

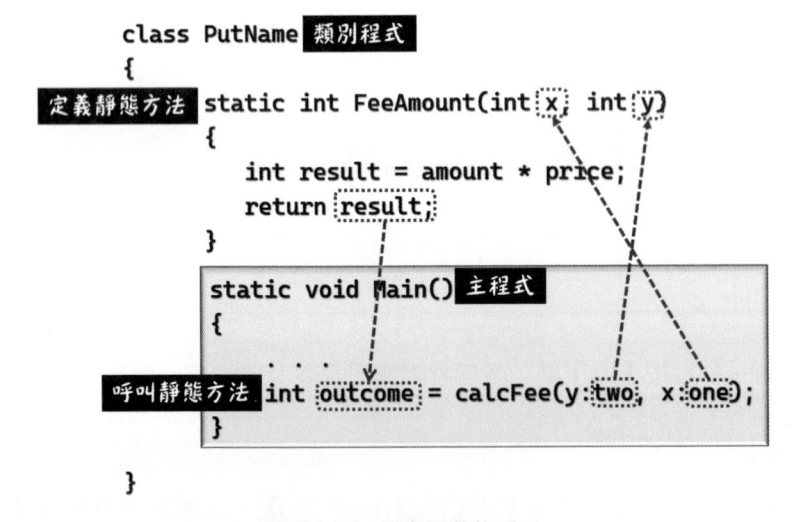

```
class PutName    類別程式
{
定義靜態方法  static int FeeAmount(int x, int y)
    {
        int result = amount * price;
        return result;
    }
    static void Main()    主程式
    {
        ...
呼叫靜態方法  int outcome = calcFee(y:two, x:one);
    }
}
```

圖【7-5】　具名引數的呼叫

範例《Ex0712.csproj》

使用具名引數來傳遞參數值。

```
■ D:\C#2022\CH07\Ex0712\...    —    □    ×
請輸入數量：112
請輸入金額：145
Mr.Oglethorpe! 付款金額 NT$16,240.00
```

7-24

STEP 01 主控台應用程式,架構「.NET 5.0」;Main() 主程式,撰寫如下程式碼。

```
01   static void Main()
02   {
03      // 省略部份程式碼
04      int outcome = FeeAmount(price: bill, amount: unit);
05      WriteLine($"{user.Name}! 付款金額 {outcome:c}");
06      ReadKey();
07   }
08   static int FeeAmount(int amount, int price)
09        => amount * price;
```

STEP 02 建置、執行按【F5】鍵,按任意鍵關閉視窗。

【程式說明】

- 第 4 行:呼叫方法時採用具名引數進行傳遞,所以「price: bill」先具名參數,再指定引數,再做傳遞。
- 第 8 ～ 9 行:定義靜態類別方法,有 2 個引數,順序是 amount、price;方法主體計算「數量（amount）* 價錢（price）」;再以 return 敘述回傳結果。

7.3.5 選擇性引數

實際引數呼叫時除了使用具名引數的作法之外,還可以使用選擇性引數（Optional Argument）。「選擇」的作用是讓我們傳遞時指定特定引數,那也意味著某些引數可以省略。要如何做?做法很簡單。定義方法,依據參數串列的型別給予初值;而沒有接收到資料的參數就可以保留初值,不致於產生編譯的錯誤!

範例《Ex0713.csproj》

ChoiceArg 類別中,成員方法 CalcScore() 使用選擇性引數,每個參數都設好初值,再依據傳入參數值做計算。

```
D:\C#2022\CH07\Ex0713...
Tommmy -> 總分: 231
Juddy  -> 總分: 81
Sarah  -> 總分: 149
```

STEP 01 主控台應用程式，架構「.NET 5.0」；Main() 主程式，撰寫如下程式碼。

```
01   class ChoiceArg
02   {
03      private readonly string _name;        // 私有欄位
04      ChoiceArg(string Name = null)          // 建構函式
05         { _name = Name; }
06      public void CalcScore(int eng = 0, int math = 0,
07            int chin = 0)
08      {
09         int result = eng + math + chin;
10         WriteLine($"{_name} -> 總分：{result}");
11      }
12   }
13   internal class Program
14   {
15      static void Main()    // 主程式
16      {
17         ChoiceArg tommy = new("Tommy");     // 產生物件
18         tommy.CalcScore(67, 72, 92);         // 傳遞 3 個引數
19         ChoiceArg juddy = new("Juddy");
20         juddy.CalcScore(81);                  // 傳遞 1 個引數
21         ChoiceArg sarah = new("Sarah");
22         sarah.CalcScore(84, 65);              // 傳遞 2 個引數
23         ReadKey();
24      }
25   }
```

STEP 02 建置、執行按【F5】鍵，按任意鍵關閉視窗。

【程式說明】

- 第 6～11 行：定義方法成員 CalcScore()，有 3 個參數。將它們設為選擇性引數，所以每個參數都設定初值。
- 第 17～22 行：物件 tommy、juddy 和 sarah 分別呼叫方法成員 CalcScore()，傳遞不同個數之引數。

7.4 了解變數的使用範圍

陸續使用了 Visual C# 定義的各種變數，有：靜態變數、執行個體變數（Instance Variable，就是不經 static 修飾詞宣告的欄位）、陣列元素、數值參數、參考參數、輸出參數和區域變數，以下述簡短例子做說明。

```
class Program {
   public static int one;      //one 是靜態變數
   int count;                  // 欄位，也是執行個體變數
   //num[0]是陣列元素，a 是數值參數，b 是參考參數
   void calcSt(int[] num, int a, ref int b, out int c) {
      int sum = 1;             // 位於方法內是區域變數
      outcome = a + b++;       //outcome 是輸出參數
   }
}
```

不過這裡先探討的是「區域變數」(local variable)。望文生義，「區域」是表示程式中某個範圍碼所使用，稱為「區段」。那麼「區段」又代表什麼？它可能是 for 迴圈、switch 陳述式，或者是方法（method）主體；只要宣告就可在區段內使用，所以稱它是「區域變數」。

無論是那一種變數皆有適用範圍（scope）和生命週期（Lifetime，或稱存留期），透過 for 迴圈來說明。

```
static void Main() {
   int countA = 0, sum = 0;
   for(int countB =0; countB < 10; countB++){
      countA++;
      sum += countB;
   }
   Console.Write(countB); // 變數 countB 離開 for 迴圈範圍
}
```

◆ 變數 countA 和 countB 皆是區域變數，countA 的適用範圍是 Main() 主程式；countB 適用範圍是 for 迴圈，參考圖【7-6】；更明確地說，變數 countB 離開 for 迴圈就無法使用，可以由圖【7-7】做了解。

圖【7-6】 countA 和 countB 皆是區域變數

```
Write(countB);
```
CS0103: 名稱 'countB' 不存在於目前的內容中
顯示可能的修正 (Alt+Enter 或 Ctrl+.)

圖【7-7】　離開 for 迴圈範圍的變數 countB 會顯示錯誤

- 進入 Main() 主程式，開始變數 countA 的生命週期，進入 for 迴圈則是開始變數 countB 的生命週期，它會一直留存到 for 迴圈結束。在 for 迴圈以外的地方來使用此變數，系統會做提示「countB 不存在於目前的內容中」。

傳值呼叫時無論是進行傳遞引數的實際引數或是接受參數值的形式參數（方法），所宣告的變數就是「數值參數」；更進一步來說，就是不加方法參數 ref、out 或 params。一般來說，數值參數完成了傳遞動作，它的生命週期也就結束。

使用傳址呼叫的參數，加了方法參數 ref、out 或 params，則是「參考參數」。由於實際引數和形式參數共用相同的儲存位置（相同的記憶體位址），所以參考參數不會建立新的儲存位置。

重點整理

- .NET 類別庫中，靜態類別 Math 提供一些數學運算的方法；要處理隨機產生的亂數則要使用 Random 類別。

- 「方法定義」和「呼叫方法」是兩件事。① 方法定義（Method Definition）是以形式參數接收資料。② 呼叫方法（Calling Method）會以實際引數做傳遞動作。

- 方法簽章（Method Signatures）表示定義方法時要有名稱，配合任何型別的參數，在類別或結構中宣告，以存取修飾詞指定存取範圍；完成運算的回傳值。

- Visual C# 提供傳值（Passing by Value）、傳址（Passing by Reference）二種方法。

- 傳值呼叫是指實際引數呼叫方法，先將變數內容（值 value）複製，再把副本傳遞給形式參數。要注意的地方是實際引數傳遞的「引數」和形式參數（方法）必須是相同的型別，否則會引發編譯錯誤！

- 傳遞引數另一種機制是「傳址」；指的是記憶體位址。實際引數呼叫方法會傳遞記憶體位址給形式參數，連同記憶體儲存的資料也會連帶傳送；形成實際引數、形式參數共用相同的記憶體位址，當形式參數的值被改變時，也影響實際引數內容。

- 傳址呼叫要搭配方法參數：ref、out、params。引數數目未固定時，使用方法參數 params；方法參數 ref 須於實際引數中做初始化，方法參數 out 在方法內完成變數值的指派動作。

- 方法傳遞時，實際引數傳遞的順序必須依據方法中所設定的參數順序，使用「具名引數」（Named Argument）的「具名」表示指定名稱，所以傳遞引數時，可以指定傳遞的引數名稱，而不是依據方法中已定義好的參數順序。

- 使用選擇性引數（Optional Argument）。「選擇」的作用是指傳遞時指定特定的引數，那也意味著某些引數可以省略。

7-29

MEMO

繼承、多型和介面 08

學|習|導|引

- 從物件導向觀點,繼承關係有 is_a(是什麼)、has_a(組合)之不同。

- C# 單一繼承制下;子類別配合 base 和 new 關鍵字來存取父類別的成員。

- 討論多型的概論!子類別如何與父類別利用 Overload 和 Override 攜手合作。

- 由抽象類別的定義和介面的實作,分辨它們的不同處。

8.1 瞭解繼承

物件導向程式設計的三個主要特性：繼承（Inheritance）、封裝（Encapsulation）和多型（Polymorphism）。究竟它們的特別之處在那裡？一起來認識它們。繼承（Inheritance）是物件導向技術中一個重要的概念。Visual C# 程式語言以單一繼承機制為主，利用現有類別衍生出新的類別所建立的階層式結構。透過繼承讓已定義的類別能以新增、修改原有模組的功能。利用 UML 表示繼承關係，如圖【8-1】所示。

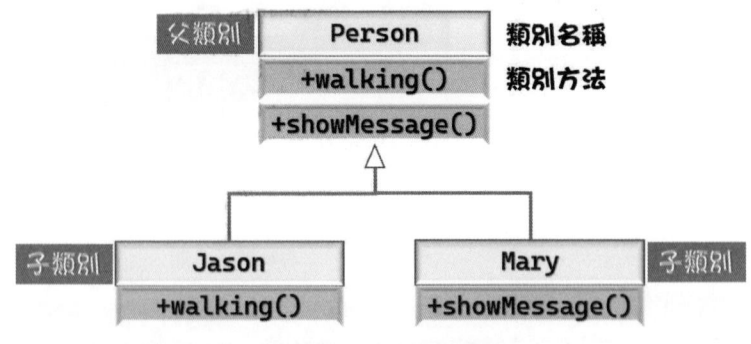

圖【8-1】 類別的繼承

UML 圖形中，白色空心箭頭會指向父類別，表示 Jason 和 Mary 類別繼承了 Person 類別。Person 類別是一個「基底類別」（Base Class），而 Jason 和 Mary 則是「衍生類別」（Derived Class）。Person 有兩個公開的方法：walking() 和 showMessage() 分別由子類別所繼承。

8.1.1 特化和通化

就概念而言，衍生類別是基底類別的特製化項目。當兩個類別建立了繼承關係，表示衍生類別會擁有基底類別的屬性和方法。就以圖【8-2】來說，基底、衍生類別是一種上和下的對應關係。此處先有基底類別（電腦），然後衍生了平板和個人電腦的過程稱為「通化」（Generalization）。另一方面平板和個人電腦因為功能不同，分別是電腦類別的「特化」（Specialization）表現。

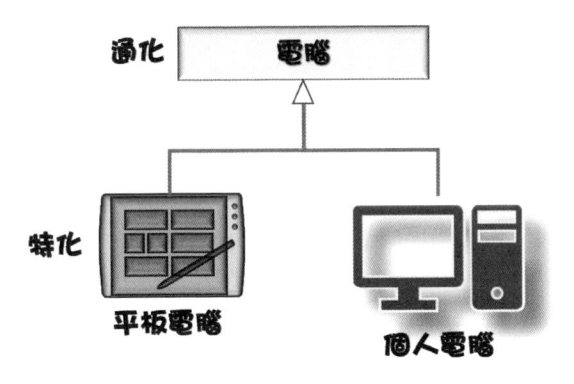

圖【8-2】 特化和通化

「通化」表達了基底、衍生類別「是－什麼」（is_a; is a kind of 簡寫）關係，依據圖【8-2】「個人電腦是電腦的一種」，繼承的衍生類別能夠進一步闡述基底類別要表現的模型概念。因此依據白色箭頭來讀取，平板電腦也「是」電腦的一種。

繼承關係繼續往下推移，表示某個繼承的衍生類別，還能往下衍生出子子類別。當衍生類別繼承了基底類別已定義的方法，還能修改基底類別某一部份特性，這種青出於藍的方法，稱為「覆寫」（override）。

認識與繼承有關的名詞：

- 基底類別（Base Class）也稱父類別（Super class），表示它是一個被繼承的類別。
- 衍生類別（Derived Class）也稱子類別（Sub class），表示它是一個繼承他人的類別。
- 類別階層（Class Hierarchy）：類別產生繼承關係後所形成的繼承架構。
- 繼承機制：衍生類別所擁有的基底類別僅有一個時，是「單一繼承機制」；衍生類別同時擁有兩個（含）以上的基底類別則是「多重繼承機制」。

一般來說，衍生類別除了繼承基底類別所定義的資料成員和方法成員外，還能自行定義本身使用的資料成員和方法成員。從 OOP 觀點來看，在類別架構下，層次愈低的衍生類別，「特化」（Specialization）的作用就會愈強；同樣地，基底類別的層次愈高，表示「通化」（Generalization）的作用也愈高。

8.1.2 組合關係

另一種繼承關係是組合（Composition），稱為 has_a 關係。表示在模組概念中，物件是其他物件模組的一部份，以圖【8-3】而言，學校由學生、老師、課程等物件組合而成，所以衍生類別會以菱形來表示它與父類別的關係。

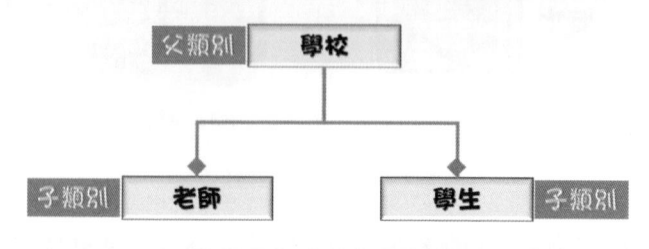

圖【8-3】 物件的組合關係

組合概念中，比較常聽到的 whole/part，它表達一個 " 較大 " 類別之物件（整體）是由另一些 " 較小 " 類別之物件（組件）組成。在 C# 語言中會以部份類別（Partial Class）來組合一個類別。例如：撰寫 Windows Form 程式，會以「Form1.cs」和「Form1.Designer.cs」組成一個 Form1 類別，只要這兩個檔案同屬於一個命名空間。

8.1.3 為什麼要有繼承機制？

站在程式碼使用的觀點來看，繼承提供了軟體的「再使用性」（reuse）。當我們撰寫一個運作較為複雜的系統，以物件導向技術處理，使用繼承至少有兩個優點：

- 減少系統開發時間：讓系統在開發過程，利用模組化概念，加入繼承的做法，讓物件能集中管理。由於程式碼能夠重複使用，不但能縮短開發過程，爾後的維護也較為方便。
- 擴充系統更為簡單：新的軟體模組可以透過繼承而建置在現存的軟體模組上。宣告新的類別時，可從現有類別的方法，重覆定義，達到共享程式碼和軟體架構的目的。

8.2 單一繼承制

在繼承關係中，如果只有一個基底類別，稱為「單一繼承」，簡單說，子類別只能有一個爸爸或媽媽（單親）。如果同時擁有雙親和義父、母的類別就稱為「多重繼承」（multiple inheritance）。Visual C# 程式語言基本上是以單一繼承為機制；也就是衍生類別只會有一個基底類別，但基底類別能有多個衍生類別。

8.2.1 繼承的存取

宣告類別時，C# 會以存取修飾詞來限定存取權限。常用的存取修飾詞包含三種：public（公開）、protected（保護）及 private（私有）。實作繼承時，子類別會繼承父類別的 public、protected 和 internal 成員。類別之間產生繼承的語法如下：

```
class 衍生類別 : 基底類別 {
    // 定義衍生類別本身的資料成員和方法成員；
}
```

- 冒號字元「:」之後指定欲繼承的類別名稱，產生繼承關係後，衍生類別就能繼承基底類別的所有成員，包含欄位、屬性和方法。
- 衍生類別無法繼承基底類別的建構式和解構式。
- 基底類別的成員若使用了 private 存取修飾詞時，無法被衍生類別繼承。

private 的存取範圍只適用於它所宣告的類別，可視為基底類別所具有的特質，不可能被繼承，透過圖【8-4】的簡例提供佐證，編譯器會告知此成員無法存取。

```
public string Subject { get; set; }
4 個參考
protected int Room { get; set; }
4 個參考
private string Teacher { get; set; }

internal class Education : School
{
    //自動實做屬性，存放上課人數
    4 個參考
    private int Student { get; set

    1 個參考
    public Education()//建構函式
    {
        Subject = "英文會話";
        Room = 1206;
        Teacher = "Poe Dameron";
    }
}
```

圖【8-4】 private 的成員不能繼承

- 基底類別 School 有三個欄位，分別是 subject、room、teacher，存取修飾詞分別是 public、protected 和 private。
- Education 繼承了 School 類別，所以是一個衍生（子）類別，當它使用父類別的屬性 subject、room 沒有問題，但是使用 teacher 時，卻以紅色波浪線表示有誤！表示父類別的 private 成員無法被存取。

基底類別的「生」與「死」由建構函式與解構函式所掌管，理所當然它們都不能被繼承。瞭解繼承的限制與原理後，透過範例來了解如何撰寫繼承類別。

範例《Ex0801.csproj》

父類別 School 定義了三個屬性：科目、教室編號和老師，它們組成了上課；子類別 Education 繼承這三個屬性，並以自己定義的方法來判斷選修此科的學生人數是否有大於 15 人，如果有才開課。

Education，繼承父類別 School 三個屬性：subject（科目）、room（教室編號）、teacher（教師），同樣在建構函式中設定新值，Display() 方法輸出訊息。

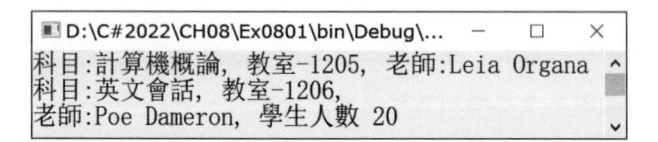

```
科目:計算機概論, 教室-1205, 老師:Leia Organa
科目:英文會話, 教室-1206,
老師:Poe Dameron, 學生人數 20
```

STEP 01 主控台應用程式，架構「.NET 6.0」；加入兩個類別：基底類別 School 和衍生類別 Student。

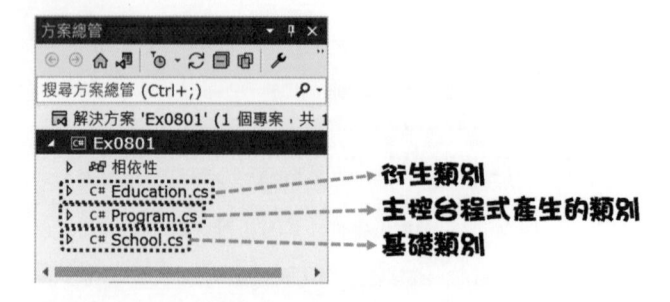

STEP 02 基底類別「School.cs」撰寫如下程式碼。

```
01   namespace Ex0801;      //C# 10.0 檔案範圍命名空間
02   internal class School    // 基礎類別
```

```
03  {
04      public string subject { get; set; }
05      protected int room { get; set; }
06      protected string teacher { get; set; }
07      public School() // 建構函式設定屬性新值
08      {
09          subject = " 計算機概論 ";
10          room = 1205;
11          teacher = " Leia Organa";
12      }
13      public void ShowMsg() => WriteLine(
14          $" 科目 :{subject}, 教室 -{room}, 老師 :{teacher}");
15  }
```

STEP 03 衍生類別「Education.cs」程式碼。

```
21  internal class Education : School
22  {
23      public Education()    // 建構函式
24      {
25          subject = " 英文會話 ";
26          room = 1206;
27          teacher = "Poe Dameron";
28      }
29      public void Display(int people)
30      {
31          student = people;
32          if (student < 15)
33              WriteLine($" 只有 {student} 人，不會開課 ");
34          else
35          {
36              WriteLine($" 科目 :{subject}, 教室 -{room}, " +
37                  $"\n 老師 :{teacher}, 學生人數 {student}");
38          }
39      }
40  }
```

STEP 04 使用上層敘述，無 Main() 主程式，撰寫如下程式碼。

```
41  // 基底類別的物件
42  School ScienceEngineer = new();
43  ScienceEngineer.ShowMsg();
44  // 衍生類別的物件
45  Education choiceStu = new();
46  choiceStu.Display(20);
```

8-7

> **STEP 05** 建置、執行按【F5】鍵，再按任意鍵關閉此視窗。

【程式說明】

- 第 4～6 行：School 類別中，三個屬性採自動實做，屬性 subject 存放科目名稱，room 取得教室編號，teacher 為授課老師。
- 第 7～12 行：建構函式中設定各屬性的新值。
- 第 13～14 行：定義方法成員 ShowMsg()，接收參數值後並做，只負責輸出屬性的相關訊息。
- 第 23～28 行：衍生類別 Education 本身定義的建構函式，雖然繼承了父類別的屬性，但可以覆寫新值。
- 第 29～39 行：定義子類別本身的方法成員 Display()，接收參數值後會做判斷，學生人數有高於 15 人才會開課並輸出相關訊息。
- 「Program.cs」就是實作父、子類別來產生物件，父類別物件 ScienceEngineer 呼叫自己的方法成員 ShowMsg()；子類別物件 choiceStu 也是呼叫自己的方法成員 Display()。
- 結論：透過繼承機制，子類別不但能使用父類別的成員，還能進一步「擴充」自己的屬性和方法，達到程式碼再利用的目的。

8.2.2 存取修飾詞 protected

存取修飾詞使用過 private（私有）和 public（公開），對於它的存取範圍也有所認識。這裡要討論的是另一個常用的存取修飾詞 protected（保護）的存取權限。當基底類別的成員以 protected 為存取範圍，只有繼承的衍生類別才能使用。

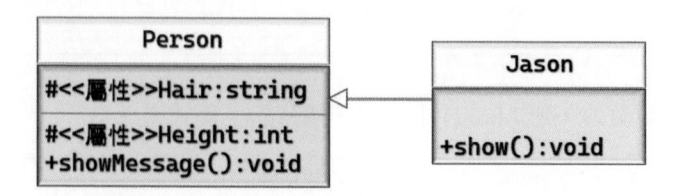

圖【8-5】 類別 Person 和子類別 Jason

圖【8-5】是以 UML 元素所繪製成的類別圖，白色箭頭由 Jason 指向 Person；表示類別 Jason 繼承了類別 Person。

- 基底（父）類別 Person 有兩個屬性，它的資料型別分別是 string 和 int。前方「#」表示它的存取範圍是『protected』！
- 定義了 showMessage() 方法，前方「+」表示使用了存取修飾詞『public』，無回傳值，所以方法名稱後方先加「:」再接上「void」。
- 類別 Jason 是衍生（子）類別，只定義了一個公開的方法 Show()，由於也沒有回傳值，使用 void。

this 關鍵字可以參考到物件本身所屬類別的成員。簡單地說，實體化一個類別 A 的物件 B 時，使用 this 關鍵字就是指向物件 B，或者是與物件有關的成員，但不包括初始化物件的建構函式。所以屬於靜態類別的欄位、屬性或方法是無法使用 this 關鍵字。下述範例中除了使用 protected 存取修飾詞來建立繼承外，在子類別裡使用 this 關鍵字來取得父類別的成員。

```
class Human : Person {
   public Human {
       this.Hair = Hair // 取得有父類別的屬性
   }
}
```

◆ this 關鍵字用來取得父類別原有的屬性值。

```
class Person { // 父類別
   protected string Hair {get {return "棕色";}}
}
class Human : Person { // 子類別
   public string this [string Hair]
      { get {return Name ;}}
}
```

◆ 將 this 關鍵字用於取得父類別屬性「this [型別 父類別屬性名稱]」，以中括號 [ ] 圍住父類別的型別和屬性名稱。

範例《Ex0802.csproj》

使用 this 關鍵字宣告 Person 類別的物件 Peter，再呼叫它的方法成員 showMessage()；而 Human 也實體化一個 Junior 物件，再去呼叫它的方法成員 Show()。

```
父親 Cumberbatch, 頭髮棕色, 身高 170 cm
我是第二代, 但我是黑色頭髮, 身高 175 cm
```

STEP 01 主控台應用程式,架構「.NET 6.0」;加入兩個類別:基底類別 Person 和衍生類別 Human。

STEP 02 基底類別「Person.cs」程式碼。

```csharp
01  namespace Ex0802;    //C#10.0 檔案範圍命名空間
02  internal class Person    // 基底類別
03  {
04      protected int Height { get; set; }// 自動實做屬性
05      protected string Hair { get; set; }
06      protected string Surname
07          { get => "Cumberbatch"; }
08      public Person()    // 建構函式
09      {
10          Height = 170;
11          Hair = "棕色";
12      }
13      public void showMessage() => WriteLine(
14          $"父親 {Surname},頭髮{Hair},身高 = {Height} cm");
15  }
```

STEP 03 衍生類別「Human.cs」程式碼。

```csharp
21  class Human : Person // 繼承了 Person 類別
22  {
23      public string this[string Surname]
24          { get => Surname; }
25      public Human(string hair)
26      {
27          Height = 175; // 設定新的身高
28          this.Hair = hair; // 取得基底類別的屬性
29      }
30      public void Show() => WriteLine(
31          $"我是第二代,我也是{Hair}頭髮,身高 ={Height} cm");
32  }
```

STEP 04 使用上層敘述,撰寫如下程式碼。

```csharp
41  global using static System.Console;    // 全域,適用整個專案
42  global using Ex0802;    // 全域,滙入檔案範圍命名空間
43  Person Peter = new();// 宣告基底類別的物件
44  Human Junior = new("黑色"); // 宣告衍生類別的物件
45  Peter.showMessage();
46  Junior.Show();
```

【程式說明】

- 第 4、5 行：Height、Hair 自動實做屬性，但使用 protected 為存取修飾詞。
- 第 6 ～ 7 行：使用運算式主體，屬性 Surname 只以存取子 get 取得，所以是一個唯讀屬性。
- 第 8 ～ 12 行：定義 Person 類別的建構函式，設定 Height、Hair 屬性值。
- 第 13 ～ 14 行：以「運算式主體定義」showMessage() 方法，無回傳值，只輸出屬性值的訊息。
- 第 23 ～ 24 行：以 this 關鍵字來取得父類別已寫入的 Surname 值。
- 第 25 ～ 29 行：定義 Human 建構函式，從基底類別繼承的屬性 Height 重設新值（覆寫的概念）；另一個屬性 Hair 則以 this 關鍵字來取得基底類別的屬性。
- 第 30 ～ 31 行：「運算式主體定義」Show() 方法，無回傳值，輸出屬性值。
- 結論：衍生類別能繼承基底類別的所有成員，衍生類別的建構函式可以重設屬性值，也可以使用 this 關鍵字取得父類別原有的屬性。

8.2.3 呼叫基底類別成員

　　類別之間可以產生繼承機制，但是建構函式卻是各自獨立；無論是基底類別或是衍生類別都有自己的建構函式，用來初始化該類別的物件。由於它與物件本身的生命週期有極密切關係，主宰著物件的生與死，所以不會產生繼承機制。如果想要使用基底類別的建構函式，必須使用 base 關鍵字！如何從衍生類別以 base 關鍵字呼叫基底類別的建構函式，簡介其做法。

```
class 衍生類別 : 基底類別
{
   public 建構函式() : base()
   {
      // 建構函式程式區段;
   }
}
```

- 衍生類別使用了 base 關鍵字，才能存取基底類別成員，進一步參照到父類別的成員。
- 基底類別定義了建構函式，衍生類別也必須撰寫其建構函式。

- 父類別的建構函式含有參數時，繼承的子類別必須明確宣告型別和參數，再以 base() 方法帶入宣告的參數名；父類別的建構函式沒有參數時，子類別可以選擇建構函式是否實做，是否要使用 base() 方法。

base() 方法如何呼叫基底類別含有參數的建構函式？簡例如下。

```
class Father{ // 父類別
   public Father(string fatherName){
      // 父類別建構函式程式區段;
   }
}
```

- 表示子類別 Son 實體化時就得呼叫父類別 Father 的建構函式。

雖然 base 關鍵字能在關鍵時刻發揮其效用，還是得注意：不能在靜態方法中使用 base 關鍵字；基底類別已定義的方法已被其他方法所覆寫時，衍生類別也可以利用 base 關鍵字來呼叫父類別的成員。

基礎類別的建構函式含有參數，而衍生類別的建構函式以關鍵字 base 呼叫時，若沒有任何參數時，系統會標示錯誤，如圖【8-6】所示。

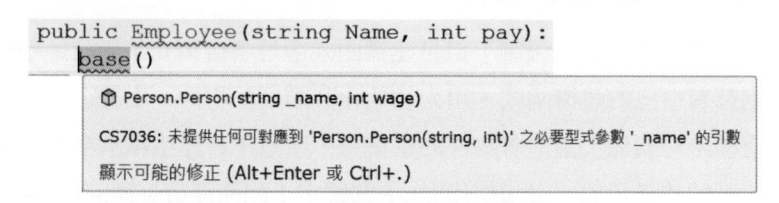

圖【8-6】 呼叫父類別的建構函式會發生的錯誤

範例 《Ex0803.csproj》

Person 類別定義建構函式，有兩個參數：title、salary；它接收參數後指定給 Name 和 BaseSalary 儲存。兩個屬性採自動實，ShowTime() 方法輸出名字和薪資訊息。而衍生類別則使用 base() 方法呼叫基底類別 Person 類別的建構函式來使用。

8-12

STEP 01 主控台應用程式，架構「.NET 6.0」；加入基底類別 Person 和衍生類別 Employee。

STEP 02 基底類別「Person.cs」程式碼。

```
01  namespace Ex0803;    //C# 10.0 檔案範圍命名空間
02  internal class Person    // 基底類別
03  {
04      protected int BaseSalary { get; set; }   // 自動實做屬性
05      protected string Name { get; set; }      // 自動實做屬性
06      // 定義基底建構函式：傳入名字和薪資
07      public Person(string _name, int wage)
08      {
09          Name = _name;
10          BaseSalary = wage;
11          WriteLine($"員工：{Name}，薪水 {baseSalary:C0}");
12      }
13      public void ShowTime()
14      {
15          DateTime hireDate = new(2009, 3, 17);
16          DateTime justNow = DateTime.Today;
17          TimeSpan jobDays = justNow - hireDate;
18          double work = (double)(jobDays.Days) / 365;
19          WriteLine($"雇用日期：" +
20              $"{hireDate.ToShortDateString(),10}, " +
21              $"工作：{work:F2} 年 ");
22      }
23  }
```

STEP 03 衍生類別「Employee.cs」程式碼。

```
31  class Employee : Person
32  {
33      public Employee(string Name, int pay)
34          : base(Name, pay) { }
35      public void HireTime()
36      {
37          DateTime startDate = DateTime.Today;
38          WriteLine($"雇用日期：" +
39              $"{startDate.ToShortDateString()}");
40      }
41  }
```

STEP 04 使用上層敘述,直接撰寫相關程式碼。

```
51   global using static System.Console; // 全域,適用整個專案
52   global using Ex0803;      // 滙入檔案範圍命名空間,全域
53   Person anna = new("Annabelle", 35_648);
54   anna.showTime();
55   Employee partOne = new("Tomas", 24_782);
56   partOne.hireTime();
```

【程式說明】

- 第 13 ~ 22 行:定義方法成員 showTime() 無回傳值,計算工作年資。
- 第 15、16 行:使用 DateTime 結構產生物件 hireDate 存放雇用日期;justNow 則以屬性 Today 取得系統目前的日期。
- 第 17、18 行:使用 TimeSpan 結構產生的物件 jobDays 取得工作總天數(以當下的日期扣除就職日期),再除以 365 來算出年資。
- 第 19 ~ 21 行:呼叫 DateTime 結構的 ToShortDateString() 方法將 hireDate 轉成字串,以簡短日期輸出。
- 第 33 ~ 34 行:定義衍生類別的建構函式,由於 Person 的建構函式含有參數,以 base() 方法呼叫時,括號內要放入相關參數值。
- 第 35 ~ 40 行:定義方法成員,以 DateTime 結構物件 startDate 取得系統目前日期來成為雇用日期。
- 第 53 行:建立基底類別 Person 的物件 anna,傳入參數值為建構函式所使用。
- 第 55 行:建立衍生類別 Employee 的物件 pratOne,加入指定參數。

範例《Ex0803》處理日期時使用了 System 命名空間下的兩個結構 DateTime 和 TimeSpan。DateTime 結構用來處理日期和時間,表【8-1】列出它們相關的屬性和方法。

屬性 / 方法	說明
Now	取得系統的日期和時間,以當地時間回傳「2016/10/26 下午 12:47:11」。
Today	回傳系統目前的日期;以「2016/10/26 上午 12:00:00」回傳;DateTime.Today.ToShortDateString() 才會回傳「2016/10/26」。
Year	取得系統目前的年份。
Month	取得系統目前的月份。

屬性 / 方法	說明
Day	取得系統目前的天數。
Hour	取得系統目前的時。
Minute	取得系統目前的分。
ToString()	將 DateTime 物件轉為字串
ToShortDateString()	DateTime 物件轉為字串，輸出「2016/10/26」。
ToLongDateString()	DateTime 物件轉為字串，輸出「2016 年 10 月 26 日」。
ToShortTimeString()	DateTime 物件轉為字串，輸出「下午 12:47」。

表【8-1】 DateTime 結構常用的屬性和方法

TimeSpan 用來取得時間間隔，如果要計算相隔的天數，第一個方式是呼叫 DateTime 結構的 Subtract() 方法，其語法如下：

```
Subtract(Datetime)
```

Subtract() 方法中的參數可以使用 Datetime 或 TimeSpan 物件，DateTime 結構指定兩個日期，敘述如下：

```
DateTime hireDate = new DateTime(2009, 3, 17); // 指定日期
DateTime justNow = DateTime.Today; // 目前的日期
// 使用 Subtract() 方法時會以「目前日期」扣除「指定日期」而算出時間間隔
TimeSpan jobDays = justNow.Subtract(hireDate);
// 方式二：以 TimeSpan 為時間間隔，將兩個日期相減
TimeSpan jobDays = justNow - hireDate;
```

衍生類別要存取基底類別的成員時，基底類別必須是衍生類別所指定，而且只能在建構函式、執行個體方法（Instance Method）或執行個體屬性存取子中存取。

```
class Person {   // 基底類別
   public void Show() { . . . }
}
class Employee : Person    // 衍生類別
{
   public void Display(){
      base.Show();// 呼叫父類別的 Show() 方法
   }
}
```

範例《Ex0804.csproj》

衍生類別 Employee 可以使用 base 關鍵字去存取基底類別 Person 的成員。

```
D:\C#2022\CH08\E...   —   □   ×
員工Charles，實領薪水 NT$38,819
員工 Wilson，實領薪水 NT$40,392
```

STEP 01 主控台應用程式，架構「.NET 6.0」；基底類別 Person 和衍生類別 Employee。

STEP 02 基底類別「Person.cs」程式碼。

```csharp
01   namespace Ex0804;      //C# 10.0 檔案範圍命名空間
02   class Person                              // 基底類別
03   {
04      private int _baseSalary;           // 私有欄位
05      protected string Name { get; set; }// 自動實做屬性
06      public int BaseMoney              // 實做屬性，扣除保險費
07      {
08         get => _baseSalary;    // 回傳扣除費用的薪資
09         set // 依據薪資等級扣除保險費
10         {
11            if (value >= 25_800 && value <= 58_300)
12            {
13               if (value < 25_800)
14                  _baseSalary = value - 256;
15               else if (value < 28_200)
16                  _baseSalary = value - 584;
17               else if (value < 32_800)
18                  _baseSalary = value - 612;
19               else if (value < 35_300)
20                  _baseSalary = value - 726;
21               else if (value < 43_300)
22                  _baseSalary = value - 866;
23               else if (value < 58_300)
24                  _baseSalary = value - 1226;
25            }
26            else
27               WriteLine(" 無法計算 ");
28         }
29      }
30      public Person()     // 建構函式
31      {
32         Name = "Charles";
33         BaseMoney = 39_685;
```

```
34      }
35      public void Show() =>      // 定義方法成員，輸出訊息
36         WriteLine($"員工 {Name, 7}，實際薪水 {BaseMoney:C0}");
37   }
```

STEP 03 衍生類別「Employee.cs」程式碼。

```
41   class Employee : Person
42   {
43      public Employee()   // 建構函式
44      {
45         Name = "Taylor";
46         BaseMoney = 28000;
47      }
48      public void Display() => base.Show();// 呼叫基底類別方法
49   }
```

STEP 04 使用上層敘述，直接撰寫相關程式碼。

```
51   global using static System.Console; // 全域，適用整個專案
52   global using Ex0804;         // 全域，滙入檔案範圍命名空間
53   Person pernOne = new(); // 父類別物件
54   pernOne.Show();
55   Employee empWorker = new();// 子類別物件
56   empWorker.Display();
```

【程式說明】

- 第 11 ～ 27 行：第一層 if/else 敘述做條件判斷，薪資是否在 25800 ～ 58300 元之間，如果屬實再扣除保險費。
- 第 13 ～ 24 行：if/else if 多重條件判斷，value 會先扣除保險額，再指派給 _baseSalary 欄位存放，最後由 get 存取子的 return 敘述回傳結果。
- 第 30 ～ 34 行：建構函式設定屬性值。
- 第 43 ～ 47 行：定義建構函式，設定屬性 Name、BaseMoney 之值。
- 第 53 ～ 56 行：產生父類別物件 personOne，呼叫 Show() 方法輸出扣除險費的實際薪資；而子類別物件 emWorker 同樣也是呼叫 Dispaly() 方法輸出實際薪資訊息。

8.2.4 隱藏基底成員

前面所介紹的 new 運算子,皆是用來實體化物件。什麼情形下把 new 關鍵字當作修飾詞（modifier）來使用?有可能是這樣的情形:

```
class Person {   // 基底類別
   public void show() { ... }
}
class Employee : Person (   // 衍生類別
   public void show() { ... }
}
```

父、子類別定義的成員方法名稱相同,造成衝突;編譯器會發出如圖【8-7】的警告訊息。

```
internal class Employee
{
   0 個參考
   public void Show()
```

⊕ void Employee.Show()

CS0108: 'Employee.Show()' 會隱藏繼承的成員 'Person.Show()'。若本意即為要隱藏,請使用 new 關鍵字。

圖【8-7】 父、子類別方法同名稱產生錯誤

修正方法就是加上 new 關鍵字,其作用是隱藏繼承自基底類別的成員,並以相同名稱建立新成員。如此一來,衍生類別的成員的就會取代基底類別成員。new 修飾詞要加在那裡?就是定義方法時,原有的存取修飾詞前端,再加上 new 修飾詞,簡述如下。

```
// 參考範例 <Ex0805.csproj>
class DiffNum     // 基底類別
{
   // 靜態欄位變數
   public static int num1 = 45;
   public static int num2 = 125;
}
class AddNumbers : DiffNum      // 繼承 DiffNum 類別
{
   new public static int num1 = 175;     // 隱藏欄位變數
   static int result1 = num1 + num2;
   static int result2 = DiffNum.num1 + DiffNum.num2;
   static void Main(string[] args)      // 主程式
   // 省略部份程式碼
```

- 欄位變數 num1 加上 new 修飾詞，表示它是衍生類別所定義。
- 如果要呼叫 num1 原有的設定值，必須冠以基底類別名稱「DiffNum.num1」。

範例《Ex0806.csproj》

以 new 修飾詞隱藏基底類別方法。

```
D:\C#202...    —    □    ×
特定時間：下午 12:00:0
目前時間：23:56:56
```

STEP 01 主控台應用程式，架構「.NET 6.0」；基底類別 Time 和衍生類別 diffTime。

STEP 02 基底類別「Time.cs」程式碼。

```
01   namespace Ex0806;     //C# 10.0 檔案範圍命名空間
02   internal class Time    // 基底類別
03   {
04      private int hour;
05      private int minute;
06      private int second;
07      public int Hour // 實做屬性 Hour
08      {
09         get => hour;    // 使用運算式主體
10         set     // 時在 0～24
11         {
12            if (value >= 0 && value < 24)
13               hour = value;
14         }
15      }
16      // 省略部份程式碼
17      public string ShowTime()
18      {
19         string am = "上午"; string pm = "下午";
20         if (hour == 0 || hour == 12)    // 時採12 小時制
21            hour = 12;
22         else
23            hour %= 12;
24         //Fromat() 方法回傳時制格式
25         return string.Format($"{(hour < 12 ? am : pm)} " +
26            $"{hour:D2}:{minute:D2}:{second}");
27      }
28   }
```

8-19

STEP 03 衍生類別「demoTime.cs」程式碼。

```
31    class DemoTime : Time
32    {
33       // 省略部份程式碼
34       public DemoTime(int hr, int mn, int sc)
35       {
36          ExHour = hr;
37          ExMinute = mn;
38          ExSecond = sc;
39       }
40       new public string ShowTime()
41       {
42          return string.Format(
43             $"{exHour:D2}:{ exMinute:D2}:{exSecond:D2}");
44       }
45    }
```

STEP 04 使用上層敘述，直接撰寫相關程式碼。

```
51    global using static System.Console;    // 全域，適用整個專案
52    global using Ex0806;                   // 全域，滙入檔案範圍命名空間
53    DateTime moment = DateTime.Now;        // 取得系統時間
54    int Hr = moment.Hour;        // 時
55    int Mun = moment.Minute;     // 分
56    int Sed = moment.Second;     // 秒
57    Time oneTime = new()
58    {
59       Hour = Hr + 8,
60       Minute = Mun + 14,
61       Second = Sed + 12
62    };
63    WriteLine($" 特定時間：{oneTime.ShowTime()}");
64    Ex0806.DemoTime TwentyFour = new DemoTime(Hr, Mun, Sed);
65    WriteLine($" 目前時間：{TwentyFour.ShowTime()}");
```

【程式說明】

- 第 4～6 行：定義私有欄位，取得 hour（時）、minute（分）、second（秒）。
- 第 7～15 行：實做 Hour 屬性，存取子 get 回傳 hour 值，而 set 區段裡加入 if 陳述式來判斷「時」是否在 0～24 之內。
- 第 17～27 行：定義成員方法 ShowTime()，if 判斷式讓「時」採 12 小時制，然後以 Format() 方法設定輸出的格式字串是上午或下午的時間。

Chapter 08 繼承、多型和介面

- 第 34 ～ 39 行：建構函式，3 個參數：時、分、秒分別接收傳入的值並指派給相關的屬性做初始化。
- 第 40 ～ 44 行：以 new 修飾詞隱藏基底類別的方法 showTime() 方法，使用 string.Format() 方法來輸出設定的時間格式。
- 第 53 行：建立 DateTime 結構物件 moment 來取得系統時間。
- 第 54 ～ 56 行：分別以 DataTime 結構的屬性 Hour、Minute 和 Second 來取得時、分、秒之後儲存於變數 Hr、Mun、Sed。
- 第 57 ～ 62 行：建立 Time 類別物件 oneTime，以大括號做初始值設定。
- 第 64 行：產生 DemoTime 類別的 TwentyFour 物件，含有時、分、秒 3 個參數。

主控台應用程式中，先前範例皆以「Console.WriteLine()」來輸出訊息。上述範例則是利用 String 類別的 Format() 方法，配合複合格式字串，也能輸出訊息，它的語法如下：

```
public static string Format(string format, Object arg0)
```

- 表示它是一個靜態方法，無須實體化物件就能使用。
- format：複合格式字串；搭配複式格式輸出。

一般來說，複合格式功能會採用物件清單和複合格式字串做為輸入；就如同先前使用的「Console.WriteLine("{0}", 變數)」。複合格式字串指的就是每對大括號所指定的索引替代符號，要配合一個變數來使用（也就是每個變數要對應到清單內物件的格式項目），配合字串插補的作法，敘述如下：

```
string.Format(
    $"{exHour:D2}:{ exMinute:D2}:{exSecond:D2}");
```

要快速輸出目前日期和時間，可以做如下的敘述。

```
string tm = String.Format($" 今天日期：{DateTime.Now:d} " +
   $" 時間：{DateTime.Now:t}");
Console.WriteLine(tm);
// 輸出  今天日期：2022/1/11 時間：下午 02:55
```

- 先以變數取得 DateTime 結構的屬性 Now，再配合格式 {:d} 設定日期、{:t} 設定時間，再以 WriteLine() 方法輸出。

8.3 探討多型

想必大家都使用過遙控器，單一的操作介面，依據它的用途，它可能使用於電視、冷氣機或其它電器用品；這就是「多型」（Polymorphism）的概念，也稱為「同名異式」。「同名」皆稱為遙控器，「異式」指的是功用不同。從物件導向的觀點來看，「同名」就是單一介面，「異式」就是以不同方法來存取資料。那麼大家就會想到先前章節學過的「多載」（overload）！它的「同名」指的是相同的方法名稱或函式名稱，「異式」引數不同，處理的對象也有可能不同。那麼 C# 如何撰寫多型程式，可以從下列三點來探討！

- 子類別的新成員使用 new 修飾詞來隱藏父類別成員，請參考章節《8.2.4》。
- 父、子類別使用相同的方法，但參數不同，由編譯器呼叫適當的方法來執行，請參考章節《8.3.1》。
- 建立一個通用的父類別，定義虛擬方法，再由子類別做適當覆寫，請參考章節《8.3.2》。

8.3.1 父、子類別產生方法多載

以繼承機制來說，Visual C# 的衍生類別會繼承基底類別的成員，使用 base 關鍵字呼叫基底類別成員，使用 new 修飾詞可以隱藏基底類別成員。此處要進一步探討衍生類別定義的方法名稱究竟能不能與基底類別方法相同！答案是可以的。先來認識第一種情形：基底、衍生類別產生方法多載，修改範例《Ex0806》程式碼。

```
class Time {
   . . .
   public string ShowTime(int h){
      hour = h;
      . . .
   }
}
```

- 基底類別 Time 原來的 showTime() 方法是沒有參數，把它加入一個「時」的參數，取得值之後，判斷它是否有大於 12 小時。

簡例：衍生類別 DemoTime 所定義的 showTime() 方法以 new 修飾詞來表示它是一個跟基底類別無關的方法。

```
class DemoTime : Time {
   new public string ShowTime(){
      ...
   }
}
```

- 基底、衍生類別皆有相同名稱的方法，但引數不同，所以產生多載（overload）情形；進行編譯時，編譯器不會因為基底、衍生類別的成員方法名稱相同而發出警告訊息。

8.3.2 覆寫基底類別

繼承機制下另一種情形是「青出於藍」，將基底類別原有的方法擴充；也就是透過衍生類別來進一步修改它所繼承的方法、屬性、索引子（Indexer）或事件宣告，加上 override 關鍵字宣告覆寫的方法。同樣地，基底類別必須加上 virtual 關鍵字；當基底類別有 virtual 關鍵字，衍生類別有 override 關鍵字時，必須注意下列事項。

- 衍生類別的方法前面加上 override 關鍵字，表示呼叫自己的方法，非基底類別方法。
- 靜態方法不能覆寫；被覆寫的基底類別方法須冠上 virtual、abstract 或 override 關鍵字。
- override 覆寫時不能變更 virtual 方法的存取範圍；簡單地說就是使用相同的存取修飾詞。
- 覆寫屬性必須指定所繼承屬性完全相同的存取修飾詞、型別和名稱，且被覆寫的屬性必須是 virtual、abstract 或 override。

如何加入 virtual、override 關鍵字在方法中，下述簡例說明。

```
class Person // 基底類別
{
   ...
   public virtual void showMessage() { ... }// 虛擬方法
}
class People // 衍生類別
{
   ...
   public override void showMessage() { ... }// 方法覆寫
}
```

- 修飾詞 virtual 和 override 放在存取修飾詞之後，回傳資料型別前。
- virtual 和 override 方法必須有相同的存取範圍，簡例中，父類別的 showMessage() 方法使用 public 存取修飾詞，子類別的 showMessage() 方法同樣也使用 public。
- virtual 修飾詞不能與 static、abstract、private 或 override 等修飾詞一起使用。

範例《Ex0807.csproj》

父、子類別實作的物件呼叫是同名稱的 ShowMessage() 方法，物件 Peter 呼叫的是自己所定義的方法；物件 Junior 呼叫的方法是一個經過擴充的方法。

所以 override 修飾詞會「擴充」基底類別方法，而 new 修飾詞則「隱藏」了基底類別成員。

```
父親，頭髮棕色，身高 170 cm
第二代，黑色頭髮，身高 175 cm
```

STEP 01 主控台應用程式，架構「.NET 6.0」；基底類別 Person 和衍生類別 Human。

STEP 02 基底類別「Person.cs」程式碼。

```
01   namespace Ex0807; //C# 10.0 檔案範圍命名空間
02   class Person          // 基底類別
03   {
04      // 省略部份程式碼
05      public virtual void ShowMessage()=>Console.WriteLine(
06         $" 父親，頭髮 {Hair}，身高 {Height} cm");
07   }
```

STEP 03 衍生類別「Human.cs」程式碼。

```
11   class Human : Person
12   {
13      public new int Height { get => 175; }
14      public new string Hair { get => "黑色"; }
15      public override void ShowMessage() => WriteLine(
16         $" 第二代，{Hair} 頭髮，身高 ={Height} cm");
17   }
```

STEP 04 使用上層敘述，直接撰寫相關程式碼。

```
21   Ex0807.Person Peter = new(); // 宣告基底類別的物件
22   Peter.ShowMessage();
23   E0807.Human Junior = new();
24   Junior.ShowMessage();              // 衍生類別的物件呼叫自己的方法
```

【程式說明】

- 第 5～6 行：以 virtual 修飾詞定義成虛擬成員方法 ShowMessage()，輸出身高和髮色的訊息。
- 第 13～14 行：屬性 Height、Hair 原是基底類別所宣告，使用 new 修飾詞隱藏原來的值，配合存取子 get 讀取新的身高、髮色。
- 第 15～16 行：由於父類別已將 ShowMessage() 方法以 virtual 修飾詞宣告，此處子類別使用 override 修飾詞來定義同名稱的方法，表示子類別實體化的物件是呼叫自己的 ShowMessage() 方法，而不是父類別。

8.3.3 實做多型

繼承機制底下，使用修飾詞 virtual、override 和 new，有時還會加上 base，利用表【8-2】做整理，讓大家更清楚它的使用時機。

基底類別	衍生類別	作用
virtual	override	・呼叫子類別的方法。 ・覆寫父類別的方法。
	new	・實作子類別的方法。 ・隱藏父類別的虛擬方法。
	base	呼叫父類別的成員。

表【8-2】 修飾詞 virtual、override 和 new

範例 《Ex0808.csproj》

以 Staff 為基底類別來，定義一個方法 CalcMoney() 以關鍵字 virtual 做修飾，再由繼承的類別 FullWork 和 Provisional 配合關鍵字 override、new 實做多型。

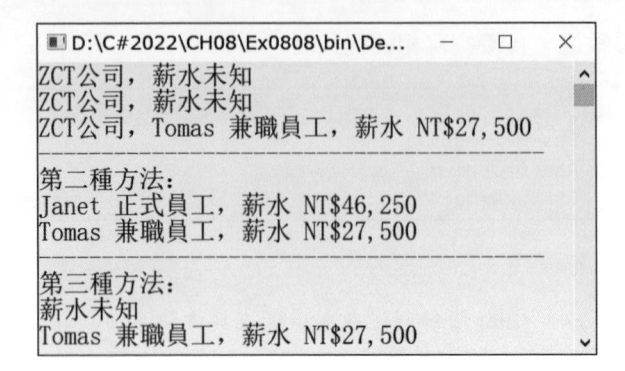

```
■ D:\C#2022\CH08\Ex0808\bin\De...    —    □    ×
ZCT公司，薪水未知
ZCT公司，薪水未知
ZCT公司，Tomas 兼職員工，薪水 NT$27,500
────────────────────────────
第二種方法：
Janet 正式員工，薪水 NT$46,250
Tomas 兼職員工，薪水 NT$27,500
────────────────────────────
第三種方法：
薪水未知
Tomas 兼職員工，薪水 NT$27,500
```

STEP 01 主控台應用程式，架構「.NET 6.0」；基底類別 Staff、衍生類別 FullWork 和 Provisional。

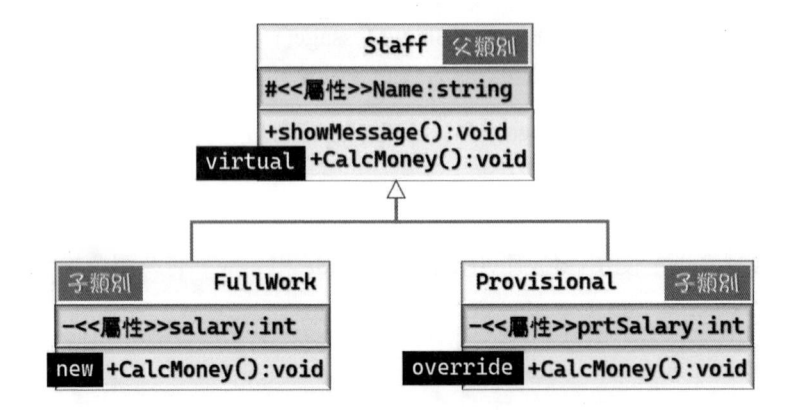

```
            Staff    父類別
    #<<屬性>>Name:string
    +showMessage():void
virtual +CalcMoney():void

         ╱              ╲
子類別 FullWork          Provisional  子類別
-<<屬性>>salary:int    -<<屬性>>prtSalary:int
new +CalcMoney():void  override +CalcMoney():void
```

STEP 02 基底類別「Staff.cs」程式碼。

```
01  namespace Ex0808;    //C# 10.0 檔案範圍命名空間
02  internal class Staff
03  {
04     protected new string Name { get; set; }    // 屬性
05     public void ShowMessage()                  // 方法成員
06     {
07        Write("ZCT公司，");
08        CalcMoney();
09     }
10     public virtual void CalcMoney()=>WriteLine(" 薪水未知 ");
11  }
```

STEP 03 衍生類別「FullWorker.cs」程式碼。

```
21  class FullWork : Staff
22  {
23     private int salary;      // 欄位 -- 取得計算的月薪
24     protected new string Name { get => "Janet" }
25     public new void CalcMoney()
26     {
27        int dayMoney = 1_850;
28        salary = dayMoney * 25;
29        WriteLine($"{Name} 正式員工，薪水 {salary:C0}");
30     }
31  }
```

STEP 04 衍生類別「Provisional.cs」程式碼。

```
41  class Provisional : Staff
42  {
43     // 省略部份程式碼
44     public override void CalcMoney()
45     {
46        int hourMoney = 275;
47        prtSalary = hourMoney * 5 * 20;
48        WriteLine($"{Name} 兼職員工，薪水 {prtSalary:C0}");
49     }
50  }
```

STEP 05 使用上層敘述，直接撰寫相關程式碼。

```
51  global using Ex0808;       // 全域，滙入檔案範圍命名空間
52  // 省略部份程式碼
53  static void NonDisplay()
54  {
55     Staff Peter = new();
56     Peter.ShowMessage();
57     FullWork fullWorker = new();
58     fullWorker.ShowMessage();
59     Provisional partWork = new();
60     partWork.ShowMessage();  // 使用覆寫，算出時薪
61  }
62  static void SecDisplay()     // 方法二
63  {
64     FullWork fullWorker = new();
65     fullWorker.CalcMoney();
66     Provisional partWork = new();
67     partWork.CalcMoney();
68  }
```

8-27

```
69    static void ThreeDispaly()// 方法三
70    {
71        Staff Peter = new();
72        Staff fullWorkder = new Provisional();
73        Peter.CalcMoney();         // 呼叫父類別的方法
74        fullWorkder.CalcMoney();   // 呼叫子類別的方法
75    }
```

【程式說明】

- 第 5～9 行：定義方法成員 ShowMessage() 方法，輸出公司名稱。
- 第 10 行：定義虛擬方法 calcMoney()，無回傳值，用來計算員工薪資。
- 第 24 行：運算式主體，唯讀屬性 Name 以存取子 get 來取得名字 Janet。
- 第 25～30 行：來自父類別的成員 CalcMoney() 方法，以修飾詞 new 來隱藏父類別所宣告的虛擬方法，再以自己定義的方法計算正式員工薪資。
- 第 44～49 行：以修飾詞 override 覆寫繼承的虛擬方法 CalcMoeny()，實做其內容來計算兼職員工的時薪。
- 第 53～61 行：定義第一個靜態方法 NonDisplay()，分別實作各類別的物件，皆呼叫了父類別的虛擬方法 ShowMessage()。
- 第 55、56 行：Staff 類別的 Peter 物件，存取了本身的虛擬方法，所以輸出的訊息「ZCT 公司，薪水未知」。
- 第 57、58 行：FullWork 類別的 fullWorker 物件存取父類別 showMessage() 方法，呼叫 calcMoney() 時，因為本身所定義的 calcMoney() 方法加了 new 修飾詞而不是覆寫動作，輸出與父類別相同訊息「ZCT 公司，薪水未知」。
- 第 59、60 行：Provisional 類別的 partWork 物件雖然呼叫了 showMessage() 方法，進而呼叫 calcMoney() 方法，由於 override 修飾詞的覆寫動作，所以執行本身的方法計算出兼職員工時薪。
- 第 69～75 行：定義第三個靜態方法 ThreeDisplay()。實體化物件時以父類別為類別，以子類別為其值的型別，所以 Peter 物件呼叫了父類別的虛擬方法，不做薪資計算；而 fullWorker 物件則是呼叫了覆寫的 calcMoney() 方法，算出兼職員工的時薪所得。

8.4 介面和抽象類別

抽象化（Abstraction）的作用是為了讓描述的物件更具體化、更簡單化。撰寫 OOP 程式時抽象化是一個很重要的步驟，將細節隱藏，保留使用的介面。為了讓程式更具可讀性，Visual C# 可以使用 abstract 關鍵字將類別或方法進行抽象化動作。由於 C# 不支援多重繼承，藉由介面為類別定義不同的行為。

8.4.1 定義抽象類別

一般來說，定義抽象類別是以基底類別為通用定義，提供多個衍生類別共用。也就是宣告為抽象類別的基底類別無法實體化物件，必須由繼承的衍生類別來實做。此外，也可以依據實際需求在抽象類別中定義抽象方法，相關語法如下：

```
abstract class 類別名稱 {
   //定義抽象成員
   public abstract 資料型別 屬性名稱 {get; set;}
   public abstract 回傳值型別 方法名稱1(參數串列);
   public 回傳值型別 方法名稱2(參數串列) {. . .}
}
```

- 定義抽象類別不能使用 private、protected 或 protected internal 存取修飾詞；也不能使用 new 運算子實體化物件，static 或 sealed 這些關鍵字也無法使用。
- 抽象類別可同時定義一般的成員方法和抽象方法。
- 抽象方法無任何實作，方法之後的括號會緊接著一個分號，而不是一般方法的程式區段。
- 宣告抽象屬性時必需指出屬性中要使用那一個存取子，但不能實作它們。
- 繼承抽象類別的子類別必須搭配 override 關鍵字來實作抽象方法，抽象類別的實作方法可以被覆寫。

範例《Ex0809.csproj》

基底類別 Staff，定義一個抽象方法 ShowMessage()，由衍生類別 Worker、Provisional 類別來覆寫其方法。

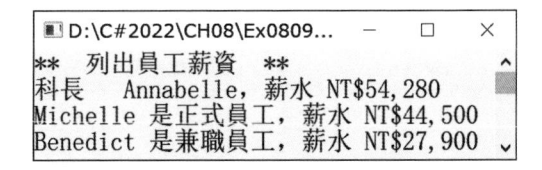

```
** 列出員工薪資 **
科長   Annabelle, 薪水 NT$54,280
Michelle 是正式員工, 薪水 NT$44,500
Benedict 是兼職員工, 薪水 NT$27,900
```

STEP 01 主控台應用程式，架構「.NET 6.0」；基底類別 Staff、衍生類別 Worker、Provisional 和 Team，ZctWorker.cs 則是上層敘述所在。

STEP 02 基底類別「Staff.cs」程式碼。

```
01   namespace Ex0809;    //C#10.0 檔案範圍命名空間
02   abstract class Staff
03   {
04      private string? name;                 // 私有欄位
05      public Staff(string staffName) => Name = staffName;
06      protected string Name
07      {
08         get => name!; //C# 7.0 屬性採用運算式主體
09         set => name = value;
10      }
11      public abstract int Salary { get; }// 唯讀
12      public abstract void ShowMessage();// 抽象方法
13   }
```

STEP 03 生類別「Worker.cs」程式碼。

```
21   class Worker : Staff
22   {
23      private readonly int daymoney;    // 屬性 daymoney 日薪
24      private readonly int dayworks;    // 屬性 dayworks 工作天數
25      public Worker(string name, int daymoney,
26            int dayworks) : base(name)
27      {
28         this.daymoney = daymoney;
29         this.dayworks = dayworks;
30      }
31      public readonly int Daymoney => daymoney;// 唯讀屬性
32      public readonly int Dayworks => dayworks;// 唯讀屬性
33      public override int Salary
34         { get => daymoney * dayworks; }
35      public override void ShowMessage() =>
36         WriteLine($"{Name} 是正式員工，" +
37         $" 薪水 {daymoney * dayworks:C0}");
38   }
```

STEP 04 衍使用上層敘述，直接撰寫相關程式碼；省略衍生類別 Provisional、Team 程式碼。

```
41   global using static System.Console;// 全域，適用整個專案
42   global using Ex0809;      // 全域，滙入檔案範圍命名空間
```

```
43   Staff[] staffs = {
44      new Team("Annabelle", 35_000, 1_800),
45      new Worker("Janet", 1_500, 25),
46      new Provisional("Tomas", 242, 5, 18)
47   };
48   Console.WriteLine("**　列出員工薪資　**");
49   foreach (Staff sf in staffs)
50      sf.ShowMessage();
```

【程式說明】

- 第 5 行：屬性 Name，透過建構函式取得參數值。
- 第 11 行：定義抽象屬性 Salary，只有存取子 get，所以是唯讀屬性。
- 第 12 行：定義抽象方法 showMessag()，不能加區段用的大括號。
- 第 25～30 行：加入建構函式。base() 方法取得父類別的屬性 Name，再使用 this 關鍵字取得傳入的參數值。
- 第 31～32 行：唯讀屬性 Daymoney, Dayworks 使用運算式主體來取得私有欄位 daymoney, dayworks 回傳值。
- 第 33～34 行：以 override 修飾詞覆寫父類別所定義的抽象屬性 Salary。它是一個唯讀屬性，藉由建構函式傳入的參數值，計算「日薪＊工作天」後，回傳每月薪資。
- 第 35～37 行：以 override 修飾詞覆寫父類別所定義的抽象方法 ShowMessage()，輸出正式員工的名字和薪水。
- 第 43～47 行：以陣列初始化要宣告的物件，所以大括號內是已定義的子類別，再依據所定義的建構函式，配合 new 運算子做初始化動作。
- 第 49～50 行：foreach 迴圈讀取陣列元素（初始化的物件）並呼叫 ShowMessage() 來輸出相關訊息。

> **TIPS**
>
> 哪裡要使用 readonly 修飾詞？
> - 欄位：把欄位變成唯讀，宣告給予初值或由建構函式取得其值。
> - 結構或結構成員，表示結構或結成員不可變或不可修改。
>
> 關鍵字 readonly 與 const 有何不同？
> - const 欄位是編譯時期的常數，readonly 欄位是執行時期的常數。

8.4.2 認識密封類別

密封類別（Sealed Class）的意義就是不能被繼承，簡單地說就是無法產生衍生類別，所以又稱「最終類別」（Final Class）。通常密封類別不能當做基底類別使用，從程式實作的觀點來看，它提高了執行時期（Runtime）的效能；此外，密封類別也不能把它宣告為抽象類別。為什麼？可別忘記抽象類別要有繼承它的衍生類別並實作抽象方法。如何定義一個密封類別，利用下述簡例來說明。

```
sealed class Person : Provisional    // 密封類別
{
   public sealed override void showMessage() {// 密封方法
      // 程式區段
   }
}
class Student : Person    // 密封類別無法被繼承，會顯示錯誤
{
   // 程式區段
}
```

◆ 宣告密封類別要使用 sealed 關鍵字，必須放在 class 之前或存取修飾詞之後。
◆ 如果要宣告為密封方法，須加在存取修飾詞之後，回傳資料型別之前。

當密封類別 School 為衍生類別 Subject 繼承時，編譯器會顯示如下圖【8-8】所示的錯誤訊息。

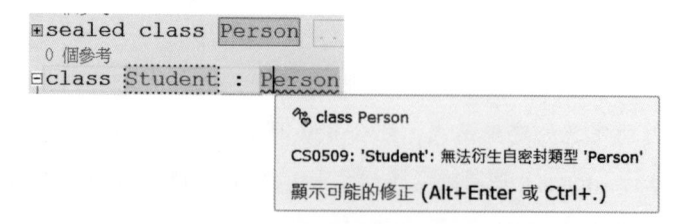

圖【8-8】 密封類別被繼承時產生的錯誤訊息

8.4.3 介面的宣告

為了提高程式的重複使用率，當基底類別的層次愈高，「通化」（Generalization）的作用也愈高。這說明建立類別時，能將共通功能定義於「抽象類別」（Abstract Class）；以衍生類別重新定義某一部份方法，建立實體化物件。另一種情形就是以介面定義共用功能，再以類別實作介面所定義的功能。如果類別

提供了物件實作的藍圖，那麼介面（Interface）可視為一種範本；兩者相異處列於表【8-3】。

比較	抽象類別	介面
功能	建立共用功能	建立共用功能
語法	不完整語法	不完整語法
實作	繼承的衍生類別才能實作	實作介面（Implementation）
時機	具有繼承關係的類別	不同的類別

表【8-3】 抽象類別和介面的差異

介面包含了方法、屬性、事件、索引子，或者這些四個成員型別的任何組合。但是介面不能有常數、欄位、運算子、建構函式、解構函式，所以介面不能有任何的存取修飾詞，它的成員是自動公開，靜態成員無法設立。

打開 Word 軟體會有一個空白文件，是一個已經規劃好的範本；輸入文字，設定好段落格式，再儲存成檔案就是一份文件；那麼這份文件的樣式就是繼承了範本。介面的定義也是運用相同的道理，只不過我們不僅在文件上塗鴉，還要進一步來定義範本。介面的語法如下：

```
interface 介面名稱 {
   資料型別 屬性名稱 {get; set;}// 屬性採自動實做
   回傳值型別 方法名稱 (參數串列);// 定義方法原型，無程式區段
}
```

- 定義介面要使用關鍵字 interface。
- 介面名稱也須遵守識別名稱的規範，習慣以英文字母 I 來代表介面的第一個字母。
- 介面內只定義屬性、方法和事件，不提供實作，也不能有欄位；所以它不能實體化，更不會使用 new 運算子。
- 子類別只能有一個父類別，但多個介面能由一個類別來實作。
- 實作介面的類別或結構必須提供給所有成員。介面不提供繼承；當基底類別實作某個介面時，衍生的類別也能實作繼承的基底類別。
- 如同抽象基底類別，繼承介面的類別或結構都必須實作它所有的成員。

範例《Ex0810.csproj》

STEP 01 主控台應用程式，架構「.NET 6.0」；執行「專案 / 加入新項目」指令。

STEP 02 進入「加入新項目」交談窗，❶ 選「介面」；❷ 輸入名稱「ISchool」；❸ 按「新增」鈕。

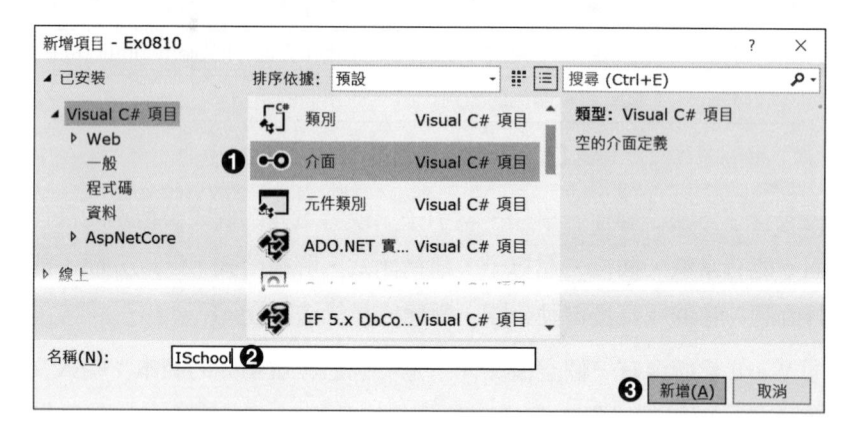

STEP 03 新增「Ischool.cs」檔案，進入程式碼編輯器並建立介面 ISchool 區段。

```
namespace Ex0810
{
    0 個參考
    internal interface ISchool
    {
    }
}
```

STEP 04 撰寫 interface ISchool 的程式碼。

```
01   namespace Ex0810;    //C# 10.0 檔案範圍命名空間
02   internal interface ISchool
03   {
04      // 統計學生人數，顯示訊息
05      int Subject { get; set; }
06      void ShowMessage();
07   }
```

8.4.4 如何實作介面

介面當然要實作才能產生功用。介面實作（Implementation）的目的就是把介面內已定義的屬性和方法，透過實作的類別來撰寫，先來看看它的語法。

```
class 類別名稱 : 介面名稱 {
   private 資料型別 欄位名稱;
   public 資料型別 屬性名稱 {  // 定義於介面的屬性
      get { return 欄位名稱; }
      set { 欄位名稱 = value; }
   }
   資料型別 方法名稱(參數串列);
   // 其他的程式碼
}
```

◆ 類別名稱之後同樣要以「:」(冒號字元)指定實作的介面名稱。

◆ 介面定義的屬性和方法須由指定的類別進行實作。

範例《Ex0810.csproj》

實作介面 ISchool，包含定義的屬性和方法，由建構函式傳入參數值（學分）再做學分費計算。

```
■ D:\C#2022\CH08\Ex0810...    —    □    ×
請輸入名字：王大海
請輸入學分數：19
Hi！王大海！學分費共NT$35,150
```

STEP 01 延續範例「Ex0810」；執行「專案 / 加入類別」指令，類別名稱「Student.cs」，撰寫如下的程式碼。

```
01   internal class Student : ISchool  // 實作介面
02   {
03      private int subject;           // 欄位
04      public int Subject             // 實作介面的屬性
05      {
06         get => subject;
07         set => subject = value;
08      }
09      public Student(int subj) => Subject = subj;
10      public void ShowMessage()      // 實做介面的方法
11      {
12         int account = 1_850;
13         int total = Subject * account;// 計算學分費
14         Console.WriteLine($"！學分費共 {total:C0}");
15      }
16   }
```

STEP 02 使用上層敘述，直接撰寫相關程式碼。

```
21    Write("請輸入名字：");
22    string? name = ReadLine();
23    Write("請輸入學分數：");
24    int total = Convert.ToInt32(ReadLine());
25    Ex0810.Student first = new(total);
26    Write($"Hi! {name}");
27    first.ShowMessage();
```

【程式說明】

- 第 4～8 行：實作介面定義的屬性，取得建構函式傳入的參數值，存取子 set 將 value 指派給 subject 欄位，再由存取子 get 回傳其值。
- 第 9 行：含有參數的建構函式；取得學分數之後，再初始化 Subject 屬性值。
- 第 10～15 行：實作介面定義的方法 showMesaage()，計算學分費並輸出訊息！
- 第 21～27 行：取得輸入的名稱和學分數，指定變數儲存後，再將 Student 類別實體化，建立 first 物件並傳入參數值，呼叫 showMessage() 方法。

8.4.5 實作多個介面

定義多個介面之後，也能藉助單一類別來實作。如何實作！利用下述語法說明。

```
interface Ione { . . . } // 定義介面 Ione
interface Itwo { . . . } // 定義介面 Itwo
// 表示類別 three 實作介面 Ione, Itwo
class three : Ione , Itwo { . . . }
```

- 類別 three 實作介面 Ione 和 Itwo 時必須以「,」逗點來隔開。
- 類別 three 必須實作這兩個介面的所有成員。

範例《Ex0811.csproj》

定義兩個介面：ISchool、IGrade；再由類別 Student 利用建構式傳入 identity、course 參數值，並初始化屬性 Subject 和 Status，再以 showMessage() 方法輸出訊息。

```
■ D:\C#2022\CH08\Ex0811...    —    □    ×
請輸入名字：宋美美
請輸入學分數：21
請選擇： 1.學生 2碩博生 2
Hi！宋美美！學分費共 NT$48,350 元
```

STEP 01 主控台應用程式，架構「.NET 6.0」；加入二個檔案：介面 ISchool、實作類別 Student。

STEP 02 介面「ISchool.cs.cs」程式碼。

```
01   namespace Ex0811;    //C# 101. 檔案範圍命名空間
02   internal interface ISchool    // 介面一
03   {
04      int Subject { get; set; }
05      void ShowMessage();
06   }
07   interface IGrade    // 介面二
08   {
09      int Status { get; set; }// 學生身分
10   }
```

STEP 03 類別「Student.cs」程式碼；Program.cs 程式碼請參考範例。

```
11   internal class Student : ISchool, IGrade
12   {
13      private int subject;    // 欄位1- 存放選修分數
14      private int status;     // 欄位2- 學生身分
15      public int Subject      // 實作介面 ISchool 屬性
16      {
17         get => subject;
18         set => subject = value;
19      }
20      public int Status       // 實作介面 IGrade 屬性
21      {
22         get => status;
23         set => status = value;
24      }
25      public Student(int indetity, int course)
26      {
27         Subject = course;
28         Status = indetity;
29      }
30      // 省略部份程式碼
31   }
```

8-37

【程式說明】

- 第 2 ～ 6 行：第一個介面 ISchool，屬性 Subject 用來存放學分數，方法 showMessage() 輸出訊息。
- 第 7 ～ 10 行：第二個介面 IGrade，屬性 Status 辨明學生身份。
- 第 15 ～ 19 行：實作 ISchool 介面所定義的屬性，存取子 set 將 value 取得的值指派給欄位 subject 儲存，再以存取子 get 回傳其值。
- 第 20 ～ 24 行：實作 IGrade 介面所定義的屬性 Status，同樣由建構函式傳入識別生身分的 status 值，再由存取子 get 回傳結果。
- 第 25 ～ 29 行：建構函式傳入兩個參數，再指派屬性 Subject 和 Status 存放。

8.4.6 介面實作多型

介面除了實作類別，還可以利用介面所定義的架構來實做多型。在下述範例中，定義了一個 IShape 介面並定義了 Area 屬性，透過它來實作圓形、梯形和矩形並算出其面積，透過圖【8-9】先做了解。

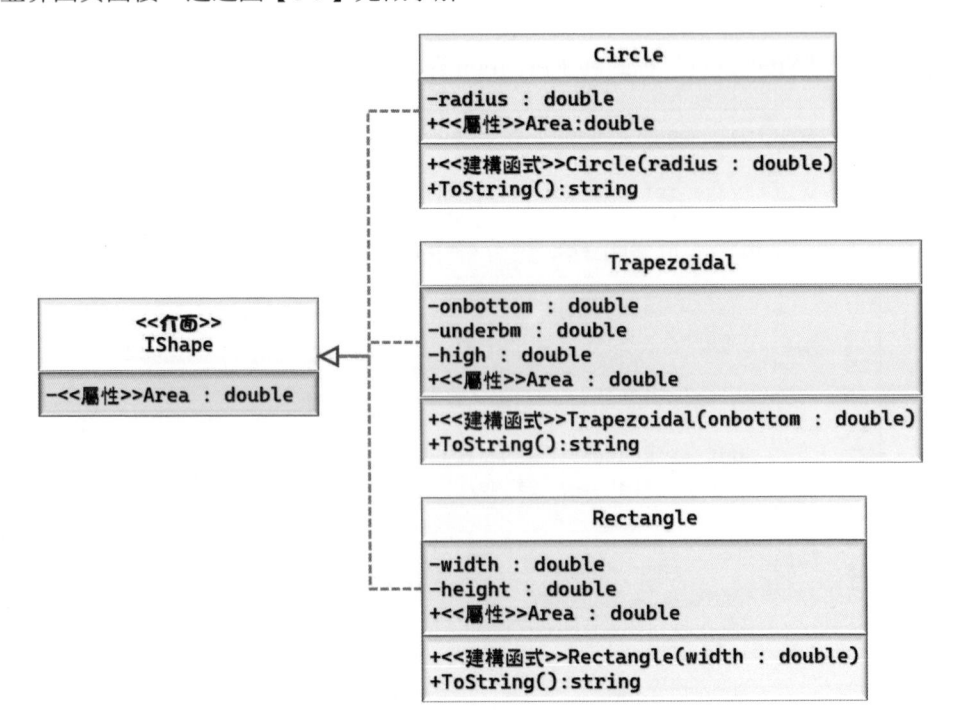

圖【8-9】 以介面實做多型

範例 《Ex0812.csproj》

以介面實作多型。先定義介面 ISape，它有唯讀屬性 Area（沒有存取子 set）儲存面積的計算結果，不同形狀的面積會有不同的計算方法。例如：Circle（圓）實作介面 ISape，建構函式取得參數值來初始化唯讀屬性 Area，由存取子 get 的 return 敘述回傳計算結果，再由覆寫方法 ToString() 輸出結果。

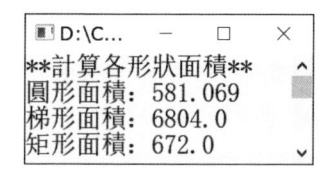

```
■ D:\C...   —  □  ×
**計算各形狀面積**
圓形面積: 581.069
梯形面積: 6804.0
矩形面積: 672.0
```

STEP 01 主控台應用程式，架構「.NET 6.0」；加入三個檔案：介面 IShape、實作類別 Circle、Trapezoidal 和 Rectangle。

STEP 02 介面「IShape.cs」程式碼。

```
01   namespace Ex0812;     //C# 10.0 檔案範圍命名空間
02   internal interface IShape    // 定義介面
03   {
04      double Area { get; }    // 唯讀屬性 -- 儲存計算面積
05   }
```

STEP 03 類別「Circle.cs」程式碼；其它形狀之程式碼請參考範例。

```
11   class Circle : IShape
12   {
13      private readonly double radius; //圓半徑
14      public Circle(double radius) => this.radius = radius;
15      public double Area
16      { get => Math.Pow(radius, 2) * Math.PI; }
17      public override string ToString() =>
18         " 圓形面積 : " + string.Format($"{Area:F3}");
19   }
```

STEP 04 使用上層敘述，直接撰寫相關程式碼。

```
21   global using Ex0812; // 全域，滙入檔案範圍命名空間
22   IShape[] molds = {      // 陣列初始化實作各類別物件
23      new Circle(15.8),                            //圓
```

8-39

```
24      new Trapezoidal(15.0, 17.0, 11.0),    // 梯形
25      new Rectangle(14.0, 15.0)             // 矩形
26   };
27   WriteLine(" 求出各種面積 ");
28   foreach (IShape item in molds)
29      WriteLine(item);
```

【程式說明】

- 第 14 行：Circle 類別的建構函式傳入參數值（半徑）。
- 第 15～16 行：實做介面 IShape 唯讀屬性 Area，由建構函式取得參數值，再以存取子 get 回傳圓面積，這裡使用 Math 類別的 PI 屬性和 Pow() 方法做計算。
- 第 17～18 行：override（覆寫）ToString() 方法，顯示計算後的結果。
- 第 22～26 行：將 IShape 介面為陣列的型別，初始化各實作類別並設定參數值。
- 第 28～29 行：foreach 廻圈 IShape 介面實作的各類別，ToString() 方法輸出訊息。

重點整理

- 兩個類別產生繼承，表示子類別會擁有基底類別的屬性和方法。它會以 is_a（是什麼）或 has_a（組合）來產生關係。

- 繼承名詞：「基底類別」（Base Class）也稱父類別（Super class），是一個被繼承的類別。「衍生類別」（Derived Class）也稱子類別（Sub class），是一個繼承他人的類別。

- 繼承機制中，衍生類別只有一個基底類別，稱「單一繼承」；有兩個以上的父類別就是「多重繼承」（multiple inheritance）；C# 採用單一繼承機制。

- 當基底類別成員以 protected 為存取範圍，只有繼承的衍生類別才能使用。this 關鍵字可參考到物件本身所屬類別的成員。但屬於靜態類別的欄位、屬性或方法是無法使用 this 關鍵字。

- 基底類別或是衍生類別皆有自己的建構函式，用來初始化該類別物件。它主宰著物件生與死，無法被繼承。想要使用基底類別的建構函式，須使用 base 關鍵字！

- 將基底類別原有方法擴充須注意事項！① 基底類別方法必須定義為 virtual；② 衍生類別的方法要加上 new 關鍵字，則此方法定義的內容與基底類別的方法無關。③ 衍生類別方法加上 override 關鍵字，表示它呼叫自己的方法，非基底類別方法。

- C# 撰寫多型可由下列三點探討！① 子類別的新成員使用 new 修飾詞來隱藏父類別成員。② 父、子類別使用名稱相同但參數不同的方法，由編譯器呼叫適當的方法。③ 建立一個通用的父類別，定義虛擬方法，再由子類別做覆寫。

- 定義抽象類別是以基底類別為通用定義，提供多個衍生類別共用；當基底類別宣告為抽象類別時，必須由繼承的衍生類別實做其物件。

- 密封類別（Sealed Class）又稱「最終類別」（Final Class），表示它不能被繼承；簡單地說就是無法產生衍生類別。

- 定義介面要使用關鍵字 interface，只定義屬性、方法和事件，不實作和使用 new 運算子，更不能有欄位。

MEMO

CHAPTER 09

泛型、集合和例外處理

學│習│導│引

- 介紹命名空間 System.Collections.Generic 的泛型和集合。
- 泛型（Generics）類別具有重複使用性、型別安全和高效率優點。
- 使用集合時能循序存取其元素，也能做「索引鍵（key）/值（value）」配對。
- 委派把方法當作引數做傳遞，Visual C# 6.0 之後將 Lambda 運算式納為成員。
- 利用 try/catch 敘述捕捉錯誤；try/catch/finally 在發生例外當下，也能完成程式的執行。

9.1 泛型

.NET 為了提高資料的安全性，隨著語言的發展，由非泛型集合走向泛型集合。討論時會以泛型集合為主，也會讓非泛型的 ArrayList 跟著亮相。除此之外，將方法當作引數來傳遞的委派（Delegate），正式成為 Visual C# 6.0 的成員 Lambda 運算式，有何妙用？共同學習之。

9.1.1 認識泛型與非泛型

泛型（Generic）是 .NET Framework 2.0 引入的型別參數（Type Parameter）。有了型別參數，即使無法得知使用者會填入那一種型別，但有了泛型，無論是整數、浮點數或者字串皆能手到擒來。那麼 Visual C# 何時才把泛型納入？Visual Studio 2005 才有了初次接觸，目前由 .NET 類別庫的 System.Collections.Generic 命名空間支援泛型。它定義了泛型集合的介面和類別，使用強化型別，提供比非泛型更好的型別安全和效能。所以，依其版本的發展，泛型分兩大類：

- 非泛型集合：它們存放於 System.Collections 命名空間，以集合類別為主，包括：ArrayList、Stack、Queue、Hashtable、ScortedList。
- 泛型集合：以 System.Collections.Generic 命名空間為主。

什麼是泛型？「泛」有廣泛之意，「泛型」是不意味著有廣泛的型別可使用呢？未認識泛型之前，先認識與泛型相關名詞：

- 泛型型別定義（Generic Type Definition）：宣告泛型時以類別、結構或介面為樣版。
- 泛型型別參數（Generic Type Parameter）：簡稱「型別參數」；定義泛型時所開放的資料型別，它屬於變動的資料。
- 建構的泛型型別（Constructed Generic Type）：或稱「建構的型別」；是定義泛型所制定的樣版，它無法實體化泛型物件。
- 條件約束（Constraint）：對泛型型別參數的限制。

以圖【9-1】來認識所定義的泛型。

```
            建構的類別
Public class 類別名稱 <T1, T2, ..., Tn>
{
   //泛型主體      參數型別
}
```

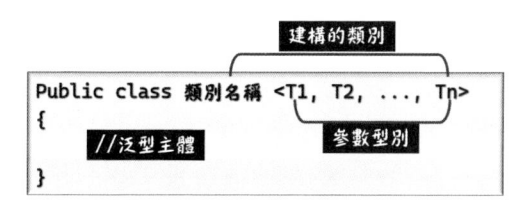

圖【9-1】 以泛型為樣版

9.1.2 為什麼使用泛型？

此處只是概念性介紹泛型。由於泛型主題應用廣泛，也能透過 .NET API 來認識它。先認識兩種泛型！

- **泛型型別（Generic Type）**：包括類別（Class）、結構（Structure）、介面（Interface）與方法（Mothod），能指定型別做資料處理。
- **泛型方法（Generic Method）**：定義其方法做型別的取代。

或許大家一次會很奇怪！為什麼要使用泛型（Generics）？它具有重複使用性、型別安全和高效率的優點；發揮了非泛型的型別和方法所無法提供的功能。泛型集合類別能針對所儲存的物件型別，使用型別參數做為預留位置，將相關資料聚合為集合物件。未清楚泛型用途之前，先看看下面的簡單例子！

範例《Ex0901.csproj》

STEP 01 主控台應用程式，架構「.NET 6.0」；無 Main() 主程式，直接撰寫如下程式碼。

```
01  ushort[] one = { 11, 12, 13, 14, 15 };
02  string[] two = { "Eric", "Andy", "Johon" };
03  ShowMessage1(one);// 靜態方法讀取陣列
04  ShowMessage2(two);
05  ReadKey();
06
07  static void ShowMessage1(ushort[] arrData)
08  {
09     foreach (ushort item in arrData)
10        Write($"{item,-6}");
11     WriteLine();
12  }
13  static void ShowMessage2(string[] arrData)
```

```
14    {
15        foreach (string item in arrData)
16            Write($"{item,-6}", item);
17        WriteLine();
18    }
```

STEP 02 建置、執行按【F5】鍵，按任意鍵關閉視窗。

【程式說明】

- 第 1、2 行：宣告二個陣列，型別不同，長度也不一樣。
- 第 7 ~ 12、13 ~ 18 行：方法 ShowMessage1() 和 ShowMessage2()，分別以 foreach 迴圈讀取整數、字串型別的陣列。

9.1.3 定義泛型

前述範例如果有更多不同型別的陣列要處理的話，是不是要撰寫更多的程式碼呢？當然可以這樣做，但可能有點吃力又不討好。所以，泛型（Generics）就派上用場來減化重複的相同程序！如此一來，不用為不同的參數型別編寫相同程式碼，並提高型別安全；讓不同的型別做相同的事，讓物件彼此共用方法成員。雙效合一之後，更能提高程式的效率。如何定義泛型類別？語法如下：

```
class 泛型名稱 <T1, T2, , . . . , Tn>
{
    // 程式區段
}
```

- 定義泛型以 class 開頭，緊跟著泛型名稱，它其實就是泛型的「類別名稱」。
- 角括號之內放入型別參數（Type Parameter）串列，每個參數代表一個資料型別名稱，以大寫字母 T 做表示，多個參數間以逗點區隔。

如同蓋房子般，必須要有藍圖來確定房子樣式，才能一步一步施工；先定義一個簡單的泛型類別。

```
class Student<T> {}
```

產生了一個泛型類別 Student，只有一個型別參數以 T 表示；若有兩個參數型別，如下個章節使用的類別 Dictionary<TKey, TValue>。定義了泛型類別之後，當然得利用 new 運算子建立不同資料型別的實體物件，語法如下：

```
泛型類別名稱 < 資料型別 > 物件名稱 = new 泛型類別名稱 < 資料型別 >();
```

使用泛型建立物件時，必須明確指定型別參數的資料型別，例如：

```
Student<string> persons = new Student<string>();
```

範例 《Ex0902.csproj》

建立一個泛型類別，分別填入兩種不同的資料型別。

```
D:\C#2022\CH09\Ex0902\bin\Debug\net...  -  □  ×
Tomas  John  Eric   Steven Mark
78     83    48     92     65
```

STEP 01 主控台應用程式，架構「.NET 6.0」，加入 Student 類別，撰寫如下程式碼。

```
01  namespace Ex0902;    //C# 10.0 檔案範圍命名空間
02  internal class Student<T>
03  {
04     private int index;// 陣列索引值
05     private T[] multi_group = new T[5]; // 儲存 6 個元素
06     public void StoreArray(T arrData)
07     {
08        if (index < multi_group.Length)
09        {
10           multi_group[index] = arrData;
11           index++;
12        }
13     }
14     public void ShowMessage()
15     {
16        foreach (T item in multi_group)
17        {
18           Write($"{item, -6} ");
19        }
20        WriteLine();
21     }
22  }
```

STEP 02 使用上層敘述,「Program.cs」撰寫如下程式碼。

```
31   global using static System.Console;    // 全域,適用整個專案
32   using Ex0902;       // 滙入檔案範圍命名空間
33   Student<string> persons = new();
34   persons.StoreArray("Tomas");
35   persons.StoreArray("John");
36   // 省略部份程式碼
37   Student<int> Score = new();
38   Score.StoreArray(78);
39   // 省略部份程式碼
```

【程式說明】

- 第 5 行:建立含有 T 型別參數的陣列,可以存放 5 個元素。

- 第 6～13 行:方法 StoreArray() 利用型別參數 T 接收不同型別的陣列元素,利用 if 敘述以 index 做判斷,將讀取的元素放入陣列中。

- 第 14～21 行:ShowMessage() 方法以 foreach 迴圈來輸出陣列元素。

- 第 33、37 行:以泛型類別建立兩個物件,型別參數 <string>、<int> 表示它分別以字串、整數為其資料型別,呼叫 StoreArray() 方法能傳入名稱和分數。

由範例可以得知,泛型類別 Student<T>) 提供的是樣版。實作物件時,必須藉由型別參數來指定其資料型別讓編譯器可以辨認。所以從泛型到泛型類別,可以歸納如圖【9-2】的作法:❶ 構思泛型、❷ 定義泛型樣版、❸ 實做泛型物件。

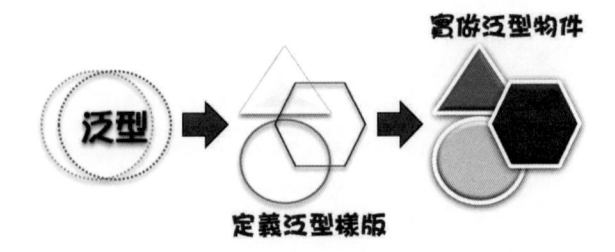

圖【9-2】 從泛型到泛型物件

9.1.4 泛型方法

介紹泛型的第二種用法就是使用型別參數(Type Parameters)的「泛型方法」(Generic methods)。定義泛型之後得進一步定義公開的方法成員,可將型別參數視為宣告泛型型別的變數,語法如下:

```
public void 方法名稱<T>(T 參數名稱){
    // 泛型方法主體
}
```

- 方法名稱後面要用角括號標示 <T>,並在參數名稱也要加上關鍵字「T」來表示它是一個型別參數。

所以範例《Ex0901》的 ShowMessage() 方法可以利用泛型方法改良如下。

```
// 參考範例《Ex0903.csproj》
static void ShowMessage<T>(T[] arrData)
{
   foreach (T item in arrData)
      Write($"{item, -6} ");
   WriteLine();
}
```

- ShowMessage() 方法之後加入 <T>(角括號),使用型別參數 T,用它來取代原有的 int 或 string 型別,更進一步來說,它可以代表任何的資料型別。
- foreach 迴圈讀取陣列元素時,原來「int/string」型別就被 T 取代。當 arrData 接收的是 int 型別,foreach 迴圈就讀取整數型別;當 arrData 陣列接收了 string,就以字串來處理。

如此一來,不管有多少陣列,利用泛型的寫法則大大改善了原有的問題,這也是泛型的魅力所在!

定義泛型方法時可加上「條件約束」(Constraint),讓它對型別參數的使用有所約制。通常這個條件約束和命名空間 System.Collections.Generic 的 IComparer<T> 泛型介面有關,必須以它來實作比較兩個物件的方法。而比較兩個物件時會呼叫 CompareTo 方法 (T) 做處理,它的語法如下:

```
int CompareTo(T other);
```

- other:與執行個體做比較的物件。

參數 other 會將目前的執行個體與相同類型的另一個物件相比較,然後以整數回傳,以此整數來表示目前執行個體之排序。有三種情形:
- 小於零:表示執行個體的排序在 other 之前。
- 零:執行個體的排序和 other 相同位置。
- 大於零:執行個體的排序在 other 之後。

範例《Ex0904.csproj》

定義泛型方法並加入條件約束，配合型別參數實作 IComparable<T> 介面。

```
D:\C#2022\CH09\Ex0904\bin\D...    —    □    ×
127, 63, 311 最大值：311
115.372, 12.147, 167.258 最大值：167.258
Sunday, Monday, Tuesday 最大值：Tuesday
```

STEP 01 主控台應用程式，架構「.NET 6.0」；使用上層敘述，「Program.cs」撰寫如下程式碼。

```
01    // 省略部份程式碼
02    static T checkData<T>(T one, T two, T three)
03        where T : IComparable<T>
04    {
05        T max = one;// 假定第一個參數是最大值
06
07        // 呼叫 CompareTo() 方法將第一個參數和第二、第三個參數分別做比較
08        if (two.CompareTo(max) > 0)
09            max = two;
10        if (three.CompareTo(max) > 0)
11            max = three;
12        return max;
13    }
```

【程式說明】

- 第 5 行：先假定第一個型別參數是最大值。
- 第 8～11 行：將第 2 個、第 3 個型別參數，使用 if 敘述並呼叫 CompareTo() 方法與第一個型別參數比大小，如果比第一個型別參數大就是最大值。

9.2 淺談集合

「集合」（Collection）可視為物件容器，以特定方式將相關資料聚集為群組。第五章節已經學習過陣列，乍看之下，集合的結構和陣列非常相似（可將陣列視為集合的一種），有索引，也能透過 foreach 迴圈讀取集合的項目。以泛型集合來說，它們皆實作「System.Collections.Generic」命名空間的 IEnumerable<T> 介面，做為「可查詢型別」。依據非泛型和泛型的集合型別，以表【9-1】做對照。

非泛型類別	泛型類別	說明
ArrayList	List<T>	將陣列做動態調整。
Hashtable	Dictionary<TKey, TValue>	成對鍵值組成的集合。
CollectionBase	Collection<T>	集合基底抽象類別。
Queue	Queue<T>	佇列，先進先出。
Stack	Stack<T>	堆疊，先進後出。

表【9-1】 常用集合的類別和介面

9.2.1 System.Collections.Generic 命名空間

使用集合時以 System.Collections.Generic 命名空間提供的泛型集合類別，能得到較佳效能。為了讓索引和項目的處理更具彈性，其命名空間提供集合類別和介面，列示於表【9-2】做說明。

泛型集合	說明
ICollection<T> 介面	定義管理泛型集合的方法。
IComparer<T> 介面	實作兩個物件比較的方法。
IDictionary<TKey, TValue> 介面	表示索引鍵 / 值組的泛型集合。
IEnumerable<T> 介面	公開指定型別集合的列舉值。
IList<T> 介面	個別由索引存取的物件集合。
Compore<T> 類別	提供基底類別執行的 IComparer<T> 泛型介面。
Dictionary<TKey, TValue> 類別	表示索引鍵 / 值的集合。
LinkedList<T> 類別	代表雙向鏈結串列。
List<T> 類別	依照索引存取的強類型物件。提供搜尋、排序和管理清單的方法。
SortedList<TKey, TValue> 類別	根據關聯的 IComparer<T> 實作，依索引鍵排序的索引鍵 / 值組集合。

表【9-2】 常用集合的類別和介面

9.2.2 認識索引鍵 / 值

使用集合時，其項目會有異動，要存取這些集合時，必須要透過「索引」（index）來指定項目。更好的方式是把將項目存入集合，使用物件型別的索引鍵（key）提取所對應的值（value）。

「索引鍵（key）/值（value）」是配對的集合，值存入時可以指定物件型別的索引鍵，方便於使用時能以索引鍵提取對應的值。表【9-3】介紹泛型集合的 Dictionary<TKey, TValue> 類別，認識索引「鍵/值」存取物件的規格。

Dictionary 成員	說明
Compare	取得 IEqualityComparer<T>，判斷字典索引鍵是否相等。
Count	取得索引鍵/值組數目。
Items[TKey]	取得或設定索引鍵相關聯的值。
Keys	取得項目的索引鍵。
Values	取得項目的值。
Add() 方法	將指定的索引鍵和值加入字典。
Clear() 方法	移除所有索引鍵和值。
ContainsKey[TKey]	判斷是否包含特定索引鍵。
ContainsValue[TValue]	判斷是否包含特定值。
GetEnumerator()	回傳逐一查看的列舉值。
Remove() 方法	移除指定索引鍵的值。
TryGetValue()	取得指定索引鍵所對應的值。

表【9-3】 Dictionary<TKey, TValue> 成員

使用 TryGetValue() 方法時，是以鍵找值，它的語法如下：

```
bool TryGetValue(TKey key, out TValue value)
```

- key：要取得的索引鍵。
- value：如果找到索引鍵，會回傳索引鍵對應的值，以 out 關鍵字來表示參數會以未初始化狀態做傳遞。

foreach 廻圈讀取 Dictionary 的鍵或值，再配合 KeyValuePair<TKey, TValue> 結構做讀取動作。

```
foreach(KeyValuePair<string, int> item in dictionary)
{
    Console.Write($"{item.Key}  ");    // 只會輸出字典的 Key
}
```

另一個跟 Dictionary<TKey, TValue> 類別有關的就是 SortedDictionary<TKey, TValue>，它能依據索引鍵（Key）排序其索引鍵 / 值組之集合。認識它的建構函式語法：

```
public SortedDictionary<TKey, TValue>();
public SortedDictionary(
      IDictionary<TKey, TValue> dictionary);
```

- 產生空的 SortedDictionary。
- dictionary：把其他的 Dictionary<TKey, TValue> 集合物件複製到新的 SortedDictionary<TKey, TValue>。

TIPS

SortedList<TKey, TValue> 類別
- 同樣具有排序功能。比 SortedDictionary<TKey, TValue> 用更少的記憶體。
- 兩者之間的使用方法很相近，如果是個已排序集合，SortedList<TKey, TValue> 類別會提供更好的效能。

範例《Ex0905.csproj》

使用 Dictionary 類別建立學生資料，配合索引鍵 / 值讀取內容。

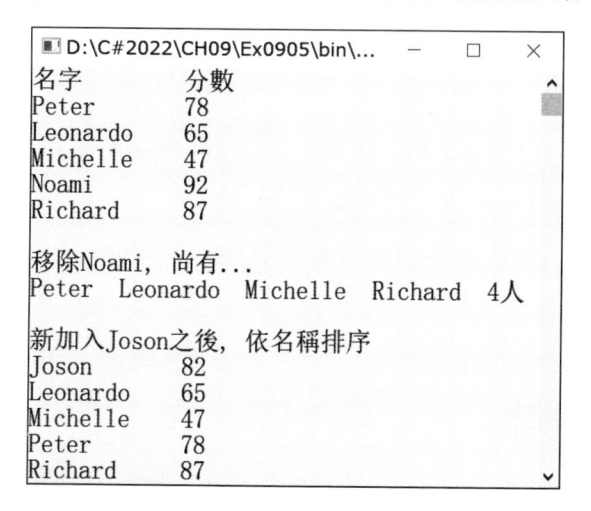

```
D:\C#2022\CH09\Ex0905\bin\...
名字         分數
Peter        78
Leonardo     65
Michelle     47
Noami        92
Richard      87

移除Noami，尚有...
Peter  Leonardo  Michelle  Richard  4人

新加入Joson之後，依名稱排序
Joson        82
Leonardo     65
Michelle     47
Peter        78
Richard      87
```

STEP 01 主控台應用程式，架構「.NET 6.0」；使用上層敘述，「Program.cs」撰寫如下程式碼。

```csharp
01   Dictionary<string, int> student = new ()
02       {
03           ["Peter"] = 78,
04           ["Leonardo"] = 65,
05           ["Michelle"] = 47,
06           ["Noami"] = 92,
07           ["Richard"] = 87
08       };
09   WriteLine($"{"名字", -8} {"分數", 3}");
10   foreach (var item in student)      // 讀取字典方式一
11       WriteLine($"{item.Key, -10} {item.Value, 3}");
12   if (student.TryGetValue("Noami", out int value))
13       student.Remove("Noami");
14   WriteLine("\n 移除 Noami, 尚有 ...");
15
16   foreach (KeyValuePair<string, int> item in student)
17       Write($"{item.Key}   ");
18   Write($"{student.Count}人 \n");
19   SortedDictionary<string, int> sortedStud =
20       new (student) { { "Joson", 82 } };
21   WriteLine("\n 新加入 Joson 之後, 依名稱排序 ");
22   foreach (var item in sortedStud)
23       WriteLine($"{item.Key, -10} {item.Value, 3}");
24   ReadKey();
```

【程式說明】

- 第 1 ～ 8 行：建立 Dictionary<TKey, TValue> 集合物件 student 並初始化其內容。

- 第 10 ～ 11 行：foreach 廻圈配合屬性 Key 和 Value 讀取 Dictionary 的項目。

- 第 12 ～ 13 行：以 if 敘述判斷 TryGetValue() 方法是否有找到 Key「Noami」；有的話予以移除。

- 第 16 ～ 17 行：讀取字典第二種方式；foreach 廻圈配合 KeyValuePair 結構只讀取 Key，屬性 Count 取得項目數。

- 第 19 ～ 20 行：建立 SortedDictionary<TKey, TValue> 集合物件 sortedStud 並以建構函式取得原有 Dictionary 的項目，以初始化集合項目新增一個項目到 sortedStud。

9.2.3 使用索引

　　陣列經過初始化之後，索引是靜態的；意味著陣列中的某一個元素並不能刪除，或因實際需求再插入其他元素。要改變此陣列，只能將陣列重新清空，或重設陣列大小。如果使用集合，CopyTo() 方法能複製集合項目到其他陣列。比較不同的一點，新陣列一定是一維陣列，索引由零開始，其元素順序會根據列舉值做排列。

要讓陣列做動態調整，藉由索引存取其元素；可使用非泛型集合的 Array 或 ArrayList 類別，支援泛型集合的 List<T> 類別。由於 Array 類別已在第六章的陣列介紹過，了解一下 ArrayList 和 List<T> 類別。

- **ArrayList 類別**：來自於 System.Collections 命名空間，可動態調整陣列的大小，實作 IList 介面。
- **List<T> 類別**：來自 System.Collections.Generic 命名空間，可依照索引做存取；提供搜尋、排序和管理清單的方法。

大家一定很好奇！ArrayList 與 Array 有何差異性！以表【9-4】做簡單分析。

	Array	ArrayList
資料型別	宣告時要指定型別。	任何物件。
陣列大小	呼叫 Resize() 變更。	自動調整。
陣列元素	不能動態改變。	方法 Insert() 新增，Remove() 移除。
陣列維度	可以多維。	只能一維。
命名空間	System	System.Collections

表【9-4】 Array、ArrayList 類別

ArrayList 有那些屬性和方法？表【9-5】簡單說明之。

ArrayList 成員	說明
Capacity	取得或設定 ArrayList 的容量（能包含項目數）。
Count	取得 ArrayList 實際的項目數。
Item	指定索引位置來取得或設定項目。
Add(Object)	將物件加到 ArrayList 末端。
AddRange()	將 ICollection 項目加到 ArrayList 的結尾。
Clear()	移除 ArrayList 所有項目。
CopyTo()	將 ArrayList 物件複製到另一個相容的一維陣列。
IndexOf()	搜尋指定項目，回傳第一個符合的元。
Sort()	將 ArrayList 的項目做排序。
Remove()	將符合的第一個元素從 ArrayList 移除。
Revsrse()	反轉 ArrayList 元素的順序。

表【9-5】 ArrayList 常用成員

屬性中的容量（Capacity）和計數（Count）會些許不同！集合的容量會包含的元素數目。集合的計數是實際的元素數目。某些情況下，容量達到時，大多數集合會自動擴大容量，ArrayList 類別亦具此特性。它會重新配置記憶體，並將元素從舊集合複製到新集合。先認識 ArrayList 類別的建構函式。

```
public ArrayList(int capacity);
public ArrayList(ICollection c);
```

- 指定清單能儲存的項目個數。
- 從指定集合複製項目為初始容量。

使用 ArrayList 類別的 Add() 方法加入資料時，它的特色就是加入到結尾處！而且允許加入不同型別的項目。

```
ArrayList tomasList = new();
tomasList.Add("Tomas");//Add()方法新增元素
tomasList.Add(25);
tomasList.Add(false);
ArrayList tomasData = new() {"Tomas", 25, false};
foreach(var item in tomasData)
    Console.Write($"{itme}");
```

- 建立 ArrayList 集合物件，再以 foreach 迴圈讀取序列。

範例《Ex0906.csproj》

把兩個陣列使用 ArrayList 類別提供的方法配合定義的靜態方法來進行資料的移除。

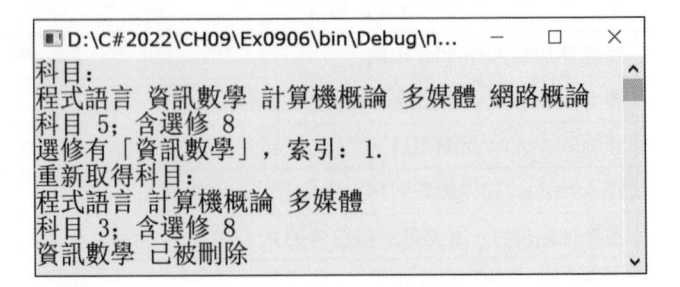

```
D:\C#2022\CH09\Ex0906\bin\Debug\n...
科目：
程式語言 資訊數學 計算機概論 多媒體 網路概論
科目 5; 含選修 8
選修有「資訊數學」，索引：1.
重新取得科目：
程式語言 計算機概論 多媒體
科目 3; 含選修 8
資訊數學 已被刪除
```

STEP 01 主控台應用程式，架構「.NET 6.0」；使用上層敘述，「Progrma.cs」撰寫如下程式碼。

9-14

```
01  using System.Collections;
02  string[] Subjects =
03     {"程式語言", "資訊數學", "計算機概論", "多媒體", "網路概論"};
04  string[] choiceSubject =
05     {"英文會話", "資訊數學", "網路概論"};
06  ArrayList list = new(1);
07  foreach (var item in Subjects)
08     list.Add(item);
09  ArrayList selectCourse = new(choiceSubject);
10  WriteLine("科目：");
11  Display(list);// 呼叫 Display() 方法
12  removeSubject(list, selectCourse);
13  WriteLine("重新取得科目：");
14  Display(list);
15  ReadKey();
16  static void Display(ArrayList Courses)
17  {
18     foreach (var item in Courses)// 讀取 ArrayList 的元素
19        Write($"{item} ");
20     WriteLine($"\n科目 {Courses.Count}；" +
21        $" 含選修 {Courses.Capacity}");
22     string word = "資訊數學";
23     int index = Courses.IndexOf(word);
24     if (index != -1)
25        WriteLine(
26           $" 選修有「{word}」，索引：{index}.");
27     else
28        WriteLine($"{word} 已被刪除");
29  }
30  static void removeSubject(ArrayList one, ArrayList two)
31  {
32     for (int item = 0; item < two.Count; item++)
33        one.Remove(two[item]);
34  }
```

STEP 02 建置、執行按【F5】鍵，按任意鍵關閉視窗。

【程式說明】

- 第 1 行：滙入「System. Collections」命名空間，ArrayList 類別才能使用。
- 第 6～8 行：建立第一個 ArrayList 物件 list，其 Capacity 為 1；foreach 迴圈中呼叫 Add() 方法來加入 Subjects 陣列的元素。
- 第 9 行：建立第二個 ArrayList 物件 selectCourse，則指定整個陣列 choiceSubject 為初始容量。

- 第 16 ～ 29 行：定義靜態方法 Display() 方法，以 ArrayList 物件為參數，接收之後以 foreach 迴圈讀取其項目並輸出。
- 第 20 ～ 21 行：引用 ArrayList 的屬性 Count 來取得目前實際項目，Capacity 則帶出容量。
- 第 23 ～ 28 行：呼叫 ArrayList 方法 IndexOf() 方法，找出項目中是否有「資訊數學」；以 if/else 敘述判斷回傳的索引值是否為「-1」。
- 第 30 ～ 34 行：定義靜態方法 removeSubject() 方法，參數 1 為 ArrayList 物件 list，參數 2 為 ArrayList 物件 selectCourse；依據 selectCourse 項目來呼叫 Remove() 方法刪除 list 物件的項目。

當陣列需要動態增加其大小時，第二種選擇就是使用泛型集合中 List<T> 類別。它實作 IList<T> 泛型介面，先認識定義它們的相關語法。

```
public class List<T> : ICollection<T>, IEnumerable<T>,
    IList<T>, IReadOnlyList<T>, IReadOnlyCollection<T>, IList
```

- ReadOnlyCollection<T> 表示它是一個唯讀集合、強類型項目。
- IReadOnlyList<T> 表示能依索引存取其項目的唯讀集合

建立 List<T> 集合物件時可呼叫它的建構函式，語法如下：

```
List<T>();        //建立空的 List<T> 類別
List<T>(IEnumerable<T>);    //①
List<T>(int 32);     //②
```

- ① 初始化 List<T> 類別的執行個體，可以從指定之集合複製其項目。
- ②List<T> 以元素數目為其容量，建立時指定其容量大小；直到新增項目時，視其需要重新配置大小。

如同初始化陣列一般，建立 List<T> 類別物件時，可以利用集合初始化器，藉由簡例有所認識：

```
List<int> numbers = new List<int>()
    {25, 68, 112, 74, 87};
```

- numbers 物件初始化時可以是簡單的數值，必須配合所宣告的型別參數 <int>。

配合 new 運算子,表示 Student 類別已建立,以它為型別參數,指定其名稱和分數做初始化程序。例二:

```
List<Student> students = new List<Student>{
     new Student { Name = "Mary", Score = 78.25 },
     new Student { Name = "Emily", Score = 85.47},
     new Student { Name = "Steven", Score = 93.8}};
```

一般來說,泛型集合採用「集合初始化器」時會實作 IEnumerable 的集合類別或類別的擴充方法 Add(),指定一個或多個項目初始設定式。項目初始化能以簡單的值、運算式或配合 new 運算子做物件初始設定式。

IList<T> 泛型介面是 ICollection<T> 泛型介面的子介面,也是所有泛型清單的基底介面。無論是 List<T> 類別或 IList<T> 介面都會實作 Icollection<T> 和 IEnumerable<T> 泛型介面,它們皆有擴充方法,表【9-6】列示 List<T> 類別的一些擴充方法,這些擴充方法也能用在相關的泛型集合。

List<T> 擴充方法	說明
Average()	計算序列的平均值。
Contains()	判斷序列是否包含指定的項目。
Count()	傳回序列中的項目數目。
GroupBy()	群組的序列項目依選取器函式指定的鍵。
Max()	找出泛型序列中的最大值。
Min()	找出泛型序列中的最小值。
Select()	將序列的每個元素規劃成一個新的表單。
Sum()	計算序列的總和。
Where()	根據述詞來篩選值序列。

表【9-6】 List<T> 泛型類別的擴充方法

上述這些方法皆有多載(Overload)機制,將定義 Average() 方法之語法及呼叫其方法時相關參數列示如下:

```
Average<TSource>(IEnumerable<TSource>,
    Func<TSource, Double>)
public static double Average<TSource>
    (this IEnumerable<TSource> source,
    Func<TSource, double> selector);
```

- source：用來計算平均值的值序列。
- selector：要套用至每個項目的轉換函式，可使用 Lambda 函式來取代。

例三：說明 Average() 方法的使用。

```
int[] score = { 147, 36, 921, 421 };    // 陣列
double average = score.Average(
    grade => Convert.ToDouble(grade));   //Lambda 運算式
```

- 呼叫 Lambda 運算式做運算，將陣列以 Convert 類別的 ToDouble() 方法轉為 Double 型別；有關於 Lambda 的用法參考《9.3.2》。

再來看另一個做加總的 Sum() 方法，語法如下：

```
public static int Sum<TSource>(
    this IEnumerable<TSource> source,
    Func<TSource, int> selector)
```

可以發現它的參數和 Average() 方法是一樣；參數 source 就是取得值序列，而 select 就是以 Lambda 函式做運算。

範例《Ex0907.csproj》

使用 List<T> 類別和其擴充方法。

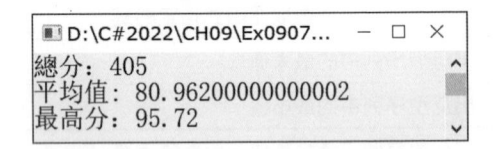

```
總分：405
平均值：80.96200000000002
最高分：95.72
```

STEP 01 主控台應用程式，架構「.NET 6.0」；使用上層敘述，無 Main() 主程式，直接撰寫如下程式碼。

```
01  List<Student> students = new List<Student>{
02          new Student { Name = "Mary", Score = 78.25 },
03          new Student { Name = "Emily", Score = 85.47},
04          new Student { Name = "Tomas", Score = 88.7},
05          new Student { Name = "Joson", Score = 69.0},
06          new Student { Name = "Steven", Score = 93.8}};
07  double totalScore = students.Sum(total => total.Score);
08  double average = students.Average(avg => avg.Score);
09  double maxScore = students.Max(max => max.Score);
10  WriteLine($" 總分：{totalScore:N0}");
11  WriteLine($" 平均值：{average}");
12  WriteLine($" 最高分：{maxScore}");
```

STEP 02 建置、執行按【F5】鍵,按任意鍵關閉視窗。

【程式說明】

- 第 1～6 行:建立 List<T> 類別的集合物件,初始化時設定名稱和分數。
- 第 7～9 行:分別呼叫 Sum()、Average() 和 Max() 方法來計算總和、平均和找出最高分者;全部以 Lambda 運算式來完成函式運算。

9.2.4 循序存取的集合

集合中若沒有索引或索引鍵時,提取項目時必須依其順序,例如使用 Queue<T> 類別或 Stack<T> 類別。此時,集合項目處理資料有二種方式:先進先出、先進後出的循序存取。泛型集合的 Queue<T>(佇列)類別採用(FIFO:First In First Out),也就是第一個加入的項目,也會第一個被除移。Queue<T> 類別具有的屬性和方法,列表【9-7】說明。

Queue<T> 成員	說明
Count	取得佇列中所包含的項目個數。
Clear()	從佇列中移除所有物件。
Contains()	判斷項目是否在佇列中。
CopyTo()	指定陣列索引,將項目複製到現有的一維 Array。
Dequeue()	傳回佇列前端的物件並移除。
Enqueue()	將物件加入到佇列末端。
Equals()	判斷指定的物件和目前的物件是否相等。
GetEnumerator()	回傳佇列中逐一查看的列舉值。
Peek()	傳回佇列第一個物件。

表【9-7】 Queue 類別的成員

佇列處理資料的方式就如同去排隊買票一般,最前面的人可以第一個購得票,等待在最後一個的人就必須等待前方的人購完票之後,他才能前進。先來看看它的建構函式。

```
public Queue<T>();                          //①
public Queue(IEnumerable<T> collection)     //②
```

- ① 無任何參數，初始化 Queue<T> 類別的新執行個體。
- ② 從指定之集合複製項目來初始化 Queue<T> 類別的新執行個體。

使用 Queue<T> 泛型集合類別操作時，新增或移除項目時，有三個方法常用：

- **Enqueue()** 方法：將項目加到 Queue<T> 類別結尾。
- **Dequeue()** 方法：從 Queue<T> 類別開頭移除第一個的項目。
- **Peek()** 方法：回傳第一個的項目，但不會從 Queue<T> 類別移除。

以 foreach 廻圈來讀取列舉值，它會簡化讀取項目時複雜狀況。使用 GetEnumerator() 方法也能逐一讀取列舉值，不過情形就比較複雜！下述簡例做說明。

```
// 參考範例《Ex0908》讀取 Queue<T> 元素
foreach (var item in queue){
    Console.WriteLine($"[{index}] - {item, -10}");
    index++;     // 索引
}
IEnumerator<string> list = plant.GetEnumerator(); //①
while (list.MoveNext()){
    string item = list.Current.ToString(); //②
    Console.WriteLine($"[{index}] - {item,-10}");
    index++;
}
```

- foreach 廻圈只要去讀取 Queue<T> 類別的元素即可。
- ① 呼叫 GetEnumerator() 方法，得取得 Ienumerator<T> 之物件，再呼叫 MoveNext() 方法來達到讀取列舉值的作用。
- ② 要讀取列舉項目時，必須以屬性 Current 將列舉值移至集合的第一個項目之前，再呼叫 MoveNext() 方法。
- 屬性 Current 會回傳物件值，MoveNext() 方法會將 Current 設定為下一個項目。

範例《Ex0908.csproj》

建立 Queue<T> 類別的物件 fruit，以 Peek() 方法顯示第一個項目，Enqueue() 方法將項目從尾端加入，Dequeue() 方法從最前端移除項目。

```
D:\C#2022\CH09\Ex0908\...        —    □    ×
第1個水果 - Strawberry
[0] - Strawberry
[1] - Watermelon
[2] - Apple
[3] - Orange
[4] - Banana
[5] - Mango
有6種水果

移除第1個水果 - Strawberry
[0] - Watermelon
[1] - Apple
[2] - Orange
[3] - Banana
[4] - Mango
有5種水果
```

STEP 01 主控台應用程式,架構「.NET 6.0」;使用上層敘述,無 Main() 主程式,直接撰寫如下程式碼。

```
01  Int32 one, index = 6;
02  Queue<string> fruit = new();
03  string[] name = {"Strawberry", "Watermelon", "Apple",
04             "Orange", "Banana", "Mango"};
05  foreach (var item in name)
06     fruit.Enqueue(item); // 由末端加入元素
07  if (fruit.Count > 0)//Peek() 方法顯示第一樣水果
08  {
09     one = index - fruit.Count + 1;
10     WriteLine($" 第 {one} 個水果 - {fruit.Peek()}");
11  }
12  itemPrint(fruit);
13  if (fruit.Count > 0)    //Dequeue() 移除最前端項目
14  {
15     one = index - fruit.Count + 1;
16     WriteLine($"\n 移除第 {one} 個水果 - {fruit.Dequeue()}");
17  }
18  itemPrint(fruit);
```

STEP 02 建置、執行按【F5】鍵,按任意鍵關閉視窗。

【程式說明】

- 第 2 ～ 6 行:建立空的佇列 fruit,再以 foreach 迴圈呼叫 Enqueue() 方法,加入其元素。

- 第 7 ～ 11 行：if 敘述配合 Count 屬性做判別，如果項目存在，以 Peek() 方法顯示第一個項目。
- 第 13 ～ 17 行：以 Dequeue() 方法刪除第一個項目。

Stack（堆疊）類別資料的進出，可以想像堆盤子一般，由底部向上推疊，想要取得底部的盤子，只能從上方移走盤子才有可能，就形成 LIFO（Last In First Out）的方式。Push() 方法將項目加到上方，而 Pop() 方法用來移除最上方項目；常用屬性和方法以表【9-8】做簡易說明。

Stack<T> 成員	說明
Count	取得堆疊的項目個數。
Clear()	從堆疊中移除所有項目。
Peek()	傳回堆疊最上端的項目。
Push()	將項目加到堆疊的最上方。
Pop()	將堆疊最上方的項目移除。

表【9-8】 Stack<T> 成員

9.3 委派

委派衍生自 .NET API 中的 Delegate 類別；它屬於密封類別，無法衍生其他類別，也不能從 Delegate 類別衍生出自訂類別。所謂委派就是呼叫方法（Method）做些程序的處理。另外介紹 Lambda 運算式一些簡單的用法（與 LINQ 有關的部份請參考第 16 章）。

9.3.1 認識委派

什麼是委派（Delegate）？職場上，如果要請假，您的工作可能要找職務代理人來繼續相關流程；買房子有可能找仲介代理人來處理相關事宜。程式中呼叫方法進行引數的傳遞會有所限制，只能使用常數、變數或物件或陣列，但是無法把方法當作引數來傳遞！那麼委派就是扮演代理人的角色，能把「方法」視為引數。也就是程式呼叫方法時，將其執行個體透過委派執行方法的呼叫。

可以把委派視為型別，它具有特定參數清單和傳回類型的方法參考。例如，Windows Form 的控制項被引發的事件處理常式就是以委派來處理，將方法當做引數傳遞給其他方法。因為實做個體是委派物件，所以它可以做為參數傳遞或指派給屬性。如此，方法才能以參數方式接受委派並呼叫。

使用委派有什麼好處？利用下述範例來說明。

範例《Ex0909.csproj》

使用委派類別 FindNumbers 定義三個方法，分別找出陣列中的奇數、偶數和被 3 整除的數值。

```
奇數值：    21  35  67 117 125 317
偶數值：    142 488 292 420
被3整除的數值：   21 117 420
```

STEP 01 主控台應用程式，架構「.NET 6.0」，加入一個類別 FindNumbers，撰寫如下程式碼。

```
01  namespace Ex0909;     //C# 10.0, 檔案範圍命名空間
02  internal class FindNumbers
03  {
04     public void IsEven(params Int32[] numerical)
05     {
06        Write(" 偶數值：");
07        for (int k = 0; k < numerical.Length; k++)
08        {
09           if (numerical[k] % 2 == 0)      // 餘數為 0
10              Write($"{numerical[k],4}");
11        }
12        WriteLine();    // 換行
13     }
14     // 其餘方法請參考範例
15  }
```

STEP 02 使用上層敘述，「Lookfor.cs」撰寫如下程式碼。

```
21  // 建立一個陣列
22  Int32[] figures =
23     {21, 35, 67, 142, 117, 125, 317, 488, 292, 420};
24  // 建立物件呼叫相關方法
25  FindNumbers searchNum = new();
26  searchNum.IsEven(figures);
```

9-23

STEP 03 建置、執行按【F5】鍵,按任意鍵關閉視窗。

【程式說明】

- 第 4 ～ 13 行:定義方法 IsEven() 找出陣列中的偶數值,使用 for 迴圈讀取陣列,若餘數為零,表示它是偶數。

如何使用委派?以四部曲來完成它:❶ 定義委派、❷ 定義相關方法、❸ 宣告委派物件、❹ 呼叫委派方法。首先定義委派時以關鍵字 delegate 做宣告,語法如下:

```
存取修飾詞 delegate 資料型別 委派名稱 (引數串列);
```

- 委派名稱:用來指定方法的委派名稱。
- 資料型別:參考方法的傳回值型別。

首部曲:宣告一個委派必須於類別之下,而且不能放在主程式中。

```
namespace Ex0910;    //C# 10.0 檔案名稱空間

//1.定義委派,含有一個引數(數值)
public delegate void Speculation(Int32[] numerical);

2 個參考
internal class FindNumbers...
```

二部曲,定義相關方法,此處使用範例《Ex0908》FindNumbers 類別的三個方法:IsEven()、IsOdd()、IsDivide3()。

三部曲;定義委派後,還要宣告一個委派物件,用它來傳遞方法。

```
// 範例《Ex0909》FindNumbers 類別所建立的物件
        FindNumbers searchNum = new();
Speculation evenPredicate =
   new Speculation(searchNum.IsOdd);
```

終曲:呼叫委派物件,並以陣列為參數。

```
evenPredicate(figures);
```

範例《Ex0910.csproj》

修改範例《Ex0909.csproj》；一個委派物件只能代理一項業務；把《Ex0909》定義的三個方法，以多重委派來執行。

STEP 01 主控台應用程式，架構「.NET 6.0」，加入一個類別 FindNumbers。

STEP 02 類別「FindNumbers.cs」定義委派。

```
01   namespace Ex0910;    //C# 10.0 檔案範圍命名空間
02   //1.定義委派，含有一個引數(數值)
03   public delegate void Speculation(Int32[] numerical);
04   // 省略部份程式碼
```

STEP 03 使用上層敘述，「Lookfor.cs」撰寫如下程式碼。

```
11   // 省略部份程式碼
12   Ex0910.FindNumbers searchNum = new();      // 建立物件
13   //2.FindNumbers 類別所列示的方法成員，3.宣告委派物件 – 單一任務
14   Ex0910.Speculation evenPredicate = new(searchNum.IsEven);
15   evenPredicate += searchNum.IsOdd;     //3.1 委派多重任務
16   evenPredicate += searchNum.IsDivide3;
17   evenPredicate(figures);    //4.呼叫委派方法並以陣列為參數
```

STEP 04 建置、執行按【F5】鍵，按任意鍵關閉視窗。

【程式說明】

- 第 14 行：一個委派物件只能代理一個任務。
- 第 15、16 行：將委派物件加入多個任務，其中的「searchNum.IsOdd」由物件 searchNum 呼叫 FindNumbers 類別所定義的方法成員。

9.3.2 Lambda 運算式

Visual C#6.0 之後可以使用 Lambda 運算式；其實前面章節中介紹類別的方法已悄悄用上它。Lambda 也能稱為匿名函式（Anonymous Method），可用來建立委派或運算式樹狀架構類型。使用 Lambda 運算式可以撰寫區域函式，這些函式可以當做引數傳遞，或是當做函式呼叫的回傳值。撰寫 LINQ 查詢運算式時有了 Lambda 運算式這個幫手會特別管用。

> **TIPS**
>
> 回顧匿名方法
> - C# 2.0 引進了匿名方法（Anonymous Method）。
> - C# 3.0（含）之後的版本，則以 Lambda 運算式取代匿名方法來做為撰寫內嵌（Inline）程式碼的慣用方式。
>
> 某些特定情況，匿名方法能提供 Lambda 運算式所未及的功能。匿名方法讓省略參數清單，轉換為具有各種簽章的委派；這是 Lambda 運算式無法做到。

使用 Lambda 宣告運算子「=>」，概分兩種形式，Lambda 運算式和 Lambda 敘述，語法如下：

```
(input parameters) => expression        // 運算式為主體
(input-parameters) => { <sequence-of-statements> }     // 敘述
```

- 要建立 Lambda 運算式，在 Lambda 運算子（=>）的左邊指定輸入參數（如果有的話），並將運算式或敘述區塊放在運算子右邊。

在泛型集合呼叫擴充方法，大部分情形皆能呼叫 Lambda 運算式。複習一下範例《Ex0907》使用過的 Lambda 運算式。

```
double totalScore = students.Sum(total => total.Score);
double average = students.Average(avg => avg.Score);
```

- Lambda 運算式「total => total.Score」；運算子（=>）左邊是 total 參數，運算子右邊的運算式就很簡單，則是直接取得物件名稱。

使用 Lambda 運算式來取式原有須定義的委派方法，簡例如下：

```
// 參考範例《Ex0911.csproj》
Write("請輸入 1～100 數值：");
int num = Convert.ToInt32(ReadLine());
if (num > 100 || num < 1)
   WriteLine("數值不對");
else
{
   //2.Lambda 運算式取代委派方法；3.宣告委派物件 deputation
   Appoint deputation = number => number * number;
   //4.呼叫委派
   WriteLine($"運算結果：{deputation(num):n0}");
}
delegate int Appoint(int i);    //1.宣告委派
```

- 宣告委派物件之後，「=」右側的委派方法以 Lambda 運算式來取式，將變數值相乘。

9.3.3 委派與代理人

繼續 Lambda 話題，Lambda 運算式是否要轉換為委派型別，取決於參數和回傳值的型別。所以代理人就派上場，概分兩項：

- **無須回傳值**：使用 Action 委派型別。
- **要有回傳值**：使用 Func 委派型別。

範例《Ex0911.csproj》Lambda 運算式具有一個參數且必須回傳其值的，可以轉換成 Func<T, TResult> 來成為委派的代理人，語法如下：

```
Func <T, TResult>
```

- T：委派所封裝方法的型別參數，也就是反變數的型別參數。也就是說可以自行指定衍生程度較低的型別。
- TResult：委派所封裝方法的回傳值型別，也就是共變數的型別參數。也就是說可以自行指定衍生程度較高的型別。

所以，範例《Ex0911.csproj》還做進行如下的修改：

```
// 參考範例《Ex0912.csproj》
//1.實體化委派來簡化此程式碼
Func<int, int> Square = number => number * number;
WriteLine($" 現代委派 -> {Square(num)}");
//2.搭配匿名方法使用委派
Func<int, int> Square2 = delegate (int number)
{ return number * number; };
WriteLine($" 使用匿名 -> {Square2(num)}");
//3.將 lambda 運算式委派指派給 Func<T, TResult>
Func<int, int> Square3 = num => num * num;
WriteLine($" 使用委派 -> {Square3(num)}");
```

- 方式 1：沒有使用委派，直接使用代理人 Func<int, int>，Square 為代理人名稱，把取得的變數 num 配合實體化的委派來計算數值的平方。
- 方式 2：使用匿名方法配合委派來計算數值平方。
- 泛型 Func 委派屬於 Lambda 運算式的基本類型，所以，將 lambda 運算式當做參數做傳遞，不需要再使用委派。

再看另一個實例，若有兩數 A、B，若「A > B」就兩數相加，若「A < B」就兩數相乘。

```
// 參考範例《Ex0913.csproj》
//1.實體化委派來簡化此程式碼
Func<int, int, int> Square = CalcNum;
WriteLine($"現代委派 -> {Square(num1, num2)}");
//2.搭配匿名方法使用委派
Func<int, int, int> Square2 = 
      delegate (int number1, int number2) 
      { return number1 > number2 ? (number1 + number2) : 
      (number1 * number2); };
WriteLine($"使用匿名 -> {Square2(num1, num2)}");
//3.將 lambda 運算式直接委派給 Func<T, TResult>
Func<int, int, int> Square3 = (num1, num2) => 
   num1 > num2 ? (num1 + num2) : (num1 * num2);
WriteLine($"Lambda 為參數 -> {Square3(num1, num2)}");
```

- 程式中的各個參數可參考圖【9-3】。
- 方式 1：輸入兩個數值後，可以呼叫靜態方法 CalcNum() 來決定兩數是相加或相乘，所以其回傳值型別必須與 Func<> 第三個參數相同。
- 方式 2：輸入兩個數值後，使用三元運算子「?:」判斷兩個數值的大小並做運算，再以 return 敘述回傳結果，所以委派所定義的兩個參數型別必須與 Func<> 的第一、第二個參數型別一樣。
- 方式 3：取得輸入的兩個數值，同樣是以三元運算子「?:」配合 Lambda 運算子「=>」回傳兩數的計算結果。

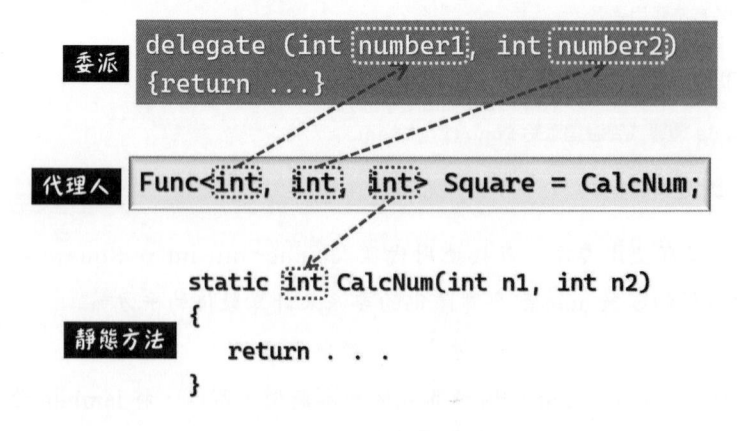

圖【9-3】 使用的參數

9.4 例外狀況的處理

處理結構化例外狀況，稱為「結構化例外處理」(Structured exception handling)。它包含例外狀況的控制項結構、隔離的程式碼區塊及篩選條件來建立例外處理機制，它可以區別不同錯誤類型並且視情況作出反應。

9.4.1 認識 Exception 類別

.NET API 提供 Exception 類別，發生錯誤時，系統或目前正在執行的應用程式會藉由擲回的例外狀況來告知，透過例外處理常式（Exception Handler）處理例外狀況。Exception 類別是所有例外狀況的基底類別，依據例外狀況介紹常見的兩大類：

- **SystemException 類別**：用來處理 Common Language Runtime 所產生的例外狀況；其中的 ArithmeticException 類別用來處理數學運算產生的例外狀況，共有三個衍生類別，以表【9-9】說明。

類別	說明
DivideByZeroException	整數或小數除以零時。
NotFiniteNumberException	浮點數無限大、負無限大或非數字（NaN）時。
OverflowException	產生溢位狀況。

表【9-9】 SystemException 類別

- **ApplicationException 類別**：應用程式產生例外狀況，使用者可自行定義例外狀況。

處理例外狀況時，Exception 類別具有的屬性以下表【9-10】做簡介。

屬性	說明
HelpLink	取得例外狀況相關說明檔的連結。
Message	取得目前例外狀況的錯誤描述及更正訊息。
Source	取得造成應用程式錯誤或物件名稱。
StackTrace	追蹤目前所擲回的例外狀況，呼叫堆疊程序。
TargetSite	取得目前擲回例外狀況的方法。

表【9-10】 Exception 類別

9.4.2 簡易的例外處理器

程式有可能產生錯誤，當然得想辦法來防患未然。C# 提供例外處理（Exceptions Handling）機制避免程式中產生的錯誤！產生錯誤時，利用例外處理機制來攔截錯誤。先來認識下列三個指令：

- **throw**：擲出例外情形，並進行例外處理。
- **try**：發生例外狀況時，用來判別是否要進行例外處理。
- **catch**：攔截例外情形，負責處理例外狀況。

> **TIPS**
> 有關於 exception 的中文稱呼
> - exception 中文可譯為「例外」或「異常」，此處配合微軟官方網站的用法，稱為「例外狀況」或「例外」。

要進行例外狀況的處理可使用「例外處理器」，它配合「try/catch」敘述。使用 try 敘述來進行錯誤的處理，發生例外狀況時，控制流程會跳至與程式碼有關聯的例外處理常式（Exception Handler）。

catch 敘述定義例外狀況處理常式。它會以「例外狀況篩選條件」（Exception Filter）做處理。由於例外狀況皆是從 Exception 型別衍生而來。為了保持例外狀況的最佳方式，通常不會把 Exception 指定為例外狀況篩選條件，而是它的衍生類別。先來認識它們的語法。

```
try{
   // 進行例外狀況的攔截
}
catch( 資料型別參數 ){
   // 例外狀況的處理，顯示錯誤訊息
}
```

- try 或 catch 皆為關鍵字。使用時，無論是 try 或 catch 敘述所使用的區段（大括號 {}）皆不能省略。
- 例外狀況全都衍生自 System.Exception 的型別，除非狀況特殊，才以 Exception 類別攔截所有例外狀況。
- try 區段處理可能產生例外狀況。catch 敘述定義例外狀況變數，可以使用該變數來詳細發生之例外狀況類型。

- 指定的例外狀況並沒有例外處理常式，程式會停止執行並出現錯誤訊息。
- 程式可配合 throw 關鍵字，明確地擲回例外狀況。

Visual C# 6.0 做了小小改變。

```
try
{
    // 例外狀況
}
catch (<exceptionType> e) when (filterIsTrue)
{
    <await 方法名稱(e);>
}
```

- when 關鍵字用來過濾例外狀況條件，可搭配 catch 敘述使用，參考範例《Ex0914.csproj》。
- await 關鍵字本來是用來處理非同步方法，可暫停執行方法，直到等候的工作完成（本書未將它入討論範圍）。

為什麼要使用例外處理？先來看看下述一個很常見的例子。

```
// 參考範例《Ex0914.csproj/ErrorApp.cs》
double numA = 56.0, numB = 0.0;
double result = numA / numB;
Console.WriteLine(result);
```

- 由於被除數為零，所以會輸出字元「∞」(無窮大)。

為了防範被除數為零的情形下，較簡單的作法是以 if 敘述做進一步的判斷，程式碼修改如下！

```
// 參考範例《Ex0915.csproj/ErrorMd.cs》
double numA = 56.0, numB = 0.0;
double result = 0.0;
if (numB == 0)
   WriteLine("被除數為零, 不能計算");
else
{
   result = numA / numB;
   WriteLine(result);
}
```

- 由於對「numB」是否為零做了條件判斷，所以執行會輸出「被除數為零, 不能計算」訊息。

如果程式碼很小，使用 if 敘述就能進行程式碼的簡易偵錯！改用 try/catch 敘述如何修改上述的程式碼，進行錯誤的例外狀況處理！就是把可能發生錯誤的運算式納入 try 敘述的區段內；碰到被除數為零時以 catch 敘述丟出錯誤訊息。

範例《Ex0916.csproj》

被除數為零的情形，使用 try/catch 敘述捕捉錯誤。

```
■ D:\C#2022\CH09\Ex0916\bin\Debug\net6.0\...   —   □   ×
被除數是零
System.DivideByZeroException: Attempted to divide
by zero.
   at Program.<Main>$(String[] args) in D:\C#2022\
CH09\Ex0916\ErrorTry.cs:line 13
除數 56 除以 0
```

STEP 01 主控台應用程式，架構「.NET 6.0」；使用上層敘述，「ErrorTry.cs」撰寫如下程式碼。

```
01   int numA = 56, numB = 0;
02   try // 被除數為零時進行錯誤處理
03   {
04      if (numB == 0)
05         WriteLine(" 被除數是零 ");
06      WriteLine(numA / numB);
07   }
08   catch (DivideByZeroException ex)    // 發生例外狀況的處理
09   {
10      WriteLine(ex.ToString());
11   }
12   WriteLine($" 除數 {numA} 除以 {numB}");
```

STEP 02 建置、執行按【F5】鍵，按任意鍵關閉視窗。

【程式說明】

- 第 2～7 行：try 敘述，同樣以 if 敘述來判斷被除數（numb）是否為零！如果是的話顯示其訊息，否則進行運算。
- 第 8～11 行：catch 敘述，如果發現被除數為零時，利用 WriteLine() 方法輸出錯誤訊息。

> **TIPS**
> DivideByZeroException 擲出例外狀況是被除數是整數，而且為零的狀況；如果被除數本身是浮點數，就無法以 DivideByZeroException 發出錯誤訊息。

可以根據不同的例外狀況來使用多個 catch 區段做條件的篩選。當 try 敘述捕捉到例外狀況時，會將 catch 敘述會由上至下進行篩選，再把符合例外狀況以只 catch 敘述擲回。

使用 try/catch 處理例外狀況時，還可以加入 when 關鍵字來作為例外狀況的過濾。下述範例還是以被除數為零的狀況來講解。

```
// 參考範例《Ex0917.csproj/ErrorZero.cs》一部份程式碼
try
{
   result = num1 / num2;
   WriteLine($"Result = {result}");
}
// 配合 catch 敘述做例外狀況的過濾
catch (DivideByZeroException ex) when (num2 == 0)
{
   WriteLine(ex.Message);// 輸出錯誤訊息
}
```

* try 敘述區段，兩數相除做例外狀況的攔截。
* catch 敘述區段，以關鍵字 when 做例外狀況的過濾；「num2 == 0」（被除數為零）就以屬性 Message 擲出訊息。

9.4.3　finally 敘述

　　finally 區塊是 try/catch/finally 陳述式最後執行的區塊，也是一個具有選擇性的區塊。使用 finally 區塊時，無論 catch 區塊中的程式碼是否已執行，在錯誤處理區塊範圍結束之前，最後一定會呼叫 finally 區塊。什麼情形下會使用 finally 區塊，例如讀取檔案發生例外狀，透過 finally 區塊會讓檔案讀取完畢，並進行使用資源的釋放。語法如下：

```
try{
    // 進行錯誤處理
}
catch(資料型別參數){
    // 顯示錯誤訊息
}
finally
{
    // 有無錯誤發生，區塊一定會被執行
}
```

範例《Ex0918.csproj》

宣告一個陣列有 5 個元素，使用 for 迴圈讀取，故意讓它讀取 6 個元素來丟出例外狀況。加入 finally 敘述和不加 finally 敘述有何不同！只使用 try/catch 敘述，捕捉的錯誤。

```
D:\C#2022\CH09\Ex0918\bin...
number[0] = 11
number[1] = 12
number[2] = 13          無finally敘述擲出例外
number[3] = 14
number[4] = 15
System.IndexOutOfRangeException: Index
was outside the bounds of the array.
   at Program.<Main>$(String[] args) in
D:\C#2022\CH09\Ex0918\Program.cs:line
14
```

使用 try/catch/finally 敘述，也做了捕捉的錯誤，但有把程式碼執行完畢。所以；沒有使用 finally 敘述，會擲出錯誤；加入 finally 敘述會把第 6 個陣列元素讀出，只是沒有元素。

```
D:\C#2022\CH09\Ex0918\bin\Deb...
number[0] = 11, 第 0 個
number[1] = 12, 第 1 個
number[2] = 13, 第 2 個
number[3] = 14, 第 3 個
number[4] = 15, 第 4 個
System.IndexOutOfRangeException: Index was
outside the bounds of the array.
   at Program.<Main>$(String[] args) in D:\
C#2022\CH09\Ex0918\Program.cs:line 14
, 第 5 個          加入finally敘述將陣列讀完
```

STEP 01 主控台應用程式,架構「.NET 6.0」;使用上層敘述,「Program.cs」撰寫如下程式碼。

```
01   int[] number = new int[] { 11, 12, 13, 14, 15 };
02   int count;
03   for (count = 0; count <= 5; count++)
04   {
05      try   // 設定捕捉器
06      {
07         Write($"number[{count}] = {number[count]}");
08      }
09      catch (IndexOutOfRangeException ex)
10      {
11         WriteLine(ex.ToString());
12      }
13      finally
14      {
15         WriteLine($",第 {count} 個 ");
16      }
17   }
18   ReadKey();
```

STEP 02 建置、執行按【F5】鍵,按任意鍵關閉視窗。

【程式說明】

- 第 5～8 行:try 敘述。當 for 迴圈讀取陣列時進行錯誤的捕捉。
- 第 9～12 行:catch 敘述,當陣列超出界值時會以 IndexOutOfRangeException 類別來擲出例狀況狀。
- 第 13～16 行:finally 敘述會把陣列讀取完畢,不管有沒有發生例外狀況。

9.4.4　throw 敘述擲出錯誤

throw 陳述式能指定例外處理類別,或使用者自行定義例外類別,配合結構化例外處理(try/catch/finally)來擲回例外狀況。語法如下:

```
throw exception
```

- 配合 exception 類別的實體化物件來擲回例外處理。

範例《Ex0919.csproj》

使用 throw 敘述來捕捉輸入的月份數值是否在 1 ~ 12 之間。

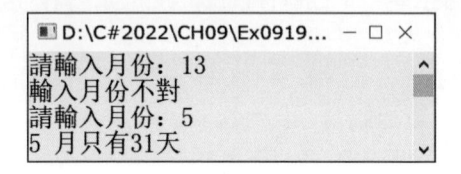

```
■ D:\C#2022\CH09\Ex0919...   — □ ×
請輸入月份：13
輸入月份不對
請輸入月份：5
5 月只有31天
```

STEP 01 主控台應用程式，架構「.NET 6.0」；使用上層敘述，「FindMonth.cs」撰寫如下程式碼。

```
01   int month = 0;
02   do
03   {
04      try
05      {
06         CheckMonth(month);  // 呼叫靜態方法
07         break;
08      }
09      catch (ArgumentOutOfRangeException)
10      {
11         WriteLine(" 輸入月份不對 ");
12      }
13   } while (true);
14
21   static int CheckMonth(int mon)
22   {
23      Write(" 請輸入月份：");
24      mon = int.Parse(Console.ReadLine());
25      if (mon > 12)
26         throw new ArgumentOutOfRangeException();
27      // 省略部份程式碼
28      return mon;
29   }
```

【程式說明】

- 第 2 ~ 13 行：do/while 迴圈，執行時會以 try/catch 敘述捕捉錯誤！
- 第 4 ~ 8 行：try 敘述捕捉靜態方法 checkMonth() 方法是否發生錯誤。取得月份正確天數就以 break 敘述來中斷程式執行。

- 第 9～12 行：catch 敘述以 ArgumentOutOfRangeException 類別來捕捉超出範圍的數值，它接受第 31 行 throw 敘述擲出的錯誤並以訊息顯示。
- 第 21～29 行：定義靜態方法 checkMonth() 接受傳入的數值來判斷月份。
- 第 25～26 行：數值大於 12 時會以 throw 敘述丟出，由 catch 區段輸出錯誤訊息。

重點整理

- 非泛型集合存放於 System.Collections 命名空間，以集合類別為主，包括：ArrayList、Stack、Queue、Hashtable、ScortedList。泛型集合則以 System.Collections.Generic 命名空間為主。

- 定義泛型以 class 開頭，緊跟泛型名稱，它其實就是泛型的「類別名稱」；角括號內放入型別參數串列，每個參數代表一個資料型別名稱，以大寫字母 T 做表示；多個參數間以逗點區隔。

- 從泛型到泛型類別，可以歸納的作法：❶ 構思泛型、❷ 定義泛型樣版、❸ 實做泛型物件。

- 泛型方法（Generic methods）以型別參數（Type Parameters）做宣告；並定義為公開的方法成員，可將型別參數視為宣告泛型型別的變數。同樣要用角括號標示 <T>，並在參數名稱前加上關鍵字「T」來表示它是一個型別參數。

- 「索引鍵（key）/ 值（value）」是配對的集合，值存入時可以指定物件型別的索引鍵，方便於使用時能以索引鍵提取對應的值。

- ArrayList 實作 System.Collection 的 IList 介面，會依據陣列大小動態增加容量，提供新增、插入、刪除元素的方法，使用上會以陣列更具彈性。

- 陣列需要動態增加其大小時，泛型集合 List<T> 實作 IList<T> 泛型介面。它以元素數目為其容量；它會保存到新增項目時，能視其需要來重新配置陣列大小。它具有 Average()、Sum()、Count()、Max() 等擴充方法。

- 使用 Queue（佇列）時，Enqueue() 方法將物件加入到佇列末端；Dequeue() 方法會傳回佇列前端的物件並移除。

- 使用 Stack（堆疊）時，Peek() 方法傳回堆疊最上端的項目；Push() 方法能將項目加到堆疊的最上方；Pop() 方法則是把堆疊最上方的項目移除。

- 委派就是把「方法」視為引數來傳遞。所以委派是一種類型，代表具有特定參數清單和傳回類型的方法參考。它衍生自 .NET Framework 中的 Delegate 類別。委派類型是密封的，不能做為其他類型的衍生來源，且不可能從 Delegate 衍生自訂類別。

- Lambda 也稱為匿名函式（Anonymous Method），用來建立委派或運算式樹狀架構類型。使用 Lambda 運算式可以撰寫區域函式，這些函式可以當做引數傳遞，或是當做函式呼叫的回傳值。

- .NET 提供 Exception 類別，發生錯誤時，系統或目前正在執行的應用程式會藉由擲回的例外狀況來告知，透過例外處理常式（Exception Handler）處理例外狀況。

- 處理例外狀況，SystemException 類別處理 Common Language Runtime 所產生的例外狀況；ApplicationException 類別，使用者可自行定義例外狀況。

- finally 區塊是 try/catch/finally 陳述式最後執行的區塊，也是一個具有選擇性的區塊。使用 finally 區塊時，無論 catch 區塊中的程式碼是否已執行，在錯誤處理區塊範圍結束之前，最後一定會呼叫 finally 區塊。

視窗表單的運作

CHAPTER 10

學│習│導│引

- 建立 Windows Form 專案,使用架構「.NET 6.0」,認識表單的運作機制。
- 從 Windows Form 結構中認識部份類別。
- 認識靜態類別 Application;進而瞭解表單的屬性、方法和事件 mmm。
- 顯示訊息的 MessageBox,呼叫 Show() 方法如何做出訊息回應。

10.1 Windows Form 基本操作

Windows 應用程式是環繞著 .NET Framework 所建置,它不同於前面章節所使用的「主控台應用程式」(Console Application)。一般而言,主控台應用程式以文字為主,編譯之後是一個可執行檔(EXE),所有的執行結果皆會呼叫「命令提示字元」視窗來執行。視窗應用程式會以表單(Form)為主,利用工具箱放入控制項,最大的優點就是沒有撰寫任何的程式碼也能調整輸出入介面。

10.1.1 建立 Windows Form 專案

同樣是以專案來建立 Windows Form,VS2022 提供兩種專案範本。

- 傳統的 Windows Forms App,架構為「.NET Framework 4.8」。

  > **Windows Forms App (.NET Framework)**
  > 用於建立具有 Windows Forms (WinForms) 使用者介面之應用程式的專案
  > C#　Windows　桌面

- Windows Forms 應用程式,架構為「.NET 5.0」或「.NET 6.0」。

  > **Windows Forms 應用程式**
  > 用於建立 .NET Windows Forms (WinForms) 應用程式的專案範本。
  > C#　Windows　桌面

由於 Windows Form 的運作與主控台應用程式不太一樣!除了表單之外,它多了控制項和相關屬性的設定,還要以程式碼來處理某個控制項所引發的事件處理常式。

範例《Ex1001.csproj》- 建立 Windows Form

STEP 01 執行「檔案 > 新增專案」指令,進入其交談窗。

Chapter 10 視窗表單的運作

STEP 02 產生 Windows Form 應用程式專案；❶ 所有語言和所有平台使用預設值、❷ 專案類型「桌面」、❸ 範本「Windows Forms App」；❹ 按「下一步」鈕進入「設定新的專案」交談窗。

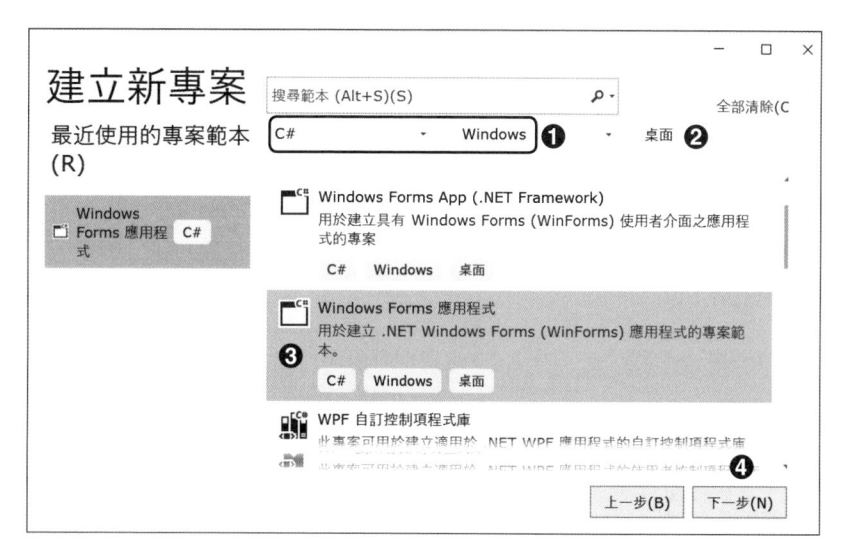

STEP 03 設定新的專案；❶ 專案名稱「Ex1001」、❷ 設定儲存位置，❸ 勾選「將解決方案與專案置於相同目錄中」，❹ 按「下一次」鈕。

10-3

STEP 04 其他資訊，❶ 架構變更為「.NET 6.0」，❷ 按「建立」鈕。

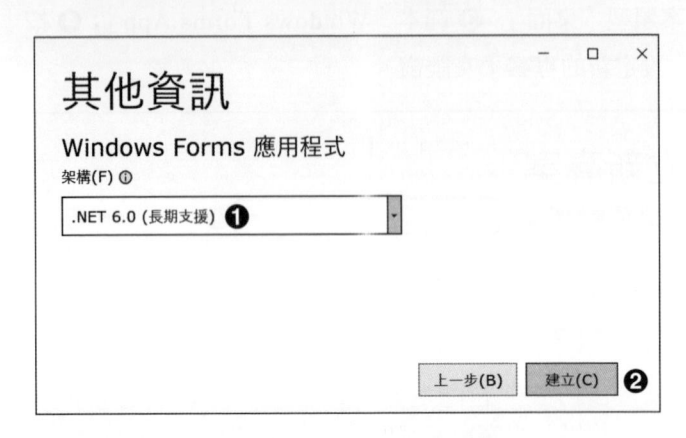

10.1.2　Windows Forms 所配置的工作環境

圖【10-1】是完成 Windows Forms App 專案的建置，會看到 ① 主要視窗區域會建立一個預設名稱為「Form1」表單，方案總管會有一個「Form1.cs」檔案；② 視窗左側有工具箱，所有表單上使用的控制項皆存於此。③ 屬性視窗位於方案總管下方，可以用來設定控制項的相關設定。

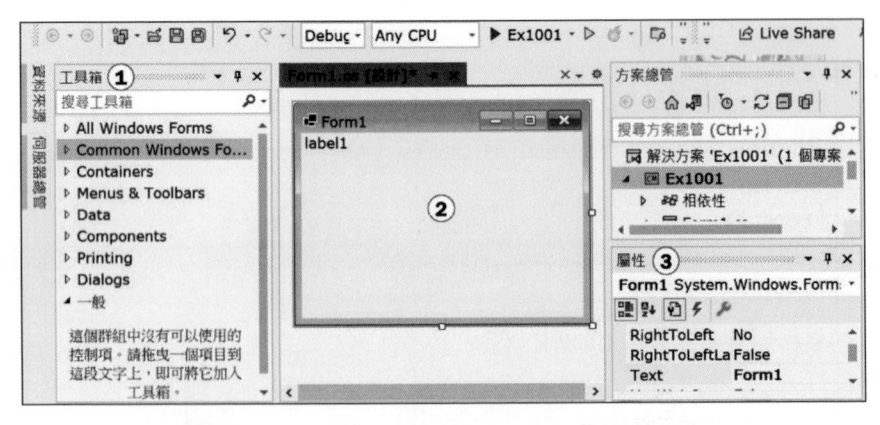

圖【10-1】　.NET 6 建立的 Windows Forms App

先來瞧瞧工具箱，使用「.NET」或「.NET Framework」架構，工具箱的外觀有些許不同。圖【10-2】是 .NET Framework，大項分類以中文表示，例如「通用控制項」。

圖【10-1】 .NET Framework 的工具箱

通常，工具箱是隱藏於 VS 2022 開發整合環境左側，滑鼠點選時會滑出。.NET 6.0 工具箱以英文表示，例如「Common Windows Forms」。

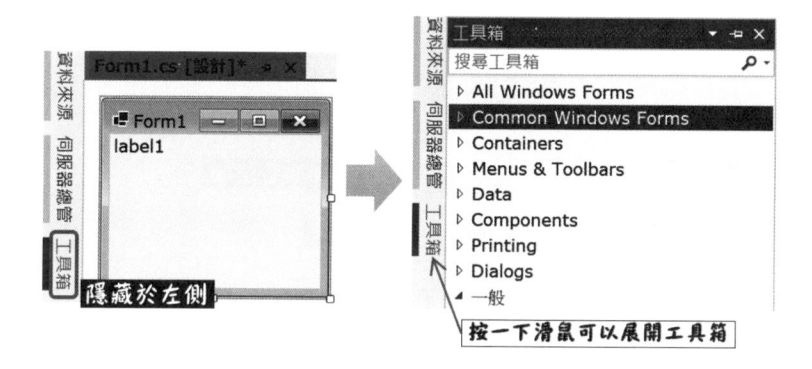

要固定工具箱，可以將工具箱標題列的圖釘按一下，形成直立狀。

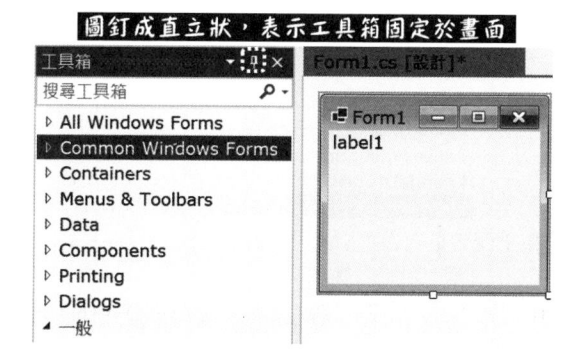

其中，建立了 Windows Form 應用程式之後，屬性視窗才能大大發揮它的作用，先認識它的基本操作。通常，屬性視窗提供表單物件或控制項的屬性設定，參

10-5

考圖【10-3】有兩種功能：屬性和事件。配合其工具列的「分類」和「事件」來決定是以屬性或事件呈現。

- 「分類」和「屬性」呈現按下狀態，表示屬性視窗會將屬性以其性質以設計、焦點來進行。
- 「字母順序」和「屬性」呈現按下狀態，表示屬性視窗會將屬性依字母順序來呈現。

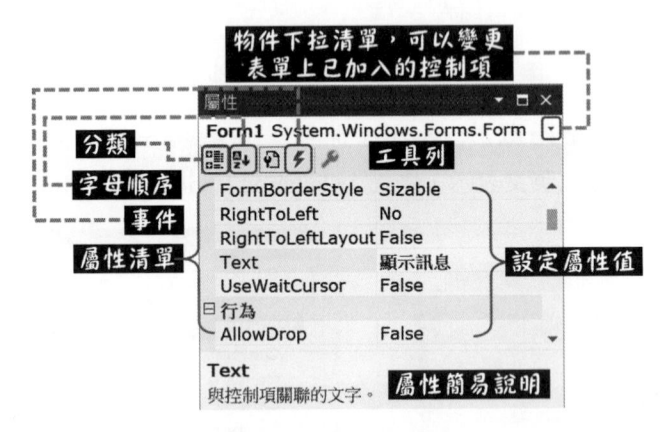

圖【10-3】 屬性視窗

- 「字母順序」和「事件」呈現按下狀態，表示屬性視窗會將事件依字母順序來顯示，而圖【10-4】的 Click 事件是「btnShow_Click」表示 Button 控制項已撰寫相關程式碼。

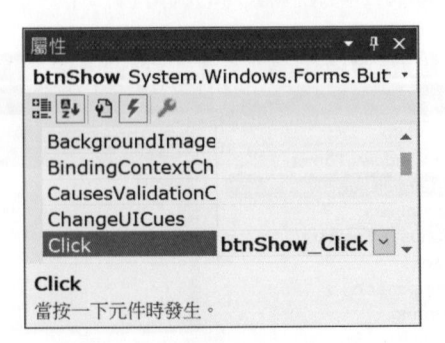

圖【10-4】 屬性視窗的事件呈現

依據圖【10-4】的示意，要為某個事件撰寫程式碼，須把插入點移向某一個事件，再雙擊滑鼠就會進入程式碼編輯區，然後建立此事件的程式區段。

10.1.3　認識 Windows Forms 應用程式檔案

從方案總管來檢視 Windows Forms 應用程式的檔案，可以發現主控台應用程式只有一個 Program.cs 檔案；那麼 Windows Forms App 呢？利用圖【10-5】來了解。

圖【10-5】 Windows Forms App 檔案

Windows Forms App 除了 Forms1.cs 檔案之外，也有一個 Porgram.cs 檔案。展開「Form1.cs」之後還可以看到「Form1.Designer.cs」、「Form1.resx」兩個檔案。它們有何用途？

- **Form1.Designer.cs**：它也是一個 C# 檔案；表單上加入的控制項所設定的屬性會以程式碼方式存放於此；可不要任意變動其內容或把它刪除了。
- **Form1.resx**：它是一個資源檔，表單載入外部圖片或其他檔案時會存放於此。

建立 Windows Form App 之後，「主要視窗區域」會有兩個索引標籤可供切換，圖【10-6】做說明。

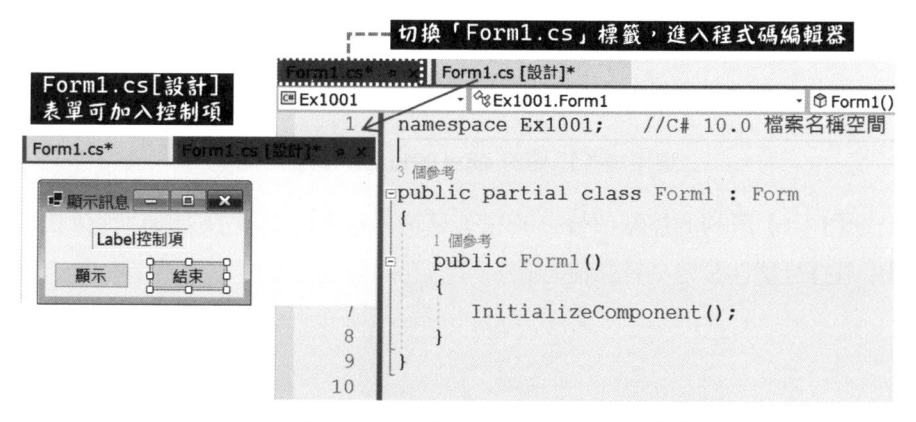

圖【10-6】　Form1.cs[設計]和 Form1.cs 可互相切換

10.2 建立使用者介面

Windows Form App 應用程式和主控台應用程式的最大不同點就是能產生使用者介面,而非純文字的執行結果。繼續以範例《Ex1001.csproj》為焦點,對 Windows Form App 應用程式有更多的認識。

10.2.1 在表單上加入控制項

要以 Windows Form 撰寫使用者介面,控制項是主角,先介紹本章一些常用控制項。

- **Label**(標籤):用來顯示文字內容(更多內容請參考章節 11.1.1)。
- **TextBox**(文字方塊):讓使用者輸入文字(更多內容請參考章節 11.2.1)。
- **Button**(按鈕):按一下滑鼠可以執行某個事件程序。
- **RadioButton**:選項按鈕,可以由多個選項按鈕組成群組,但只能多個之中選擇一個。

範例《Ex1001》要在表單上加入三個控制項:一個 Label 和二個 Button 控制項。執行時,按下按鈕會在 Label 上顯示目前的日期和時間,按下結束按鈕則關閉視窗結束程式!無論是表單或是控制項對 Windows From 應用程式而言皆是物件,因此要做屬性的相關設定,表【10-1】列舉之。

控制項	屬性	值	控制項	屬性	值
Form1	Text	顯示訊息	Button1	Name	btnShow
	Font	微軟正黑體,12		Text	顯示
Label	Name	lblDisplay	Button2	Name	btnEnd
	ForeColor	藍色		Text	結束

表【10-1】 範例《Ex1001》使用的控制項

表【10-1】所列的控制項皆存於在工具箱「通用控制項」,如何把它們加入到表單中並進行屬性設定?有二種方式。

(1) 將控制項拖曳到表單上。點選某個控制項,拖曳到表單。

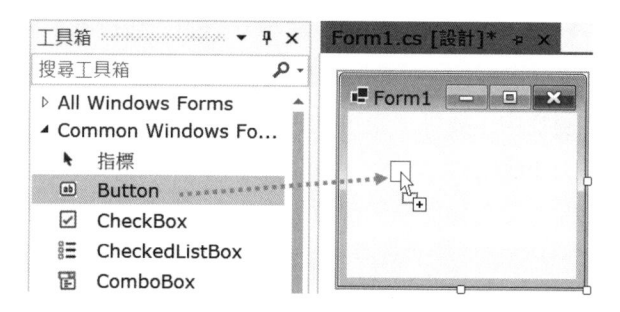

(2) 展開工具箱的 ❶Common Windows Forms,直接在 ❷Label 控制項上雙擊滑鼠,會顯示於表單左上角,參考圖【10-7】。

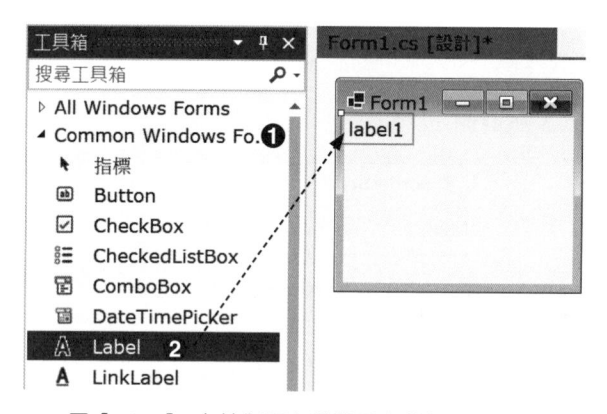

圖【10-7】 在控制項上雙擊滑鼠就能加到表單

　　表單上排列兩個控制項時,還可藉助紅或藍色輔助線,將控制項對齊,如圖【10-8】所示。選取二個以上的控制項,藉助「版面配置」工具列的各種對齊鈕做調整。

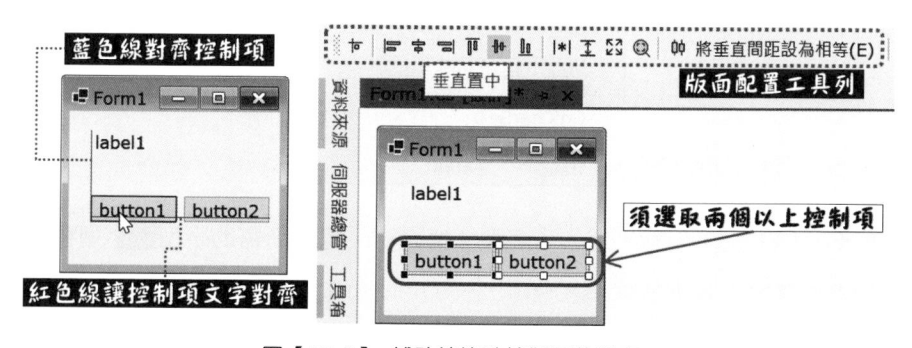

圖【10-8】 輔助線協助控制項的對齊

10-9

一般來說，每個加入到表單的控制項都具有各式各樣的屬性，屬性視窗會把性質相近的屬性排列在一起，以「分類」顯示。例如，與控制項外觀有關的屬性，有「BorderStyle」（框線樣式）、「Font」（字型）及「ForeColor」（前景顏色），它們會放在「外觀」屬性中。此外，表單具有容器的作用，把表單的字型放大時，表單上所放入的控制項也會跟著調整。繼續範例《Ex1001》的操作，加入控制項之後，把表單的字型放大、為標籤加入單線框線（預設是無框線）。

標籤控制項的預設屬性是沒有外框線。加入外框時，必須呼叫「System.Windows.Forms」命名空間的 BorderStyle 列舉類型，它共有三個（參考圖【10-9】）：

- **FixedSingle**：單框線。
- **Fixed3D**：3D 框線。
- **None** 是預設值，無框線。

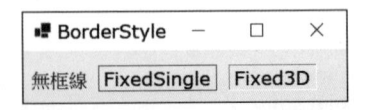

圖【10-9】 BorderStyle 的屬性值

要將 Label 控制項的框線改為單線框，程式碼可以這麼撰寫：

```
label1.BorderStyle = BorderStyle.FixedSingle;
```

要設定表單的 Font（字型），透過屬性視窗有兩種方式做設定：

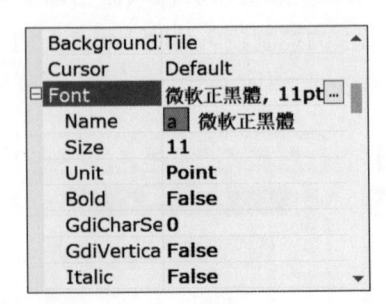

- 按 Font 右側的 ... 鈕：進入「字型」交談窗，選取所需的字型、字型樣式和大小，最後按「確定」關閉交談窗。

Chapter 10 視窗表單的運作

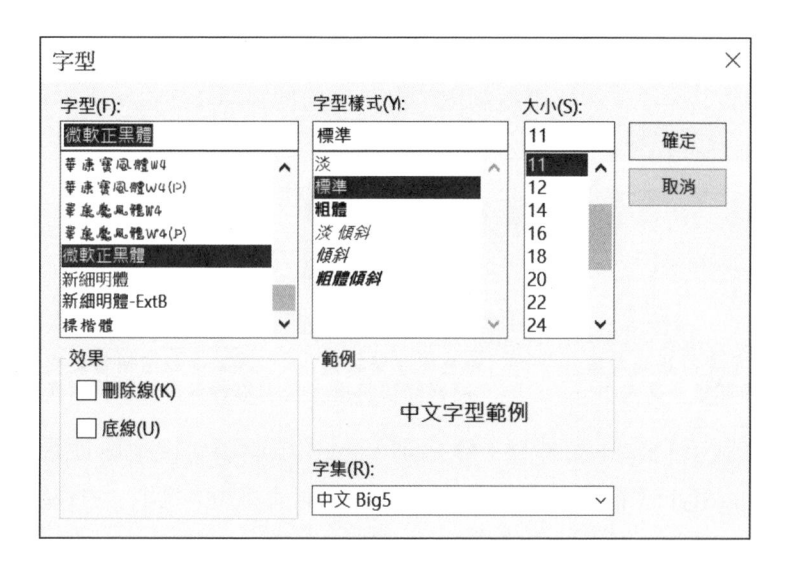

- 展開 Font 清單（左側的 + 變成 −），做逐項設定，例如 Size（字的大小），直接變更為「11」。

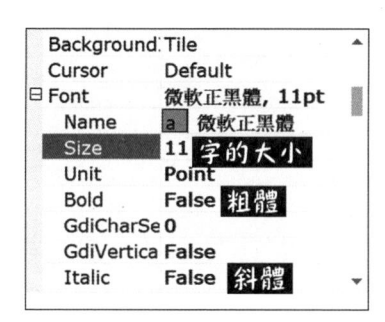

> 範例 《Ex1001.csproj》(續) － 加入控制項，以屬性設定外觀

STEP 01 確認表單上已加入表【10-1】的控制項。

STEP 02 參考前文把表單的 Font 屬性中的「Size」變更為 11 級字；表單上 3 個控制項的字大小會跟隨放大，表單本身也加大。

10-11

STEP 03 調整表單大小。選取表單後，滑鼠移到控點處，會有白色雙箭頭，以拖曳來調整其大小；要移動控制項，滑鼠移向控制項產生白色十字箭頭時就能移動。

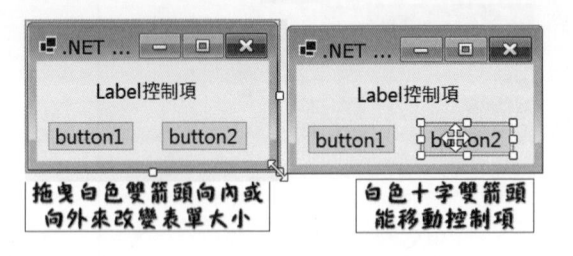

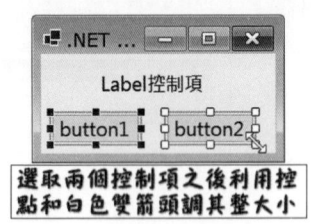

STEP 04 為控制項 Label1 加外框。❶ 選取 Label1 控制項；找到屬性視窗中 ❷ 的 BorderStyle（框線）屬性；❸ 按▼鈕展開清單後，選取「Fixed3D」（立體框）。

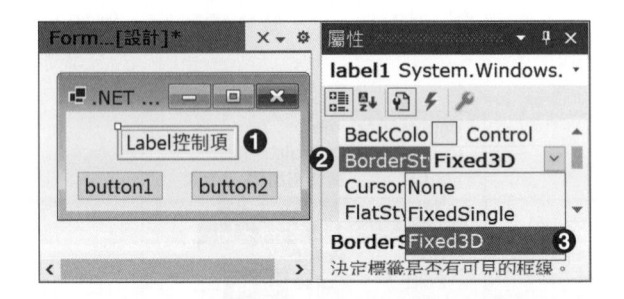

STEP 05 利用屬性 ForeColor（前景色）為 Label1 變更字型顏色。選取 Label1 後，❶ 點選 ForeColor 屬性；❷ 按▼鈕展開清單，❸ 按「自訂」調色盤；❹ 以滑鼠點選藍色色塊後就會自動關閉調色盤。

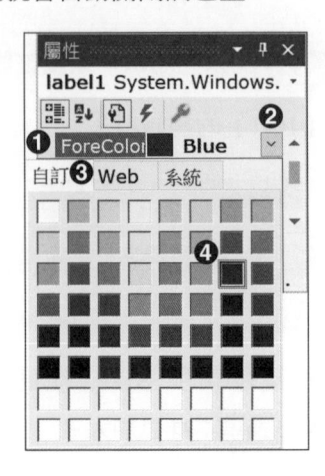

每個加入的控制項皆有 Name 屬性,它是控制項用來對外示意的實體名稱,撰寫程式碼時以它為識別名稱。所以表單的 Name 是「Form1」;加入兩個按鈕,Name 就是「Button1」和「Button2」。當程式碼愈趨複雜,這樣的名稱會造成維護上的困難,所以將 Name 變更成符合實際需求是較好的方法。另一個易與 Name 屬性混淆的是 Text 屬性;以表單來說,很湊巧的是它的預設名稱也叫「Form1」。但是 Text 屬性是讓使用者看,代表著控制項的文字或標題。延續前述範例,變更表單和控制項的 Name 和 Text 屬性。同樣以屬性視窗做變更,選取控制項之後;從外觀部份找到 Text 屬性為開始。

範例《Ex1001.csproj》(續) – 設定控制項 Name 和 Text 屬性

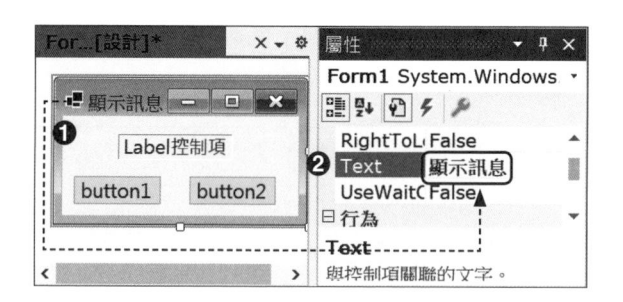

STEP 01 依表【10-1】來變更 Text。❶ 表單空白處按一下滑鼠來選取表單;❷ 找到屬性 Text,輸入「顯示訊息」;❸ 會立即反應於表單的標題列中。

STEP 02 以相同操作變更兩個 Button 的 Text 屬性;找到屬性 Text,分別輸入「顯示」、「結束」並按下【Enter】鍵;它會立即反應於按鈕表面。

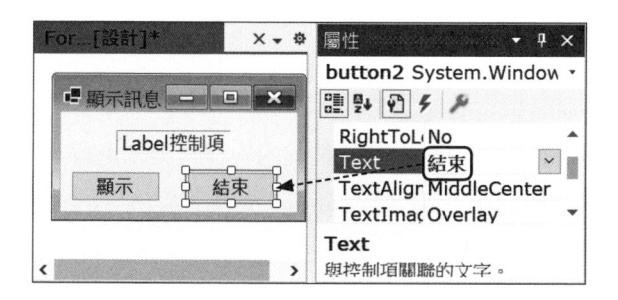

STEP 03 選取 Lebel1;❶ 找到屬性 Name,變更「lblDisplay」並按下【Enter】鍵;選取左側按鈕,以相同方式將 Name 改為「btnShow」;❷ 再選右側按鈕,將 Name 變更為「btnEnd」。

[圖：物件清單顯示目前編輯的控制項 — lblDisplay ❶、btnEnd ❷ 屬性視窗]

10.2.2 編寫程式碼

表單配合控制項，已完成使用者介面的基本設定。接著得加入程式碼，讓「顯示」和「結束」按鈕能夠產生作用。「顯示」按鈕的作用是使用者按一下滑鼠，Label 控制項顯示目前的日期和時間；也就是 Label 控制項的 Text 屬性做了改變。這種透過程式碼「回應」或「處理」的動作就是「事件處理常式」（Event Handlers）的概念，語法如下：

```
private void 控制項名稱_事件(object sender, EventArgs e)
{
    // 程式敘述
}
```

如果事件是「btnShow」按鈕透過滑鼠「Click」（按一下）所引發，撰寫如下：

```
private void btnShow_Click(object sender, EventArgs e)
{
    // 程式區段;
}
```

當事件引發時，通常是以事件處理常式內的程式碼來進行其處理。每個事件處理常式都提供兩個參數，第一個參數 sender 提供引發事件的物件參考，第二個參數 e 用來傳遞欲處理事件的物件。

範例 《Ex1001.csproj》(續) － 撰寫 Click 事件程式碼

STEP 01 按【F7】鍵,進入程式碼編輯器;Windows Form 應用程式的 Form 類別程式。

```
01   namespace Ex1001;     //C# 10.0 檔案範圍命名空間
02   public partial class Form1 : Form
03   {
04      public Form1()
05      {
06         InitializeComponent();
07      }
08   }
```

STEP 02 按【Shift + F7】回到表單（Form1.cs[設計]）;;如何進入事件處理程序？第一種方式,直接在「顯示」按鈕雙擊滑鼠;第二種方式從屬性視窗的工具列,❶ 按「事件」鈕;❷ 在「Click」事件雙擊滑鼠即可;無論何種方式都會進入程式碼編輯器。

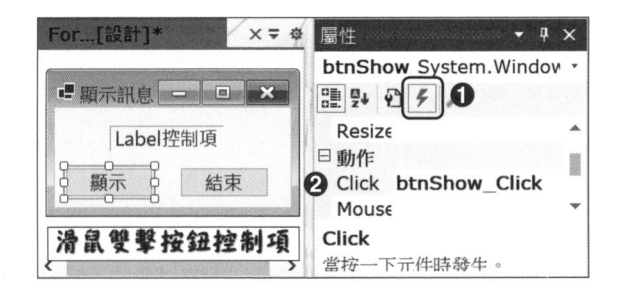

STEP 03 事件「btnShow_Click」輸入程式碼。輸入「lbl」部份字串會帶出完整內容;連按兩次【Tab】鍵就能帶出「lblDisplay.Text」部份程式碼。

STEP 04 變更為運算式主體,完成下列程式碼。

```
11   private void btnShow_Click(object sender, EventArgs e)
12         => lblDisplay.Text = DateTime.Now.ToString();
```

10-15

STEP 05 「結束」按鈕加入程式碼。❶ 切換 Form1.cs[設計] 索引標籤，❷ 滑鼠雙擊「結束」按鈕，再一次進入程式碼編輯區。

STEP 06 事件「btnEnd_Click」變更為運算式主體，撰寫如下程式碼。

```
31   private void btnEnd_Click(object sender, EventArgs e)
32       => Application.Exit();     // 結束應用程式
```

STEP 07 兩個按鈕的程式碼；檔案「Form1.cs」，在 class Form1 類別中。

```
public Form1()
{
    InitializeComponent();
}

//使用運算式主體
1 個參考
private void btnShow_Click(object sender, EventArgs e)
    => lblDisplay.Text = DateTime.Now.ToString();

//使用運算式主體
1 個參考
private void btnEnd_Click(object sender, EventArgs e)
    =>Application.Exit();     //結束應用程式
```

STEP 08 建置、執行按【F5】鍵；若無錯誤，開啟「表單」畫面。

STEP 09 「按一下」按鈕按下滑鼠左鍵，原本空白的標籤，會顯示目前的日期和時間。按下「結束」按鈕是否會關閉表單程式？

【程式說明】

- 雖然它是一個 Windows Form 應用程式，但結構上它是一個類別程式，繼承了 Form 類別，建構函式呼叫了 InitializeComponent() 方法將控制項初始化。
- 第 2～8 行：為 Form1 類別程式，它是一個繼承 Form 類別的子類別。
- 第 4～7 行：建構函式，呼叫 InitializeComponent() 方法將控制項初始化。
- 第 11～22 行：btnShow 按鈕的 Click 事件。將「DateTime.Now」取得的屬性值指派給 lblshow（Label 控制項）的 Text 屬性，當使用者按一下滑鼠時，Label 控制項就會顯示字串內容！
- 第 31～32 行：使用者按下「結束」按鈕時會結束所有應用程式。

TIPS

以 Windows Form 來撰寫應用程式時，必須針對某一個控制項物件來撰寫。有幾個方式可以進入程式碼編輯區：

- 執行「檢視＞程式碼」指令（實際上就是【F7】）。
- 在表單上按滑鼠右鍵，執行快捷功能表的「檢視程式碼」指令。

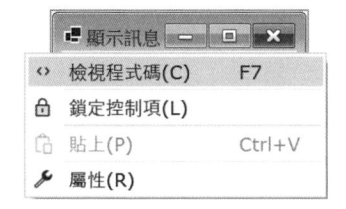

- 方案總管 Form1.cs 按滑鼠右鍵，從快捷功能表中執行「檢視程式碼」指令。

10.2.3 儲存程式的位置

完成編譯的程式會存放專案「Ex1001」資料夾底下，透過檔案總管可以看到方案「Ex1001.sln」、專案「Ex1001.csproj」、表單「Form1.cs」等等。而編譯後的程式會存放在「\bin\Debug\nwr6.0-windows」資料夾之下，當滑鼠去雙擊「Ex1001.exe」可執行檔時，就會開啟與範例《Ex1001》相同的 Windows Form。

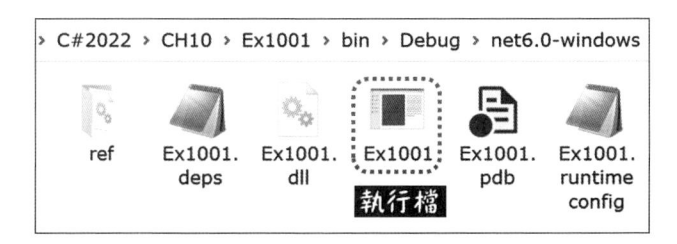

10.3 Windows Forms 的運作

前一個範例只在表單上加了一個標籤和兩個按鈕,嚴格來說也只寫了二行敘述!這就是 Windows Form 的迷人之處。它的運作模作中,大家一定很好奇為什麼會有部份類別(Partial Class)?常用的主程式 Main() 跑去那裡?透過下述的內文做有更多的了解!

10.3.1 部份類別是什麼?

究竟什麼是部份類別?先來看《範例 Ex1001》程式碼第 13 行的敘述!

```
public partial class Form1 : Form {
   // 程式區段;
}
```

- 表示 Form1 是一個衍生類別,它繼承了 Form 類別,包含與 Form 類別有關的屬性和方法。
- partial 稱為關鍵修飾詞(Keyword Modifier),用來分割類別;表示 Form1 是一個部份類別。
- partial 關鍵字所定義的類別、結構或介面要在同一個命名空間(Namespace)。也就是同名的類別得加上 partial 關鍵修飾詞,使用相同的存取範圍(存取修飾詞要一樣)。
- partial 關鍵修飾詞只能放在 class、struct 或 interface 前面。

什麼是部份類別?在解釋它之前先聊一下壓縮檔案!不知大家有用過壓縮檔案的軟體無?當原始檔案過於龐大時,可能會把它進行部份壓縮,將一個檔案分割成好幾個部份,只要設好編碼格式,解壓縮時將多個檔案置於相同的資料夾,就不致於產生問題!

所以部份類別也是將一個類別存放在不同檔案,只要位於相同的命名空間即可。一般來說,Visual Studio 會先建立 Windows Form 的相關程式碼。當我們建立 Windows Form 應用程式時,它就會把這些程式碼自動加入到程式中;使用者只須透過繼承就可以使用這些類別的程式碼,而不需要修改系統所建立的檔案。

建立 Windows Form 之後，有關的三個檔案：①Form1.cs（存放 Form1 類別的成員）；②Form1.Designer.cs；③Form1.resx（定義資源檔）。既然 Form1 子類別是部份類別，那麼其他與 Form1 有關的程式又在那裡？另一個部份類別檔案就是「Form1.Designer.cs」。

Form1.Designer.cs 檔案用來存放 Windows Form 控制項的相關設定。以滑鼠雙擊打開它之後，會以索引標籤方式開啟於視窗中間的程式碼編輯區。參考圖【10-10】所示，第 1 行的程式碼使用的是相同的命名空間，而第 3 行的 Form1 類別最前端也加入 partial 關鍵字。

圖【10-10】　Form1.Designer.cs 部份程式碼 1

繼續往下找到一行敘述「Windows Form 設計工具產生的程式碼」（可能是行號 23 行），點選行號右方的「+」把它展開。

參考圖【10-11】可在行號 29 行找到 InitializeComponent() 方法（Form1 類別建構函式所呼叫的方法，由系統自動建立，通常會把相關程式碼折疊）。只要在 Windows Form 所做設定，皆會呈現於此。

10-19

```
29        private void InitializeComponent()
30        {
31            this.lblDisplay = new System.Windows.Forms.Label();
32            this.btnShow = new System.Windows.Forms.Button();
33            this.btnEnd = new System.Windows.Forms.Button();
34            this.SuspendLayout();
35            //
36            //
46            //
47            // btnShow
48            //
49            this.btnShow.Location = new System.Drawing.Point(13, 69);
50            this.btnShow.Name = "btnShow";
51            this.btnShow.Size = new System.Drawing.Size(104, 34);
52            this.btnShow.TabIndex = 1;
53            this.btnShow.Text = "顯示";
54            this.btnShow.UseVisualStyleBackColor = true;
55            this.btnShow.Click += new System.EventHandler(this.btnShow_Click);
```

圖【10-11】 Form1.Designer.cs 部份程式碼 2

由於每個控制項本身都代表著一個類別，表單中加入控制項是實體化某個類別，如果再進一步查看，加入 Label1 控制項時，會有這樣的敘述：

```
// 圖 10-8，程式碼第 31 行
this.lblDisplay = new System.Windows.Forms.Label();
```

◆ lblDisplay 由 new 運算子實體化為物件（新的執行個體）。

「顯示」按鈕設定了 Name 和 Text 屬性，可以從圖【10-11】的第 50、53 行程式碼看到這兩個屬性的設定。加入的 Click 事件也能從第 55 行獲得。這些已產生的程式碼不建議去變更它，除非你對 Visual C# 的程式編寫已非常熟悉！

10.3.2　Main() 主程式在那裡？

主控台應用程式皆以 Main() 主程式來作為程式的進入點。那麼 Windows Form 的程式進入點在那裡？或者 Main() 又藏在那一個檔案裡？還是得藉助方案總管查看！它會有一個「Program.cs」檔案（熟悉嗎？撰寫主控台應用程式會以它為主角），打開之後可以查看一下程式碼之中是否有 Main() 主程式！同樣，它是應用程式執行時的進入點，它會針對 Windows Forms 提供相關程式碼，顯示的第一個表單。

```
 9          static void Main()
10          {
11              // To customize application configurat
12              // see https://aka.ms/applicationconfi
13              ApplicationConfiguration.Initialize();
14              Application.Run(new Form1());
15          }
```

圖【10-12】 Program.cs 檔案的 Main 主程式

◆ 第 13 行：ApplicationConfiguration 是程式編譯時自動產生，會去呼叫原有的 Application 靜態類別的相關方法。

把滑鼠移向時，就可以檢視原有的 Application 類別提供的相關方法。

```
ApplicationConfiguration.Initialize();
    void ApplicationConfiguration.Initialize()
    Bootstrap the application as follows:
    Application.EnableVisualStyles();
    Application.SetCompatibleTextRenderingDefault(false);
    Application.SetHighDpiMode(HighDpiMode.SystemAware);
```

Windows Forms App 屬於「圖形使用者介面」(GUI，Graphical User Interface)，當使用者與 GUI 介面產生互動時，透過事件驅動（Event Driven）產生事件（Event）。這些包含了移動滑鼠、按一下滑鼠，雙按滑鼠，選取指令和關閉視窗等。對於現階段的 Windows 應用程式來說，要引發的事件大部份是滑鼠的 Click 事件！要建立事件處理常式可分為二個步驟來施行。

- 在表單中建立事件處理常式的控制項，目前會以「按鈕」控制項為主。
- 在事件處理常式中加入適用的程式碼。

如果以範例《Ex1001》的操作程序來說，按下「顯示」按鈕時，會引發「Click」事件，然後傳遞給「事件處理常式」，相關的程式碼就會改變 Label 控制項的顯示內容。

控制項都有它預設的事件處理常式。以表單來說，在表單空白處雙擊滑鼠時會進入表單的載入事件（Form1_Load()）。如果單擊按鈕（Button）就會產生「button1_Click()」事件。不同的控制項要撰寫其事件處理，可利用此方式進入程式碼編輯區來撰寫它們的事件處理程序。

10-21

10.3.3 訊息廻圈

視窗程式中還有訊息廻圈（Message Loop）的處理！來自 System.Windows. Forms 命名空間提供豐富的使用者介面，是我們架構 Windows Form 應用程式不能缺少的支援。Application 類別提供靜態方法和屬性來管理應用程式，例如提供方法啟動、停止訊息廻圈，使用屬性取得有關應用程式的訊息。有那些屬性和方法？表【10-2】簡列之。

Application 靜態成員	說明
AllowQuit	是否要終止此應用程式。
MessageLoop	用來判斷訊息廻圈是否是否存於執行緒中。
OpenForms	取得應用程式已開啟的表單。
VisualStyleState	指定視覺化樣式套用到視窗應用程式。
AddMessageFilter()	訊息中加入篩選器，監視傳送至目的端的訊息。
DoEvents()	用來處理 Windows 中目前訊息佇列的訊息。
EnableVisualStyle()	啟用應用程式的視覺化外觀。
Exit()	訊息處理完成後結束所有應用程式。
ExitThread()	結束目前執行緒的訊息廻圈，使用視窗全部關閉。
OnThreadException()	截取產生錯誤的執行緒並擲回例外狀況。
Restart()	關閉應用程式並啟動新的執行個體。
Run()	開始執行標準應用程式訊息廻圈並看見指定表單。
SetCompatibleText-RenderingDefault()	判斷是否能提供優於 GDI 的表現能力。
SetSuspendState()	讓系統暫止或休眠。

表【10-2】 靜態類別 Application 的常用成員

Run() 方法的語法如下：

```
public static void Run(Form mainForm)
```

- mainForm：欲顯示的表單。

Run() 方法通常是由「Progrma.cs」的 Main() 主程式來呼叫，並顯示應用程式的主視窗。停止訊息廻圈的處理會呼叫 Application 類別的 Exit() 方法。

10.3.4 控制項與顏色值

已經知道表單中加入的控制項是某個類別實體化後的呈現,所以它的屬性大部份都能由屬性視窗做設定。除此之外也能以程式碼來編寫,先來看這一行敘述。

```
lblDisplay.Text = DateTime.Now.ToString();
```

利用 Text 屬性取得新值。最簡單的方法就是在「＝」右邊給予字串。由於是以 DataTime 結構取得日期和時間須以 ToString() 方法轉成字串。如何設定控制項的屬性,語法如下：

```
物件名稱.屬性 = 屬性值;
```

◆ 屬性值可依據屬性的型別來產生,可能是字串,也有可能是數值。

範例《Ex1002.csproj》

● 程式規劃

表單分別加入兩個標籤和文字方塊,執行時第一個文字方塊輸入名字,第二個文字方塊輸入密碼。啟動表單後,在文字方塊中輸入 ❶ 帳號和 ❷ 密碼,❸ 按「顯示」鈕會顯示訊息對話方塊,❹ 再按「確定」就會關閉對話方塊。

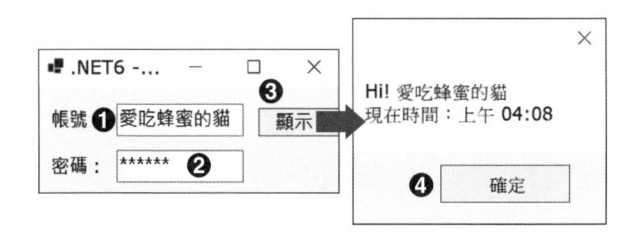

● 控制項屬性設定和相關程式碼

STEP 01 建立 Windows Form 應用程式,架構「.NET 6.0」；並依下表所列在表單上加入標籤、文字方塊（Textbox）和按鈕。

控制項	屬性	屬性值	控制項	屬性	屬性值
Form1	Text	Ex1002	Label1	Text	帳號：
Button	Name	btnShow	Label2	Text	密碼：
	Text	顯示	TextBox2	Name	txtPassword
TextBox1	Name	txtAccount		PasswordChar	*

10-23

STEP 02	完成的表單如下。透過 PasswordChar 屬性，將輸入密碼以「*」字元顯示，按下「顯示」按鈕，會把這些取得的訊息利用 MessageBox 類別的 Show() 方法顯示於交談窗中。

```
.NET6 - Ex1002
帳號：
         顯示
密碼：
```

STEP 03	滑鼠雙擊「顯示」按鈕，進入程式碼編輯區（Form1.cs），撰寫如下的程式碼。

```
01   private void btnShow_Click(object sender, EventArgs e)
02   {
03       string userAccount = txtAccount.Text;
04       DateTime showTime = DateTime.Now;     // 取得目前時間
05       string saveTime = showTime.ToShortTimeString();
06       if (txtAccount.Text == "")
07           MessageBox.Show(" 請輸入名字 ");
08       else if (txtPassword.Text == "")
09           MessageBox.Show(" 請輸入密碼 ");
10       else
11       {
12           MessageBox.Show($"Hi! {userAccount}" +
13               $"\n 現在時間：{saveTime}");
14       }
15   }
```

STEP 04	建置、執行按【F5】鍵，按表單右上角的「X」鈕就能關閉表單。

【程式說明】

- 第 3 行：將第一個文字方塊輸入的名字利用變數 userAccount 儲存。
- 第 5 行：利用 DateTime 結構取得的系統時間以 ToShortTimeString() 方法轉換為字串格式。
- 第 6 ～ 14 行：if/else if/else 敘述判斷兩個文字是否有輸入字串，以兩個雙引號「""」表示空字串；若為空字串，MessageBox 類別的 Show() 方法做訊息提示；若有輸入文字，同樣以 MessageBox 類別的 Show() 方法將取得的訊息輸出。

與控制項合作無間的就是顏色囉！例如：標籤的前景顏色（ForeColor）是利用屬性視窗的調色盤，再以滑鼠直接點選。調色盤分成三種標籤：① 自訂；②Web；③ 系統。取自 Web 和系統時直接顯示顏色名稱。採自訂時，通常會有二種情形：

- 直接顯示顏色名稱，如「Blue」。
- 將顏色以數值「192, 0, 192」或十六進位的 RGB 表示。

直接以顏色名稱做設定，就必須呼叫來自命名空間的「System.Drawing」底下的 Color 結構。要使用列舉成員時，它的語法如下：

```
物件.屬性名稱 = 列舉型別.成員;
```

要設定這些顏色，例如前景顏色（ForeColor）或背景顏色（BackColor），可以呼叫 Color 的成員，敘述如下：

```
物件.ForeColor = Color.成員;
```

有那些常見的 Color 結構成員！表【10-3】做簡介。

成員	顏色	RGB	成員	顏色	RGB
Black	黑	#000000	White	白	#FFFFFF
Red	紅	#FF0000	Blue	藍	#0000FF
Brown	棕	#A52A2A	Cyan	青綠	#00FFFF
Green	綠	#00FF00	Gold	金黃	#FFD700
Gray	灰	#808080	Navy	海藍	#000080
Olive	橄欖	#808000	Orange	橘	#FFA500
Pink	粉紅	#FFC0CB	Purple	紫	#800080
Silver	銀	#C0C0C0	Yellow	黃	#FFFF00

表【10-3】 常見的顏色成員

表示顏色的第二種方式就是 ARGB，以 32 位元值表示，各以 8 個位元來代表 Alpha、Red（紅色）、Green（綠色）和 Blue（藍色）。利用 R、G、B 的色階原理組成色彩數值，每一個色階由 0～255 的數值產生。當 R(0)、G(0)、B(0)（以

10-25

RGB(0, 0, 0) 表示）數值皆為零是黑色；RGB(255, 255, 255) 是白色。Color 結構的 FromArgb() 方法就是以此概念來調色，語法如下：

```
物件.ForeColor = Color.FromArgb(int alpha, int red,
    int green, int blue);
```

- alpha 代表色彩透明值，也就是色彩與背景色彩混合的程度；要設不透明色彩，就得把 alpha 設為 255。
- red、green、blue 代表紅、藍、綠的顏色設定，設定值為 0 ～ 255 之間。

RGB 的色階也能以 16 位元 0 ～ F 表示，以兩位數表示色階值「#RRGGBB」，色彩值「#000000」為黑色，紅色則是「#FF0000」。要把 Label 控制項的文字（前景）顏色設為藍色時，可以將程式碼做如下表示：

```
label1.ForeColor = Color.Blue;    // 呼叫成員
label1.ForeColor = Color.FromArgb(0, 255, 0);    // 呼叫方法
```

10.3.5　環境屬性

前文提及表單是一個容器，當表單的字型有變更時，表單上的控制項字型也會一同變更。這種會接收父控制項的屬性，稱為環境屬性（Ambient Property），它也是控制項屬性的一環。它包含四種：ForeColor（前景顏色）、BackColor（背景色彩）、Cursor（游標）、Font（字型）。

比較特別的地方，Font 是不可變動的；如果表單上的控制項要設定新的字型時必須透過 new 修飾詞覆寫 Font 的建構函式（new 修飾詞會隱藏父類別成員）。它的通用語法如下：

```
物件.屬性名稱 = new 類別的建構函式 ( 參數串列 );
```

使用 Font 時，不外乎是字型（FontFamily）、字的大小（FontSize）和字體（FontStyle），所以其建構函式就是重新定義這些內容。FontStyle 也是列舉類型，包含 Bold（粗體）、Italic（斜體）、Regular（一般）、Strikeout（字有刪除線）和 Underline（字有底線）。

```
Botton1.Font = new
    Font("微軟正黑體", 12, FontStyle.Underline);
```

- 表示按鈕的字型新建了字型「微軟正黑體」，字的大小「12」且有底線。

10.4 表單與按鈕

Windows 應用程式的 GUI 介面,將表單以「對話方塊」來處理,透過 Form 類別來建立標準視窗、工具視窗、無邊框視窗和浮動的視窗,或是產生 SDI(單一文件介面)或者是 MDI(多重文件介面)。在視窗環境工作時,雖然打開了 Word 軟體,也可能開啟了瀏覽器進行網頁瀏覽,不過永遠只有一個「工作視窗」(Active window)會取得「焦點」(Focus),取得焦點的視窗才能接受滑鼠或是鍵盤輸入的相關訊息。

10.4.1 表單的屬性

跟所有的控制項相同,表單具亦可利用其屬性做字型、前景或背景的設定;表【10-4】做簡單說明。

Form 類別屬性	說明
BackColor	背景顏色。
BackgroundImage	取得或設定控制項中顯示的背景影像。
Cursor	取得或設定滑鼠指標移至控制項上時顯示的游標。
Font	設定字型、大小。
ForeColor	預設表單上所有控制項的前景色彩。
FormBorderStyle	取得或設定表單的框線樣式。
RightToLeft	支援由右至左字型,取得/設定控制項元件是否對齊。
Text	用來改變視窗的標題。
Enabled	取得或設定控制項是否要回應使用者的互動。
AcceptButton	使用者按下 ENTER 鍵,取得或設定所按下的按鈕。
CancelButton	使用者按下 ESC 鍵時來取得按鈕控制項。
DesktopLocation	取得或設定表單在 Windows 桌面的位置。
MaximizeBox	是否要在表單顯示「最大化」按鈕。
MinimizeBox	是否要在表單顯示「最小化」按鈕。
StartPosition	取得或設定表單在執行階段的開始位置。
Size/AutoSize	取得或設定表單大小。
Opacity	用來控制視窗的透明度(值:0.0 ~ 1.0)。

表【10-4】 表單的屬性

在設計階段，表單的大小（size）屬性可以直接使用數字來表示它的寬（width）和高度（Height），或者將滑鼠移向表單右下角向右下方拖曳來改變其大小。在程式執行階段，要讓表單依據填裝的控制項做大小的改變，就要搭配 AutoSize 和 AutoSizeMode 屬性。

當 AutoSize 設為『true』才能進一步以 AutoSizeMode 屬性來指定表單的大小模式，執行時依據其屬性值來指定它的大小。AutoSizeMode 有二個列舉成員。

- **GrowAndShrink**：表單無法以手動方式調整，它會依據控制項的排列自行決定放大或縮小。
- **GrowOnly**：預設值；表單依控制項排列來放大一倍，但會小於它原來的 Size 屬性值。

屬性 StartPosition 用來決定表單執行，它的位置應從那裡開始，所以設定它時當然是在表單顯示之前也就是呼叫 Show() 方法或 ShowDialog() 方法之前就得設定，或者直接利用表單的建構函式做設定亦可。設定時會呼叫 FormStartPosition 列舉型別，它的成員如下：

- **CenterParent**：依據父表單的界限將子表單置中。
- **CenterScreen**：表單會依螢幕大小並顯示於中央位置。
- **Manual**：表單的位置由 Location 屬性來決定。
- **WindowsDefaultBounds**：表單會依 Windows 的預設範圍來顯示。
- **WindowsDefaultLocation**：表單會依 Windows 的預設範圍，依據指定大小顯示。

10.4.2 表單的常用方法

要關閉表單，可直接呼叫表單的 Close() 方法。表單還有那些常用的方法？利用表【10-5】做介紹。

Form 類別方法	說明
Activate()	啟動表單並給予焦點。
ActivateMdiChild()	啟動表單的 MDI 表單。
AddOwnedForm()	將指定的表單加入附屬表單。
CenterToParent()	將表單的位置納入父表單範圍的中央。
CenterToScreen()	將表單置於目前螢幕的中央位置。
Close()	關閉表單。
Focus()	設定控制項的輸入焦點。
OnClose()	引發 Closed 事件。
OnClosing()	引發 Closing 事件。
ShowDialog()	將表單顯示為強制回應對話方塊。

表【10-5】 表單的方法

10.4.3 表單的事件

除了表單的屬性、方法之外，還有表單事件，一般比較常見的有：

- **Load()** 事件：程式開始執行，第一次載入表單所引發的事件。能進行變數、物件等的初始值設定，因為它只會執行一次，而且是表單事件程序中擁有最高的優先權。
- **Activated()**：啟動表單時，更新表單控制項中所顯示的資料，一般設為「作用中的表單」，它的優先權僅次於 Load 事件。當表單首次載入時，會先執行 Load 事件程序，接著就會開啟表單來執行 Activated 事件程序。
- **Click()** 事件：使用者在表單上按一下滑鼠所引發的事件程序。

範例《Ex1003.csproj》

● 程式規劃

　　第一個表單只有一個按鈕控制項來結束表單；利用「Form_Load()」事件，也就是程式執行時會先載入此事件。再以程式碼產生第二個半透明表單和一個按鈕，利用屬性 Opacity（值愈小透明度愈大）讓表單呈半透狀。按第二個表單的按鈕「取消」或者右上角的「X」鈕皆能關閉第二個表單回到第一個表單。

● 表單操作

　　啟動程式後，先載入第二個透明表單，❶ 按「取消」鈕會關閉表單並載入第一個表單，❷ 按「結束」鈕關閉表單。

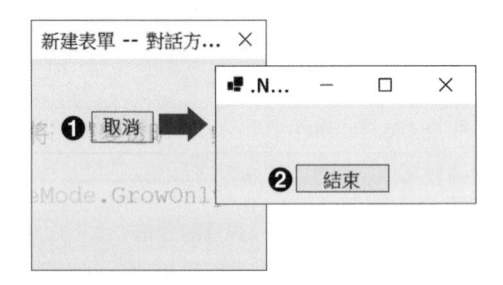

● 控制項屬性設定和相關程式碼

STEP 01 建立 Windows Form 應用程式，架構「.NET 6.0」；並依下表在表單上加入控制項並做設定。

控制項	屬性	值	控制項	屬性	值
Form1	Text	Ex1003	Button	Name	btnClose
	Font	微軟正黑體，11		Text	結束

STEP 02 完成的表單如下。

10-30

STEP 03 表單空白處雙擊滑鼠進入《Form1.cs》程式編輯，自動加入其事件「Form1_Load()」，撰寫如下程式碼。

```
01   private void Form1_Load(object sender, EventArgs e)
02   {
03      Form frmDialog = new();
04      frmDialog.Text = " 新建表單 -- 對話方塊樣式 ";
05      Button btnCancle = new(); // 產生新按鈕
06      btnCancle.Font = new(" 微軟正黑體 ", 12);
07      btnCancle.AutoSize = true;// 自行調整大小
08      btnCancle.Text = " 取消 ";
09      btnCancle.Location = new(70, 80);   // 設定位置
10      frmDialog.FormBorderStyle =
11         FormBorderStyle.FixedDialog;
12      frmDialog.Opacity = 0.85;      // 將表單變透明一些
13      frmDialog.AutoSize = true;
14      frmDialog.AutoSizeMode = AutoSizeMode.GrowOnly;
15      frmDialog.MaximizeBox = false;    // 不設定最大化
16      frmDialog.MinimizeBox = false;    // 不設定最小化
17      frmDialog.CancelButton = btnCancle;
18      frmDialog.StartPosition =
19         FormStartPosition.CenterScreen;
20      frmDialog.Controls.Add(btnCancle);
21      frmDialog.ShowDialog(); // 顯示表單
22   }
```

STEP 04 切換 Form1.cs[設計] 索引標籤，滑鼠雙擊「結束」按鈕，再一次進入程式碼編輯區，在「btnClose_Click」事件撰寫如下程式碼。

```
31   private void btnClose_Click(object sender, EventArgs e)
32   {
33      Close();     // 關閉表單
34   }
```

STEP 05 建置、執行按【F5】鍵，若無錯誤會載入第二個表單。

【程式說明】

- 第 3、5 行：以 new 運算子產生一個表單和按鈕實體。
- 第 6 ～ 8 行：new 修飾詞呼叫 Font 類別的建構函式，重設按鈕的字型和字的大小，並將 AutoSize 設為「ture」，它會依字的大小來調整本身的寬和高度。
- 第 9 行：同樣以 new 修飾詞呼叫 Point 結構的建構函式，重設 X 和 Y 的座標位置，以表單的左上角為原點。
- 第 10 ～ 11 行：將第二個表單的屬性 FormBorderStyle 設為單框線。

- 第 12 行：將表單設成半透明狀，值「0.0～1.0」，值愈小透明度愈高。
- 第 13 行：將屬性 AutoSize 設為 true，才能進一步以屬性 AutoSizeMode 做設定，屬性值「GrowOnly」表示表單會依控制項的排列來放大。
- 第 17 行：將「取消」鈕指指派給表單右上角的「X」鈕，只要使用者按其中一個鈕就能關閉表單。
- 第 18～19 行：執行表單時，利用屬性 StartPosition 呼叫 FormStartPosition 列舉類型的成員「CenterScreen」將表單顯示於螢幕中央。
- 第 20 行：表單的控制項是一群控制項的集合，須以 Controls 屬性呼叫 ControlCollection 類別的 Add() 方法將實體化按鈕加入，表單上才會顯示。
- 第 21 行：呼叫 ShowDialog() 方法，讓第二個表單以對話方塊樣式來呈現。
- 第 31～34 行：「btnClose_Click」事件比較簡單，呼叫 Close() 方法來關閉表單。

10.4.4　Button 控制項

與 Windows Form 互動最密切就是 Button（中文稱「按鈕」）控制項。在撰寫 Windows 應用程式時最常以「Click」事件來執行相關程序。Button 本身也是類別，藉由表【10-6】認識它的相關成員。

成員	預設值	說明
Anchor	Top, Left	取得或設定控制項的容器邊緣，可由父容器來重新調整大小。
AutoSize	False	是否依據內容自動調整，False 不自動調整。
BackColor	Control	設定按鈕背景色。
Dock	None	是否停駐於父容器。
Enabled	True	按鈕被按下時是否有作用，True 表示有作用。
Font		設定按鈕的字型。
ForeColor	ControlText	設定按鈕的前景顏色，就是字型顏色。
Image		設定按鈕的顯示影像。
Size		決定按鈕的寬和高度。
Text	button1	按鈕上欲顯示的文字。
Visible	True	決定按鈕是顯示或隱藏，True 為顯示。
Show()		顯示按鈕控制項。
Click() 事件		按一下按鈕會引發此事件。

表【10-6】　按鈕控制項的成員

某些情形下，要讓按鈕按下無作用，可將程式碼撰寫如下：

```
button1.Enabled = false;
```

表示按鈕無作用，以灰色狀態呈現，可參考圖【10-13】之左側按鈕。

圖【10-13】 按鈕有無作用有區別

10.5 MessageBox 類別

顯示訊息得藉助 MessageBox 類別與使用者互動。先前範例皆利用 Show() 方法單純地產生訊息對話方塊來顯示訊息。本節內容介紹它更多的用法。一個完整的訊息對話方塊會如圖【10-14】所示，包含：① 訊息內容；② 標題列；③ 按鈕；④ 圖示。

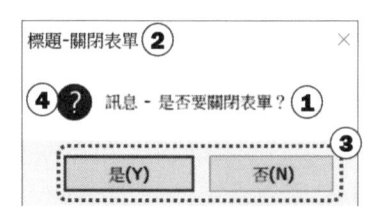

圖【10-14】 訊息對話方塊

10.5.1 顯示訊息

MessageBox 的 Show() 方法提供訊息的顯示，概分成二種。

- 第一種就是單純地顯示訊息，就像我們先前用過，表示「我知道了」，所以訊息對話方塊只有一個，可能是「確定」或「是」鈕。
- 第二種是「知道了之後還要有進一步的動作」，所以按鈕會有二種以上，按不同的按鈕要有不同的回應方式。

MessageBox 的 Show() 方法，其語法如下：

```
MessageBox.Show(text, [, caption[, buttons[, icon]]]);
```

- text（訊息）：在訊息方塊顯示的文字，為必要參數。
- caption（標題）：位於訊息方塊標題列的文字。
- 按鈕（buttons）：呼叫 System.Windows.Forms 命名空間，使用 MessageBoxButtons 列舉類型，提供按鈕與使用者進行不同的訊息回應；參考章節《10.5.2》。
- icon（圖示）：同樣會呼叫 System.Windows.Forms 命名空間，使用 MessageBoxIcon 列舉類型，表明訊息方塊的用途。

10.5.2 按鈕的列舉成員

如何呼叫訊息方塊的 Show() 方法，以簡單敘述來說明它的基本用法，也可以參考圖【10-15】來了解。

```
MessageBox.Show("是否要關閉檔案"); //只有訊息
MessageBox.Show("是否要關閉檔案", "關閉表單"); //訊息和標題
```

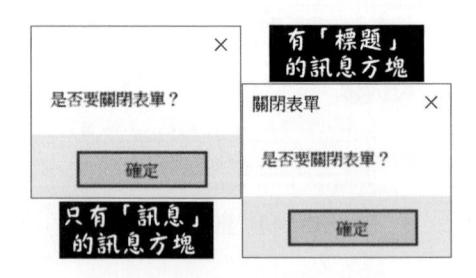

圖【10-15】 簡單的訊息方塊

訊息對話方塊的回應按鈕能與使用者進行不同的對話反應，透過 buttons 來指定訊息方塊中要顯示哪些按鈕。表【10-7】說明 MessageBoxButtons 有那些列舉型別的成員。

按鈕成員	回應按鈕
OK	確定
OKCancel	確定　取消
YesNo	是(Y)　否(N)
RetryCancel	重試(R)　取消
YesNoCancel	是(Y)　否(N)　取消
AbortRetryIgnore	中止(A)　重試(R)　略過(I)

表【10-7】 MessageBoxButtons 成員

10.5.3 圖示列舉成員

訊息方塊中顯示於內容左側的圖示可透過 Icon 來加入，常見圖示以表【10-8】來了解 MessageBoxIcon 的常用成員。

圖示成員	圖示意義
None	沒有圖示
Information	資訊、消息
Error	錯誤
Warning	警告
Question	問題

表【10-8】 MessageBoxIcon 成員

10.5.4 DialogResult 如何接收？

使用者按下訊息對話方塊的按鈕作為訊息的回應時，由於每個按鈕都有自己的回傳值，可以在程式碼中使用 if/else 敘述做判斷，依據按下的按鈕來產生回應動作！其回傳值透過表【10-9】做簡單列示，認識 DialogResult 列舉型別成員。

10-35

按鈕	回傳值
Abort	中止(A)
OK	確定
Cancel	取消
Retry	重試(R)
Yes	是(Y)
No	否(N)
Ignore	略過(I)
None	表示強制回應對話方塊會繼續執行。

表【10-9】 訊息對話方塊的回傳值

範例《Ex1004.csproj》

▶ 程式規劃

輸入帳號、密碼和性別；以 if/else 敘述配合文字方塊的屬性 Length（長度）做判斷，帳號和密碼都不能少於 5 個字元。RadioButton 則以屬性 Checked 來檢查性別是否有圈選。一切無誤，以 MessageBox 的 Show() 方法顯示結果。

▶ 表單操作

輸入帳號和密碼，密碼字元數小於 5 時，按「確定」鈕會有訊息方塊提示密碼字元數不對；按訊息方塊的「取消」鈕會清除密碼。

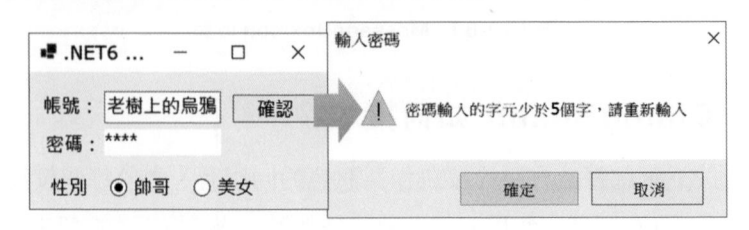

重新輸入大於 5 個字元的密碼，按下「確定」鈕之後，會以訊息方塊顯示相關訊；按「確定」鈕之後會關閉應用程式。

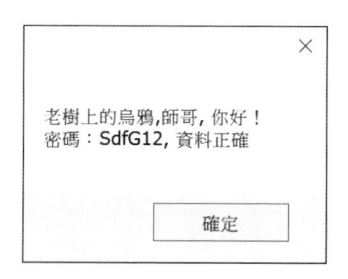

```
老樹上的烏鴉,師哥, 你好！
密碼：SdfG12, 資料正確
```

● 控制項屬性設定和相關程式碼

STEP 01 建立 Windows Form 應用程式，架構「.NET 6.0」；並依下表在表單上完成控制項的設定。

控制項	屬性	值	控制項	屬性	值
Form1	Text	Ex1004	Label2	Text	密碼：
	Font, Size	11	Label3	Text	性別：
TextBox1	Name	txtAccount	RadioButton1	Name	rabMale
	MaxLength	20		Text	帥哥
TextBox2	Name	txtPwd	RadioButton2	Name	rabFemale
	MaxLength	10		Text	美女
	PasswordChar	*	Button	Name	btnCheck
	BorderStyle	None		Text	確定
Label1	Text	帳號：			

STEP 02 完成的表單如下。

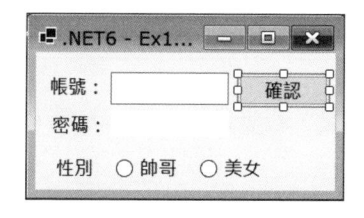

```
.NET6 - Ex1...
帳號：[        ]  確認
密碼：
性別： ○ 帥哥  ○ 美女
```

10-37

STEP 03 雙擊滑鼠「確定」鈕進入「btnCheck_Click()」事件，撰寫如下的程式碼。

```
01   private void btnCheck_Click(object sender, EventArgs e)
02   {
03       String message = " 輸入的字元少於 5 個字，請重新輸入 ";
04       String account = " 輸入帳號 ";
05       String password = " 輸入密碼 ";
06       MessageBoxButtons btnName = MessageBoxButtons.YesNo;
07       MessageBoxButtons btnPwd = MessageBoxButtons.OKCancel;
08       MessageBoxIcon iconInfo = MessageBoxIcon.Information;
09       MessageBoxIcon iconWarn = MessageBoxIcon.Warning;
10       DialogResult result, confirm;// 訊息方塊的回傳值
11       if (txtAccount.Text.Length >= 5)// 名稱的字元數須 >=5 個字元
12       {
13          if (txtPwd.Text.Length >= 5)
14          {
15              string verify = $"{txtAccount.Text}," +
16                  $"{(rabMale.Checked ? " 師哥 " : " 美女 ")}, 你好！" 
17                  + $"\n密碼：{txtPwd.Text}, 資料正確 ";
18              confirm = MessageBox.Show(verify);
19              ResultMsg(confirm);   // 傳入參數值做後續處理
20          }
21          else    // 密碼字元數小於 5 個字元時，顯示訊息
22          {
23              result = MessageBox.Show(" 密碼 " + message,
24                  password, btnPwd, iconWarn,
25                  MessageBoxDefaultButton.Button2);
26              ResultMsg(result);
27          }// 第二層 if/else
28       }
29       else    // 姓名字元數小於 5 個字元時顯示訊息
30       {
31          result = MessageBox.Show(" 名字 " +
32              message, account, btnName, iconInfo);
33          ResultMsg(result);
34       }// 第一層 if/else
35   }
41   //ResultMsg() 方法請參考範例
```

STEP 04 建置、執行按【F5】鍵，若無錯誤會載入表單。

【程式說明】

- 第 3～5 行：設定訊息方塊的標題。
- 第 6～7 行：依據 MessageBoxButton 來設定回應按鈕。

10-38

- 第 8～9 行：依據 MessageBoxIcon 來設定圖示的常數值。
- 第 11～34 行：第一層 if/else 敘述配合文字方塊的屬性 Length（字元長度）判斷帳號的字串長度是否大於 5 個字元；如果有，進入第二層的 if/else 條件判斷。如果不符合就呼叫 getMessage() 方法清除文字方塊的文字並以 Focus() 方法重新取得輸入焦點。
- 第 13～27 行：第二層 if/else 敘述判斷輸入的密碼是否有大於 5 個字元，如果沒有的話，同樣去呼叫 getMessage() 方法清除輸入密碼的文字方塊。
- 第 15～18 行：RadioButton 控制項以屬性 Checked 來判斷是否被圈選。如果有就呼叫 MessageBox 類別的 Show() 方法顯示帳號、密碼和性別的相關訊息。此處使用字串插補並以條件運算子「？:」來判斷圈選的性別。

重點整理

- 每個事件處理常式都提供兩個參數，第一個參數 sender 提供引發事件的物件參考，第二個參數 e 用來傳遞欲處理事件的物件。

- 來自 System.Windows.Forms 命名空間提供豐富的使用者介面，是架構 Windows Form 應用程式不能缺少的支援。Application 類別提供靜態方法和屬性管理應用程式。

- 以 partial 關鍵修飾詞所定義的類別，代表它能把類別分割，但類別必須存放在同一個命名空間、使用相同的存取範圍（存取修飾詞要一樣）。它只能放在 class、struct 或 interface 前面。

- Windows Forms App 屬於「圖形使用者介面」（GUI, Graphical User Interface），當使用者與 GUI 介面產生互動時，透過事件驅動（Event Driven）產生事件。這些包含移動滑鼠、按一下滑鼠、雙按滑鼠，選取指令和關閉視窗等。

- 環境屬性（Ambient property）會接收父控制項的屬性。它包含四種：ForeColor（前景顏色）、BackColor（背景色彩）、Cursor（游標）、Font（字型）。

- 表示顏色的 ARGB，以 32 位元值表示，各以 8 個位元來代表 Alpha、Red、Green 和 Blue。利用 R、G、B 的色階原理組成色彩數值，每一個色階由 0 ～ 255 的數值產生。當 R(0)、G(0)、B(0) 數值皆為零是黑色；RGB(255, 255, 255) 是白色。

- 表單的 Load() 事件是表單事件程序中擁有最高的優先權，它只會執行一次，能進行變數、物件等的初始值設定。

- 一個完整的訊息對話方塊包含：① 訊息內容、② 標題列、③ 按鈕、④ 圖示。按鈕由 MessageBoxButtons 列舉類型的成員來提供不同的按鈕；圖示由 MessageBoxIcon 列舉成員提供。

通用控制項 11

學│習│導│引

- Windows Form 提供眾多控制項,依其功能,對常用的控制項做通盤性認識。
- 顯示內容的控制項,有 Label、LinkLabel。
- 控制項 TextBox、RichTextBox 能與使用者互動。
- 範例 Ex1102 使用 .NET Framework 架構建立 Windows Forms App 專案。

11.1 顯示資訊

工具箱視窗中的「通用控制項」是較為常見的控制項,依據控制項功能介紹它們的功能與常見屬性。顯示資料的控制項,介紹 Label(標籤)、LinkLabel(超連結標籤)兩種控制項。先以表【11-1】做簡介。

控制項	用途
Label	顯示資訊,使用者無法輸入。
LinkLabel	提供 Web 連結,開啟應用軟體。

表【11-1】 顯示資訊的通用控制項

11.1.1 標籤控制項

第 10 章使用過標籤(Label)控制項,對於屬性 BorderStyle(框線樣式)、Font(字型)和 ForeColor(前景顏色)也做過一番探討!Text 和 Name 屬性幾乎是每個控制項會擁有的屬性!除此之外,還有那些常用屬性,表【11-2】列示參考!

屬性	預設屬性值	作用
AutoSize	True	隨字串長度自動調整大小。
TextAlign	TopLeft	文字對齊為垂直向上,水平靠左。
Visible	True	顯現。

表【11-2】 Label 常見屬性

屬性 AutoSize(自動調整大小)的預設屬性值能讓標籤依據字串的多寡來調整標籤的寬度;屬性設為 False 就不會自動調整。程式碼撰寫如下:

```
label1.AutoSize = true;     // 標籤寬度會隨字串長度做調整
label1.AutoSize = false;    // 標籤寬度不隨字串長度做調整
```

與 AutoSize 有關的是 Size 屬性。當 AutoSize 為「true」時,無法以 Size 改變 Width 和 Height 之值。在設計階段,要調整屬性 Size 的 Width、Height 屬性值,程式碼如何撰寫?

```
label1.AutoSize = false;    // 不做自動調整，Size 才能調整
label1.Size = new(10, 10);  // 重設大小
```

- 要設定 Size 屬性必須呼叫 Size 結構的建構函式來重設寬、高值。

標籤控制項，對齊文字得透過 TextAlign 屬性，它共有九種方式，利用屬性視窗就能一目了然，如下圖【11-1】所示。

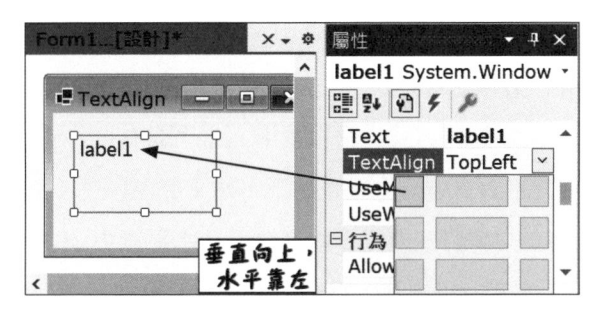

圖【11-1】 TextAlign 的預設位置

操作《Label 控制項》－改變 TextAlign 的位置

STEP 01 選取 Label 控制項，從屬性視窗找到屬性 TextAlign。

STEP 02 按 ② 鈕展開內容；滑鼠選取「MiddleCenter」之後會顯示其值；標籤控制項的文字會以「垂直置中，水平置中」對齊。

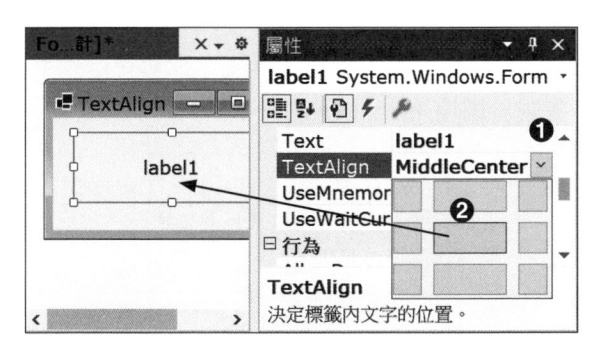

若要以程式碼控制 TextAlign 屬性，敘述如下。

```
Label1.TextAlign = ContentAlignment.TopLeft;
```

由上述程式碼得知：將文字對齊時會呼叫 ContentAlignment 列舉類型，其常數值如下：

- **TopLeft**：文字對齊方式「垂直向上，水平靠左」。
- **TopMiddle**：文字對齊方式「垂直向上，水平置中」。
- **TopRight**：文字對齊方式「垂直向上，水平靠右」。
- **MiddleLeft**：文字對齊方式「垂直置中，水平靠左」。
- **MiddleCenter**：文字對齊方式「垂直置中，水平置中」。
- **MiddleRight**：文字對齊方式「垂直置中，水平靠右」。
- **BottomLeft**：文字對齊方式「垂直向下，水平靠左」。
- **BottomMiddle**：文字對齊方式「垂直向下，水平置中」。
- **BottomRight**：文字對齊方式「垂直向下，水平靠右」。

設定控制項在執行時期是否顯現，若為「True」表示執行時會顯現於表單上；「False」的話表示被隱藏，程式碼撰寫如下。

```
Label1.Visible = false;        // 執行時標籤控制項會被隱藏
```

範例《Ex1101.csproj》

● 程式規劃

在文字方塊中輸入名稱和提款額，按「顯示」按鈕會由表單底部的 Label 控制項輸出訊息，進一步對於屬性 TextAlign 的文字對齊有更多認識。

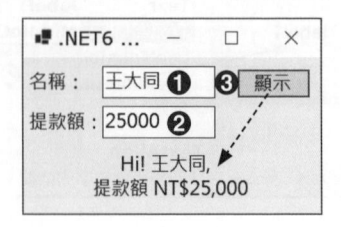

● 控制項屬性設定和相關程式碼

STEP 01 建立 Windows Form 應用程式，架構「.NET 6.0」；表單上加入控制項並依下表做屬性相關設定。

控制項	屬性	值	控制項	屬性	值
Form1	Text	Ex1101	Label3	Name	lblMsg
	Font	微軟正黑體，11		TextAlign	MiddleCenter
TextBox1	Name	txtName		BorderStyle	FixedSingle
TextBox2	Name	txtMoney	Button	Name	btnShow
Label1	Text	名稱：		Text	顯示
Label2	Text	提款額：			

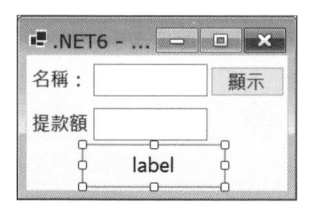

STEP 02 完成的表單如下。

STEP 03 滑鼠雙擊「顯示」按鈕，撰寫事件「btnShow_Click()」程式碼。

```
01  private void btnShow_Click(object sender, EventArgs e)
02  {
03      string name = txtName.Text;
04      int money = int.Parse(txtMoney.Text);
05      lblMsg.Text = $"Hi! {name}, \n 提款額 {money:c0}";
06  }
```

STEP 04 建置、執行按【F5】鍵，若無錯誤顯示「表單」視窗。

【程式說明】

- 第 4 行：將文字方塊取得的字串以 Parse() 方法轉為 int 型別。
- 第 5 行：使用標籤控制項的屬性 Text，配合字串插補輸出結果。

11.1.2 超連結控制項

在網路上衝浪時，有了超連結，書本是立體，圖片也可以形成圖圖相續。不過這裡的超連結是以超連結標籤（LinkLabel）控制項，將 Web 網頁、電子郵件和應用程式加入 Windows Form 中。

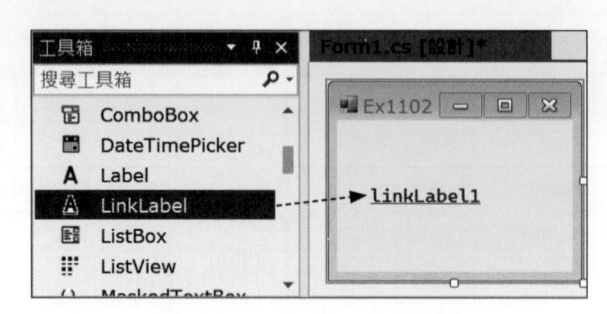

圖【11-2】 LinkLabel 控制項

LinkLabel 控制項除了擁有標籤控制項的屬性，超連結控制項常見的屬性就是與超連結有關。在連結的文字上按下滑鼠，是否要改變文字顏色，已使用過的連結又該如何呈現？簡介如下。

屬性	預設屬性值	作用
ActiveLinkColor	紅色	使用者按下超連結標籤控制項未放開滑鼠之前。
LinkColor	藍色	設定一般超連結的顏色。
LinkVisited	False	判斷是否被瀏覽過。
LinkBehavior	SystemDefault	文字是否要加底線。

表【11-3】

「ActiveLinkColor」是指使用者按下超連結標籤控制項未放開滑鼠之前，其超連結文字所顯示的顏色；系統預設是『紅色』。「LinkColor」用來設定一般超連結的顏色；系統預設是『藍色』。

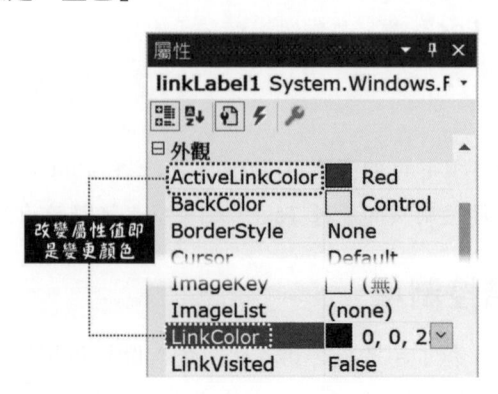

重新設定顏色以程式碼撰寫時，也意味著要呼叫「System.Drawing」命名空間下的 Color 結構進行顏色設定，給予顏色的名稱即可。

```
linkLabel1.ActiveLinkColor = Color.Yellow;      //設為黃色
linkLabel1.LinkColor = Color.Limegreen;         //設為綠色
```

要判斷是否有被瀏覽過,「LinkVisited」屬性則能進行此種判別,表示它是一個布林值。預設的屬性值設為「false」,表示即使已被瀏覽也看不出來;設為「true」則表示標籤被點選時代表已瀏覽!

若 LinkVisited 屬性設成 true,才能進一步指定已瀏覽過超連結標籤控制項的顏色,配合屬性 VisitedLinkColor 做變更,它的預設值是『紫色』。要撰寫的敘述如下:

```
linkLabel1.LinkVisited = true;//點選時表示已被瀏覽
//已被瀏覽的顏色
linkLabel1.VisitedLinkColor = Color.Maroon;
```

屬性 LinkBehavior 用來設定超連結標籤控制項中的文字是否要加底線,屬性值說明如下:

- **SystemDefault**:系統預設值。
- **AlwaysUnderline**:表示永遠要加底線。
- **HoverUnderline**:指標停留時加底線。
- **NeverUnderline**:永遠不加底線。

以程式碼撰寫,讓控制項在滑鼠停留時加底線,簡述如下:

```
linkLabel1.LinkBehavior = LinkBehavior.HoverUnderLine;
```

將超連結標籤控制項的 Enable(致能)屬性設為「false」時,可利用屬性 DisabledLinkColor(預設:灰色)來表示連結無作用時所顯現的顏色,程式碼可撰寫如下:

```
linkLabel1.DisableLinkColor = Color.White;
```

操作《LinkLabel 控制項》

設定 LinkArea 屬性時必須先有文字,再設超連結文字。

STEP 01 選取 LinkLabel 控制項,屬性視窗找到 LinkArea 屬性。

STEP 02 「LinkArea」預設屬性值是「0, 10」，表示第一個字開始（索引值為零），共 10 個字元具有超連結功能。

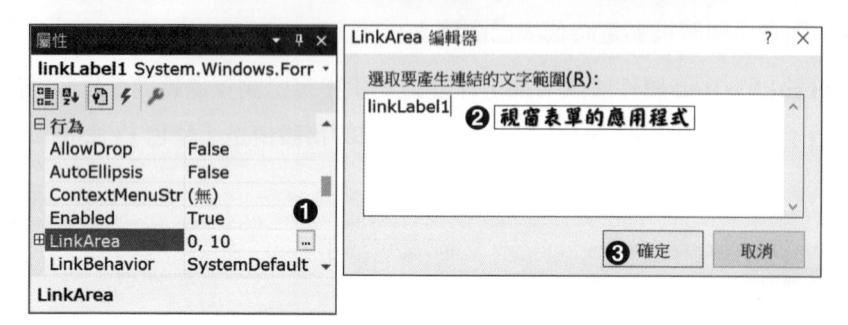

STEP 03 ❶ 按 ... 鈕開啟其編輯器，輸入文字；❷ 例如：視窗表單的應用程式，選取『應用程式』；按 ❸「確定」鈕關閉編輯器，回至屬性視窗。

STEP 04 展開 LinkArak 屬性會看到「Start」和「Length」表示由索引編號第「5」個字元開始，以第「4」個字元來做為超連結。

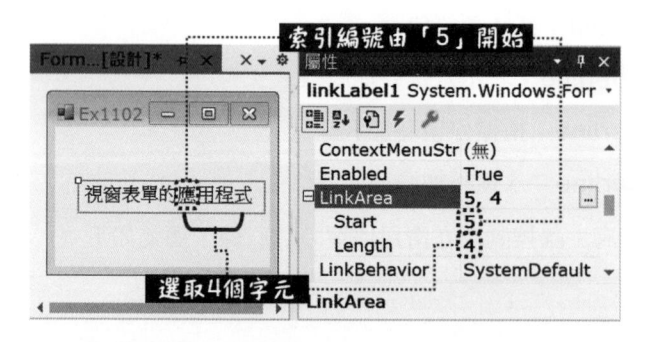

以部份文字做超連結對象，先認識方法 LinkArea() 語法。

```
LinkArea(Start, Length);
```

- Start：起始字元值由「0」開始。
- Length：欲設為超連結時選取的字元長度。

若要以程式碼撰寫，先以 Text 屬性設定文字內容，再使用 LinkArea 屬性設定欲連結的部份文字。敘述如下：

```
linkLabel1.Text = "視窗表單的應用程式";
linkLabel1.LinkArea = new LinkArea(5, 4);
```

- 以 new 運算子呼叫 LinkArea 結構的建構函式，重新設定它欲連結的文字。

當使用者在超連結標籤控制項按下滑鼠時,會引發 LinkClicked() 事件處理常式。因此,使用超連結標籤控制項可連結的對象包含執行檔、網址和電子郵件信箱。進行連結時必須引用「System.Diagnostics」命名空間做程序監控,透過此命名稱空間之 Process 類別 Start() 方法啟動欲執行的處理程式。語法如下:

```
System.Diagnostics.Process.Start("String");
```

◆ String 表示欲連結的對象:應用軟體、網址和電子郵件。

不想匯入命名空間,則以「空間名稱.類別名.方法名」(System.Diagnostics.Process)來進行呼叫;直接呼叫 Start() 方法時會有如下圖【11-3】的錯誤訊息!

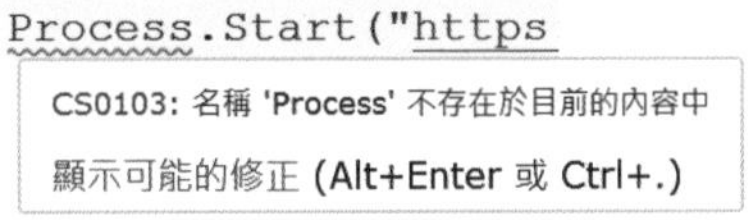

圖【11-3】 未引用命名空間的錯誤訊息

直接在 Form1.cs 程式碼的開頭處,利用「using」關鍵字來加入 System.Diagnostics 命名空間,敘述如下。

```
using System.Diagnostics;
```

範例《Ex1102.csproj》

● 程式規劃

表單加入兩個標籤超連結控制項。按下第一個控制項會進入「Visual Studio」網站;按下第 2 個控制項會開啟本章節的範例《Ex1101》。

● 表單操作

(1) 啟動程式式,滑鼠移向第一行文字的「Visual」,指標改變成手指形狀時按下滑鼠左鍵會進入微軟官方網站。

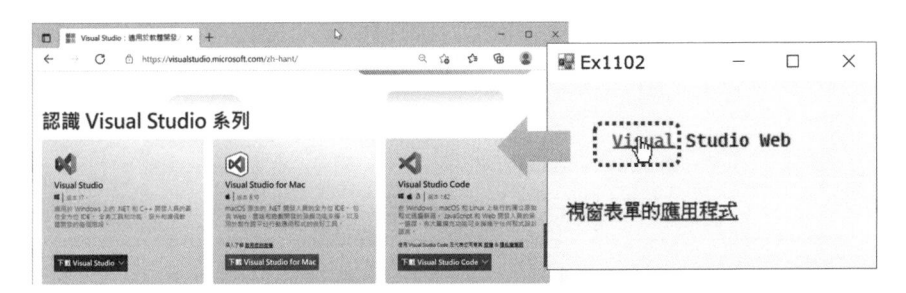

(2) 啟動程式式，滑鼠移向第二行文字的「程式設計」，指標改變成手指形狀時按下滑鼠左鍵會開 範例程式《Ex1101》。

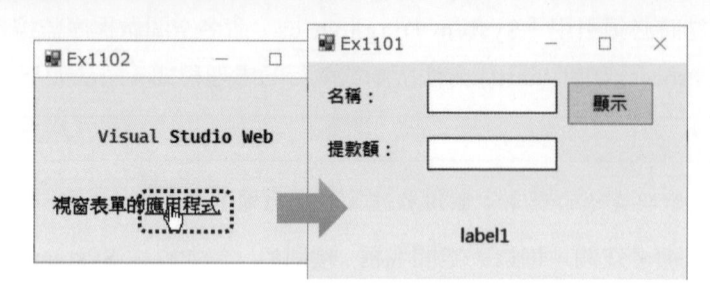

● 控制項屬性設定和相關程式碼

STEP 01 建立 Windows Form App，架構「.NET Framework 4.8」；表單上加入控制項並依下表做屬性相關設定。

控制項	屬性	值
linkLabel2	Name	lnkGetIP
linkLabel1	Name	lnkOpenApp
	LinkVisited	true
	LinkBehavior	HoverUnderline
Fomr1	Font	微軟正黑體，11

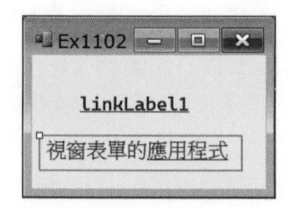

STEP 02 完成的表單如下。

STEP 03 表單空白處雙擊滑鼠進入《Form1.cs》程式編輯，撰寫「Form1_Load()」事件程式碼。

```
01   private void Form1_Load(object sender, EventArgs e)
02   {
03      // 第一個 linkLabel1 做屬性設定，連結網頁，設定超連結顏色
04      lnkGetIP.LinkColor = Color.DarkOrchid;
05      // 設定連結，未放開滑鼠前所顯示的顏色
```

Chapter 11 通用控制項

```
06        lnkGetIP.ActiveLinkColor = Color.Yellow;
07        lnkGetIP.LinkVisited = true;  // 如果已被瀏覽過
08        // 已被瀏覽過的超連結會改變顏色
09        lnkGetIP.VisitedLinkColor = Color.Maroon;
10        // 滑鼠指標停留時才顯示底線
11        lnkGetIP.LinkBehavior = LinkBehavior.HoverUnderline;
12        // 從第 1 個字元開始連結，字元長度為 6
13        lnkGetIP.Text = "Visual Studio Web";
14        lnkGetIP.LinkArea = new LinkArea(0, 6);
15    }
```

STEP 04 按【Shift + F7】回到 Form1.cs[設計] 索引標籤，滑鼠雙擊第一個標籤超連結控制項，撰寫「lnkGetIP_LinkClicked()」事件程式碼。

```
21    private void lnkGetIP_LinkClicked(object sender,
22         LinkLabelLinkClickedEventArgs e)
23    {
24        Process.Start("https://www.visualstudio.com/");
25    }
```

STEP 05 切換 Form1.cs[設計] 索引標籤，滑鼠雙擊第二個標籤超連結控制項，在撰寫「lnkOpenApp_LinkClicked()」事件程式碼。

```
31    private void lnkOpenApp_LinkClicked(object sender,
32         LinkLabelLinkClickedEventArgs e)
33    {
34        Process.Start("D:\\C#Lab\\CH11\\Ex1101\\" +
35          "bin\\Debug\\net6.0-windows\\Ex1101.exe");
36    }
```

STEP 06 建置、執行按【F5】鍵；若無錯誤開啟「表單」視窗。

【程式說明】

- 第 1 ~ 15 行：表單 Form1_Load() 事件；載入表單時將第一個超連結標籤控制項的相關屬性先予以變更。

- 第 21 ~ 25 行：第一個超連結標籤的「lnkLinkIP_LinkClicked()」事件，它以名稱空間「System::Diagnostics」中 Process 類別來監控整合網路的處理程序，再透過 Process 的靜態方法 Start() 中輸入要執行的網址。

- 第 31 ~ 36 行：第二個超連結標籤的「lnkOpenApp_LinkClicked()」事件中，Start() 方法要啟動的是應用程式，所以要做路徑的指明，每個路徑之間必須以「\\」雙斜線做區隔。

11.2 編輯文字

文字編輯控制項和顯示資訊控制項的最大不同點在於使用者能在程式執行時輸入文字。除此之外，它也能依據程式需求來顯示訊息。介紹常用 TextBox 和富有格式的 RichTextBox 這兩種控制項；表【11-4】簡述這些控制項的作用。

控制項	用途
TextBox	提供使用者輸入文字。
RichTextBox	能運用檔案的觀念直接開啟，建立 RTF 格式檔案。

表【11-4】 用於文字編輯的控制項

11.2.1 TextBox 控制項

TextBox（文字方塊）於先前也陸陸續續用了一些屬性。它除了提供文字的輸入之外也能顯示資訊。此外，還可以依據程式的需求設定為單行文字或是多行文字的編輯，提供密碼字元遮罩。除了 Text 屬性之外，文字方塊有那些常見屬性、方法和事件，先以表【11-5】做簡單列示。

文字方塊屬性	預設值	說明
MaxLength	32767	設定文字方塊輸入的最大字元數。
PasswordChar	空字元	不想顯示輸入的字元，以其他符號替代。
MultiLine	false	文字方塊是否要多行顯示（預設為單行）。
ScrollBars	None	是否要有捲軸。
WordWrap	true	超過欄寬時能自動換行（true 會自動換行）。
ReadOnly	false	是否唯讀狀態（false 才能輸入文字）。
CharacterCasing	Normal	英文字母一律大寫或小寫。
CanUndo		能否復原文字方塊先前的動作。
SelectionLength		取得或設定文字方塊中所選取的字元數。

表【11-5】 文字方塊的屬性

11-12

應用 MaxLength 的特性,在文字方塊上限定輸入字元的長度。若不想於文字方塊中顯示所輸入的內容,PasswordChar 屬性就可以派上用場,以字元遮罩來代替。最常碰見的狀況是在文字方塊上輸入密碼,通常會以「*」星號來取代輸入的資料。此外,結合兩者來限定密碼長度為 6 個字元,程式碼撰寫如下。

```
textBox1.MaxLength = 6;        // 表示最多只能輸入 6 個字元
textBox1.PasswordChar = '$';   // 以 $ 取代輸入字元
```

文字方塊以單行為基本配備。屬性 MultiLine 能決定文字方塊是否要以多行顯示,預設值 False 表示是單行文字方塊;設為 True 時,文字方塊的文字若超過方塊本身寬度的設定,就會自動移到下一行繼續顯示。當文字方塊為多行時就得考量下述兩種情形:

- 超過一行時是否加入換行符號?配合 Lines 屬性以字串陣列表示是否可行?
- 多行文字超過文字的寬或長時,加入捲軸是否較好?

加入文字方塊後(參考圖 11-4),❶ 可在控制項右上角的 ▶ 鈕(▶ 縮合,◀ 展開)按下滑鼠會開啟其工作清單,❷ 滑鼠勾選「☑ MultiLine」會讓文字方塊從單行變多行,它也會更新屬性視窗 MultiLine 屬性值。

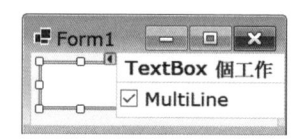

圖【11-4】 設定文字方塊的 MultiLine 屬性

文字方塊有多行內容時,ScrollBars 屬性還能提供捲軸來捲動內容。必須 Multiline 屬性為 True 情況下,捲軸才有作用,它共有四種屬性值。

- **None**(預設值):沒有水平和垂直捲軸。
- **Horizontal**:具有水平捲軸。
- **Vertical**:具有垂直捲軸。
- **Both**:表示水平和垂直捲軸都具有。

文字方塊的文字超過寬度時，是否要產生換行動作！WordWrap 屬性的「True」或「False」會影響其表現。False 不會進行換行動作，屬性值為 True 才能產生換行作用。配合 ScrollBars 屬性，撰寫如下程式碼。

```
textBox1.MultiLine = true;      // 文字方塊為多行
textBox1.ScrollBars = ScrollBars.Vertical;// 垂直捲軸
```

文字方塊多行情形下，利用 Text 屬性配合換行字元（Newline Character）。

```
textBox1.Text =" 書封以鳥的意象表徵女主角的從容氣質," +
   Environment.NewLine +  // 換行符號
   " 在如霧似幻的人生迷林中尋找心方向,唯有透過實現願望," +
   Environment.NewLine +
   " 穿越重重枝葉挑戰後,才能找到屬於自己的廣闊天空。";
```

- 字串要斷行，必須以雙引號包住，再以「+」字元加入 Environment.NewLine 會進行換行動作。

參考圖【11-5】的作法，輸入多行文字（屬性 MultiLine 為 True）也能從屬性視窗的 Text 屬性著手，做法為：❶ 按▼鈕展開方塊內容，輸入文字；❷ 要換新行時，可在前一行的末端按 Enter 鍵來移到下一行繼續輸入文字。

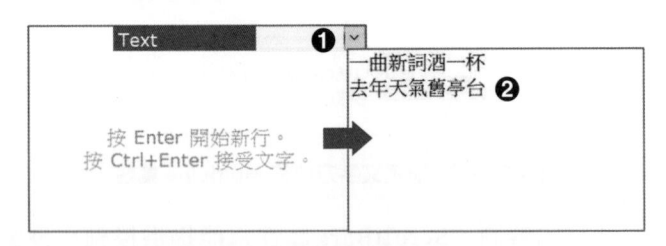

圖【11-5】 Text 屬性可輸入多行文字

第二種方法利用 Lines 屬性以字串陣列初始化方式加入字串。

```
textBox1.Lines = new string[] {
    "一曲新詞酒一杯,",
    "去年天氣舊亭台。"
};
```

原本透過屬性 Text 輸入的多字文字，也能反應到 Lines 屬性上，❶ 按右側的 … 鈕，開啟「字串集合編輯器」交談窗。可以看到先前輸入的文字。輸入文字時

11-14

按 Enter 鍵換新行；按 ❷「確定」鈕可以關閉編輯器；回到屬性視窗，展開屬性 Lines，原先的兩列文字就形成 [0] 和 [1] 的 2 個陣列。

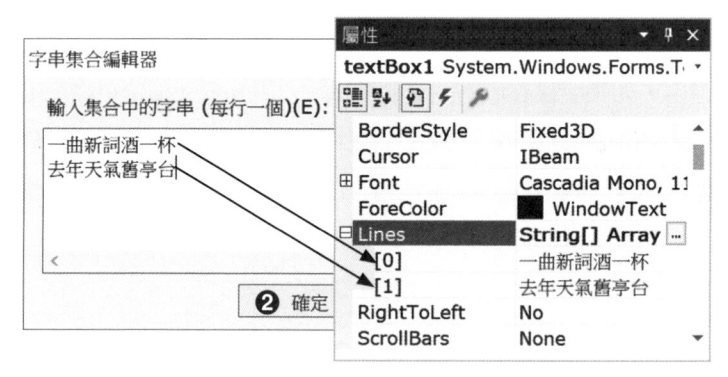

文字方塊的內容，還能使用屬性 ReadOnly 設為 True，將資料變成唯讀狀態，讓使用者無法做修改；False 為非唯讀狀態（預設值），如此才能輸入或修改文字。表【11-6】簡單介紹文字方塊控制項一些常用方法。

文字方塊方法	說明
Clear()	清除文字方塊中所有文字。
Focus()	將焦點 (插入點) 切換到指定的控制項。
ClearUndo()	將最近執行的程序從文字方塊的復原緩衝區清除。
Copy()	將文字方塊選取的文字範圍複製到「剪貼簿」。
Cut()	將文字方塊選取的文字範圍搬移到「剪貼簿」。
Paste()	將剪貼簿的內容取代文字方塊的選取範圍。
Undo()	復原文字方塊中上次的編輯動作。

表【11-6】 文字方塊的方法

TextChange() 事件是指文字方塊的 Text 屬性被改變時所引發。當文字方塊的 Text 屬性產生修改或異動時，如果希望相關的控制項也做改變，就能透過此事件處理常式來處理！

操作 Windows 作業系統，對於剪貼簿的功能一定不陌生，剪貼簿可視為資料的暫存所在；透過 Clipboard 類別所提供的方法與 Windows 作業系統的剪貼簿產生互動。資料放入剪貼簿時會存放與資料有關的格式，以便於使用該格式的應用程式能夠辨識！當然，也可以將不同格式的資料放入剪貼簿中，方便於其它應用程式的處理。

使用文字編輯器時，複製和搬移是避免不了的操作，此時 IDataObject 介面能提供不受資料格式影響的傳送介面。所有 Windows 應用程式都共用「系統剪貼簿」，配合 Clipboard 類別，提供二個方法：SetDataObject() 方法將資料存放於剪貼簿；透過 GetDataObject() 方法來擷取剪貼簿的資料。

操作過程中，如果要保存原有的資料格式，Clipboard 類別可搭配 DataFormats 類別，藉助 IDataObject 介面的資料格式。如果是標準的 ANSI 格式則以「DataFormats.Text」表示；若為 Unicode 字元，則是使用「DataFormats.UnicodeText」敘述。將相關類別及常用方法列於表【11-7】做更多的了解。

系統剪貼簿使用類別	說明
IDataObject 介面	擷取資料並保留，不受介面格式的影響。
GetData()	擷取指定格式的資料。
GetDataPresent()	檢查擷取的資料，是否為原有格式。
Clipboard 類別	提供資料的存放，從系統剪貼簿擷取資料。
GetDataObject()	擷取目前存放於系統剪貼簿的資料。
DataFormats 類別	用來識別存放 IDataObject 的資料格式。

表【11-7】 與系統剪貼簿有關的類別

當資料被複製或剪下時，會存放在系統剪貼簿，利用 Clipboard 類別的 GetDataObject() 方法存放於 IDataObject 介面。如果要取出資料並保持格式就得使用 IdagaObject 介面的 GetData() 方法並指定 DataFormats 類別來保有資料格式。

```
IDataObject buff = Clipboard.GetDataObject();
buff.GetData(DataFormats.Text);
```

- 剪貼簿（Clipboard）以 GetDataOjbect() 方法從系統剪貼簿取得資料。

範例 《Ex1103.csproj》

● 程式規劃

以文字方塊的相關屬性來建立一個簡易的文字編輯器！利用系統的剪貼簿進行基本操作，例如複製、剪下、貼上和復原動作。

● 表單操作

(1) 表單啟動後，在文字方塊上輸入文字，❶ 選取欲複製內容；❷ 按「複製」按鈕，再把插入點移向文字方塊的末端。

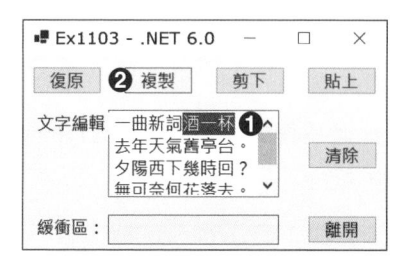

(2) 複製的內容會顯示於下方的緩衝區（淺色文字方塊）；按 ❶「貼上」鈕會把複製的內容「酒一杯」貼於末端並清空緩衝區。按 ❷「復原」鈕就會發現文字方塊的文字恢復原狀。

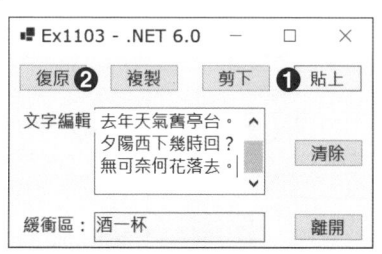

(3) ❶ 再一次選取文字，❷ 按「複製」鈕 ❸ 再按「貼上」鈕，由於沒有移動插入點，會彈出訊息對話方塊；❹ 按訊息方塊的「是」鈕會有原有位置完成貼上文字並關閉訊息方塊；若按訊息方塊「否」鈕則不做貼上動作並關閉訊息方塊。

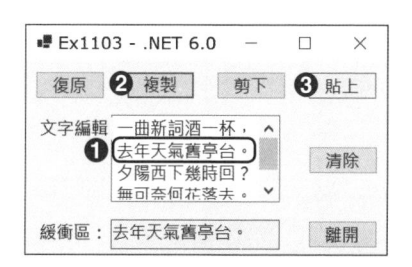

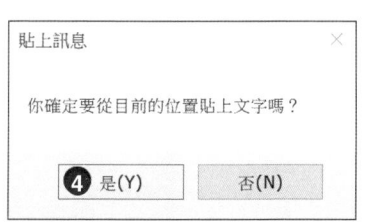

11-17

(4) 按下訊息方塊的「是」鈕會從原處貼上文字；按「清除」鈕會清空文字方塊的內容。

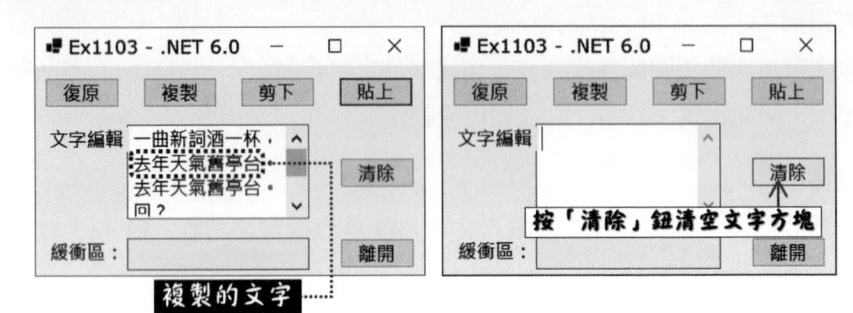

● 控制項屬性設定和相關程式碼

STEP 01 建立 Windows Form 應用程式，架構「.NET 6.0」；表單上加入控制項並依下表做屬性相關設定。

控制項	屬性	值	控制項	屬性	值
Button1	Name	btnUndo	Button2	Name	btnCopy
	Text	復原		Text	複製
Button3	Name	btnCut	Button4	Name	btnPaste
	Text	剪下		Text	貼上
Button5	Name	btnExit	Button6	Name	btnClear
	Text	離開		Text	清除
Label1	Text	文字編輯	Label2	Text	緩衝區
TextBox1	Name	txtNote	TextBox2	Name	txtBuffer
	MultiLine	True		BorderStyle	FixedSingle
	ScrollBars	Vertical		BackColor	LightCyan
				ReadOnly	True

STEP 02 完成的表單如下。

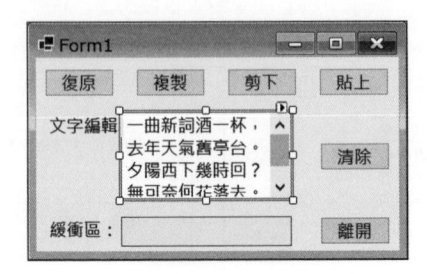

11-18

Chapter 11 通用控制項

STEP 03 滑鼠雙擊「復原」按鈕進入程式碼編輯區（Form1.cs），撰寫「btnUndo_Click」事件程式碼。

```
01   private void btnUndo_Click(object sender, EventArgs e)
02   {
03      if (txtNote.CanUndo == true)
04      {
05         txtNote.Undo();       // 將文字方塊的編輯動作復原
06         txtNote.ClearUndo();  // 清除復原緩衝區
07         txtNote.Focus();      // 取得文字方塊的輸入焦點
08      }
09   }
```

STEP 04 切換 Form1.cs[設計]索引標籤。滑鼠雙擊「複製」按鈕，撰寫「btnCopy_Click」事件程式碼。

```
11   private void btnCopy_Click(object sender, EventArgs e)
12   {
13      if (txtNote.SelectionLength > 0)
14      {
15         txtNote.Copy();    // 將資料複製至緩衝區
16         //IDataObject 擷取資料並保留，不受介面格式的影響
17         IDataObject buff = Clipboard.GetDataObject();
18         // 檢查從系統剪貼簿擷取的資料，是否為原有格式
19         if (buff.GetDataPresent(DataFormats.Text))
20         {
21            txtBuffer.Text = (String)
22               (buff.GetData(DataFormats.UnicodeText));
23         }
24      }
25      else
26      {
27         MessageBox.Show(" 沒有選取文字範圍 !", " 進行複製 ",
28            MessageBoxButtons.OK, MessageBoxIcon.Warning);
29      }
30   }
```

STEP 05 回到 Form1.cs[設計]索引標籤；滑鼠雙擊「貼上」按鈕，撰寫「btnPaste_Click」事件程式碼；其餘程式碼請參閱範例。

```
31   private void btnPaste_Click(object sender, EventArgs e)
32   {
33      txtBuffer.Clear();
34      btnClear.Enabled = true;
35      if (Clipboard.GetDataObject().GetDataPresent(
```

```
36              DataFormats.Text) == true)
37      {
38          if (txtNote.SelectionLength > 0)
39          {
40              if (MessageBox.Show(" 你確定要從目前的位置貼上文字嗎？"
41                  , "貼上訊息", MessageBoxButtons.YesNo)
42                  == DialogResult.Yes)
43              {
44                  // 設定字元的起點來貼上文字
45                  txtNote.SelectionStart =
46                      txtNote.SelectionStart +
47                      txtNote.SelectionLength;
48              }
49              else
50                  // 如果按下訊息對話方塊的「否」按鈕時，清除剪貼簿內容
51                  Clipboard.Clear();
52          } // 第二層 if 敘述
53          txtNote.Paste();// 執行貼上方法
54      } // 第一層 if 敘述
55  }
```

STEP 06 建置、執行按【F5】鍵，若無錯誤開啟「表單」視窗。

【程式說明】

- 第 3 ～ 8 行：「復原」按鈕的 Click() 事件。if 敘述做條件判斷，當文字方塊控制項的 CanUndo 為 true 時才能執行復原動作；Undo() 方法將文字方塊的內容恢復原狀。ClearUndo() 方法清除復原緩衝區內容，並以 Focus() 方法取得輸入焦點。

- 第 11 ～ 30 行：「復製」按鈕的 Click() 事件。要將文字方塊選取的文字複製到系統剪貼簿，被複製的文字能顯示在另一個文字方塊緩衝區（txtBuffer）。共有 2 個 if 敘述做條件判斷。

- 第 13 ～ 29 行：第一層的 if/else 敘述。SelectionLength 屬性判斷是否有選取字元，大於零時（有選取字元），Copy() 方法會將選取的文字範圍複製到「系統剪貼簿」；存於 IDataObject 的 buff 物件。

- 第 19 ～ 23 行：按下「複製」按鈕時，擷取系統剪貼簿的文字內容並顯示於另一個文字方塊「txtBuffer」。第二層的 if 敘述中，利用 GetDataPresent() 方法判斷欲傳送的 buff 物件是否存在？如果存在，以 DataFormats 來指定 ANSI 標準格式，透過字串方式顯示在「txtBuffer」文字方塊上。

- 第 31 ～ 55 行：按下「貼上」按鈕，以系統剪貼簿的內容取代原有的文字選取範圍。
- 第 35 ～ 54 行：第一層 if 敘述，先以 GetDataPresent() 方法來判斷是否從系統剪貼簿擷取到資料；如果有，執行 Paste() 方法做貼上動作。
- 第 38 ～ 52 行：第二層 if 敘述進一步判斷文字方塊是否有字元！
- 第 40 ～ 51 行：第三層 if 敘述，以訊息方塊來詢問使用者是否要進行貼上動作！使用者按下訊息對話方塊「是」按鈕時，使用 SelectionStart 屬性來取得游標所在位置，進而執行貼上動作。使用者按下訊息對話方塊「否」按鈕，會清除系統剪貼簿的內容。

11.2.2　RichTextBox 控制項

RichTextBox 控制項也能提供文字的輸入和編輯。「Rich」為開頭，表示它比 TextBox 控制項提供更多格式化功能。在表單上加入 RichTextBox 控制項，由於它支援多行文字功能，利用右上角 ▶ 鈕（展開後變 ◀）來開啟工作清單做簡易屬性設定。

滑鼠單擊「編輯文字行」可開啟『集合編輯器』做內容的輸入（按 Enter 鍵換行）；當輸入一行以上文字時，它會反應於屬性視窗的 Text 和 Lines 屬性。

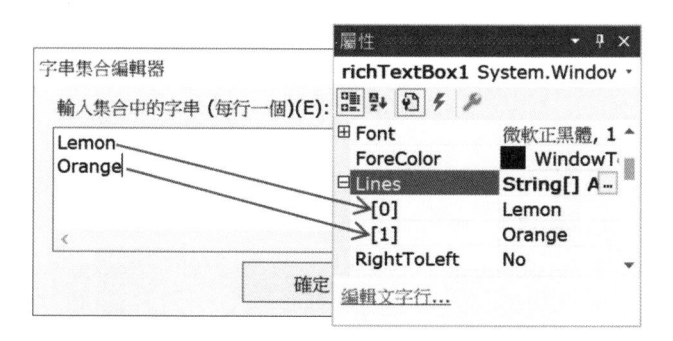

按下 RichTextBox 控制項工作清單的「停駐於父容器中」，會讓控制項填滿整個表單，再按「取消停駐於父容器」則會恢復原來大小。此處的「父容器」是指表單；它使用了 Dock 屬性，如圖【11-6】所示。

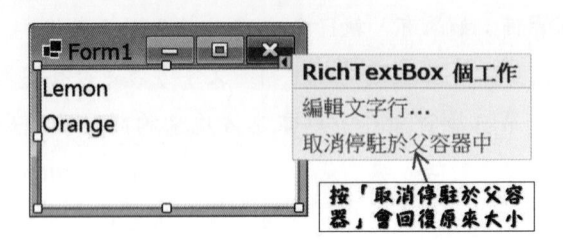

圖【11-6】 Dock 屬性值會依父容器做調整

圖【11-6】的設定可以反應到 Dock 屬性，屬性值為「Fill」。參考圖【11-7】，從屬性視窗找到 Dock 屬性，按 鈕展開相關屬性值，中間的 Fill 屬性值顏色不同。下方是預設值 None，就是原來控制項的大小，當 Dock 屬性被改變時，也會影響它的 Size 屬性。

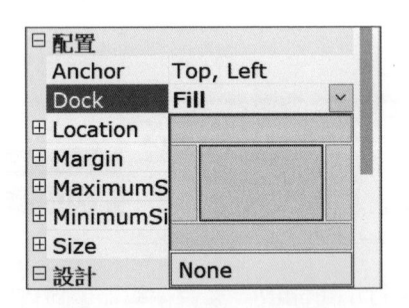

圖【11-7】 設定 Dock 屬性

Dock 屬性值還有那些？這些屬性值皆屬於 DockStyle 列舉型別，圖【11-8】做簡單說明。

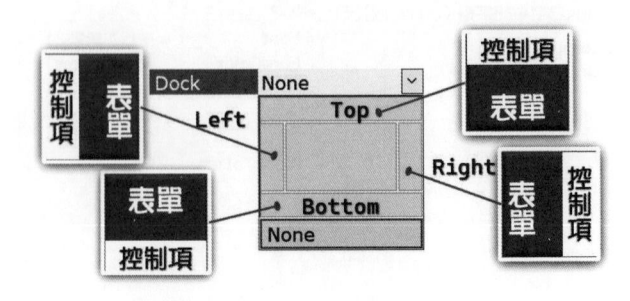

圖【11-8】 DockStyle 列舉值

TextBox 方塊一般會以純文字為主,選取文字之後並不能把文字格式予以變化;但使用 RichTextBox 就不同了,選取文字後,將文字設成粗體或是改變字型的顏色。先介紹 RichTextBox 與字型、色彩有關的兩個屬性。

- **SelectionFont**:將選取文字成為粗體或斜體。
- **SelectionColor**:改變選取文字顏色。

使用 RichTextBox 控制項輸入文字後,要改變文字的格式前必須先選取;程式碼撰寫相關屬性如下。

```
richTextBox1.SelectionFont = new Font(" 新細明體 ", 12);
richTextBox1.SelectionFont = new Font(this.Font,
   FontStyle.Bold);    // 將選取的文字變成粗體
richTextBox1.SelectionColor = Color.Blue;// 設字的顏色
```

由於系統本身已經指定了原有的字型和色彩,因此引用了「System.Drawing」命名空間下的「Font」類別,實體化物件後才能變更屬性。

要讓 RichTextBox 的文字更具條理,配合下述兩個屬性有加乘效果。

- **SelectionBullet**:在文字中加入項目符號清單。
- **SelectionIndent**:文字有縮排效果。

使用 SelectionBullet 屬性建立項目清單符號時,必須將屬性設為 true 時才會啟用,完成後再將屬性設回 false,關閉項目清單符號的功能。

```
// 啟用項目符號清單
richTextBox1.SelectionBullet = true;
// 加入項目清單符號
   richTextBox1.SelectedText = "Visual C++ 2013\n";
   richTextBox1.SelectedText = "Visual Basic 2013\n";
   richTextBox1.SelectedText = "Visual C# 2013\n";
// 結束項目符號清單
richTextBox1.SelectionBullet = false;
richTextBox.SelectionIndent = 20;      // 文字縮排
```

- 使用項目符號時,指定的文字之後要加上「\n」做換行動作,否則會沒有效果。
- 設定文字左邊緣和控制項之間的距離,以像素為單位。

RichTextBox 也有些常用方法,先瞧一瞧 LoadFile() 方法。它具有開啟檔案的功能,並支援 RTF 格式或標準的 ASCII 文字檔,語法如下。

```
void LoadFile(String path);
```

- path 字串：指定載入檔案的路徑。
- LoadFile() 方法載入檔案時，載入的檔案內容會取代 RichTextBox 控制項的原有內容，所以它的 Text 和 Rtf 屬性的值會有所變更。

要儲存檔案，RichTextBox 控制項提供 SaveFile() 方法。它可以指定檔案位置和檔案類型，可用來儲存現有的 RTF 格式或標準 ASCII 文字檔。語法如下：

```
void SaveFile(String path, RichTextBoxStreamType fileType);
```

- path 代表檔案的路徑；若檔名已經存在於指定目錄，檔案會被直接覆寫而不做告知。
- fileType：指定輸入 / 輸出的檔案類型，它會使用 RichTextBoxStreamType 列舉型別所提供的成員。

RichTextBoxStreamType 列舉型別的相關成員，表【11-8】說明之。

成員	說明
PlainText	代表 OLE 物件的純文字資料流，文字中允許有空格。
RichNoOleObjs	OLE 物件的 Rich Text 格式 (RTF) 資料流，文字能包含空格。
RichText	RTF 格式的資料流。
TextTextOleObjs	OLE 物件的純文字資料流。
UnicodePlainText	文字以 Unicode 編碼為主，能包含有空字串的 OLE 物件文字資料流。

表【11-8】 RichTextBoxStreamType 列型類別成員

要在 RichTextBox 文字內容中找尋特定字串，可指定 Find() 方法來幫忙，它支援 RichTextBox，語法如下：

```
int Find(String str, RichTextBoxFinds options);
```

- str：要搜尋的字串，傳回控制項中第一個字元的位置。若傳回負值，表示控制項中找不到要搜尋的文字字串。
- Options：搜尋字串須指定的值，由 RichTextBoxFinds 列舉型別提供。

RichTextBoxFinds 列舉型別的五個參數值，表【11-9】做說明。

RichTextBoxTinds	說明
None	搜尋出相近的文字。
MatchCase	找出大小寫相同之文字。
NoHighlight	找到字串時不做反白顯示。
Reverse	搜尋方向從文件結尾開始，並搜尋至文件的開頭。
WholeWord	只找出整句拼寫須完全相符的文字。

表【11-9】 RichTextBoxFinds 列舉型別的成員

範例 《Ex1104.csproj》

● 程式規劃

使用 LoadFile() 方法來載入檔案，載入過程利用 Find() 方法來找尋特定字串，並把此特定字串予以格式設定後，顯示於 RichTextBox 文字方塊上，再以 SaveFile() 方法儲存。

● 表單操作

(1) 執行程式載入表單；按「開啟檔案」按鈕後，自行載入檔案並進入搜尋狀態；第一個找到的字串會以訊息方塊顯示其字串的索引編號。

(2) 按「確定」鈕後，會繼續往下搜尋直到全部完畢並以訊息方塊來逐一顯示。將找到文字以橘紅色來標示；按下訊息方塊「確定」鈕，再按表單右上角的「X」鈕就能關閉表單。

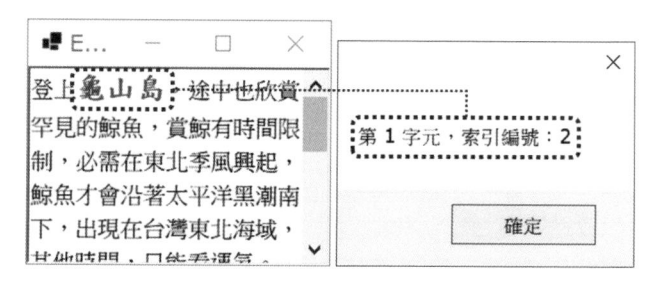

(3) 搜尋並標示找到文字後會另存「Change.rtf」檔案,可開啟它看一下檔案內容是否將找到的字串放大了字型,改變了顏色。

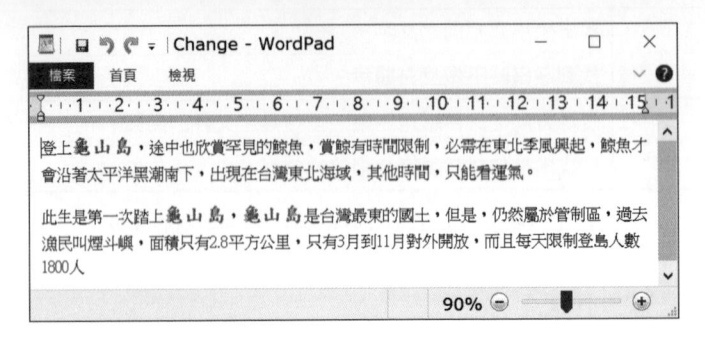

● 控制項屬性設定和相關程式碼

STEP 01 建立 Windows Form 專案;表單上加入控制項並依下表做屬性相關設定。

控制項	屬性	值
RichTextBox	Name	rtxtRTF
	Dock	Top
Button	Name	btnOpen
	Text	開啟檔案

STEP 02 滑鼠雙擊「開啟檔案」按鈕,撰寫「btnOpen_Click()」事件程式碼。

```
01  private void btnOpen_Click(object sender, EventArgs e)
02  {
03     btnOpen.Visible = false;    // 隱藏按鈕控制項
04     // 文字方塊大小依據表單來填滿
05     rtxtRTF.Dock = DockStyle.Fill;
06     string target = " 龜山島 ";  // 搜尋字串
07     int begin = 1;// 設定欲搜尋字串的起始位置
08     int count = 1;
09     rtxtRTF.LoadFile("D:\\C#2022\\Demo\\Demo.rtf");
10     int result = rtxtRTF.TextLength;// 取得載入檔案的總字元數
11     while (result > begin)    // 字串總長是否大於字元位置
12     {
13        // 呼叫 SearchText() 方法來回傳第一個字串的索引位置
14        int outcome = SearchText(target, begin);
15        string strHave =      // 字串插補
16           $" 第 {count} 字元,索引編號:{outcome}";
```

```
17          MessageBox.Show(strHave);
18          begin += outcome;// 變更欲尋找字串的索引位置
19          count++;
20      }
21      rtxtRTF.SaveFile("D:\\C#2022\\Demo\\Change.rtf",
22          RichTextBoxStreamType.RichText);
23  }
```

STEP 03 方法 SearchText() 程式碼。

```
31  public int SearchText(string word, int start)
32  {
33      int result = -1;// 沒有找到符合的字串時回傳 -1
34      if (word.Length > 0 && start >= 0)
35      {
36          int MatchText = rtxtRTF.Find(word, start,
37              RichTextBoxFinds.None);
38          // 找到符合字串，將字型大小設為 14，字體為粗體，重設字型顏色
39          rtxtRTF.SelectionFont = new Font(
40              "標楷體", 14, FontStyle.Bold);
41          rtxtRTF.SelectionColor = Color.OrangeRed;
42          if (MatchText >= 0)
43              result = MatchText;
44      }
45      return result;
46  }
```

STEP 04 建置、執行按【F5】鍵，若無錯誤會開啟「表單」視窗。

【程式說明】

- 第 1 ~ 23 行：按鈕的 Click 事件，按下按鈕後，指定路徑載入「Demo.rtf」檔案。

- 第 9 行：LoadFile() 方法載入指定路徑的檔案，它只能載入 RTF 格式的檔案。

- 第 11 ~ 20 行：while 敘述。當字元總長大於搜尋字元的起始位置時，呼叫 SearchText() 方法並傳入欲搜尋字串和搜尋字元的位置。由於 Find() 方法只會將找到的第一個符合的字串給予反白；只要找到字串回傳索引位置後，就利用 begin 變數變更索引位置，直到字串的索引值沒有大於總字元長度才會停止；取得訊息後以 Message 類別 Show() 方法輸出。

- 第 21 ~ 22 行：將變更過的字串以 SaveFile() 方法進行儲存，同樣要指定路徑，並以 RichText 格式來儲存。

- 第 31 ～ 46 行：SearchText() 方法，傳入 2 個參數：找尋的字串，字串的起始位置；找到符合的字串利用 return 敘述回傳索引編號值。

- 第 34 ～ 44 行：第一層 if 敘述，判斷是否傳入參數值？如果有才進一步做尋找動作。

- 第 36 ～ 37 行：Find() 方法做字串搜尋，「None」表示只要找到相似即可，然後取得字串的索引編號值，以 MatchText 來儲存。

- 第 39 ～ 40 行：Find() 方法找到字串時會給予反白，這裡取消反白，而利用 SelectionFont 屬性改變此字串的字型、字體和大小；SelectionColor 屬性變更為「OrangeRed」顏色。

- 第 42 ～ 43 行：第二層的 if 敘述，確認找到字串的索引編號要大於零，再給 result 變數存放，然後以 return 敘述回傳找到字串的索引編號值。

11.2.3 計時的 Timer 元件

Timer 控制項是一個非常特殊的控制項，它是 Windows Form 所專有，可用來處理計時的動作。例如，每隔一段時間改變畫面上的圖片位置，讓它具有動畫效果。利用 Timer 來控制時間，以下表【11-10】來介紹它的相關成員。

Timer 成員	預設屬性值	說明
Enabled	false（不啟動）	是否啟動計時器（true 啟動計時器並計時）。
Interval	0（不計時）	設定計時器的間隔時間，以千分之一秒（毫秒）為單位，若「Interval = 1000」表示 1 秒。
start()		啟動計時器。
stop()		停止計時器。
Tick() 事件		間隔時間內所引發的事件。

表【11-10】 Timer 控制項的成員

由於 Timer 控制項是一個元件，程式在執行階段是看不到它（背景作業）。所以設計階段它不會和控制項一起出現在表單上，而是收納在表單底部的匣。如何加入 Timer 控制項？展開工具箱的「元件」，找到 Timer 控制項並以滑鼠雙擊；會發現它在表單的底部，而非表單上。

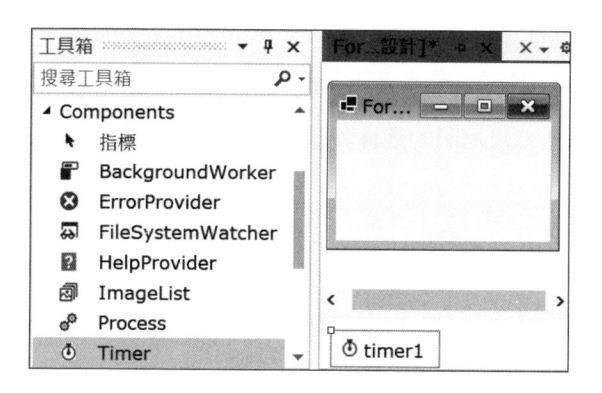

Tick() 事件會依據 Interval 的屬性值為時間週期並做畫面的更新。此外，下述範例會加入 ProgressBar（進度列）控制項，介紹它常用的幾個成員：

- 屬性 Value：取得或設定進度列的值，預設值為「0」。
- 屬性 Step：設定進度列每次遞增的數量，預設值為「10」。
- 屬性 Maximum：取得或設定進度列範圍的最大值，預設值為「100」。
- 屬性 Minimum：取得或設定進度列範圍的最小值，預設值為「0」。
- Increment() 方法：進度列移動時指定的遞增量。

範例 《Ex1105.csproj》

● 程式規劃

以 ProgressBar 控制項模仿下載檔案的過程，以標籤控制項顯示有多少已完成的訊息；Timer 元件的 Start() 方法會啟動計時器。

● 表單操作

按「開始計時」鈕後，讓兩個按鈕不會有作用；隨著進度列的完成，兩個按鈕才恢復作用；按「離開」鈕來關閉表單。

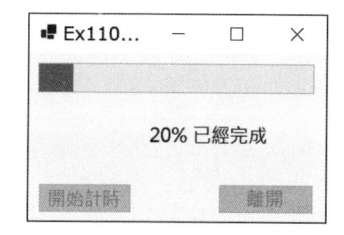

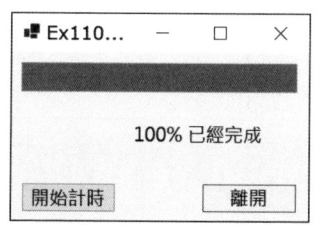

● 控制項屬性設定和相關程式碼

STEP 01 建立 Windows Form 專案；表單上加入兩個 Button 和一個 Program 控制項，並依下表完成相關的屬性設定。

控制項	屬性	值	控制項	Name	Text
Label	Name	lblInfo	Button1	btnStart	開始計時
Timer	Name	tmrReckon	Button2	btnExit	離開
	Interval	250	ProgressBar	prbTimeBar	

STEP 02 完成的表單介面如下。

STEP 03 滑鼠雙擊「Timer」元件，撰寫「tmrReckon_Tick()」事件程式碼；兩個按鈕程式碼請參考程式碼。

```
01    private void tmrReckon_Tick(object sender, EventArgs e)
02    {
03        prbTimeBar.Increment(5);    // 顯示進度列的目前位置
04        lblInfo.Text = String.Format
05            ($"{prbTimeBar.Value}% 已經完成 ");
06        if (prbTimeBar.Value == prbTimeBar.Maximum)
07        {
08            btnStart.Enabled = true;    // 恢復按鈕的作用
09            btnExit.Enabled = true;
10            tmrReckon.Stop();    // 停止計時器
11        }
12    }
```

STEP 04 建置、執行按【F5】鍵，若無錯誤會開啟「表單」視窗。

【程式說明】

- 第 1～12 行：依據 Interval 屬性值來引發 Timer 控制項的 Tick() 事件，表示每間隔 0.25 秒就會讓進度列的刻度值前移，配合進度列的 Increment() 方法來顯示進度列的位置。
- 第 4 行：標籤控制項配合 String 類別的 Format() 方法來擷取進度列的 Value 屬性值，顯示進度列的變化。
- 第 6～11 行：以 if 敘述對進度列的 Value 屬性值做條件設定，當它和進度的最大值相等時，就讓二個按鈕恢復作用，呼叫 Stop() 方法來停止計時器的計時功能。

11.3 處理日期

要取得日期資料，前面的章節範例皆是利用 DataTime 結構。實際上 .NET Framework 提供兩個圖形化的控制項：可以選擇日期的 DateTimePicker 控制項和設定月份的 MonthCalendar 控制項。

11.3.1 MonchCalendar 控制項

MonthCalendar 控制項可以製作簡易的行事曆，設定某個範圍的日期，提供一個具有親和力的視覺化介面。

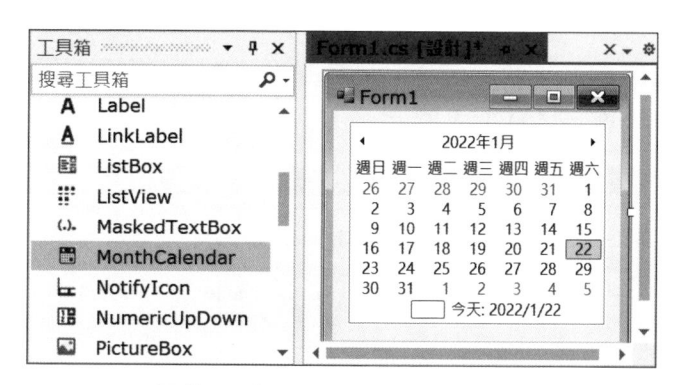

圖【11-9】 MonthCalendar 控制項

同樣地，利用下列屬性可以變更控制項月曆部分的外觀。

- TitleBackColor 屬性用來顯示日曆標題區的背景色彩。
- TitelForeColor 屬性用來設定日曆標題區的前景色彩。
- TrailingForeColor 屬性表示控制項未在主月份範圍內的日期色彩。

此外，CalendarDimensions 屬性用來設定 MonthCalendar 控制項的要顯示月份的欄列數目，屬性預設值「1, 1」只顯示單月份，變更屬性值為「2, 1」會以水平方向展現雙月內容，如下圖【11-10】所示。

圖【11-10】 設定 MonthCalendar 的欄、列值

使用對 MonthCalendar 控制項來連續選取某個日期區間的最多天數：

- 屬性 MaxSelectionCount，預設值為「7」。
- 屬性 SelectionRange 的 Start 和 End，預設值為今天日期。

若屬性 MaxSelectionCount 之值為「7」，表示 SelectionRange 屬性值 Start 和 End 之間不能大於 7。例如：將 SeletionRange 的「Start」變更為「2022/1/17」，End 自動變更成「2022/1/22」，而 MonthCalendar 控制項自動以灰色網底標示連續選取的日期區期，如圖【11-11】所示。

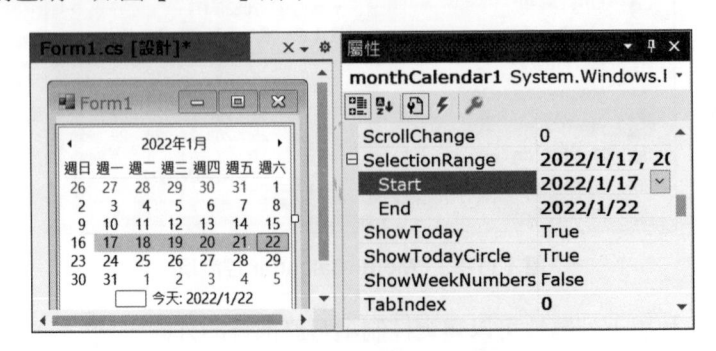

圖【11-11】 連續選取某個日期區期

透過屬性 MinDate（最小日期）和 MaxDate（最大日期）屬性，可用來限制 MonthCalendar 控制項開始和結束的日期。屬性 MinDate 的預設值為「1753/1/1」，而屬性 MaxDate 預設值為「9998/12/31」。除了利用屬性視窗外，如何調整這兩個屬性值？程式碼撰寫如下：

```
// 設定最大日期是 2022 年 12 月 31 日
monthCalendar1.MaxDate =
   new DateTime(2022, 12, 31, 0, 0, 0, 0);
// 設定最小日期是 2022 年 1/1 日
monthCalendar1. MinDate =  new
   DateTime(2022, 1, 1, 0, 0, 0, 0);
```

◆ 引用 DataTime 結構的建構函式，以 new 運算子重新設定新值。

所謂「特定的日期」是把行事曆中某個特定日期加到備忘錄裡，或者將它標示出來，而 MonthCalendar 控制項中提供下列屬性來設定特定日期。

- 屬性 **BoldedDates**：顯示非循環的特定日期，採用集合方式，以粗體表示。例如：學校的期中考日期。
- 屬性 **MonthlyDoldedDates**：每月循環的日期，採用集合方式，以粗體表示。例如：每月初 5 的領薪日。
- 屬性 **AnnuallyBoldedDates**：設定每年固定的日期，採用集合方式，以粗體表示。例如：國定假日，好朋友生日等。

如何設定這些特定的日期？以 BoldedDates 屬性為例子做簡易說明！

操作 《MonthCalendar 控制項》

STEP 01 按 BoldedDates 右側的 ❶ ... 鈕，進入 DateTime 集合編輯器視窗，按 ❷「加入」鈕會在視窗左側加入 DataTime 結構。

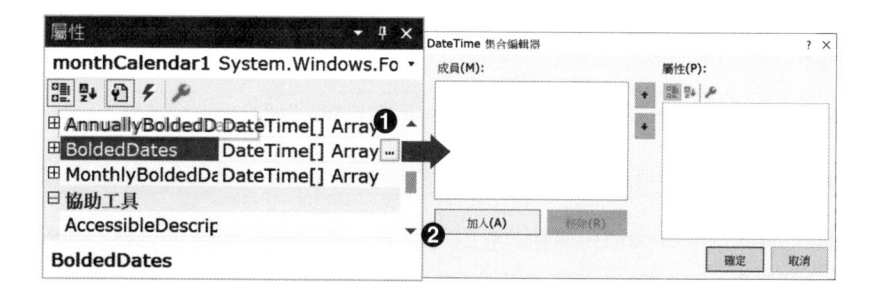

STEP 02 利用 Value 屬性輸入日期。❶ 按 ▼ 鈕來展開日期選單；❷ 按 ◀ 或 ▶ 鈕來調整月份；❸ 再以滑鼠選定所需的日期；更便捷的方式就是直接輸入日期，❹ 按「確定」鈕就能關閉 DateTime 集合編輯器。

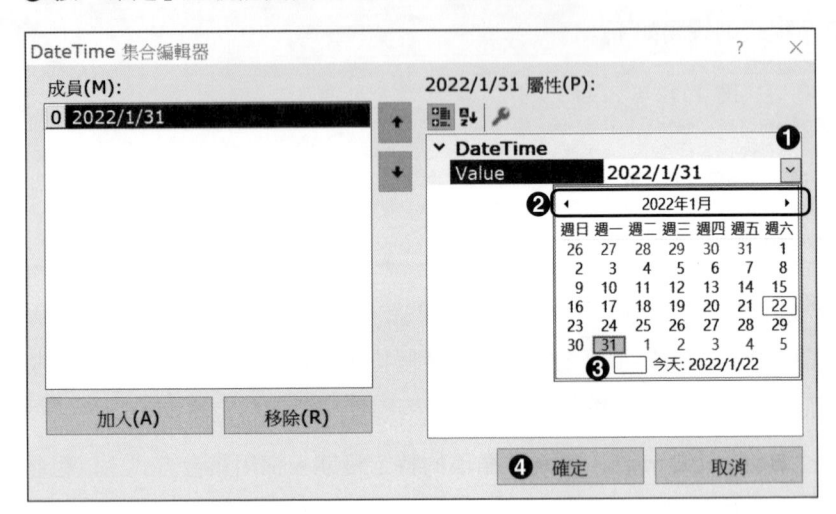

STEP 03 要加入第二個日期，就再一次按「加入」鈕並設定 Value 的值即可。

要以程式碼加入特定日期，敘述如下：

```
DateTime one = new DateTime(2018, 5, 12);
DateTime tow = new DateTime(2018, 6, 18);
monthCalendar1.AddAnnuallyBoldedDate(one);
monthCalendar1.AddAnnuallyBoldedDate(two);
monthCalendar1.UpdateBoldeDates();
```

- 以 DateTime 結構設定日期，再以 AddAnnuallyBoldedDate() 加到控制項中，記得呼叫 UpdateBoldeDates() 方法重新繪製控制項。

第二種方式以 AnnuallyBoldedDates 屬性配合 DateTime 結構初始化相關日期。簡例如下：

```
monthCalendar1.AnnuallyBoldedDates = new DateTime[] {
        new DateTime(2018, 5, 12, 0, 0, 0, 0),
        new DateTime(2018, 6, 18, 0, 0, 0, 0)};
```

通常，MonthCalendar 控制項以滑鼠選取多個日期至結尾處會引發 DateSelecte() 事件；以鍵盤或滑鼠選取日期時會引發 DateChanged() 事件。

範例《Ex1106.csproj》

● 程式規劃

短期房間出租，日租金為 1500 元，出租日期最長為 10 日，滑鼠選取日期後會算出租金。

● 表單操作

啟動程式載入表單後，以滑鼠選取日期就能計算日租金額，但最多天數不能超過 10 天。

● 控制項屬性設定和相關程式碼

STEP 01 建立 Windows Form 應用程式，架構「.NET 6.0」；表單上加入控制項並依下表做屬性相關設定。

控制項	屬性	值
Label	Name	lblShow
MonthCalendar	Name	monCalendar
	ScrollChange	1
	ShowTodayCircle	false

STEP 02 完成的表單如下。

STEP 03 滑鼠雙擊表單控白處，「Form1_Load()」事件撰寫程式碼。

```
01   private void Form1_Load(object sender, EventArgs e)
02   {
03       // 設定標籤屬性 -- 框線、背景色，字的大小和位置
04       lblShow.BorderStyle = BorderStyle.FixedSingle;
05       lblShow.BackColor = Color.GreenYellow;
06       lblShow.Font = new Font(lblShow.Font.Name, 15.0F);
07       lblShow.Location = new Point(3, 168);
08       monCalendar.Dock = DockStyle.Top;  // 填滿上方
09       // 改變行事曆的背景、前景顏色
10       monCalendar.ForeColor = Color.FromArgb(192, 0, 0);
11       monCalendar.FirstDayOfWeek = Day.Monday;
12       monCalendar.MaxDate = new
13          DateTime(2018, 12, 31, 0, 0, 0, 0);
14       monCalendar.MinDate = DateTime.Today;
15       monCalendar.MaxSelectionCount = 10;
16       monCalendar.ShowWeekNumbers = true;
17       this.Text = "Ex1106 - 簡單行事曆";
18   }
```

STEP 04 按【Shift + F7】回到 Form1.cs[設計] 索引標籤，滑鼠雙擊 MonthCalendar 控制項，撰寫「monCalendar_DateChanged」事件程式碼。

```
21   private void monCalendar_DateChanged(object sender,
22          DateRangeEventArgs e)
23   {
24       DateTime begin = e.Start;
25       DateTime finish = e.End;
26       TimeSpan days = finish - begin;
27       int duration = days.Days + 1;    // 取得租期天數
28       float money = 1_500.0F;
29       switch(duration)
30       {
31          // 省略部程式碼
32          case 5: case 6:
33             money *= 0.9F;
34             break;
35          default:
36             money *= 0.8F;
37             break;
38       }
39       lblShow.Text = $"{duration.ToString()} 天 租金：" +
40             $"{duration*money:c0}";
41   }
```

STEP 05 建置、執行按【F5】鍵，若無錯誤開啟「表單」視窗。

【程式說明】

- 第 1～18 行：表單載入事件，設定標籤和 MonthCalendar 控制項的屬性。
- 第 11 行：屬性 FirstDayOfWeek 讓行事曆以星期一為每週的第一天。
- 第 12～14 行：屬性 MaxDate 和 MinDate 決定行事曆的開始和停止日期；最小日期設為今天。
- 第 15 行：屬性 MaxSelectionCount，每次滑鼠選取日期最大值只能有 10 天。
- 第 16 行：屬性 ShowWeekNumbers 設為「true」會在每月日期的開頭顯示週數，依據 MaxDate 和 MinDate 的屬性值來排定週數。
- 第 21～41 行：當滑鼠選取日期時會引發 monCalendar_DateChanged() 事件。藉由引數「e」來取得開始和結束日期，依據取得天數來十算短期租金。

11.3.2　DateTimePicker

若要顯示特定的日期和時間，DateTimePicker 控制項是一個不錯的選擇！提供一個下拉式清單來讓使用者選擇日期！

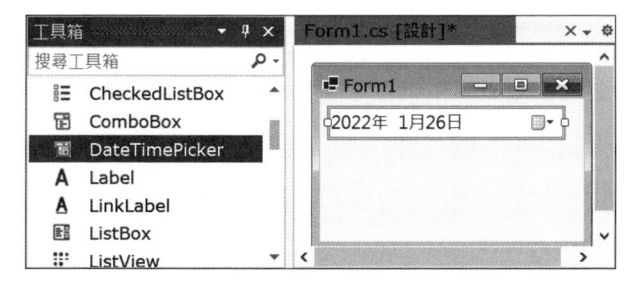

最小值（MinDate）和最大值（MaxDate）可設定日期區間。此外，DateTimePicker 控制項在執行狀態下，按右側的 ▼ 鈕會有下拉式日曆，配合滑鼠選取。如果嫌下拉清單太佔位置，屬性 ShowUpDown 可以隱藏清單，只以微調鈕做區間選擇；將 ShowUpDown 屬性值為「True」（預設為 False），原來的 ▼ 鈕被上下的微調鈕所取式。在控制項的執行時期 ❶ 先選取某個年或月或日，❷ 再以微調鈕做上或下的調整。

還可以把 ShowCheckBox 屬性值設為「True」（預設為 False）來搭配 ShowUpDown 屬性。它會在選定的日期前方加上核取方塊。有勾選時可以將日期做微調，沒有勾選時則無法微調。如果再加上 MinDate、MaxDate 屬性，還能設定更微調的期間值。

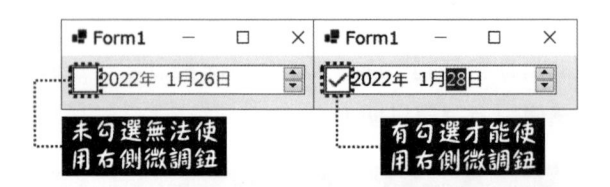

如果以程式來改變 ShowCheckBox 屬性，敘述如下：

```
// 設定日期期間值：2018 /1/1 ～ 2022/12/31
dateTimePicker1.MinDate = new DateTime(2018, 1, 1);
dateTimePicker1.MaxDate = new DateTime(2022, 12,31);
dateTimePicker1.ShowCheckBox = true;// 有勾取方塊
dateTimePicker1.ShowUpDown = true;// 有微調鈕
```

控制項 DateTimePicker 的 Format 屬性提供四種日期格式的設定：

- **Long**（預設值，長日期）：格式「2018 年 4 月 18 日」。
- **Short**（短日期）：格式「2018/4/18」。
- **Time**（時間）：格式「下午 3:15:20」。
- **Custom**（自訂）：配合屬性 CustomFormat 做設定。

如果想要以自訂格式表示「月 日 , 年 - 星期」, 就得先了解 Format 屬性自訂的格式字串所代表的意義,列示於表【11-11】。

格式字元	說明
y	年份只顯示 1 位數,例如 2014,只以「4」表示。
yy	年份只顯示 2 位數,例如 2014,只以「14」表示。
yyyy	年份顯示 4 位數,例如 2014,以「2014」表示。
M	月份只顯示 1 位數,例如三月,只以「3」表示。
MM	份只顯示 2 位數,例如三月,會以「03」表示。
MMM	月份縮寫,7 月以「JUL」表示,中文是「七月」。
MMMM	完整月份,7 月以「July」表示,中文是「七月」。
d	日期只顯示 1 位數,例如 2015/5/2,只以「2」表示。
dd	日期只顯示 2 位數,例如 2015/5/2,只以「02」表示。
ddd	「星期」縮寫,例如 2015/3/6 為星期五,會以「FRI」表示。
dddd	星期完整名稱,如 2015/3/6,表「Friday」,中文「星期五」。
H	以 24 小時來表示,例如 16 點以一或二位數表示「16」。
HH	以 24 小時來表示,例如 2 點以二位數表示「02」。
h	以 12 小時來表示,例如 11 點以一或二位數表示「11」。
hh	以 12 小時來表示,例如 2 點以二位數表示「02」。
m	表示「分」,以一或二位數表示。
mm	表示「分」,以二位數表示。
s	表示「秒」,以一或二位數表示。
ss	表示「秒」,以二位數表示。
t	顯示 AM 或 PM 縮寫,如「A」或「P」。
tt	顯示 AM 或 PM 縮寫。

表【11-11】 自訂時間的格式字元

利用屬性視窗以自訂格式表示。❶ 把 format 屬性值變更為「Custom」;將 ❷ 屬性 CustomFormat 輸入「MMM, dd, yyy-ddd」;而 DateTimePicker 控制項就會以自訂格式來顯示。

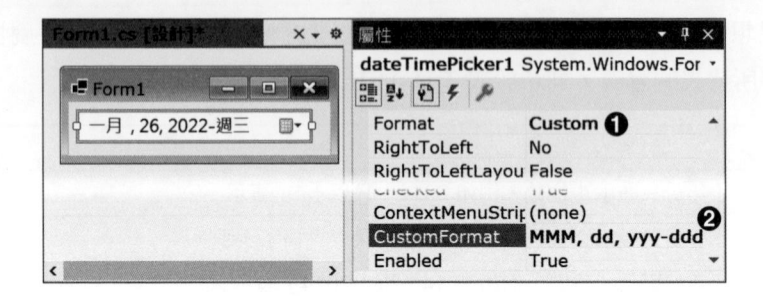

當然，自訂格式也能以程式碼撰寫。

```
// 自訂格式
dateTimePicker1.Format = DateTimePickerFormat.Custom;
dateTimePicker1.CustomFormat = "MMM dd, yyy - ddd";
```

- 表示要利用 DateTimePickerFormat 的列舉型別成員來提供這 4 個常數值。

範例《Ex1107.csproj》

使用 DateTimePicker 控制項來選訂日期做購票動作。

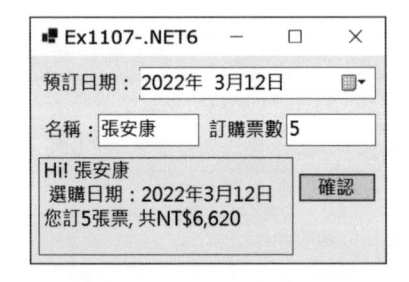

STEP 01 建立 Windows Form 應用程式，架構「.NET 6.0」；表單上加入控制項並依下表做屬性相關設定。

控制項	屬性	值	控制項	Name	Text
Label4	AutoSize	False	Button	btnOK	確認
	BorderStyle	FixedSingle	Labe1		預購日期：
	BackColor	LightCyan	Label2		名稱：
DateTimePicker	Name	dtpPreDate	Label3		訂購票數：
	MinDate	2022/2/1	textBox1	txtName	
	MaxDate	2022/12/31	textBox2	txtTicket	

11-40

STEP 02 完成的表單如下。

```
Ex1107-.NET6
預訂日期：2022年 2月 1日
名稱：          訂購票數
label4                    確認
```

STEP 03 滑鼠雙擊「確認」按鈕，撰寫「btnOK_Click()」事件程式碼。

```
01   private void btnOK_Click(object sender, EventArgs e)
02   {
03       string name = txtName.Text;
04       int pay = 1_200;
05       int ticket = int.Parse(txtTicket.Text);
06       pay *= ticket;
07       string order = dtpPreDate.Value.ToLongDateString();
08       lblShow.Text = $"Hi! {name}\n " +
09           $" 選購日期：{order}\n" +
10           $" 您訂 {ticket} 張票，共 {pay:c0}";
11   }
```

STEP 04 建置、執行按【F5】鍵，若無錯誤開啟「表單」視窗。

【程式說明】

- 取得兩個文字方塊輸入的內容，而 DateTimePicker 控制項選取的日期則以 ToLongDateString() 方法轉為日期，最後全部由標籤控制項顯示訊息。

重點整理

- Label（標籤）控制項常用屬性：AutoSize 設為「true」能隨字元長度調整標籤寬度，BorderStyle 用來設定框線樣式；ForeColor 可以設定前景顏色，TextAlign 提供多變化的對齊方式，而 Visible 能讓標籤控制項在執行時期決定是否顯示於表單上。

- LinkLabel（超連結標籤）利用 ActiveLinkColor、LinkColor 和 VisitedColor 屬性，設定超連結顏色；超連結要不要加底線效果，配合 LinkBehavior 屬性值；而 LinkArea 能讓部份文字顯示超連結作用！超連結標籤控制項除了能開啟 IE 瀏覽器之外，也能開啟電子郵件和執行指定的應用軟體。

- ProgressBar（進度列）控制項提供進度顯示，因此必須設定 Maximin（最大）和 Minimum（最小）和 Value 屬性，配合 Increment() 方法來顯示進度效果。

- Timer 元件具有計時功能，執行時並不會在表單上顯現，利用 Interval 屬性來決定計時間隔，透過 Tick() 事件來處理間隔時間要處理的事件程序。

- TextBox 控制項除了常用的 Text 屬性外，Copy() 方法能將選取的文字複製到系統剪貼簿，而 Cut() 方法則是把選取的文字搬移到系統剪貼簿；然後由 Paste() 方法從剪貼簿中取回資料！此外也能利用 Undo() 方法來復原文字方塊中原有的編輯。當文字方塊的 Text 屬性被改變時會引發 TextChange() 事件。

- 所有 Windows 應用程式都共用「系統剪貼簿」，配合 Clipboard 類別，提供二個方法：SetDataObject() 方法將資料存放於剪貼簿；透過 GetDataObject() 方法來擷取剪貼簿的資料。

- RichTextBox 控制項提供比 TextBox 控制項提供更多格式化功能。SelectionFont 屬性變更字型和大小，SelectionColor 設定字型顏色，LoadFile() 方法載入檔案，藉助 SaveFile() 方法儲存檔案，而方法 Find() 能在 RichTextBox 文字方塊中指定字串做搜尋。

- Monthcalendar 控制項利用屬性 MaxSelectionCount 再配合 SelectionRange 的 Start 和 End 選取某個日期區間。透過 MinDate 和 MaxDate 屬性，限制日期和時間的最小和最大值。

- DateTimePicker 控制項的執行狀態，按右側的 ▼ 鈕會有下拉式日曆；屬性 ShowUpDown 可以隱藏清單，只以微調鈕做區間選擇。

提供交談的對話方塊

CHAPTER 12

學│習│導│引

- 開啟檔案與儲存檔案，OpenFileDialog 和 SaveFileDialog 對話方塊可提供協助。

- 瀏覽資料夾使用 FolderBrowserDialog 對話方塊。

- FontDialog 能做設定字型；ColorDialog 以調色盤方式做色彩配置。

- 列印文件時，設定印表機要有 PrintDialog，產生預覽效果的 PrintPreviewDialog，進行版面設定則是 PageSetupDialog 對話方塊。

- 範例 Ex1202 使用 .NET Framework 架構建立 Windows Forms App 專案。

12.1 認識對話方塊

對話方塊的作用就是要提供一個親和力的介面來與使用者互動、溝通。有那些常用的對話方塊？先以下表【12-1】簡介。

功能	對話方塊	說明
處置檔案	OpenFileDialog	開啟檔案。
	SaveFileDialog	儲存檔案。
	FolderBrowserDialog	瀏覽資料夾。
字型設定	FontDialog	提供視窗系統已安裝的字型設定。
色彩調配	ColorDialog	提供調色盤來選取色彩。
列印文件	PrintDialog	設定印表機。
	PrintPreviewDialog	列印時提供預覽。
	PageSetupDialog	設定頁面效果。

表【12-1】 常用的對話方塊

這些對話方塊放在工具箱的「對話方塊」類別中，在表單加入這些對話方塊中時並不會出現在表單上，它只會放在表單底部「匣」；同樣地要選取控制項才能做屬性設定。

12.2 檔案對話方塊

視窗作業系統中，無論是使用那種應用程式，「開啟檔案」和「儲存檔案」都是必要程序，Windows Form 也提供兩個處理檔案的對話方塊：OpenFileDialog 和 SaveFileDialog；它們皆繼承了抽象類別 FileDialog 所實作的類別。

12.2.1 OpenFileDialog

OpenFileDialog 對話方塊用來開啟檔案。展開工具箱的「Dialogs」（對話方塊），將 OpenFileDialog 對話方塊加入表單時會存放在表單底部的「匣」。

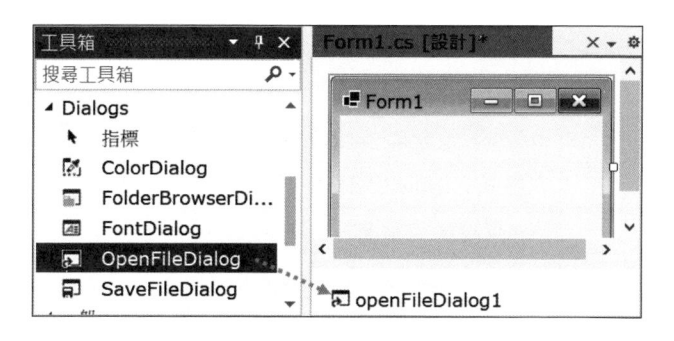

以圖【12-1】來說，這是記事本執行「開啟舊檔」指令所呈現的畫面，進入了「開啟」（Title）交談窗。「查詢」處會看到預設的檔案位置（InitialDirectory），要開啟的檔案名稱（FileName）。檔案類型可以看到「*.txt」、「*.*」等，這些是經過篩選（Filter）的檔案類型，預設以「*.文字文件」（FileIndex）為主。一個開啟檔案對話方塊具有的屬性：①Title，②InitialDirectory，③FileIndex，④Filter 等。

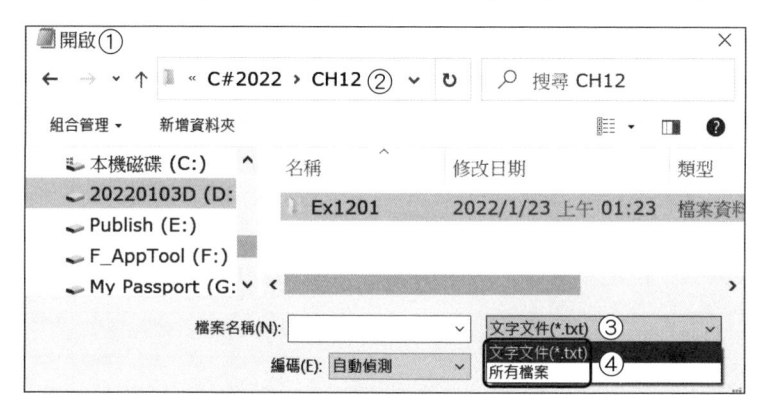

圖【12-1】 開啟的檔案對話方塊

將這些相關的訊息彙整後就是 OpenFileDialog 類別的成員，利用下表【12-2】做簡介。

12-3

OpenFileDialog 成員	說明
Filter	設定檔案類型。
DefaultExt	取得或設定檔案的副檔名。
FileName	取得或設定檔案的名稱,顯示的「檔案類型」。
FileIndex	取得或設定 Filter 屬性的索引值。
Title	取得或設定檔案對話方塊的標題名稱。
InitialDirectory	取得或設定檔案的初始目錄。
RestoreDirectory	關閉檔案對話方塊前是否要取得原有目錄。
MultiSelect	是否允許選取多個檔案。
ShowReadOnly	決定對話方塊中是否要出現唯讀核取方塊。
AddExtension	檔名之後是否要附加副檔名(預設 True 會附加)。
CheckExtensions	回傳檔案時會先檢查檔案是否存在(True 會檢查)。
ReadOnlyCheck	是否選取唯讀核取方塊,True 表示檔案為唯讀。
OpenFile() 方法	以唯讀屬性開啟檔案。
ShowDialog() 方法	顯示一般的對話方塊。

表【12-2】 OpenFileDialog 常用屬性

不同的檔案類型,可透過 Filter 屬性進行篩選,讓某些檔案類型能透過「開啟舊檔」交談窗的下拉清單選取『檔案類型』,其語法如下:

```
openFileDialog1.Filter = " 說明文字 (*.附加檔名) | *.附檔名 ";
```

Filter 屬性值屬於字串型別,可依據應用程式來設定不同類型的篩選,並利用「|」(pipe)字元來區隔。例如檔案類型是文字檔和 RTF,如何設定 Filter 屬性?程式碼撰寫如下:

```
openFileDialog1.Filter =
   " 文字檔 (*.txt)|*.txt | RTF 格式 | *.rtf | 所有檔案 (*.*)|*.*";
```

如果要在對話方塊顯示某個特定的檔案類型,可以 FilterIndex 屬性值做設定,上列敘述中若設「FilterIndex = 2」則對話方塊只顯示「RTF 格式(*.rtf)」(請參考圖【12-1】的③)。

如何應用「開啟檔案」對話方塊開啟檔案？操作如下：

操作 《開啟檔案》

STEP 01 建立資料流讀取器。

由於檔案是以資料流來處理，必須使用 using 關鍵字匯入「System.IO」命名空間，以 StreamReader 類別所建立的物件來開啟檔案。它的建構函式可以指定檔案名稱或者配合「開啟檔案」（OpenFileDialog）對話方塊的屬性「FileName」亦可。

```
using System.IO;              // 處理資料流
// 建立 StreamReader 類別的物件
StreamReader  sr = new(openFileDialog1.FileName);
```

STEP 02 使用 OpenFile() 方法來指定具有唯讀性質的特殊檔案。

```
// 開啟的檔案類型 (*.cur) 檔案
this.Cursor = new(openFileDialog1.OpenFile());
```

STEP 03 以 LoadFile() 方法讀取載入檔案。

使用 TextBox 或 RichTextBox 文字方塊來顯示所讀取檔案，若以 RichTexBox 來承載檔案內容，就可以略過步驟 1 和 2。由 RichTexBox 控制項的 LoadFile() 方法配合 OpenFileDialog 對話方塊即可。LoadFile() 是一個多載方法，先前介紹過它以路徑來讀取檔案（參考章節《11.2.2》），認識另一個語法：

```
public void LoadFile(Stream data,
    RichTextBoxStreamType fileType );
```

- data：要載入 RichTextBox 控制項中的資料流。
- fileType：為 RichTextBoxStreamType 列舉類型的常數值，請參考第 11 章表 11-16 的解說。

利用 RichTextBox 控制項，撰寫如下程式碼。

```
richTextBox1.LoadFile(dlgOpenFile.FileName,
   RichTextBoxStreamType.PlainText);
```

STEP 04 呼叫 ShowDialog() 方法。

最後,是否要開啟檔案呼叫 ShowDialog() 方法做確認者。(ShowDialog() 方法請參考下一小節的介紹)。

```
openFileDialog1.ShowDialog();
```

12.2.2　SaveFileDialog

儲存檔案則以 SaveFileDialog 對話方塊做處理,把它加入表單時依舊存放於表單底部的「匣」。

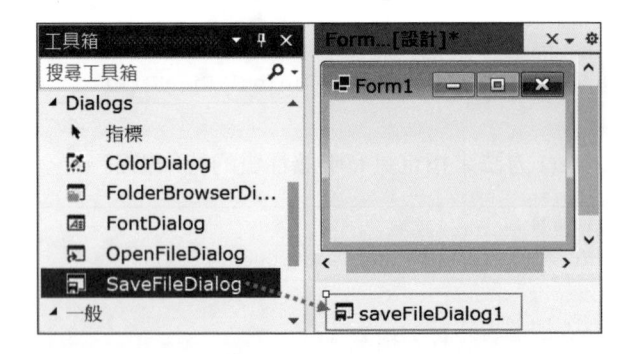

SaveFileDialog 對話方塊其大部份的屬性都和 OpenFileDialog 相同,其他的屬性有:

- **AddExtension 屬性**:儲存檔案時是否要在檔案名稱自動加入附檔名,預設屬性值為「True」會自動附加檔名,「False」則不會。
- **OverwritePrompt 屬性**:另存新檔過程中,如果儲存的檔名已存在,OverwritePrompt 預設屬性值「True」表示覆寫之前會提醒使用者,設為「False」是直接覆寫。

操作《儲存檔案》

STEP 01 建立資料流寫入器,配合 SaveFileDialog 對話方塊準備存檔。

要把檔案儲存,相對於串流的 StreamReader 來作成讀取器,會以 StreamWriter 來建立寫入器,建立串流物件的語法如下。

```
StreamWriter(String path, Boolean append, Encoding);
```

- path：檔案路徑。
- append：檔案是否要以附加方式處理。檔案若已存在，「false」會覆寫原來檔案，「true」則不會覆寫；如果檔案不存在，藉由 StreamWriter 的建構式來產生一個新的檔案物件。
- Encoding：編碼方式，如果沒有特別指定，會以 UTF-8 編碼處理。

簡例如下：

```
using System.IO;     // 使用 StreamWriter 匯入的名稱空間
StreamWriter sw;     // 建立串流物件寫入器
sw = new StreamWriter(
   dlgSaveFile.FileName, false, Encoding.Default);
```

STEP 02 儲存檔案對話方塊（SaveFileDialog）呼叫 ShowDialog() 方法，可進一步判斷使用者要儲存檔案。

```
saveFileDialog1.ShowDialog();
```

STEP 03 寫入檔案後再關閉串流物件。

寫入器會呼叫 Write() 方法做寫入動作，然後關閉寫入器。

```
sw.Write(richTextBox1.Text);// 從文字方塊取得內容做寫入動作
sw.Close();  // 關閉寫入器
```

使用對話方塊皆會呼叫 ShowDialog() 來執行所對應的對話方塊，用來開啟通用型對話方塊，取得按鈕的回傳值來執行相關程序。在後面章節裡介紹相關的對話方塊時，大部份都會呼叫 ShowDialog() 方法。以 OpenFileDialog 對話方塊而言，它實作 CommonDialog 類別（指定用於螢幕上顯示對話方塊的基底類別），執行時得利用 if 敘述判斷使用者是按下「確定」或「取消」那一個按鈕？程式碼撰寫如下。

```
if(dlgOpenFile.ShowDialog() == DialogResult.OK)
{
    richTextBox.LoadFile(dlgOpenFile.FileName,
        RichTextBoxStreamType.PlainText);
}
```

- 按下「OK」（來自於 DialogResult 列舉類別）按鈕就會把透過 RichTextBox 的 LoadFile() 方法來載入檔案。

範例《Ex1201.csproj》

◉ 程式規劃

(1) 利用文字方塊為媒介，OpenFileDialog 對話方塊將文字檔載入（讀取）到文字方塊；❶ 須指定路徑，❷Filter 屬性篩選檔案類型，❸ 屬性 FilterIndex 指定顯示的檔案。

(2) 改變文字方塊的內容後，透過 SaveFileDialog 對話方塊做『儲存檔案』動作，寫入到一個新的檔案。

◉ 表單操作

(1) 啟動表單；❶ 按「開啟舊檔」按鈕會顯示其交談窗，❷ 選取「Demo.txt」按 ❸「開啟舊檔」鈕，會將內容載入到文字方塊上。

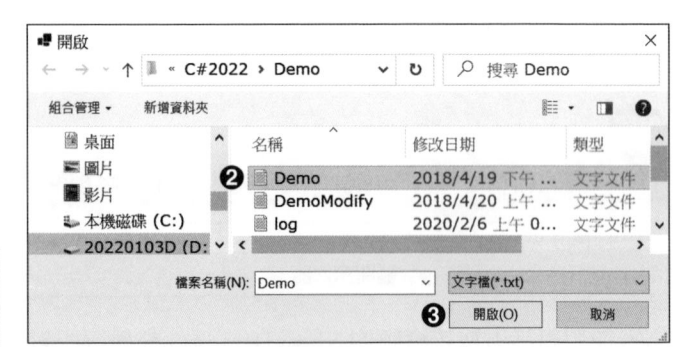

(2) ❶ 文字方塊內加入一些內容；❷ 按「儲存檔案」鈕會進入其交談窗；❸ 輸入新的檔名（避免覆蓋原有檔案）；❹ 按「存檔」鈕。

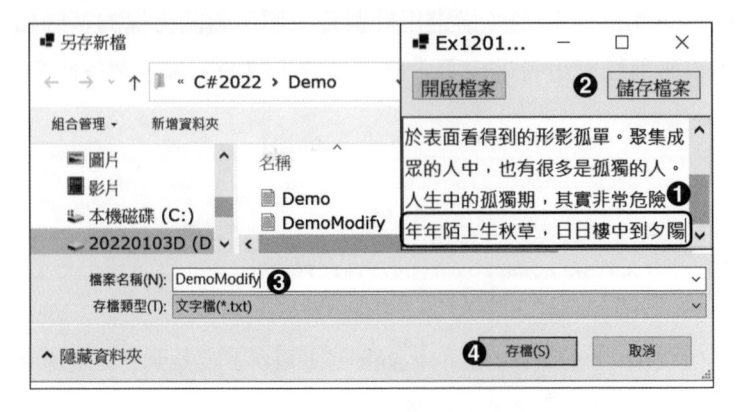

12-8

Chapter 12 提供交談的對話方塊

● 控制項屬性設定和相關程式碼

STEP 01 建立 Windows Form 應用程式，架構「.NET 6.0」；表單上加入控制項並依下表做屬性相關設定。

控制項	屬性	值	控制項	屬性	值
OpenFileDialog	Name	dlgOpenFile	Button1	Name	btnOpen
SaveFileDialog	Name	dlgSaveFile		Text	開啟舊檔
RichTextBox	Name	rtxtShow	Button2	Name	btnSave
	Dock	Bottom		Text	儲存檔案

STEP 02 完成的表單如下。

STEP 03 滑鼠雙擊「開啟舊檔」按鈕，撰寫「btnOpen_Click」事件程式碼。

```
01  using System.IO;    // 處理檔案匯入
02  using System.Text;
03  private void btnOpen_Click(object sender, EventArgs e)
04  {
05     DlgOpenFile.InitialDirectory = "D:\\C#2022\\Demo";
06     DlgOpenFile.Filter =
07        " 文字檔 (*.txt)|*.txt| 所有檔案 (*.*)|*.*";
08     // 取得 Filter 篩選條件為 2 做設定, 預設為文字檔
09     DlgOpenFile.FilterIndex = 2;
10     DlgOpenFile.DefaultExt = "*.txt";
11     DlgOpenFile.FileName = "";  // 清除檔案名稱的字串
12     // 指定上一次開啟的路徑
13     DlgOpenFile.RestoreDirectory = true;
14     if (DlgOpenFile.ShowDialog() == DialogResult.OK)
15     {
16        rtxtShow.LoadFile(DlgOpenFile.FileName,
17           RichTextBoxStreamType.PlainText);
18     }
19  }
```

12-9

STEP 04 快速鍵【Shift + F7】回到 Form1.cs[設計] 索引標籤，滑鼠雙擊「儲存檔案」按鈕，撰寫「btnSave_Click」事件程式碼。

```
21   private void btnSave_Click(object sender, EventArgs e)
22   {
23       // 省略部份程式碼
24       DlgSaveFile.RestoreDirectory = true;
25       DlgSaveFile.DefaultExt = "*.txt";
26       if (DlgSaveFile.ShowDialog() == DialogResult.OK)
27       {
28           // 建立儲存檔案 StreamWriter 物件
29           StreamWriter sw = new StreamWriter(
30               DlgSaveFile.FileName, false, Encoding.Default);
31           sw.Write(rtxtShow.Text);
32           sw.Close();
33       }
34   }
```

STEP 05 建置、執行按【F5】鍵，若無錯誤顯示「表單」視窗。

【程式說明】

- 第 3～19 行：開啟純文字檔時，針對 OpenFileDialog 對話方塊本身進行屬性設定。
- 第 5 行：InitialDirectory 屬性來設定欲開啟檔案的的初始路徑。檔案路徑的資料夾之間會採用「\\」字元分隔，是為了避免被誤認成「\」逸出序列字元。
- 第 6～7 行：Filter 屬性篩選檔案類型為文字檔和所有檔案（與文字檔有關）。
- 第 14～18 行：使用者按「確定」鈕，呼叫 ShowDialog() 方法，且透過 RichTextBox 控制項提供的 LoadFile() 方法來載入，其檔案資料流為純文字。
- 第 21～34 行：儲存檔案時，利用 SaveFileDialog 對話方塊來設定相關屬性。
- 第 26～33 行：呼叫 ShowDialog() 方法來準備存檔動作，如果使用者按下「確定」鈕，利用 StreamWriter 物件來寫入檔案，並以原有格式存檔。
- 第 31、32 行：呼叫資料流物件的 Write() 方法做一個字元一個字元的寫入動作，再以 Close() 方法關閉 StreamWriter 物件。

12.2.3 FolderBrowserDialog

FolderBrowserDialog 是資料夾瀏覽對話方塊，指定選取的資料夾進行瀏覽，取得某個資料夾的路徑或獲取更多的內容。同樣地，它存放在工具箱的「Dialogs」類別裡。

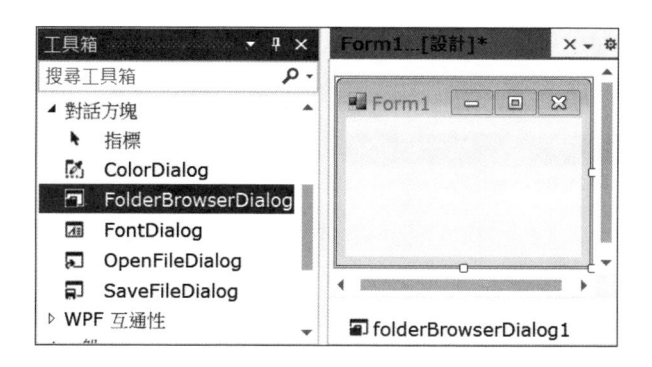

以圖【12-2】來說，左下角還有一個「建立新資料夾」鈕，由屬性 ShowNewFolderButton 做布林設定，其值為『True』時，可以建立新資料夾；『False』就無法建立新的資料夾。

圖【12-2】 瀏覽資料夾的對話方塊

FolderBrowserDialog 對話方塊常用成員，以下表【12-3】列示之。

成員	說明
Description	樹狀檢視控制項在對話方塊上方的描述文字。
RootFolder	設定或取得開始瀏覽的根資料夾位置。
SelectedPath	取得或設定使用者所選取路徑。
ShowNewFolderButton	是否要顯示「新增資料夾」鈕。
Reset() 方法	將屬性重設回預設值。
ShowDialog() 方法	開啟「瀏覽資料夾對話方塊」。

表【12-3】 FolderBrowserDialog 成員

屬性 RootFolder 可用來設定瀏覽資料夾的起始位置，它的預設值為「Desktop」（桌面），可以透過屬性視窗查看 Environment.SpecialFolder 列舉型別的成員。

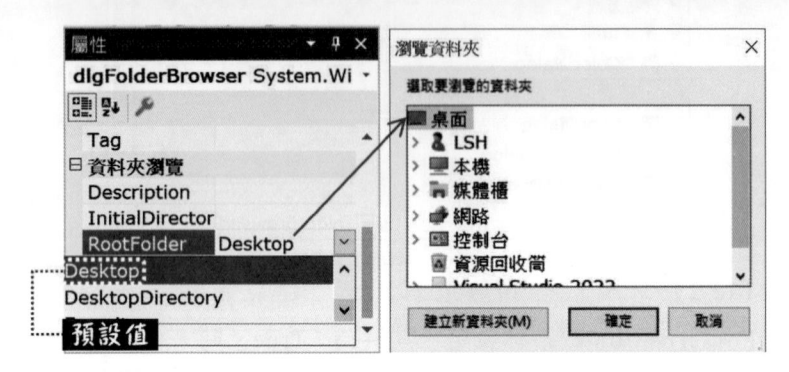

同樣能以程式碼撰寫，指定 Environment.SpecialFolder 列舉型別的成員：

```
folderBrowserDialog1 = Environment.SpecialFolder.Personal;
```

Environment.SpecialFolder 列舉型別包含眾多的成員，簡單介紹幾個常用成員：

- Personal 泛指「MyDocuments」。
- MyComputer 在 Windows 10 系統中會指向本機。
- DesktopDirectory 表示用來實際儲存桌面上檔案物件的目錄。

範例《Ex1202.csproj》

● 程式規劃

以 FolderBrowserDialog 對話方塊載入指定的資料夾，配合 OpenFileDialog 對話方塊進入『開啟舊檔』，選取 RTF 格式檔案載入到文字方塊內。

● 表單操作

STEP 01 表單啟動時，❶ 按「瀏覽資料夾」按鈕啟動『瀏覽資料夾』對話方塊；SelectedPath 屬性值設為 D 碟，按 ❷「確定」會進入「開啟舊檔」對話方塊。

Chapter 12 提供交談的對話方塊

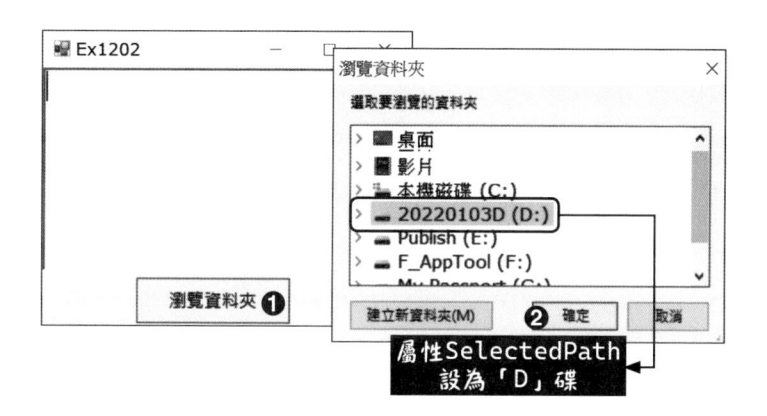

STEP 02 ❶ 選取「Demo.rtf」檔案，❷ 按「開啟」鈕，會將檔案內容載入於文字方塊（RichTextBox）中。

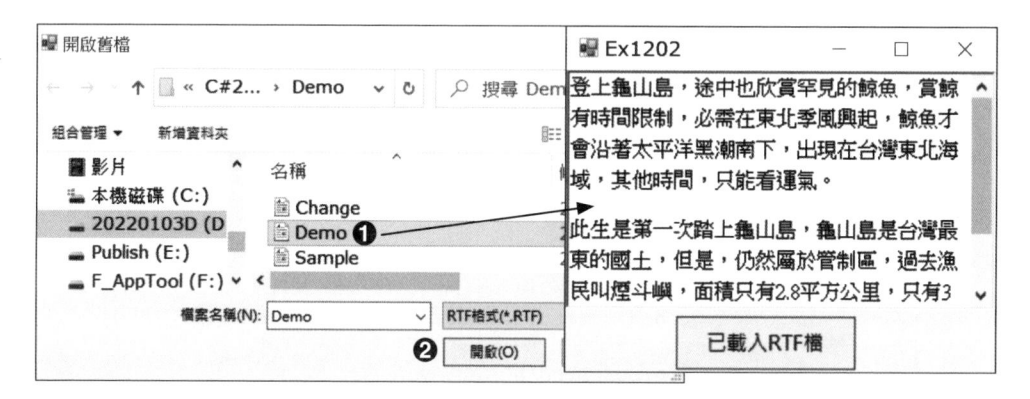

● 控制項屬性設定和相關程式碼

STEP 01 建立 Windows Form App，架構「.NET Framework 4.8」；表單上加入控制項並依下表做屬性相關設定。

控制項	屬性	值
OpenFileDialog	Name	dlgOpenFile
FolderBrowserDialog	Name	dlgFolderBrowser
RichTextBox	Name	rtxtShow
	Dock	Top
Button	Name	btnOpen
	Text	開啟資料夾

12-13

STEP 02 表單空白處雙擊滑鼠進入《Form1.cs》程式編輯，撰寫「Form1_Load()」事件程式碼。

```
01  private void Form1_Load(object sender, EventArgs e)
02  {
03      DlgFolderBrowser.SelectedPath = @"D:\";// 指定瀏覽資料夾
04      // 瀏覽資料夾的提示文字
05      DlgFolderBrowser.Description = " 選取要瀏覽的資料夾 ";
06      DlgOpenFile.Title = " 開啟舊檔 ";
07  }
```

STEP 03 快速鍵【Shift + F7】回到 Form1.cs[設計] 索引標籤，滑鼠雙擊「瀏覽資料夾」按鈕，撰寫「btnFolder_Click」事件程式碼。

```
11  private void btnOpen_Click(object sender, EventArgs e)
12  {
13      bool fileOpened = false;     // 判斷檔案是否開啟
14      string openFileName;
15      // 要開啟的檔案路徑
16      DlgOpenFile.InitialDirectory = "D:\\C#Lab\\CH12";
17      DlgOpenFile.Filter =
18          "RTF 格式 (*.RTF)|*.RTF| 所有檔案 (*.*)|*.*";
19      DlgOpenFile.FilterIndex = 1;
20      DlgOpenFile.DefaultExt = "*.RTF";
21      DlgFolderBrowser.ShowDialog(); // 開啟瀏覽資料夾
22      if (!fileOpened)    // 將開啟檔案的預設路徑為瀏覽路徑
23      {
24          DlgFolderBrowser.SelectedPath =
25              DlgOpenFile.InitialDirectory;
26          DlgOpenFile.FileName = null;
27      }
28      DialogResult result = DlgOpenFile.ShowDialog();
29      // 省略部份程式碼
30  }
```

STEP 04 建置、執行按【F5】鍵，若無錯誤顯示「表單」視窗。

【程式說明】

- 第 1 ~ 7 行：表單載入時，設定瀏覽資料夾的位置為「D 碟」。
- 第 11 ~ 30 行：按「瀏覽資料夾」按鈕要處理的事件。先進入瀏覽資料夾的交談窗，選定欲瀏覽的資料夾後，進入第二個「開啟舊檔」交談窗，選取欲開啟 RTF 格式檔案來載入文字方塊內。

- 第 13 行：fileOpened 為旗標，判斷檔案的開啟狀態。檔案開啟時設為「True」，檔案未開啟時設為「False」。
- 第 16～20 行：設定載入檔案的路徑並指定檔案格式為 RTF。
- 第 21 行：以 ShowDialog() 方法來開啟瀏覽資料夾對話方塊。
- 第 22～27 行：if 敘述判斷若檔案已開啟，將「開啟檔案對話方塊」設好路徑指定給「瀏覽資料夾對話方塊」選取的資料夾路徑。

12.3 設定字型與色彩

一份完成的文件，增添了字型和色彩的變化，能豐富文件內容！.NET 提供二個元件：FontDialog 設定字型，ColorDialog 設定顏色。

12.3.1 FontDialog

FontDialog 對話方塊用來顯示 Windows 系統中已經安裝的字型，提供設計者使用。將 FontDialog 對話方塊加入表單後，也是存放在表單底部的「匣」。

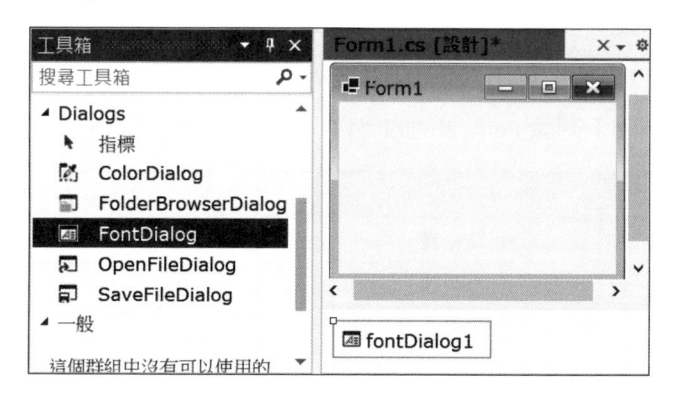

FontDialog 對話方塊提供與字型有關的樣式，例如粗體，或是底線；常用成員如下表【12-4】所示。

FontDialog	預設值	說明
Font		取得或設定對話方塊中所指定的字型。
Color		取得或設定對話方塊中所指定的顏色。
ShowColor	False	對話方塊是否顯示色彩選擇，True 才會顯示。
ShowEffecs	True	對話方塊是否包含允許使用者指定刪除線、底線和文字色彩選項的控制項。
ShowApply	False	對話方塊是否包含「套用」按鈕。
ShowHelp	False	對話方塊是否顯示「説明」按鈕。
Reset() 方法		將所有的對話方塊選項重設回預設值。

表【12-4】 FontDialog 常用屬性

名稱空間「System.Drawing」的 Font 類別提供字型、大小和字體樣式；呼叫 Font 的建構式來初始化物件，語法如下：

```
Font(FontFamily, Single, FontSytle);
```

- FontFamily 用來設定其字型。
- Single 用來設定字型大小，以 float 來表示。
- FontStyle 用來設定字型樣式。

以下表【12-5】認識 Font 類別的屬性，當然包括 FontStyle。

Font 類別屬性	說明
Bold	設定 Font 為粗體。
Italic	設定 Font 為斜體。
Strikeout	Font 加上刪除線。
Underline	Font 加上底線。
FontFamily	取得與這個 Font 關聯的 FontFamily。
Height	取得這個字型的行距。
Name	取得 Font 的字型名稱。
Size	取得 FontEm 大小，以 Unit 屬性指定的單位來測量。
Style	取得 Font 的樣式資訊。
SystemFontName	IsSystemFont 屬性傳回 True，取得系統字型的名稱。

表【12-5】 Font 類別屬性

由於 Font 類別提供的是多載建構函式，可以根據程式的需求來設定，例一：設定字型（Font）和樣式（FontStyle）。

```
Font printFont = new Font("標楷體", FontStyle.Bold);
```

- 設定列印的字型「printFont」以標楷體、樣式為粗體為輸出。

12.3.2　ColorDialog

ColorDialog 元件以調色盤提供色彩選取，也能將自訂色彩加入調色盤中。ColorDialog 常見屬性，以下表【12-6】列舉之。

ColorDialog	預設值	說明
Color		取得或設定色彩對話方塊中所指定顏色。
AllowFullOpen	True	使用者是否可以透過對話方塊來自訂色彩。
FullOpen	False	開啟對話方塊，是否可以用自訂色彩控制項。
AnyColor	False	對話方塊是否顯示所有可用的基本色彩。
SolidColorOnly		對話方塊是否限制使用者只能選取純色。

表【12-6】　ColorDialog 常用屬性

這些屬性的相關值究竟是什麼？利用圖【12-3】做說明。進入色彩對話方塊時，視窗左下角的「定義自訂色彩」鈕與屬性 AllowFullOpen 設定值有關；其屬性值為「True」可以看到視窗右側自選色彩的調色盤。❶ 點選某個色彩值會加到視窗左下方的色彩方塊，按視窗右側的 ❷ ◀能調整色彩的深淺，❸ 按「新增自訂色彩」鈕能把設定好的色彩加到自訂色彩方塊中。

- AllowFullOpen 屬性值 True，而 FullOpen 屬性也為 True，進入色彩對話方塊，自動開啟視窗右側的自訂色彩。
- AllowFullOpen 屬性值 True，而 FullOpen 屬性也為 False，進入色彩對話方塊，須按視窗左下角的「定義自訂色彩」鈕才能開啟視窗右側的自訂色彩。

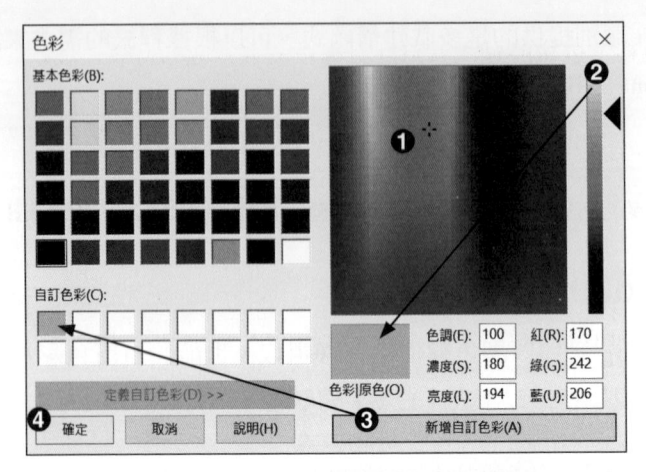

圖【12-3】 色彩對話方塊的自訂色彩

範例《Ex1203.csproj》

● 程式規劃

對於 FontDialog 和 ColorDialog 對話方塊的使用方式有更多了解，配合兩個按鈕加上一個 RichTextBox 控制項來做字型和顏色。

● 表單操作

STEP 01 在文字方塊輸入文字，按「字型」按鈕會進入其對話方塊做字型選擇，按表單右上角的「X」鈕就能關閉表單。

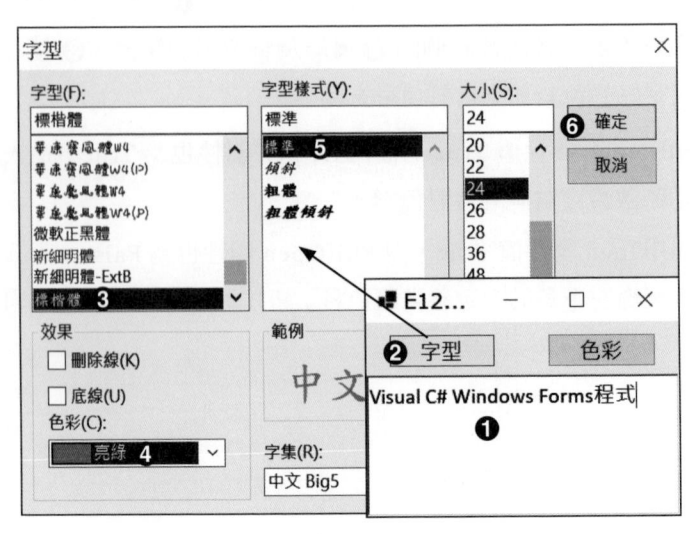

STEP 02 按「色彩」按鈕能進入其對話方塊做文字方塊的背景色設定。

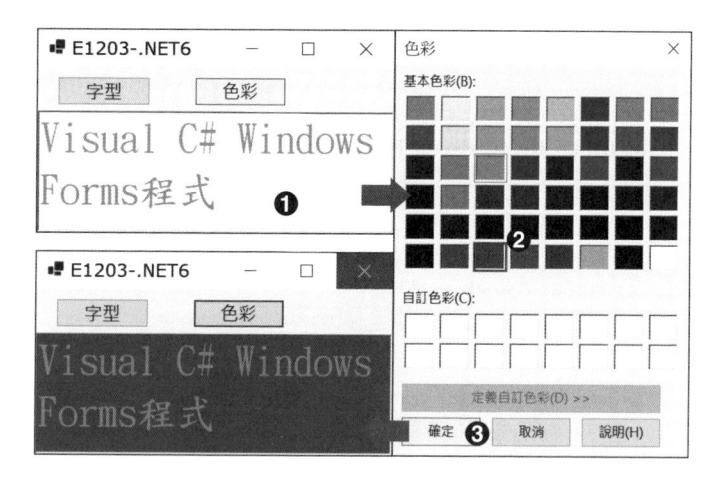

▶ 控制項屬性設定和相關程式碼

STEP 01 建立 Windows Form 應用程式,架構「.NET 6.0」;表單上加入控制項並依下表做屬性相關設定。

控制項	屬性	值	控制項	屬性	值
RichTextBox	Name	rtxtShow	Button1	Name	btnFont
	Dock	Bottom		Text	字型
FontDialog	Name	dlgFont	Button2	Name	btnColor
ColorDialog	Name	dlgColor		Text	色彩

STEP 02 完成的表單如下。

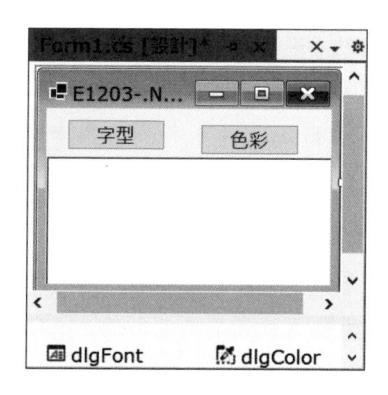

12-19

STEP 03 滑鼠雙擊「字型」按鈕進入程式碼編輯區，撰寫「btnFont_Click」事件程式碼。

```
01   private void btnFont_Click(object sender, EventArgs e)
02   {
03       dlgFont.ShowColor = true; // 顯示色彩選擇
04       dlgFont.Font = rtxtShow.Font; // 取得系統中的字型
05       dlgFont.Color = rtxtShow.ForeColor;// 取得前景色彩
06       if (dlgFont.ShowDialog() != DialogResult.Cancel)
07       {
08          rtxtShow.Font = dlgFont.Font;     // 改變文字方塊的字型
09          rtxtShow.ForeColor = dlgFont.Color;
10       }
11   }
```

STEP 04 切換 Form1.cs[設計] 索引標籤，滑鼠雙擊「顏色」按鈕，撰寫「btnColor_Click」事件程式碼。

```
21   private void btnColor_Click(object sender, EventArgs e)
22   {
23       dlgColor.AllowFullOpen = false;
24       dlgColor.ShowHelp = true;// 顯示說明按鈕
25       dlgColor.AnyColor = true;// 顯示所有可用基本色彩
26       dlgColor.Color = rtxtShow.ForeColor;
27       if (dlgColor.ShowDialog() == DialogResult.OK)
28          rtxtShow.BackColor = dlgColor.Color;
29   }
```

STEP 05 建置、執行按【F5】鍵，若無錯誤顯示「表單」視窗。

【程式說明】

- 第 3～5 行：設定 FontDialog 對話方塊的屬性，包含顯示色彩選擇的 ShowColor、取得 Windows 系統字型的 Font 和字型顏色的 ForeColor。

- 第 6～10 行：呼叫 ShowDialog() 來判斷使用者是否按下取消按鈕，如果沒有，則把經過設定的字型、字型樣式等指定給文字方塊。

- 第 21～30 行：設定 ColorDialog 對話方塊的屬性，包含屬性值設為「false」時，使用者就無法自訂色彩的 AllowFullOpen 屬性，屬性值設為「true」時能提供說明的 ShowHelp 和顯示所有基本色彩的 AnyColor 屬性。

- 第 27～28 行：呼叫 ShowDialog() 來判斷使用者是否按下確定按鈕，如果有，則把經過設定的背景顏色用來改變文字方塊背景色。

♦ 結論：按下「字型」按鈕時會開啟「字型」交談窗，可設定字型、字型樣式和大小和設定效果（底線和刪除線）和字型顏色。按下「顏色」按鈕時會開啟「色彩」交談窗，設定文字方塊的背景顏色。

12.4 支援列印的元件

先想想看如果以 Word 軟體打完一份報告，列印時要考量什麼？當然要有印表機！列印之前要依紙張大小調整版面，可能包含邊界的設定，這份報告列印時要有多少頁（考量多頁的問題），或者利用預覽列印查看列印的效果！

.NET 提供的對話方塊也支援文件列印，包含設定印表機 PrintDialog、支援版面設定的 PageSetupDialog 和提供預覽列印效果的 PrintPreviewDialog，最重要的是可重複使用的列印文件 PrintDocument！就從 PrintDocument 談起！

12.4.1 PrintDocument 控制項

PrintDocument 控制項主要是提供 Windows 應用程式列印時，產生列印文件進行參數設定的容器。換句話說，要撰寫列印的應用程式時，首要步驟是透過 PrintDocument 控制項來建立可傳送到印表機的列印文件。

如何加入 PrintDocument 元件？從工具箱展開「Printing」種類，滑鼠雙擊 PrintDocument 元件，同樣會放到表單底部的「匣」。

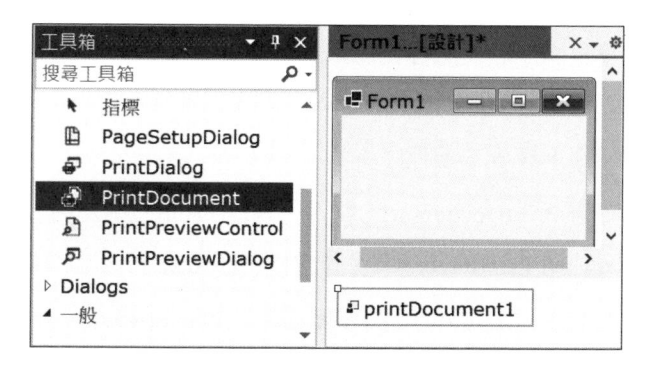

當然也可以程式碼來產生列印物件，宣告如下：

```
PrintDocument document = new PrintDocument;
```

使用 new 運算子實體化一個列印文件，然後再以 PrintPage() 事件來撰寫列印的處理程序。產生列印文件才能執行列印工作，進行版面設定，執行預覽效果。PrintDocument 的常見成員以表【12-7】做說明。

PrintDocument 成員	說明
DefaultPageSettings	取得或設定頁面的預設值。
DocumentName	取得或設定列印文件時要顯示的文件名稱。
PrinterSettings	取得或設定欲列印文件的印表機。
Print() 方法	啟動文件的列印處理。
BeginPrint() 事件	在第一頁文件之前，呼叫 Print() 方法時發生。
EndPrint() 事件	列印最後一頁文件時發生。
PrintPage() 事件	列印目前頁面時發生。

表【12-7】 PrintDocument 控制項常見屬性

但是要將文件列印得呼叫 DrawString() 方法，它來自於 System.Drawing 命名空間的 Graphics 類別，以繪製方法來列印文字；先說明 DrawString() 方法的語法。

```
public void DrawString(string s, Font font, Brush brush,
   PointF point, StringFormat format);
```

- s：繪製的字串；可指定載入檔名或文字方塊的文字。
- font：定義字串的文字格式，列印時可呼叫 Font 結構，建置新的字型。
- brush：決定所繪製文字的色彩和紋理。
- point：指定繪製文字的左上角。
- format：指定套用到所繪製文字的格式化屬性，例如，行距和對齊。

要列印一份文件，概分二項程序：

- 準備列印；宣告 PrintDocuemnt 的物件，執行 Print() 方法。
- 列印輸出時，利用 PrintPage() 事件將文件列印出來！

列印時，呼叫 DrawString() 方法繪製文字。StreamReader 類別以檔案讀取列印文件，或者利用 RichTextBox 載入內容；相關程序說明如下。

(1) 建立列印文件,呼叫 Print() 方法。

列印時需要把文件中的文字或圖片描繪在紙張上。PrintDoucment 來自於 System.Drawing.Printing 命名空間。宣告 PrintDocument 的物件時,要使用「using」關鍵字匯入此空間。

```
using System.Drawing.Printing;
// 表單加入 PrintDocument 控制項進行列印
printDoucment1.Print();
```

(2) 以 PrintPage() 事件做列印輸出!❶ 指定繪圖物件,設定列印文件的字型和色彩。

PrintPage() 事件處理常式中,要考慮列印文件是否有超過一頁?每一頁文件要列印多少行?這些要處理的事項,須配合 PrintPage() 事件的引數之一 PrintPageEventArgs 類別來處理,它的屬性列示如下。

- Cancel 是否應該取消列印工作。
- Graphics 用來繪製頁面的相關內容。
- HasMorePages 是否應該列印其他頁面。
- MarginBounds 取得邊界內頁面部分的矩形區域。
- PageBounds 取得整個頁面的矩形區域。
- PageSettings 取得目前頁面的頁面設定。

程式碼可以這樣撰寫:

```
private void document_PrintPage(object sender,
        PrintPageEventArgs pageArgs)
{
   // 指定繪圖物件,設定列印字型
   Graphics g = pageArgs.Graphics;    // 宣告繪物 g
   Font fontPrint = new Font("標楷體", 12);
}
```

◆ 事件處理常式的引數是 PrintPageEventArgs 類別,它有一個 Graphics 屬性,用來繪製頁面,所以透過它的物件 pageArgs 指派給繪圖類別的物件 g。

(3) 以 PrintPage() 做列印輸出！❷MeasureString() 方法測量要輸出的文字。PrintPageEventArgs 類別的 Graphics 屬性要算出文件內容行的長度與每頁的行數；進行每頁內容描繪，必須利用 MeasureString() 方法，它的語法如下：

```
public SizeF MeasureString(string text,      Font font,
   SizeF layoutArea, StringFormat stringFormat,
   out int charactersFitted, out int linesFilled);
```

- text：要測量的字串。
- font：定義字串的文字格式。
- layoutArea：指定文字的最大配置區域。
- stringFormat：表示字串的格式化資訊，例如行距。
- charactersFitted：字串中的字元數。
- linesFilled：字串中的文字行數。

程式碼如下：

```
private void document_PrintPage(object sender,
        PrintPageEventArgs pageArgs)
{
   //❶ 指定繪圖物件
   //❷ 呼叫 MeasureString() 方法
   g.MeasureString();
}
```

(4) 以 PrintPage() 做列印輸出！❸ 列印文件是否有超出一頁，如果沒有，呼叫 DrwaString() 將文字內容繪出。

PrintPageEventArgs 類別的 HasMorePages 屬性（預設 false）能用來判斷目前所列印的這一頁文件是否為最後一頁，屬性值「true」會列選下一頁，「fasle」則不會繼續列印。相關程式碼如下：

```
private void document_PrintPage(object sender,
        PrintPageEventArgs pageArgs)
{
   //❶ 指定繪圖物件
   //❷ 呼叫 MeasureString() 方法
   //❸ 呼叫 DrawString() 方法
   g.DrawString(richTextBox1.Text, fontPrint,
      Brushes.Black, pageArgs.MarginBounds,
      new StringFormat());
   ev.HasMorePages = (readToPrint.Length > 0);
}
```

Chapter **12** 提供交談的對話方塊

- 使用 DrawString() 方法時,它以 RichTextBox 為列印內容,定義好的 fontPrint 提供字型,筆刷設成黑色(Brushes.Black),透過 PrintPageEventArgs 類別的 MarginBounds 屬性取得文字方塊內矩形區域,最後呼叫 StringFormat 類別的建構函式來產生新的字串。

範例《Ex1204.csproj》

▶ 列印文件的操作

STEP 01 載入檔案後,按「列印」按鈕之後準備開始列印。

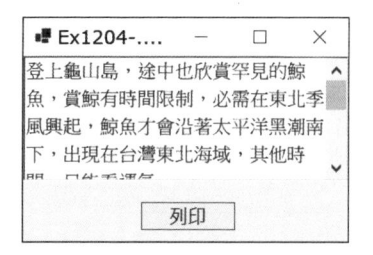

STEP 02 為了瞭解列印文件是否成功,以 PDF 格式取代印表機。

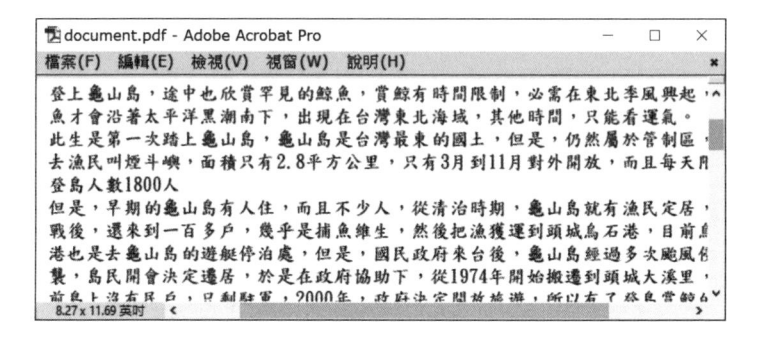

▶ 控制項屬性設定和相關程式碼

STEP 01 建立 Windows Form 應用程式,架構「.NET 6.0」;表單上加入控制項並依下表做屬性相關設定。

控制項	屬性	值	控制項	屬性	值
PrintDocument	Name	document	Button	Name	bthPrint
RichTextBox	Name	rtxtShow		Text	列印
	Dock	Bottom			

12-25

STEP 02 滑鼠雙擊「列印」按鈕，撰寫「btnPrint_Click()」事件程式碼。

```
01  using System.Drawing.Printing;
02  private void btnPrint_Click(object sender, EventArgs e)
03  {
04      try
05      {
06          document.Print();   //1.進行列印
07          document.DocumentName = " 列印文件 ";
08      }
09      catch (Exception ex)
10      {
11          MessageBox.Show(ex.Message);
12      }
13  }
```

STEP 03 切換 Form1.cs[設計] 索引標籤，滑鼠雙擊「PrintDocuemnt」，撰寫「document_PrintPage()」事件程式碼。

```
21  private void document_PrintPage(object sender,
22          PrintPageEventArgs pageArgs)
23  {
24      Graphics g = pageArgs.Graphics;   //2-1.宣告繪圖物件 g
25      fontPrint = new Font(" 標楷體 ", 12);// 設定新的字型
26      int morePages = 0;   // 計算每份文件頁數
27      int OnPageChars = 0;// 計算每頁字元數
28      //2-2.測量要繪製的字串
29      g.MeasureString(rtxtShow.Text, fontPrint,
30          pageArgs.MarginBounds.Size,
31          StringFormat.GenericTypographic,
32          out OnPageChars, out morePages);
33      //2-3.繪製邊界內的字型
34      g.DrawString(rtxtShow.Text, fontPrint,
35          Brushes.Black, pageArgs.MarginBounds,
36          new StringFormat());
37  }
```

STEP 04 建置、執行按【F5】鍵，若無錯誤顯示「表單」，按右上角「X」鈕關閉表單。

【程式說明】

- 第 1 行：使用 using 關鍵字匯入 System.Drawing.Printing 名稱空間。
- 第 2 ～ 13 行：按下「列印」按鈕所引發的事件處理常式。使用 try/catch 敘述來防止列印文件呼叫 Print() 方法發生錯誤。

- 第 21 ～ 37 行：執行 Print() 方法所引發的 PrintPage() 事件。透過 PrintPageEventArgs 類別 pageArgs 做傳遞的引數。呼叫繪圖物件 g 的 MeasureString() 方法測量每頁字元數，再以 DrawString() 方法將列印文件做繪製。
- 第 24 行：將物件 pageArgs 取得的內容指派給繪圖物件 g。
- 第 29 ～ 32 行：MeasureString() 方法依據載入的檔案內容進行字元的測量，屬性 MarginBounds 能依據列印的矩形區域大小來取得每頁的字元和頁數。
- 第 34 ～ 36 行：DrawString() 方法，依據文件內容，重設字型，以黑色筆刷繪製列印區域的字元。

12.4.2　PrintDialog

要列印一份文件時，只要執行「列印」指令，PrintDialog 對話方塊導引使用者進入「列印」交談窗，選擇要列印的印表機並指定列印範圍和列印份數。但是 PrintDialog 並不能單獨使用，必須先透過 PrintDocument 建立列印物件，再配合 PrintDialog 來選取印表機、選擇列印頁面，以及選擇列印頁數或是選定列印範圍。一般開啟的「列印」交談窗會如下圖【12-4】所示。

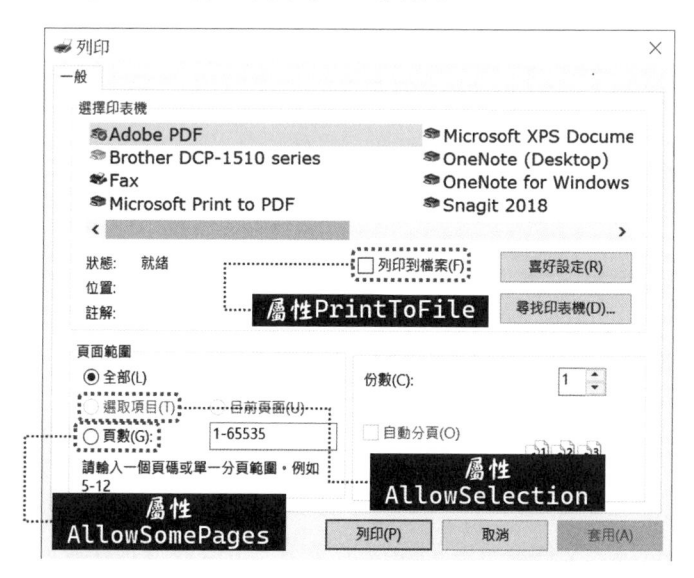

圖【12-4】　PrintDialog 顯示列印交談窗

PrintDialog 的相關屬性、方法如下表【12-8】所示。

PrintDialog 成員	說明
AllowPrintToFile	對話方塊是否啟用「列印到檔案」核取方塊。
AllowCurrentPage	對話方塊是否顯示「目前的頁面」選項按鈕。
AllowSelection	對話方塊是否啟用「選取範圍」選項按鈕。
AllowSomePages	在對話方塊中是否啟用「頁數」選項按鈕。
Document	取得或設定 PrinterSettings 屬性中的 PrintDocument。
PrinterSettings	取得或設定對話方塊中修改印表機的設定。
ShowHelp	對話方塊中是否顯示「說明」按鈕。
ShowNetwork	對話方塊中是否顯示「網路」按鈕。
PrintToFile	取得或設定「列印到檔案」的核取方塊。
ShowDialog() 方法	顯示通用對話方塊。

表【12-8】 PrintDialog 控制項常見屬性和方法

如何透過 PrintDialog 來撰寫列印程序，程式碼如下：

```
// 必須先建立列印物件
PrintDocument document = new PrintDocument;
// 啟用「版面」選項按鈕
dlgPrint.AllowSomePages = true;
// 啟用「選取範圍」選項按鈕
dlgPrint.AllowSelection = true;
dlgPrint.Document = document;  // 設定 PrintDocument
. . . .
document.Print();  // 呼叫列印方法進行列印
```

首先 PrintDocument 產生列印文件，再將它指定給 PrintDialog 對話方塊並設定列印的相關屬性，爾後呼叫 Print() 方法執行列印程序。

12.4.3 PageSetupDialog

列印時版面設定是免不了，設定欲列印文件的上、下、左、右邊界，是否要加入頁首或頁尾，文件要直式列印或是橫印，這些通通都在版面設定下進行。PageSetupDialog 元件能提供這樣的服務，在設計時以 Windows 對話方塊做為基礎，提供使用者設定框線和邊界調整，加入頁首和頁尾及直印或橫印的選擇。利用 PageSetupDialog 對話方塊開啟的「版面設定」交談窗會如下圖【12-5】所示。

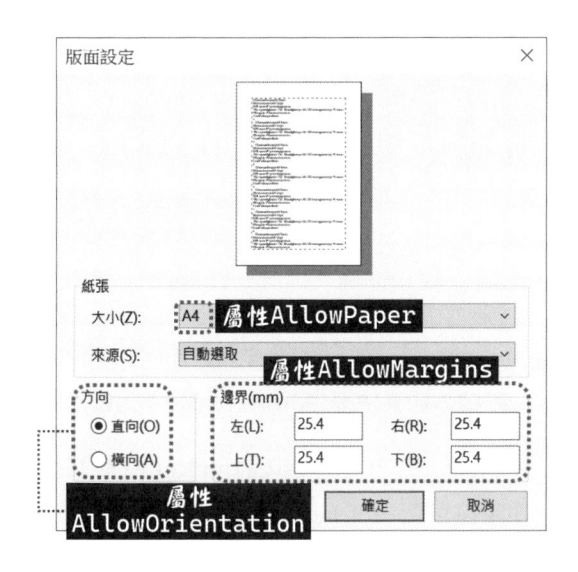

圖【12-5】 PageSetupDialog 開啟的交談窗

PageSetupDialog 對話方塊常用屬性以表【12-9】說明。

PageSetupDialog 成員	說明
AllowMargins	對話方塊中是否啟用對話方塊邊界區段。
AllowOrientation	對話方塊中是否啟用方向（橫向和直向）。
AllowPaper	對話方塊中是否啟用紙張（紙張大小、來源）。
AllowPrinter	在對話方塊中是否啟用「印表機」按鈕。
Document	PrintDocument 物件從何處取得版面設定。
EnableMetric	以公釐顯示邊界設定時，是否要將公釐與 1/100 英吋間自動轉換。
MinMargins	允許使用者能選取的最小邊界，單位為百分之一英吋。
PageSettings	要修改的頁面設定。
PrinterSettings	使用者按下「印表機」按鈕時，能修改印表機的設定。

表【12-9】 PageSetupDialog 對話方塊常用屬性

12.4.4　PrintPreviewDialog

想要列印文件，版面設定後，透過「預覽列印」能瞭解文件列印的實際情形。進入預覽列印視窗可以將文件放大或縮小，如果是多頁數的文件還可以調整成整頁或多頁顯示。而 PrintPreviewDialog 對話方塊則提供相關功能，例如列印、放

大、顯示一或多頁及關閉對話方塊等按鈕,它與前面小節所介紹的 FontDialog、ColorDialog 及檔案對話方塊都相同,透過 ShowDialog() 方法來顯示通用型對話方塊。PrintPreviewDialog 常用屬性以下表【12-10】列示之。

PrintPreviewDialog 屬性	說明
Document	取得或設定要預覽的文件。
PrintPreviewControl	取得表單中含有 PrintPreviewControl 物件。
UseAntiAlias	列印時是否要啟用反鋸齒功能(顯示平滑字)。

表【12-10】 PrintPreviewDialog 常用屬性

另一個與預覽列印有關的是 PrintPreviewControl 控制項。使用 PrintDocument 控制項來處理列印文件時,可藉由 PrintPreviewControl 顯示預覽列印的外觀。

圖【12-6】 PrintPreviesControl

PrintPreviesControl 元件加到表單,跟其他的列印控制項不太相同,它會顯示於表單。

範例《Ex1205.csproj》

● 程式規劃

使用 PrintDocument 控制項建立列印文件,配合 PrintDialog、PrintPreviewDialog 兩個對話方塊開啟列印、預覽列印交談窗。

● 表單操作

STEP 01 載入表單後,按「列印」按鈕會開啟『列印』對話方塊。

Chapter 12 提供交談的對話方塊

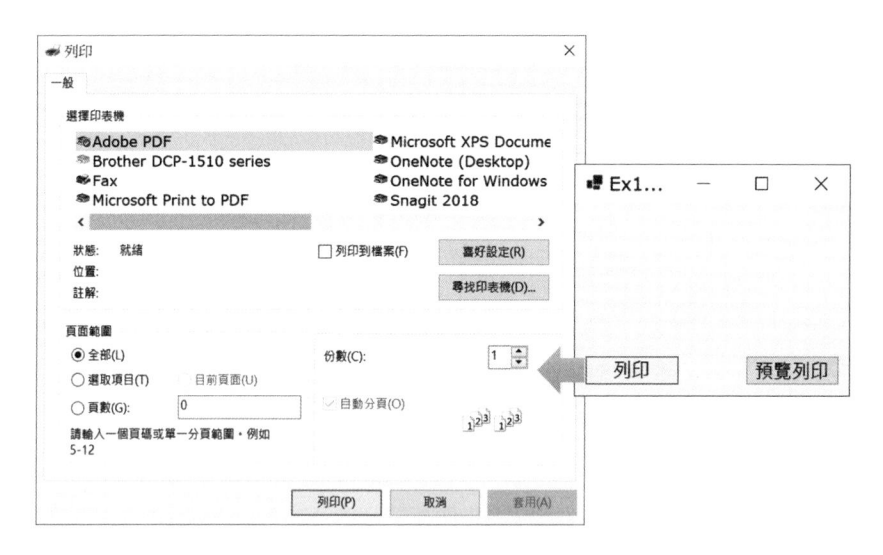

STEP 02 按 ❶「預覽列印」按鈕先顯示「正在預覽列印」有 5 頁，列印到最後一頁時會開啟訊息方塊，按下 ❷「確定」鈕之後會開啟「預覽列印」對話方塊，表單右上角的「X」鈕就能關閉表單。

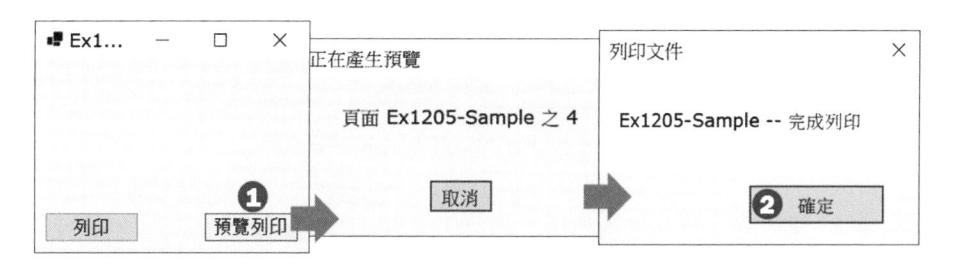

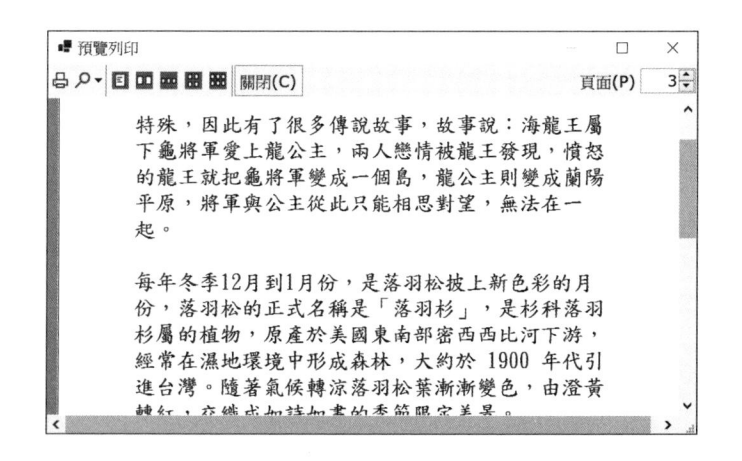

12-31

● 控制項屬性設定和相關程式碼

STEP 01 建立 Windows Form 專案；表單上加入控制項並依下表做屬性相關設定。

控制項	屬性	值	控制項	屬性	值
PrintDocuemnt	Name	docPrint	Form1	Font	11
PrintDialog	Name	dlgPrint	Button1	Name	btnPrint
PrintPreviewDialog	Name	dlgPrintPreview		Text	列印
PrintPreviewControl	Name	ctlPrintPreview	Button2	Name	btnPreview
	Visible	false		Text	預覽列印

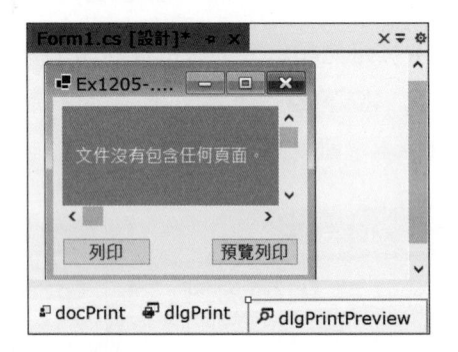

STEP 02 完成的表單如下。

STEP 03 按 F7 鍵，進入程式碼編輯區，撰寫如下程式碼。

```
01   public partial class Form1 : Form
02   {
03      // 儲存由檔案載入欲列印內容
04      private string readToPrint, allContents;
05      private Font printFont;   // 列印字型
06      // 其他程式碼
07   }
```

STEP 04 切換 Form1.cs[設計] 索引標籤，滑鼠雙擊「列印」按鈕進入程式碼編輯區，撰寫「btnPrint_Click」事件程式碼。

```
11   private void btnPrint_Click(object sender, EventArgs e)
12   {
13      ReadPrintFile();// 呼叫載入檔案方法
```

```
14      DlgPrint.AllowSomePages = true;
15      DlgPrint.AllowSelection = true;
16      // 列印文件指定給列印對話方塊
17      DlgPrint.Document = DocumentPrt;
18      DialogResult result = DlgPrint.ShowDialog();
19      if (result == DialogResult.OK)
20          DocumentPrt.Print();
21  }
```

STEP 05 切換 Form1.cs[設計] 索引標籤,滑鼠雙擊「預覽列印」,撰寫「btnPreview_Click」事件程式碼。

```
31  private void btnPreview_Click(object sender, EventArgs e)
32  {
33      ReadPrintFile();
34      CrlPrintPreview.Zoom = 0.25;// 預覽列印的輸出比例
35      CrlPrintPreview.UseAntiAlias = true;// 啟用平滑字效果
36      CrlPrintPreview.Document = DocumentPrt;
37      CrlPrintPreview.Document.DocumentName =
38          "Ex1205-Sample";
39      DlgPrintPreview.Document = DocumentPrt;
40      DlgPrintPreview.ShowDialog();// 顯示預覽列印對話方塊
41  }
```

STEP 06 切換 Form1.cs[設計] 索引標籤,選取「PrintDocument」控制項,屬性視窗變更事件,找到 EndPrint() 事件雙擊滑鼠進入程式碼編輯視窗,撰寫「DocumentPrt _EndPage()」事件程式碼。

```
51  //PrintPage() 事件請參考範例和前一個範例的解說《Ex1204》
52  private void DocumentPrt_EndPrint(object sender,
53          System.Drawing.Printing.PrintEventArgs e)
54  {
55      MessageBox.Show(DocumentPrt.DocumentName +
56          " -- 完成列印 ", " 列印文件 ");
57  }
```

STEP 07 ReadPrintFile() 方法,撰寫其程式碼。

```
61  private void ReadPrintFile()
62  {
63      // 設定要讀取的檔名和路徑
64      string printFile = "Demo05.txt";
65      string filePath = @"D:\\C#2022\\Demo\\";
```

```
66        // 讀取的檔名「Sample.txt」為列印文件的檔名
67        DocumentPrt.DocumentName = printFile;
68        // 建立檔案並以 Open 開啟,以 using 指定範圍為唯讀
69        using (FileStream stream = new(
70           filePath + printFile, FileMode.Open))
71        using (StreamReader reader = new(stream)) // 指定區段唯讀
72        {
73           //allContents 存放檔案內容
74           allContents = reader.ReadToEnd();
75        }
76        readToPrint = allContents;
77        printFont = new("標楷體", 20);
78     }
```

STEP 08 建置、執行按【F5】鍵,若無錯誤顯示「表單」視窗。

【程式說明】

- 第 11 ~ 21 行:按下「列印」按鈕時開啟『列印』交談窗,啟用「版面」、「選取範圍」設定。

- 第 14、15 行:將屬性 AllowSomePages、AllowSelection 設為『true』,列印交談窗會顯示「頁數」和「選取範圍」。

- 第 19 ~ 20 行:if 敘述,確認按下「列印」按鈕時就執行列印工作。

- 第 31 ~ 41 行:按下「預覽列印」按鈕時所引發的事件;以預覽列印對話方塊的 Document 取得列印文件 DocumentPrt。

- 第 52 ~ 57 行:列印到最後一頁所引發 EndPrint() 事件,列印到最後一頁時以訊息方塊來顯示「完成列印」。

- 第 61 ~ 78 行:ReadPrintFile() 方法。建立 FileStream 物件開啟檔案,以 RTF 格式讀取並指定路徑和檔名,配合 using 陳述式指定範圍,由 StreamReader 讀取內容。

- 第 69 ~ 75 行:以 FileStream 的 Open 模式來開啟讀取的檔案,using 敘述限定產生的 StreamReader 類別的 reader 只能讀取檔案;ReadToEnd() 方法會讀取到檔案結尾,然後以 allContents 變數儲存。

- 第 76 行:利用 readToPrint 變數來取得所讀取的檔案內容。

重點整理

- 對話方塊 OpenFileDialog 開啟檔案，Filter 屬性設定檔案類型；配合 FileIndex 屬性會以 Filter 屬性的索引值來預設檔案類型。

- 對話方塊 SaveFileDialog 儲存檔案。AddExtension 屬性決定是否要在儲存檔案時自動加入附檔名；OverwriteAPrompt 屬性則在另存新檔過程中，已經存在的檔案名稱，進行覆寫的動作是否要顯示訊息。

- FolderBrowserDialog 對話方塊能指定資料夾進行瀏覽；屬性 RootFolder 可用來設定瀏覽資料夾的預設位置，透過 Environment.SpecialFolder 列舉類型瀏覽電腦裡一些特定的資料夾。

- FontDialog 對話方塊顯示 Windows 系統已經安裝的字型，提供設計者使用。Font 屬性取得或設定對話方塊中所指定的字型；Color 屬性取得或設定對話方塊中所指定的顏色。

- ColorDialog 對話方塊提供調色盤來選取色彩，也能將自訂色彩加入調色盤。AllowFullOpen 屬性設為 True，使用者可以透過對話方塊來自訂色彩；FullOpen 設為 False，開啟對話方塊時，不能使用自訂色彩控制項。

- .NET Framework 支援文件列印的控制項或元件，提供設定印表機的「PrintDialog」對話方塊、支援版面設定的「PageSetupDialog」對話方塊和提供預覽列印效果的「PrintPreviewDialog」對話方塊不過它們都必須使用 PrintDocument 控制項建立的列印物件才能產生作用。

MEMO

選單控制項和功能表

CHAPTER 13

學 | 習 | 導 | 引

- 具有選單的 RadioButton、CheckBox 控制項,它們能與容器 GroupBox 一同使用。
- 產生清單的 ComboBox、ListBox、CheckedListBox 控制項。
- 以 MenuStrip 控制項製作功能表,它能快速產生簡易的標準功能表,也能逐步設定自製產生。
- 要有快捷功能表必須倚賴 ContextMenuStrip 元件,產生工具按鈕要有 ToolStrip 控制項。

13.1 具有選單的控制項

學會使用具有容器功能的 GroupBox 控制項，找它跟 RadioButton、CheckBox 控制項一起搭配來演出。藉由控制項的外觀和屬性 Checked 對它們有更多的認識。

13.1.1 容器 GroupBox

表單可以當作容器（Container），們可以介面的設計加入不同控制項；還有各種不同「容器」可提供 Windows Forms App 的介面使用。通常容器具有下述這些特性：

- 形成獨立空間：將容器內的控制項與外部的控制項做區隔。
- 移動容器時，內部的控制項可以隨著移動。

較常見的作法就是跟 RadioButton 或是 CheckBox 控制項一起配合使用的 GroupBox 控制項。從工具箱展開 ❶「容器」種類，將 ❷Group 控制項拖曳到表單。

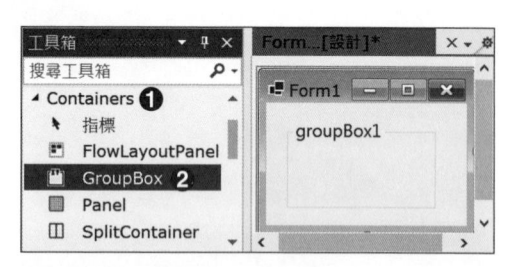

圖【13-1】 具有容器功能的 GroupBox 控制項

操作 《GroupBox 控制項》－加入 RadioButton 控制項

STEP 01 參考圖【13-1】的作法在表單上先加入 GroupBox 控制項。

STEP 02 利用屬性視窗，變更 GroupBox 控制項的 Text 屬性來作為群組標題。

STEP 03 拖曳 RadioButton 控制項到 GroupBox 容器內。

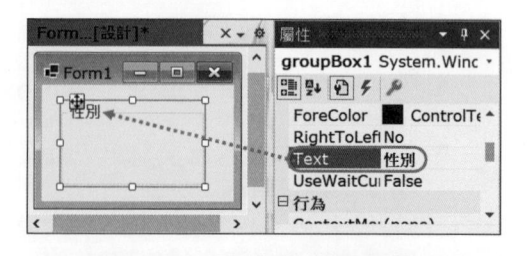

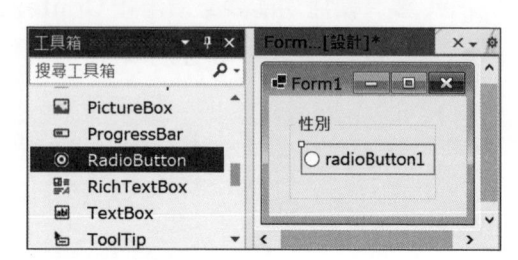

13-2

STEP 04 滑鼠按住 GroupBox 控制項左上角✥就能移動容器和它所包含的控制項。

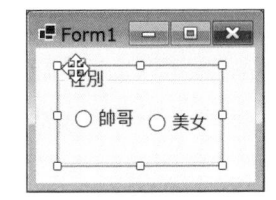

13.1.2 選項按鈕

RadioButton（選項按鈕）控制項可建立多個選項，由於具有互斥性（Mutually Exclusive），只能從中選取一個。它可以用來顯示文字、圖片。RadioButton 有那些常見的屬性和方法，分述如下表【13-1】。

選項按鈕屬性	預設值	說明
Text	32767	設定文字方塊輸入的最大字元數。
Apperance	Normal	設定選項按鈕的外觀。
Checked	False	檢查選項按鈕是否被選取。
TextAlign	MiddleLeft	設定選項按鈕文字欲顯示的位置。
AutoCheck	True	判斷選項按鈕是否能變更 Checked 狀態。

表【13-1】 選項按鈕常見屬性

控制項 RadioButton 的外觀由屬性 Apperance 來決定，概分兩種：

- **Normal**：為一般選項按鈕，參考圖【13-2】的右側。
- **Button**：原來的選項按鈕會變成按鈕的樣子！不過，可別誤會它和其它的 Button 控制項並無關聯，可參考圖【13-2】之左側。

圖【13-2】 選項按鈕的 Apperance 屬性有兩種

如何以程式碼變更屬性 Apperance？敘述如下。

```
radioButton1.Appearance = Appearance.Button;
```

屬性 Checked 可以檢查選項按鈕是否被選取！設計階段，屬性 Checked 是未選取狀態，預設值為「False」；點選了選項按鈕，屬性值會變成「True」。

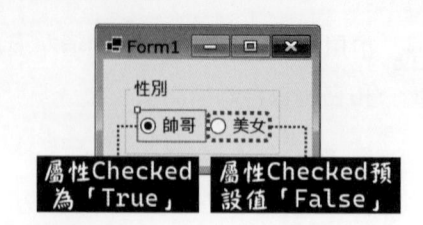

以程式碼變更選項按鈕為選取狀態時，敘述如下：

```
radioButton1.Checked = true;    // 表示被選取
```

選項按鈕有哪些常用事件？當 Checked 屬性被改變時會引發 CheckedChanged() 事件處理常式；它也是選項按鈕的預設事件（滑鼠雙擊就會進入其程式碼編輯器）。另一個是 Click() 事件，只要選項按鈕被滑鼠點選時皆會引發此事件處理常式。

範例 《Ex1301.csproj》

● 程式規劃

表單上，使用者輸入姓名、出生日期、選擇性別，按下「確認」鍵之後，以陣列一行行讀取，由 RichTextBox 屬性 Lines 存放，並以此控制項顯示。性別表示則以 GroupBox 配合 RadioButton 控制項。

● 表單操作

載入表單填入相關資料，按「確認」按鈕會把填寫的資料顯示於右下角的文字方塊中。性別若選「帥哥」的話，觸發 RadioButton 的「CheckedChanged()」事件，會變更背景色；性別是「美女」就維持不變。

● 控制項屬性設定和相關程式碼

STEP 01 建立 Windows Form 應用程式，架構「.NET 6.0」；表單上加入控制項並依下表做屬性相關設定。

Chapter 13 選單控制項和功能表

控制項	Name	Text	控制項	屬性	值
GroupBox1		性別	Label1	Text	名稱：
RadioButton1	rabMale	帥哥	Label2	Text	生日：
RadioButton2	rabFemale	美女	DateTimePicker	Name	dtpBirth
TextBox	txtName			MaxDate	2018/12/31
RichTextBox	rtxtData			MinDate, Value	1988/1/1
Button	btnConfirm	確認		ShowUpDown	True

STEP 02 滑鼠雙擊「確認」按鈕，撰寫「btnConfirm_Click」事件程式碼。

```
01   private void btnConfirm_Click(object sender, EventArgs e)
02   {
03      String[] temps = new String[3];// 儲存文字方塊的字串陣列
04      String distin;
05      rtxtData.Font = new Font("標楷體", 14);
06      rtxtData.ForeColor = Color.Indigo;
07      temps[0] = $"姓名：{ txtName.Text }";
08      temps[1] = $"生日：{ dtpBirth.Text }";
09      distin = (rabMale.Checked) ?
10          rabMale.Text : rabFemale.Text;
11      temps[2] = $"性別：{ distin }";
12      rtxtData.Lines = temps;// 取得陣列內容放入文字方塊
13   }

21   private void rabMale_CheckedChanged(object sender,
22          EventArgs e)
23   {
24      rabMale.BackColor = Color.Yellow;    // 改變背景色
25   }
```

STEP 03 建置、執行按【F5】鍵，若無錯誤顯示「表單」視窗。

【程式說明】

- 第 3 行：為了將這些一行行取得的資料顯示於 RichTextBox 文字方塊上，宣告一個可以暫存資料的陣列 temps。
- 第 5、6 行：利用 Font、ForeColor 屬性來設定文字方塊的字型和顏色。
- 第 7～8 行：將輸入的名字和生日放入陣列元素中；使用 DateTimePicker 控制項做出生日期的設定。

- 第 9～10 行：依據選擇的性別來輸出稱謂，使用三元運算子「？：」判斷使用者按下那一個選項按鈕，將取得的結果存放到陣列裡。
- 第 21～25 行：瞭解在什麼情形之下會引發 CheckedChanged() 事件，當使用者選擇了性別的「帥哥」時，其選項按鈕的背景色會改變。

13.1.3 核取方塊

CheckBox（核取方塊）控制項也提供選取功能，和 RadioButton 控制項的功能極為類似，不同的地方在於核取方塊彼此不互斥，使用者能同時選取多個核取方塊。

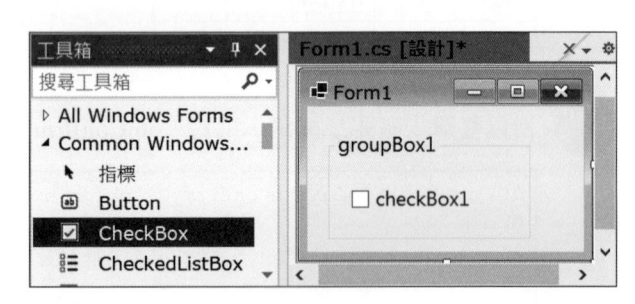

圖【13-3】 GroupBox 容器中的 CheckBox 控制項

如果有多個 CheckBox 控制項，也會把它放入 GroupBox 容器中；常見的屬性介紹如下表【13-2】。

核取方塊屬性	預設值	說明
Text	32767	設定文字方塊輸入的最大字元數。
①Checked	False	檢查核取方塊是否被選取。
②ThreeState	False	設定核取方塊是二種或三種狀態。
③CheckState	Unchecked	配合 ThreeState 設定核取方塊的狀態。

表【13-2】 核取方塊常見的屬性

程式執行期間，核取方塊的 ThreeState 屬性會影響屬性 CheckState 的狀態。屬性 ThreeState 預設值為 False，則屬性 CheckState 有不勾選、勾選二種變化。如果 ThreeState 的屬性值為 True，屬性 CheckState 依圖【13-4】所示有三種變化！①勾選（屬性值 Checked）；②未勾選（屬性值 Unchecked）；③不確定（屬性值 Indeterminate）。

圖【13-4】 屬性 ThreeState 為 True 有三種狀態

以圖【13-4】來說；「高雄」有勾選，「台北」未勾選，而「台中」則表示不確定勾選。將屬性 ThreeState 和另一個屬性 CheckState 之間的變化，表【13-3】做說明。

屬性 ThreeState	Unchecked	Checked	Indeterminate
True（有三種）	有	有	有
False（只有二種）	有	有	無

表【13-3】 屬性 ThreeState 有三種變化

使用 CheckBox 控制項會引發的事件有兩種：

- **CheckedChanged()** 事件：當 Checked 屬性的值發生改變時。
- **CheckStateChanged()** 事件：當 CheckState 屬性的值產生變化時。

範例 《Ex1302.csproj》

▶ 程式規劃

延續前一個範例，以 GroupBox 容器和核取方塊組成城市，填寫後的資料以文字方塊顯示。

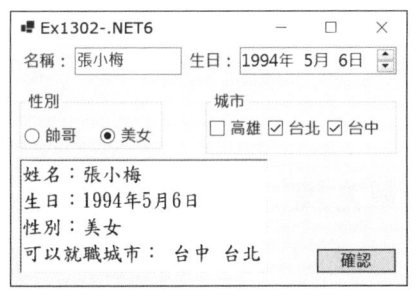

▶ 控制項屬性設定和相關程式碼

STEP 01 延續範例，表單再加入核取方塊控制項並依下表做屬性設定。

控制項	Name	Text
GroupBox1		城市
CheckBox1	ckbKao	高雄
CheckBox2	ckbTaichung	台中
CheckBox3	ckbTaipei	台北

13-7

STEP 02 在「btnConfirm_Click」事件中加入與核取方塊有關的程式碼。

```
01   private void btnConfirm_Click(object sender, EventArgs e)
02   {
03       // 省略部份程式碼，判斷使用者勾選了那些城市
04       if (ckbKao.Checked == true)     // 高雄
05           city1 = ckbKao.Text;
06       if (ckbTaichung.Checked == true)    // 台中
07           city2 = ckbTaichung.Text;
08       if(ckbTaipei.Checked == true)     // 台北
09           city3 = ckbTaipei.Text;
10       temps[3] += $" 可以就職城市：{city1} {city2} {city3}";
11   }
```

【程式說明】

- 由於核取方塊同多選，以 if 敘述判斷屬性 Checked 的布林值，被勾選者取得 Text 屬性值，將其城市名稱加到陣列變數 tmps[3]。

13.2 具有清單的控制項

具有清單的控制項包含 ComboBox、ListBox 和 CheckListBox。這些控制項皆具有集合屬性 Items，無論是項目的新增和移除都與 ArrayList 類別息息相關，一起來認識它們。

13.2.1 下拉式清單方塊

下拉式清單方塊（ComboBox）控制項提供下拉式項目清單，當清單中無項目可供選擇時，使用者還能自行輸入。

依據預設樣式，ComboBox 控制項會有兩個部分：上層是一個能讓使用者輸入清單項目的「文字欄位」。下層是顯示項目清單的「清單方塊」，提供使用者從中選取一個項目。

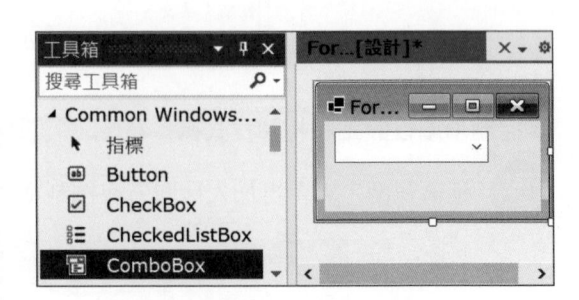

圖【13-5】 ComboBox 控制項

對於 ComboBox 控制項來說，就是提供清單！如何利用屬性視窗的 Items 屬性，在設計階段加入清單項目，操作如下。

操作 《ComboBox》－編輯清單項目

STEP 01 ❶ 按 ▶ 鈕（變 ◀）展開 ComboBox 工作選單，❷ 滑鼠單擊「編輯項目」展開字串集合編輯器交談窗。

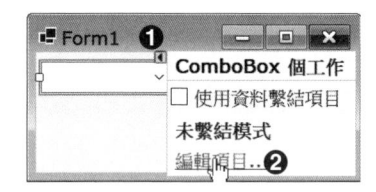

STEP 02 輸入項目並按 Enter 鍵換行；按「確定」鈕結束編輯。

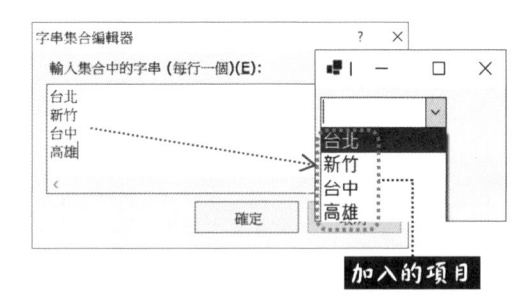

以程式碼編寫，利用 Add() 方法將指定項目加到清單末端；或者使用 Insert() 方法把欲加入項目指定其位置，語法如下：

```
int Add(NewItem);
Virtual void Insert(index, NewItem);
```

- NewItem 指的是欲加入清單的項目。
- Index：索引位置。

例一：

```
comboBox1.Item.Add("屏東");
comboBox1.Item.Insert(1, "新北");   // 索引編號 1 加入一個項目
```

- 屬性 Items 是本身屬於集合，可透過 ArrayList 類別提供的 Insert() 方法來指定位置加入項目。

設計階段倘若不是利用「字串集合編輯器」來輸入清單項目，而是以程式碼來處理，透過 AddRange() 方法撰寫如下：

```
string[] fontDemo = new string[] {     // 字型陣列
         "新細明體", "標楷體", "微軟正黑體", "華康行書體"};
comboBox2.Items.AddRange(fontDemo);
```

13-9

- 同樣是利用 ArrayList 類別提供的 AddRange() 方法來產生清單項目！
- 先建立一個字串陣列 fontDemo，然後呼叫 AddRange() 方法，如果清單中已有項目存在，會把陣列加到清單的最末端。

如何移除清單項目？方法 Remove()、RemoveAt() 和 Clear() 皆能達到移除清單項目的目的，說明如下：

- **Remove() 方法**：指定移除項目。
- **RemoveAt**：指定清單項目中的索引值來移除。
- **Clear() 方法**：用來移除清單中所有項目。

例二：

```
comboBox1.Item.Remove("屏東");   // 指定項目
comboBox1.Item.Remove(2);        // 指定索引編號
comboBox1.Item.Clear();          // 全部清除
```

選取了 ComboBox 清單項目中某一個項目時，利用屬性 SelectedIndex 和 SelectedItem 來取得索引值或項目內容；當 SelectedIndex 屬性被改變時會引發 SelectedIndexChanged() 事件。程式碼撰寫如下：

```
int result = comboBox1.SelectedIndex;
int coucome = comboBox1.SelectedItem;
```

DropDownStyle 屬性提供 ComboBox 控制項下拉式方塊的外觀和功能，預設屬性「DropDown」，除了能將下拉式清單隱藏之外，還提供欄位編輯的功能。

DropDownStyle 屬性值共有三種：Simple、DropDown 和 DropDownList，圖【13-6】可供參考。

(1) **Simple**：只提供文字欄位部份，可進行文字編輯，選取清單時必須利用方向鍵來選取清單。
(2) **DropDown**：預設的下拉式清單方塊，使用者還可以依據需求進行文字欄位的編輯。
(3) **DropDownList**：下拉式清單方塊，使用者只能以清單內容來選取，無法編輯文字方塊。

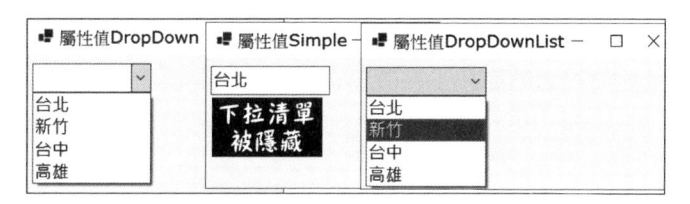

圖【13-6】 DropDonwStyle 屬性

ComboxBox 下拉式清單方塊中其他的常見屬性，表【13-4】列示。

ComboBox 屬性	預設值	說明
Text		設定欲選取的項目內容。
DropDownWidth		用來設定下拉式清單的寬度。
MaxLength	0	設定文字欄位能輸入的字元數。
MaxDropDownItems	8	設定下拉清單方塊能顯示的項目。

表【13-4】 ComboBox 其他屬性

來自 C# 8.0 的語法，配合「模式比對」，switch 敘述也能處理運算式，稱為 switch 運算式，先以範例《Ex1303》部份程式碼來了解：

```
switch (index)// 依據取得的 index 來判斷要顯示的字體大小
{
   case 1:
      lblDisplay.Font = new(lblDisplay.Font.Name, 14.0F);
      break;
   case 2:
      lblDisplay.Font = new(lblDisplay.Font.Name, 18.0F);
      break;
   case 3:
      lblDisplay.Font = new(lblDisplay.Font.Name, 24.0F);
      break;
   case 4:
      lblDisplay.Font = new(lblDisplay.Font.Name, 28.0F);
      break;
   case 5:
      lblDisplay.Font = new(lblDisplay.Font.Name, 32.0F);
      break;
   case 6:
      lblDisplay.Font = new(lblDisplay.Font.Name, 36.0F);
      break;
   default:
      lblDisplay.Font = new(lblDisplay.Font.Name, 12.0F);
      break;
```

利用 switch/case 敘述重設 Label 控制項的字大小,會發現此選擇判斷較為冗長。是否能讓敘述變得更簡潔些!在改善它們之前,先溫習 switch/case 的語法:

```
switch ( 運算式 )
{
   case 值 1:
      程式區段 1;
      break;
   default:
      程式區段 n;
      break;
}
```

把上述語法改為 switch 運算式,語法如下:

```
運算式 switch
{
   模式 ( 值 1 ) => 程式區段 1,
   _ => 程式區段 n,
};
```

- 模式可以配合邏輯運算式進行關聯式模式比對或以 enum 列舉的常數模式,或是更能簡要表達的整數值。
- 關鍵字以「=>」取代,去掉了 break 敘述,而 default 敘述以「_」(底線字元) 取代。
- 每個 switch 運算式分項要以逗號分隔,而運算式分項一定有模式,=> 標記。
- switch 運算式的大括號之後要有結尾分號「;」。

有了這些基本概念,把上述 switch 敘述改寫為 switch 運算式:

```
lblDisplay.Font = index switch
{
   // 依據 Label 控制項所取得的字型名稱設定字的大小
   1 => new(lblDisplay.Font.Name, 14.0F),
   2 => new(lblDisplay.Font.Name, 18.0F),
   3 => new(lblDisplay.Font.Name, 24.0F),
   4 => new(lblDisplay.Font.Name, 28.0F),
   5 => new(lblDisplay.Font.Name, 32.0F),
   6 => new(lblDisplay.Font.Name, 36.0F),
   _ => new(lblDisplay.Font.Name, 12.0F),
};
```

範例《Ex1303.csproj》

● 程式規劃

以控制項 ComboBox 的下拉選單功能，設定字型樣式和字型效果，透過選取項目的索引值來引發 SelectedIndexChanged() 事件而改變標籤控制項的字型和大小。

範例《Ex1303.csproj》

● 表單操作

啟動程式載入表單後，透過下拉選單來選擇字型大小和字型，表單下方的標籤控制項會顯示結果，再按表單右上角的「X」鈕就能關閉表單。

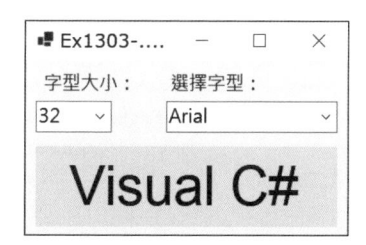

● 控制項屬性設定和相關程式碼

STEP 01 建立 Windows Form 應用程式，架構「.NET 6.0」；表單上加入控制項並依下表做屬性相關設定。

控制項	Name	Text	控制項	屬性	值
Label1		字型大小：	Label3	Name	lblDisplay
Label2		選擇字型：		Text	視窗程式
ComboBox1	cobFontSize	12		AutoSize	False
ComboBox2	cobFontChoice	微軟正黑體		BackColor	255, 224, 192

STEP 02 撰寫 ComboBox 控制項「字型大小」「cobFontSize_SelectedIndexChanged()」事件程式碼。

```
01    private void cobFontSize_SelectedIndexChanged(
02        object sender, EventArgs e)
03    {
04      int index = cobFontSize.SelectedIndex;
05      lblDisplay.Font = index switch
06      {
07          // 依據 Label 控制項所取得的字型名稱設定字的大小
```

```
08        1 => new(lblDisplay.Font.Name, 14.0F),
09        2 => new(lblDisplay.Font.Name, 18.0F),
10        3 => new(lblDisplay.Font.Name, 24.0F),
11        4 => new(lblDisplay.Font.Name, 28.0F),
12        5 => new(lblDisplay.Font.Name, 32.0F),
13        6 => new(lblDisplay.Font.Name, 36.0F),
14        _ => new(lblDisplay.Font.Name, 12.0F),
15     };
16  }
```

STEP 03 撰寫 ComboBox 控制項「選擇字型」「cobFontChoice_SelectedIndexChanged()」事件程式碼。

```
21  private void cobFontChoice_SelectedIndexChanged(
22      object sender, EventArgs e)
23  {
24     // 取得選取字型項目的索引值
25     int index = cobFontChoice.SelectedIndex;
26     lblDisplay.Font = new Font(
27     cobFontChoice.Text, lblDisplay.Font.Size);
28  }
```

STEP 04 建置、執行按【F5】鍵，若無錯誤顯示「表單」視窗。

【程式說明】

- 第 1～16 行：使用者按下字型大小的下拉式清單方塊來選取字型大小時就會引發此事件處理常式。

- 第 4 行：取得 ComboBox 控制項的 SelectedIndex 屬性，變數 index 儲存。

- 第 5～15 行：依據 index 的值，switch 運算式判斷使用者選擇了那一級的字型！呼叫 Font 結構的建構函式，依據標籤控制項的字型來重建字型大小；它以 float 資料型別為主。

- 第 21～28 行：同樣以 index 變數取得 SelectedIndex 屬性值，屬性 Text 取得使用者選取的字型，並依據標籤控制項的字型大小來呼叫 Font 結構的建構函式做字型重設動作。

13.2.2 清單方塊

清單方塊（ListBox）控制項會顯示清單項目，提供使用者從中選取一個或多個項目。其功能和 ComboBox 控制項很相近，只不過 ComboBox 提供下拉式清單，還能讓使用者輸入項目內容；但是 ListBox 只提供項目選取、無法進行編輯動作。

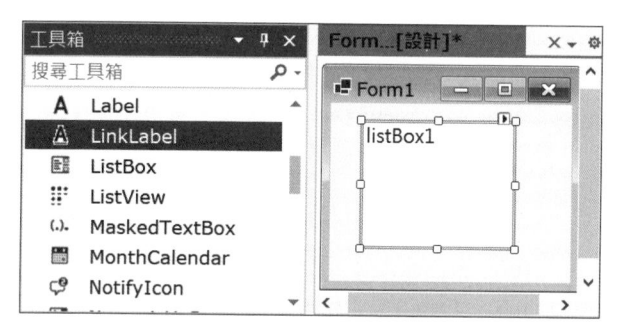

圖【13-7】 ListBox 控制項

ListBox 控制項的清單項目，無論是新增、移除項目，或是取得項目值；這些屬性和方法都和 ComboBox 一樣，以表【13-5】介紹其他的屬性。

LixtBox 成員	預設值	說明
SelectionMode	one	設定清單項目的選取方式
MultiColumn	False	清單方塊是否顯示多欄
Sorted	False	清單項目是否依字母排序
Items.Count		取得清單項目的總數
Items.Clear()		移除清單內所有項目
Items.Remove()		移除清單內指定的項目
SelectedIndex		取得或設定目前選取項目索引值
Text		執行階段存放選取的項目
SetSelected() 方法		指定清單項目的對應狀態
GetSelected( ) 方法		用來判斷是否為選取的項目
ClearSelected() 方法		取消被選取項目的狀態

表【13-5】 ListBox 的成員

清單方塊透過屬性 SelectionMode 來設定清單項目的選取方式。SelectionMode 列舉類型提供四位成員。

- **None**：表示無法選取。
- **One**：一次只能選取一個項目。
- **MultiSimple**：選取多個項目，利用滑鼠或者以鍵盤的方向鍵配合空白鍵來產生。
- **MultiExtended**：選取多個項目，滑鼠配合 Shift 或 Ctrl 鍵進行連續或不連續選取。

ListBox 控制項一般只會顯示單欄，將 MultiColumn 屬性設為「True」時，會以多欄顯示。同樣地，若 Sorted 設為「True」時會將清單項目依據字母順序排序。

範例《Ex1304.csproj》

◉ 程式規劃

清單方塊的簡易操作。以 Add() 方法將文字方塊輸入內容加到 ListBox 控制項；選取清單方塊某個項目，RemoveAt() 方法依據回傳的索引值把它刪除。

◉ 表單操作

STEP 01 按在 ❶ 文字方塊入項目，按 ❷「新增」鈕加到清單方塊中並同時清空文字方塊。

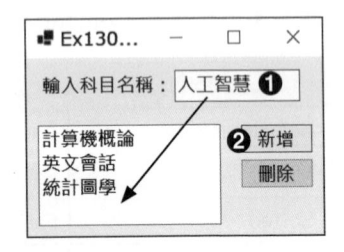

STEP 02 ❶ 從清單方塊選取某一個項目，按 ❷「刪除」鈕就能把它清除。

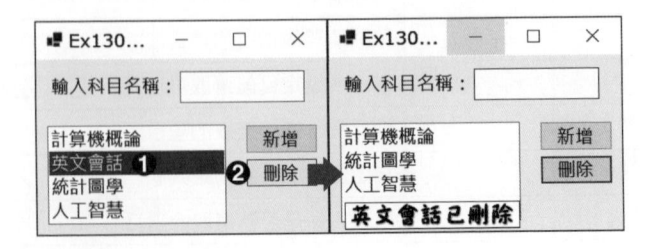

◉ 控制項屬性設定和相關程式碼

STEP 01 建立 Windows Form 應用程式，架構「.NET 6.0」；表單上加入控制項並依下表做屬性相關設定。

13-16

控制項	Name	Text	控制項	屬性	屬性值
Button1	btnOK	新增	ListBox	Name	lstCourse
Button2	btnDel	刪除	TextBox	Name	txtCourse

STEP 02 撰寫「btnOK_Click()」事件程式碼。

```
01  private void btnOK_Click(object sender, EventArgs e)
02  {
03      lstCourse.Items.Add(txtCourse.Text);
04      txtCourse.Clear();
05      txtCourse.Focus();
06  }
```

STEP 03 撰寫「btnDel_Click()」事件程式碼。

```
11  private void btnDel_Click(object sender, EventArgs e)
12  {
13      if (lstCourse.Items.Count > 0)
14          lstCourse.Items.RemoveAt(
15              lstCourse.SelectedIndex);
16      else
17          txtCourse.Text = " 無項目可刪除 ";
18  }
```

STEP 04 建置、執行按【F5】鍵，若無錯誤顯示「表單」視窗。

【程式說明】

- 第 3 行：取得文字方塊輸入項目以 Add() 方法加到清單方塊中。
- 第 4、5 行：Clear() 方法清空文字方塊並以 Focus() 重取輸入焦點。
- 第 14～15 行：依據選取項目回傳的索引值，刪除清單方塊的項目。

13.2.3 CheckedListBox

CheckedListBox 控制項擴充 ListBox 控制項的功能。它涵蓋了清單方塊大部份的屬性，在清單項目的左側顯示核取記號。它也具有 Items 屬性，在設計階段增加、移除項目，而 Add() 和 Remove() 方法也適用，所以可視為 ListBox 和 CheckBox 的組合。

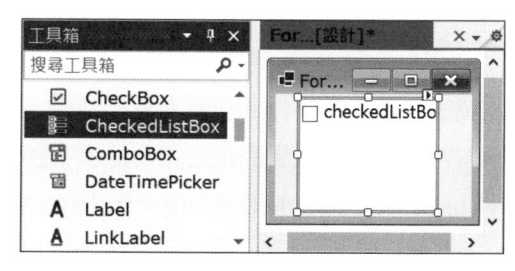

圖【13-8】 CheckedListBox 控制項

ListBox 控制項的所產生的清單項目，使用滑鼠就能點選。如果要選取 CheckedListBox 的清單項目，必須確認核取方塊被勾選，才能表明此項目已被選取，透過圖【13-8】說明。

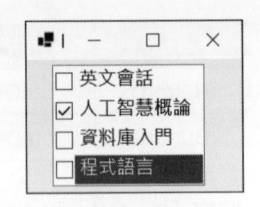

圖【13-8】 CheckedListBox 的核取

由圖【13-8】得知，滑鼠點選「程式語言」項目時只有選取效果，必須再按一次滑鼠讓左側的核取方塊產生勾選，如「人工智慧概論」才是已選取項目。

由於核取方塊本身就具有多選的功能，因此 ChcekedListBox 控制項雖然擁有 SelectionMode 屬性卻不支援。必須把 CheckOnClick 屬性設為「True」（預設為 False），才能讓滑鼠點選就產生勾選作用。

使用 CheckedListBox 控制項時，想要知道那些項目被勾選，可使用 GetItemChecked() 方法來逐一檢查，語法如下：

```
bool GetItemChecked(Index);
```

- index 代表清單項目的索引值，以 bool 值來作為回傳動作。

如果要設定索引值的勾選狀態，可利用 SetItemChecked() 方法來指定欲勾選的項目和核取狀態，以 True 表示勾選，False 表示不核取。

CheckedListBox 控制項常用的事件處理有二種。

- SelectedIndexChanged() 事件，使用者以滑鼠來點選清單中任何一個項目時所引發的事件處理常式。
- ItemCheck() 事件：清單中的某個項目被勾選時所引發的事件處理常式。

13.3 功能表

使用 Windows 應用程式，只要把滑鼠移向功能表列，就會展開相關指令，非常方便使用者的操作。功能表屬於階層式架構，產生主功能表列，依據設計需求加入其項目，主功能表列包含子功能表，產生子項目，依序延伸出子子功能表。先以 Visual Studio 20 的操作介面說明功能表結構，如圖【13-9】所示。

Chapter 13 選單控制項和功能表

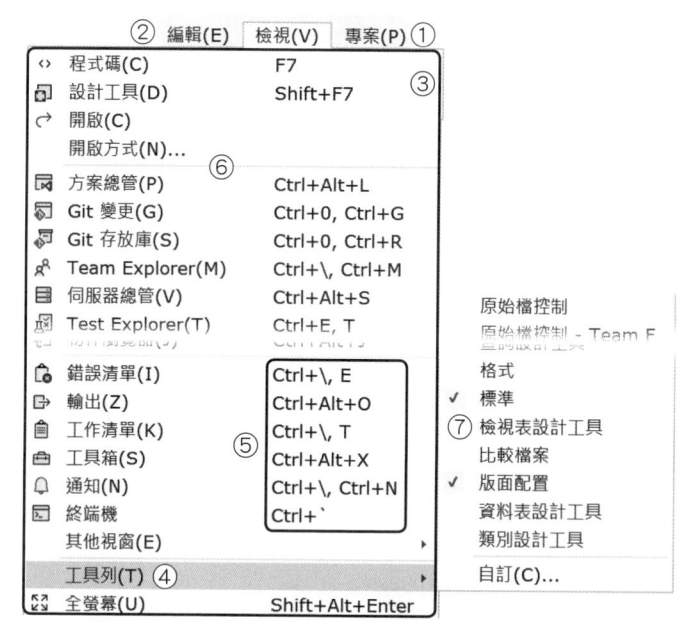

```
      ② 編輯(E)  檢視(V)  專案(P) ①
   <> 程式碼(C)            F7
   ▣  設計工具(D)          Shift+F7        ③
   ↻  開啟(C)
      開啟方式(N)...        ⑥
   ▣  方案總管(P)           Ctrl+Alt+L
   ▣  Git 變更(G)          Ctrl+0, Ctrl+G
   ▣  Git 存放庫(S)         Ctrl+0, Ctrl+R
   ◈  Team Explorer(M)    Ctrl+\, Ctrl+M
   ▣  伺服器總管(V)         Ctrl+Alt+S          原始檔控制
   ▣  Test Explorer(T)    Ctrl+E, T          原始檔控制 - Team F
      錯誤清單(I)           Ctrl+\, E           格式
      輸出(Z)              Ctrl+Alt+O       ✓ 標準
      工作清單(K)           Ctrl+\, T       ⑦  檢視表設計工具
      工具箱(S)    ⑤       Ctrl+Alt+X          比較檔案
      通知(N)              Ctrl+\, Ctrl+N   ✓ 版面配置
      終端機                Ctrl+`             資料表設計工具
      其他視窗(E)                         ▶    類別設計工具
      工具列(T) ④                         ▶   自訂(C)...
   ⊠  全螢幕(U)             Shift+Alt+Enter
```

圖【13-9】 功能表的結構

(1) 主功能表列（MenuStrip）。

(2) 主功能表項目（ToolStripMenuItem），例如：檔案、編輯、檢視等皆是。

(3) 展開「檢視」主功能表（MenuItem），表示進入子功能表（ToolStripDropDownMenu）。

(4) 子功能表中當然有子功能表項目（ToolStripMenuItem），例如：「工具列」。

(5) 子功能表項目可以設定快速鍵。例如：工具箱可使用【Ctrl+Alt+X】鍵叫出。

(6) 分隔線（Separator）能區隔不同作用的子功能表項目，例如「開啟方式」和「方案總管」之間以分隔線隔開，說明它們是兩個功能不同的群組。

(7) 子功能表項目「工具列」右側有▶符號，可以展開下一層功能表，「標準」項目顯示核取記號（Checked），表示正在使用中。

由圖【13-9】得知，必須先建立主功能表才能加入主功能表項目，例如檔案、檢視都是屬於「主功能表」的項目。通常「檔案（F）」表示以滑鼠點選之外，還能以鍵盤的「Alt+F」來展開檔案功能表，稱為「對應鍵」。主功能表之下可以延伸它的子功能表，然後再加入子功能表項目，如畫面中「檢視」主功能表的『方案總管』、『伺服器總管』都屬於子功能表項目。此外，性質相同的子功能表項目能群聚

13-19

一起,將不同性質子功能表項目透過「分隔線」隔開。子功能表項目可以視其需求來加入快速鍵(Shortcut key),或者以核取記號表示。VS 2022 中建立功能表的控制項有那些?利用下表【13-6】做介紹。

功能表	說明
MenuStrip	建立主功能表。
ToolStrip	產生 Windows Forms 的工具列的容器。
ToolStripMenuItem	用來建立功能表或快捷功能表項目。
ToolStripDropDown	允許使用者按下滑鼠時,從清單選取單一項目。
ToolStripDropDownItem	按一下時會顯示下拉式清單。
ContextMenuStrip	用來設定快捷功能表(使用者按下滑鼠右鍵)。

表【13-6】 功能表和成員

13.3.1 MenuStrip 控制項

先介紹可以產生主功能表的 MenuStrip 控制項,先以它的功能做簡單描述。要加入 MenuStrip 控制項;須先展開工具箱 ❶ 功能表與工具列,❷ 滑鼠雙擊 MenuStrip 控制項,它會將面板放到表單頂端,表單底部的「匣」會存放其控制項;所以要對功能表做進一步的編輯,直接選取控制項,再以面板做編輯是個不錯的方式。

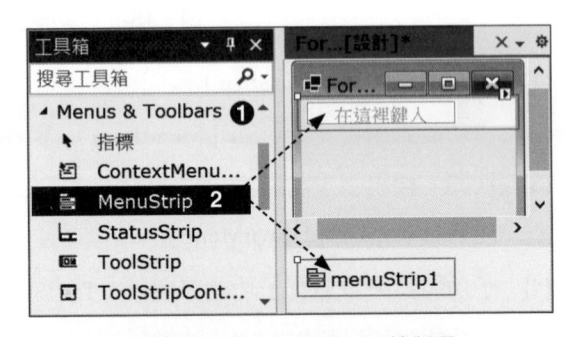

圖【13-10】 MenuStrip 控制項

簡單介紹 MenuStrip 控制項的功能!
- 建立標準功能表,只要透過滑鼠的拖曳方式就能建立經常使用的功能表,並進一步支援進階使用者介面和配置功能。
- 提供容器和收納功能,以自訂方式建立功能表,取得作業系統外觀和行為。

如何建立功能表,一般步驟如下:

(1) 先以 MenuStrip 建立主功能表。

(2) 透過 Items 屬性,加入 ToolStripMenuItem 控制項來作為第一層主功能表的項目。

(3) 如果想要繼續建立第二層(子)功能表,取得某個 ToolStripMenuItem 控制項的「DropDownItems」屬性,再依序加入 ToolStripMenuItem 控制項來成為第二層功能表項目。

(4) 如果還要建立第三層,就是把某個 ToolStripMenuItem 控制項的「DropDownItems」屬性,再加入 ToolStripMenuItem 控制項來成為第三層功能表的項目。

如果功能表變動性不是太大,利用 MenuStrip 控制項所提供的「插入標準項目」來產生一個由系統提供的功能表。

操作《MenuStrip》－快速產生功能表

STEP 01 加入 MenuStrip 控制項之後,按右上角的 ▶ 鈕展開(變 ◀)工作清單,再按「插入標準項目」。

STEP 02 加入一個簡易的功能表,再撰寫處理的事件程序。

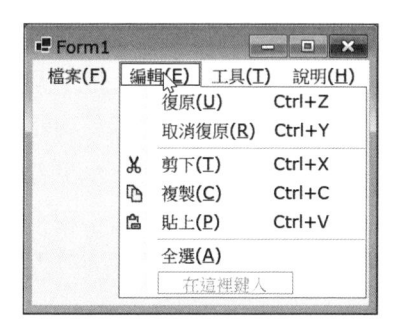

仔細觀察,每一個主功能表項目皆有對應鍵可以使用;執行時,「工具」功能表要以鍵盤啟動的話,按【Alt+T】就能展開。可以透過屬性視窗來觀察「工具」的 Name 和 Text 屬性有何不同?

13-21

13.3.2 直接編輯功能表項目

使用 MunuStrip 控制項快速產生功能表之後,大家是否發現加到表單的 MunuStrip 控制項它提供是一個面板,選取它之後是可以直接做文字編輯。直接編輯功能表要如何做?下述步驟於功能表中加入、刪除項目。

操作《MenuStrip》-編輯功能表項目

STEP 01 確認表單有 MenuStrip 控制項並單擊滑鼠做選取。

STEP 02 輸入主功能表項目。❶ 看到「在這裡輸入」表示可以輸入主功能表項目,如「檔案(&F)」(&F 表示加入對應鍵);❷ 完成「檔案」輸入之後在水平和垂直方向皆可輸入項目。

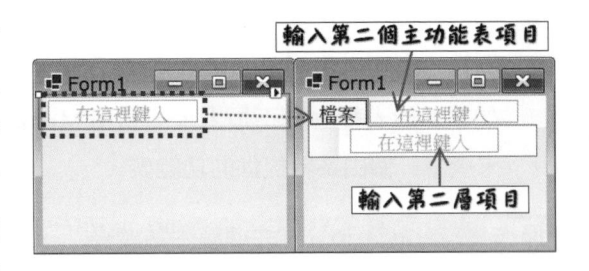

STEP 03 垂直者則是產生「檔案」的子功能表和項目,水平者可加入第二個主功能表項目。在垂直方向加入檔案的子功能表項目「開啟檔案」和「儲存檔案」。

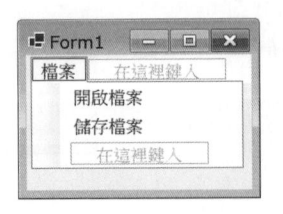

STEP 04 如果還要產生子子功能表,在「儲存檔案」水平方向再加入「另存新檔」和「其他格式」。

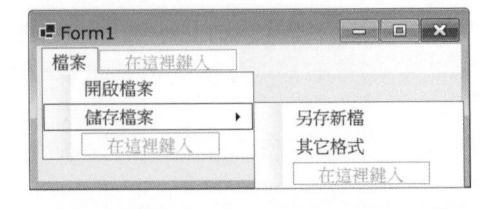

STEP 05 在「儲存檔案」下方加入分隔線,直接在下方的「在這裡」輸入『-』(減號),按下 Enter 鍵就會形成分隔線。

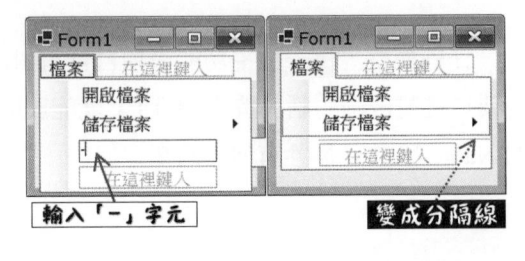

步驟說明

- 加入分隔線第二種方式：按「在這裡輸入」右側的▼鈕展開選單，點選「Separator」來加入。

STEP 06 加入第二個主功能表項目「字型」。

STEP 07 要刪除某個項目，就是選取該項目，按鍵盤的「Delete」鍵刪除；或者在欲刪除的項目上 ❶ 按滑鼠右鍵，執行 ❷「刪除」指令亦可。

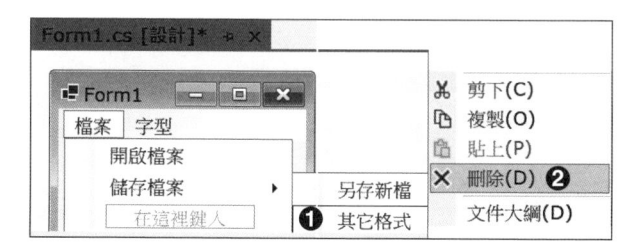

13.3.3　以項目集合編輯器產生功能表項目

加入 MenuStrip 控制項之後，還能利用項目集合編輯器來產生一個多層次的功能能表。如何進入項目集合編輯器？無論是利用屬性 Items 或展開控制項的工作清單，點選「編輯項目」，皆能進入其交談窗。進入項目集合編輯器交談窗，認識基本操作。

13-23

集合編輯器的第一層項目為屬性 Items。進入項目集合編輯器的左上角，展開下拉清單來選取欲加入成員，通常選擇「MenuItem」為主功能表項目。

操作 《項目集合編輯器第一層》

STEP 01 進入項目集合編輯器，利用控制項的「輯編項目」或屬性「Items」。

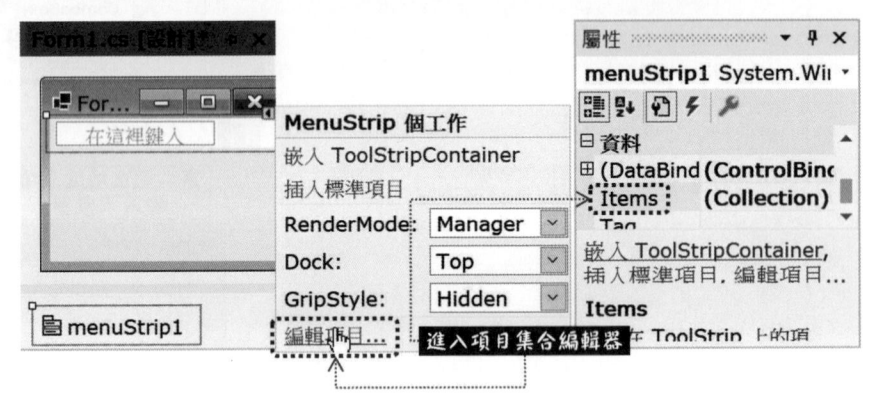

STEP 02 ❶ 按 ▼ 鈕展開下拉選單，❷ 選取成員為「MenuItem」，❸ 按「新增」鈕。

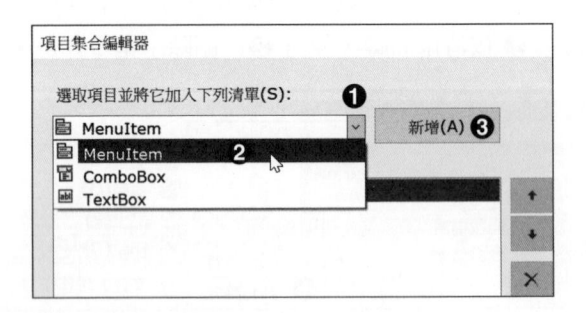

STEP 03 進入項目集合編輯器可以看到兩個表功能表項目：檔案和字型。

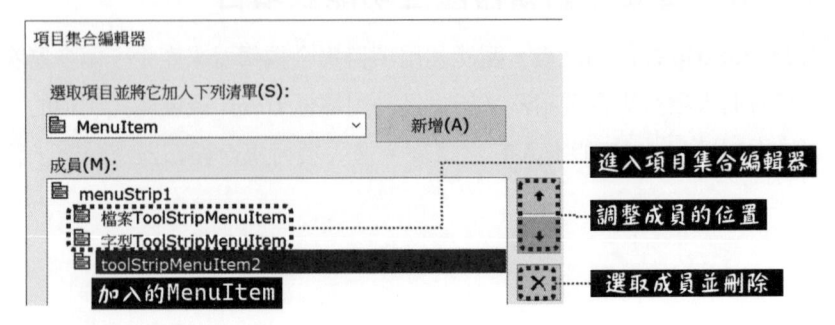

13-24

STEP 04 項目集合編輯器右半部是屬性視窗,可以選擇「分類」或「字母順序」來排列屬性,選取視窗左側的成員可以進行編輯。

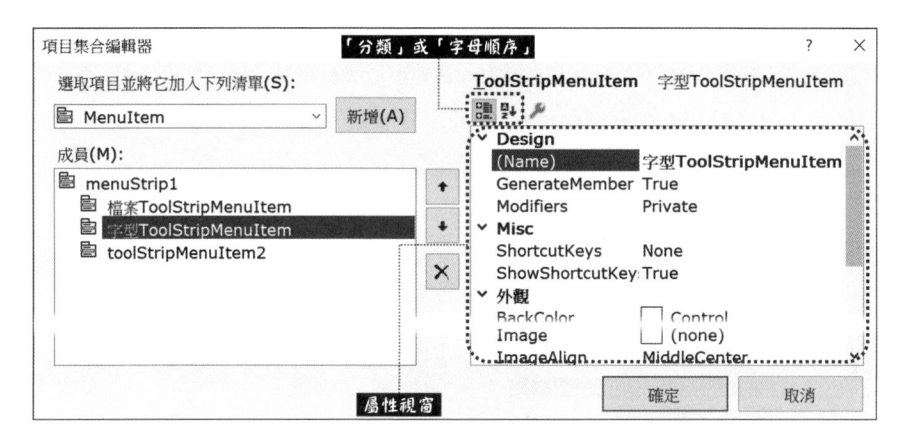

欲完成的功能表項目如下所示(灰色是先前步驟所建立):

主功能表	子功能表	第三層子功能表
「檔案」	開啟檔案	
	儲存檔案	另存新檔
	分隔線	
	結束	
字型	選擇字型	標楷體
	字型樣式	粗體

表【13-7】 功能表和其項目

　　每個主能表項目皆可依實際需求產生子功能表並加入其項目。要進入項目集合編輯器的第二層是使用「屬性 DropDownItems」;例如「檔案」主功能表要加入子功能表的項目。透過成員 ToolStripMenuItem 的屬性「DropDownItems」進入第二層的交談窗,在 ToolStripDropDownMenu 控制項下加入 MenuItem 來作為子功能表項目,或是以 Separator 將兩個子功能表項目區隔。下述操作就為「檔案」主功能表加入第四個項目「結束」(分隔線為第三個項目);而「字型」主功能表加入選擇字型和字型樣式。

操作 《項目集合編輯器第二層》－加入子功能表和其項目

STEP 01 繼續「項目集合編輯器」的編輯，確認進入其交談窗。

STEP 02 加入子功能表項目「ToolStripMenuItem」。❶ 從成員中選取「檔案」項目；從屬性視窗找到「DropDownItems」，滑鼠左鍵右側的 ❷ ... 鈕，進入子功能表（toolStripMenuItem1.DropDownItems）集合編輯器。

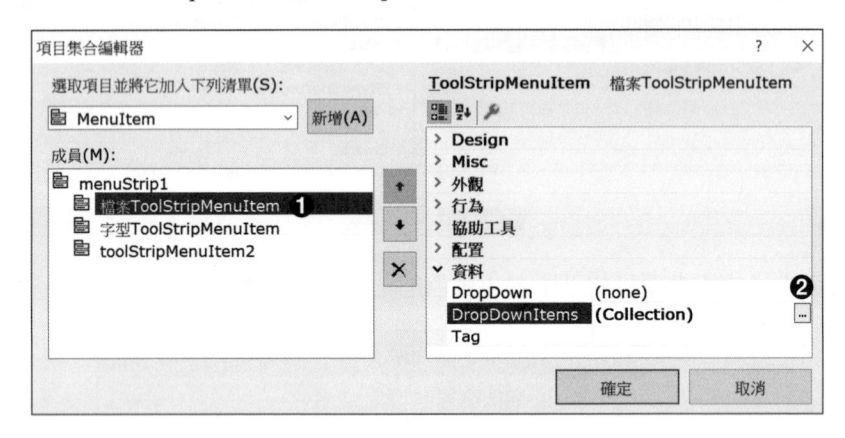

STEP 03 加入子功能表項目。❶ 選 MenuItem；❷ 按「加入」鈕，❸ 選取加入 toolStripMenuItem3，❹ 將 Text 變更「結束」；按 ❺「確定」鈕回到第一層「集合編輯交談窗」。

13-26

STEP 04 依據前述步驟加入「字型」的子功能表項：選擇字型和字型樣式；連按兩次的「確定」關閉項目集合編輯器交談窗。

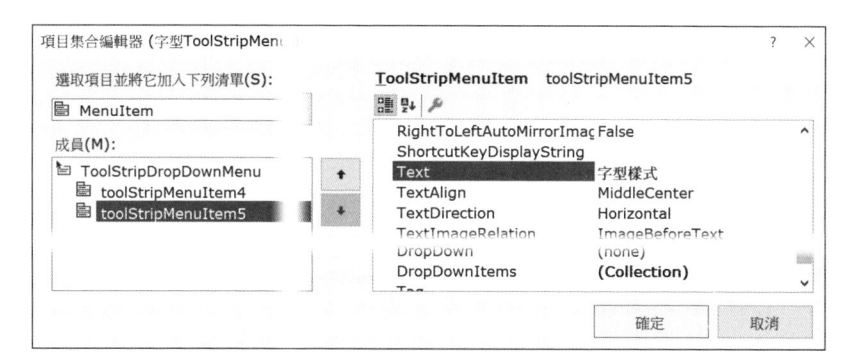

STEP 05 依據表【13-7】完成下列功能表。

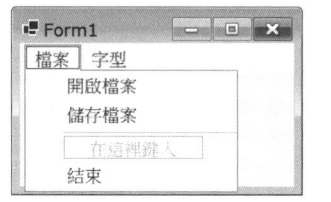

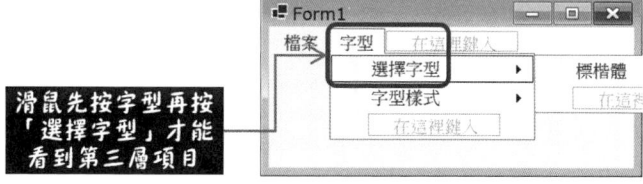

大家有無發現組合一個功能表，就是由 MenuStrip 控制項再配合屬性 Items 或 DropDownItems 加入 ToolStripMenuItem 組合而成。

也可以使用程式碼在表單裡加入 MenuStrip 控制項，首先，新增功能項目須由 ToolStripMenuItem 類別來產生，語法如下：

```
項目類別 功能項目名稱 = new 項目類別 (欲顯示文字);
```

例一：加入第三個主功能表項目 mainWnd，欲顯示文字「視窗」。

```
ToolStripMenuItem mainWnd =
   new ToolStripMenuItem("視窗");
```

第二步把產生的功能表項 mainWnd 以 Items.Add() 方法加到 MenuStrip 控制項中。

例二：

```
mainMenu.Items.Add(mainWnd);
```

13-27

- mainMenu 為 MenuStrip 控制項名稱。

第三步新增子功能表項目；同樣先產生子功能項目，再以 DropDownItems.Add() 方法加到子功能表。

例三：

```
ToolStripMenuItem childExplain =
         new ToolStripMenuItem(" 說明 ");
mainWnd.DropDownItems.Add(childExplain);
```

要加入多個子功能表項目，則是 AddRange() 方法。

例四：

```
ToolStripMenuItem wndRange = new ToolStripMenuItem(" 排列 ");
ToolStripMenuItem wndHide = new ToolStripMenuItem(" 隱藏 ");
mainWnd.DropDownItems.AddRange(new ToolStripItem[]
   {wndRange, wndHide });
```

- 先產生兩個子功能表項目 wndRange、wndHide。
- 以 DropDownItems.AddRange() 方法加到子功能表。

13.3.4 功能表常用的屬性

MenuStrip 控制項的屬性除了先前介紹的 Items 和 DropDownItems 屬性，介紹幾個常用屬性：

- **屬性 Text**：功能表項目顯示的文字。
- **ShortCutKeys**：設定功能表項目的快速鍵。
- **ShowShortCutKeys**：是否將功能表的快速鍵顯示於功能項目之後，預設值 True 會顯示。
- **CheckOnClick**：滑鼠單擊功能項目是否要切換勾選狀態；預設值 False 不做切換，屬性值 True 才做切換。
- **Checked**：功能項目前端是否顯示 符號；預設值 False 不顯示，屬性值 True 才會顯示。

Chapter 13 選單控制項和功能表

設定的快速鍵能執行功能表的某個指令,例如執行複製時,鍵盤的【Ctrl+C】組合鍵來達到同樣動作,這就是快速鍵!唯有子功能表的項目才能進行快速鍵的設定,在主功能項目加入快速鍵並不會有任何效果。使用 ShortcutKeys 屬性,必須結合另一個屬性 ShowShortcutKeys 屬性(預設為 True)才能把快速鍵顯示於功能表項目的右側,如果屬性值設為「False」,即使設定了快速鍵也不會顯示。

下述步驟將「檔案」功能表的「開啟檔案」加入快速鍵【Ctrl+R】的設定。

操作 《開啟檔案》項目-設定快速鍵

STEP 01 設開啟舊檔的快速鍵。❶ 選取「開啟檔案」項目,屬性視窗中,❷ 先確認 ShowShortcutKeys 屬性值為「True」,❸ 再把 ShortcutKeys 屬性,按右側的 ▼ 鈕展開。

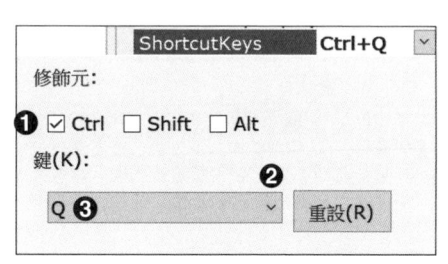

STEP 02 組合快速鍵;❶ 勾選修飾詞的任一個;❷ 拉開選單,❸ 選一個「鍵」。

STEP 03 開啟檔案右側顯示設好的快速鍵。

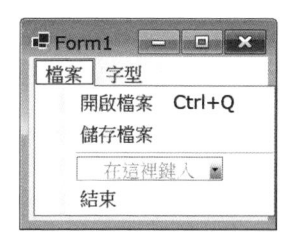

13-29

範例《Ex1305.csproj》

▶ 程式規劃

建立一個簡單的記事本。

(1) 「檔案」功能表可用來建立新檔、開啟舊檔、另存新檔和儲存檔案。

(2) 「字型」功能表可用來設定字型和字型樣式，配合屬性「Checked」來產生勾選 / 不勾選的效果。

▶ 表單操作

STEP 01 按「檔案」功能表的「開啟舊檔」項目會進入「開啟舊檔」來選取文字檔，它會載入內容到文字方塊。

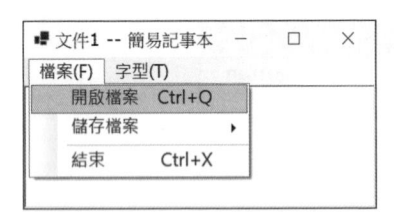

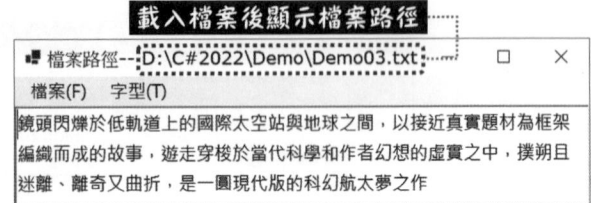

STEP 02 勾選「標楷體」後，文字方塊的字型會隨著改變，取消勾選「標楷體」，字型會變回「微軟正黑體」。

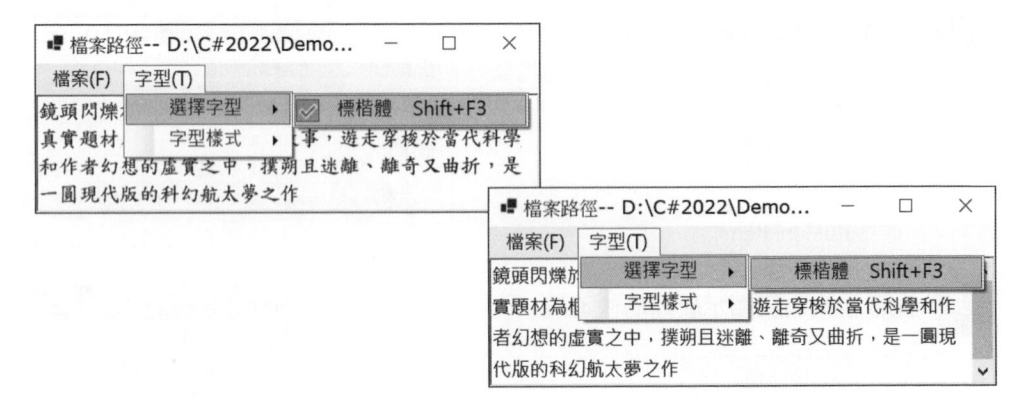

控制項屬性設定和相關程式碼

STEP 01 建立 Windows Form 應用程式,架構「.NET 6.0」;功能表規劃請參考表【13-7】所示。

STEP 02 主功能表及其項目如下表所列。

控制項	Name	Text
MenuStrip	mainMenu	
ToolStripMenuItem1	menuFile	檔案(&F)
ToolStripMenuItem2	menuFont	字型(&T)

STEP 03 「檔案」主功能表中子功能及其項目的屬性設定如下表。

控制項	Name	Text	ShortcutKeys
ToolStripMenuItem4	menuOpenFile	開啟檔案	Ctrl + O
ToolStripMenuItem5	menuSaveFile	儲存檔案	F4
ToolStripMenuItem6	menuSaveAsFile	另存新檔	F2
ToolStripSeparator			
ToolStripMenuItem7	menuEnd	結束	Ctrl + X

STEP 04 「字型」主功能表中,子功能表及其項目的屬性設定如下表所列。

控制項	Name	Text	ShortcutKeys
ToolStripMenuItem8	menuSelectFont	選擇字型	
ToolStripMenuItem9	menuFontTp	標楷體	Shift + F3
ToolStripMenuItem10	menuFontStyle	字型樣式	
ToolStripMenuItem11	menuBoldFont	粗體	Shift + F4

STEP 05 其它控制項的屬性設定如下表。

控制項	Name	Dock
RichTextBox	rtxtShow	Fill
OpenFileDialog	dlgOpenFile	
SaveFileDialog	dlgSaveFile	

STEP 06 撰寫「Form1_Load()」事件程式碼。

```
01   using System.IO;
02   String ptrfile;// 建立檔案指標,用來記錄建立檔案的路徑
03   private void Form1_Load(object sender, EventArgs e)
04   {
05      rtxtShow.Clear();// 清除文字方塊
06      this.Text = "文件1 -- 簡易記事本";
07      menuFontTp.CheckOnClick = true;
08      menuBoldFont.CheckOnClick = true;
09   }
```

STEP 07 撰寫檔案功能表的「開啟舊檔」的「menuOpenFile_Click」事件程式碼。

```
11   private void menuOpenFile_Click(object sender,
12       EventArgs e)
13   {
14      // 檔案格式為純文字
15      dlgOpenFile.Filter =
16         "文字檔 (*.txt) | *.txt | 所有檔案 (*.*) | *.*";
17      dlgOpenFile.FilterIndex = 2;
18      // 省略部份程式碼
19      DialogResult result = dlgOpenFile.ShowDialog();
20      if (result == DialogResult.OK)
21      {
22         ptrfile = dlgOpenFile.FileName;
23         rtxtShow.LoadFile(ptrfile,
24            RichTextBoxStreamType.PlainText);
25         this.Text = String.Concat("檔案路徑 -- ", ptrfile);
26      }
27   }
```

STEP 08 撰寫另存新檔「menuSaveAsFile_Click」事件程式碼。

```
31   private void menuSaveAsFile_Click(object sender, EventArgs e)
32   {
33      // 省略部份程式碼
34      DialogResult result = dlgSaveFile.ShowDialog();
35      if (result == DialogResult.OK)
36      {
37         ptrfile = dlgSaveFile.FileName;
38         StreamWriter swfile = new StreamWriter(
39            ptrfile, false, Encoding.Default);
40         swfile.Write(rtxtShow.Text);// 寫入檔案
```

```
41            swfile.Close();// 關閉資料流
42            this.Text = String.Concat("簡易記事本：", ptrfile);
43        }
44  }
```

STEP 09 撰寫標楷體「menuFontTp_Click」事件程式碼。

```
51   private void menuFontTp_CheckedChanged(object sender,
52       EventArgs e)
53   {
54      if (menuFontTp.Checked)
55         rtxtShow.Font = new Font("標楷體", 12);
56      else
57         rtxtShow.Font = new Font("微軟正黑體", 11);
58   }
```

STEP 10 建置、執行 按【F5】鍵，若無錯誤顯示「表單」視窗。

【程式說明】

- 第 2 行：字串變數 ptrfile 用來記錄建立檔案的路徑，須宣告於「public partial class Form1 : Form」類別中。

- 第 3～9 行：表單載入事件中，先清除文字方塊內容，並改變表單的 Text 屬性值；啟動字型子功能表項目「標楷體」、「粗體」核取記號有作用。

- 第 11～27 行：按下「檔案」功能表『開啟舊檔』項目，會透過 OpenFileDialog 元件來開啟「開啟舊檔」交談窗，選取要載入的檔案。

- 第 20～26 行：使用者按下「確認」鈕時，利用 LoadFile() 方法將選取的檔案載入。

- 第 25 行：利用表單本身的 Text 屬性，將取得的檔案路徑顯示於標題列。

- 第 31～44 行：按下檔案功能表「另存新檔」(menuSaveAsFile) 項目，透過 SaveFileDialog 對話方塊開啟「另存新檔」交談窗做存檔。

- 第 35～43 行：處理存檔。按「存檔」鈕時，先判斷檔案是否存在！如果不存在，StreamWriter 類別的建構函式會建立新檔，以 UTF-8 編碼來儲存其內容。

- 第 51～58 行：依據有無勾選來決定文字方塊顯示的字型。If/else 敘述判斷屬性「Checked」是否勾選，有勾選的話就以標楷體顯示；取消勾選就顯示微軟正黑體。

13.4 與功能表有關的週邊家族

除了 MunuStrip 控制項之外，跟它有密切關係的是 ContextMenu 控制項，它提供按下滑鼠右鍵的快顯功能表。應用程式操作時，提供視窗訊息的狀態列和具有圖示功能的工具列，來認識它們吧！

13.4.1 ContextMenuStrip 控制項

按下滑鼠右鍵時會顯示快捷功能表，功能表上會顯示一些設定好的指令供使用者執行。ContextMenuStrip 元件（另一個稱呼：內容功能表）提供快捷鍵功能表的設計，讓使用者在表單的控制項或其它區域按下滑鼠右鍵便會顯示此功能表。通常快捷鍵功能表會結合表單中已設定好的功能表項目。

要加入 ContextMenuStrip 控制項；須先展開工具箱 ❶Menus & Toolbars 種類，❷ 滑鼠雙擊 ContextMenuStrip 控制項，它會將面板放到表單，表單底部的「匣」會存放其控制項。

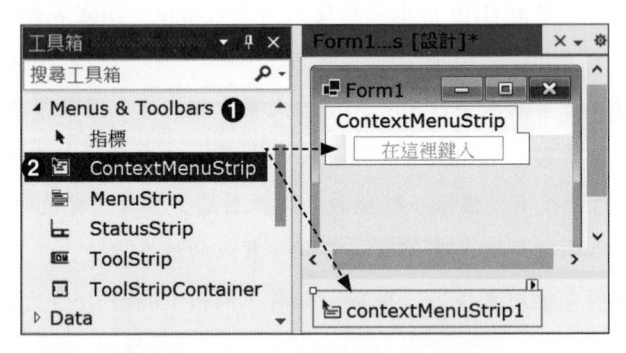

圖【13-11】 ContextMenuStrip 元件

ContextMenuStrip 元件來建立功能表項目，作法和 MenuStrip 元件雷同，看到 在這裡輸入 就直接輸入項目名稱。要在表單和 RichTextBox 文字方塊上按下滑鼠右鍵，能顯示這些快捷功能表項目，表示得將這些快捷功能項目與表單和文字方塊建立關聯！如此，按下滑鼠右鍵才會啟動快捷功能表！延續範例《Ex1304》建立其快捷功能表；以表單為對象，建立程序如下：

操作 《ContextMenuStrip》－加入表單並設關聯

STEP 01 表單加入「ContextMenu」元件；直接輸入快捷功能表項目。

STEP 02 變更 ContextMenuStrip 的屬性 Name 為 ctmQuickMenu；❶ 選取表單；找到「ContextMenuStrip」屬性；❷ 按 ▼ 鈕拉開選單，從項目中選取 ❸「ctmQuickMenu」。

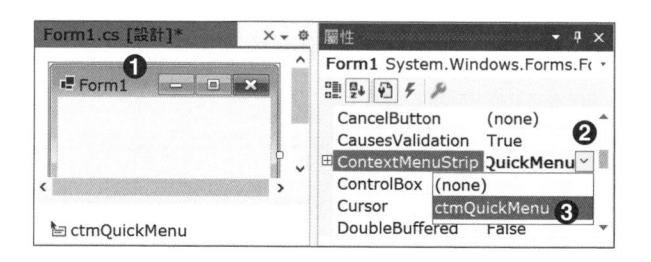

STEP 03 相同操作，將 RichTextBox 控制項的「ContextMenuStrip」屬性選取『ctmQuickMenu』。

使用 ContextMenuStrip 元件除了以滑鼠單擊某個項目所引發的 Click 事件外；就是選取快顯功能表的項目的 ItemCliked() 事件，利用參數「e」可以得知那個項目被按。例如：

```
private void ctmQuickMenu_ItemClicked(object sender,
     ToolStripItemClickedEventArgs e)
{
   if(e.ClickedItem.ToString()==" 開啟舊檔 ")
      menuOpenFile_Click(sender, e);
}
```

◆ 如果快顯功能表的「開啟舊檔」被按一下，就去呼叫開啟舊檔的事件處理常式。

13-35

範例《Ex1306.csproj》

● 表單操作

啟動表單載入程式，在文字方塊上按滑鼠右鍵就能啟動快顯功能表選單。

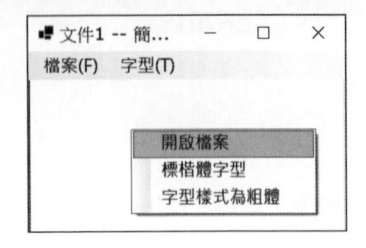

● 控制項屬性設定和相關程式碼

STEP 01 建立 Windows Form 應用程式，架構「.NET 6.0」；延續前一個範例，將加入的快捷功能表項目，其屬性值設定列於下表。

控制項	Name	Text
ContextMenuStrip	ctmQuickMenu	
ToolStripMenuItem1	ctmQuickFile	開啟舊檔
ToolStripMenuItem2	ctmQuickFont	標楷體字型
ToolStripMenuItem3	ctmQuickBold	字型樣式為粗體

STEP 02 撰寫「開啟舊檔」的「ctmQuickMenu_ItemClicked()」事件程式碼。

```
01   private void ctmQuickMenu_ItemClicked(object sender,
02        ToolStripItemClickedEventArgs e)
03   {
04      switch (e.ClickedItem.ToString())
05      {
06         case "開啟舊檔":      // 呼叫開啟舊檔處理常式
07            menuOpenFile_Click(sender, e);
08            break;
09         case "標楷體字型":
10            rtxtShow.Font = ftStd;
11            menuFontTp.Checked = true;
12            break;
13         case "字型樣式為粗體":
14            rtxtShow.Font = new Font(rtxtShow.Font.Name,
15               rtxtShow.Font.Size, ftBold);
16            menuBoldFont.Checked = true;
17            break;
18      }
19   }
```

> **STEP 03** 建置、執行按【F5】鍵,若無錯誤顯示「表單」視窗。

【程式說明】

- 第 4 ～ 18 行:switch/case 敘述,判斷快顯功能表那一個項目被按,依據 ItemClicked() 事件的參數「e」來取得取項目名稱並做處理。

13.4.2 ToolStrip

ToolStrip 控制項提供工具列的通用架構,可用來組合工具列、狀態列和功能表至操作介面。例如 Visual Studio 2022 操作介面提供的工具列,內含圖示按鈕,滑鼠移向某一個按鈕會顯示提示說明,圖【13-12】說明。

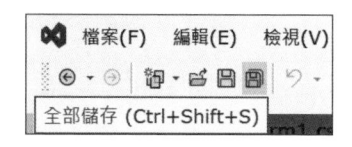

圖【13-12】 工具按鈕和文字說明

ToolStrip 控制項本身也是一個容器,常見的包含:

- **ToolStripButton**:工具列按鈕。
- **ToolStripLabel**:工具列標籤。
- **ToolStripComboBox**:提供工具列的下拉選項。
- **ToolStripTextBox**:工具列文字方塊,讓使用者輸入文字。
- **ToolStripSeparator**:工具列的分隔線。

ToolStrip 控制項常用屬性、方法列於表【13-8】做說明。

ToolStrip 成員	說明
Dock	設定控制項要緊靠容器(通常是表單)某一邊。
Items	編輯控制項的項目。
Image	設定 ToolStrip 的圖像。
ImageScalingSize	預設值「SizeToFit」,依據 ToolStrip 大小調整,「None」為原圖大小。
IsDropDown	設定那一個是 ToolStripDropDown 控制項。
Size	設定工具列的大小,若要改變設定值,要把屬性 AutoSize 變更為 False。
ToolTipText	控制項的提示文字。
GetNextItem() 方法	取得下一個 ToolStripItem 項目。
Items.ADD() 方法	新增項目到 ToolStrip。

表【13-8】 ToolStrip 成員

如何製作工具按鈕？同樣地，加入 ToolStrip 控制項，透過屬性視窗的「Items」屬性，進入「項目集合編輯器」亦能編輯或檢視加入的項目。或者在表單上加入工具按鈕後，依下述步驟進行。

操作 《ToolStrip》－設工具列按鈕

STEP 01 加入 ToolStrip 控制項來作為工具列按鈕。

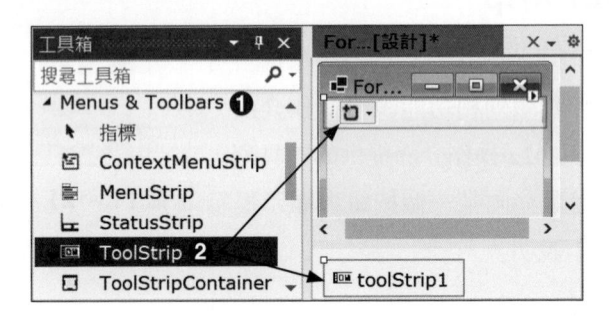

STEP 02 新增第一個按鈕物件（ToolStripButton）。由下拉選項中，選取 Button，變更 Name 屬性為「toolOpen」，屬性 Name 改更為「開啟檔案」，屬性 ToolTipText 也會同步更改。

STEP 03 新增第二個按鈕物件：由下拉選項中，選取 Button，變更 Name 屬性為「toolSave」，屬性 ToolTipText 更改為「儲存檔案」。

STEP 04 點選第一個物件 ToolStripButton，找到屬性視窗的「Images」屬性，按 ... 鈕進入其交談窗。

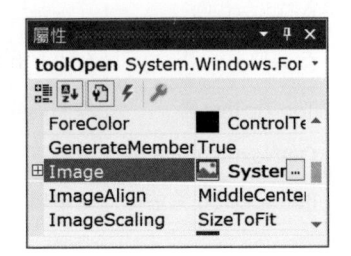

STEP 05 匯入圖示；開啟選取資源交談窗，❶ 選「專案資源檔」❷ 按「匯入」檔匯入圖示，❸ 再選取圖片，❹ 按「確定」鈕後，圖示就會加到 Images 屬性裡。

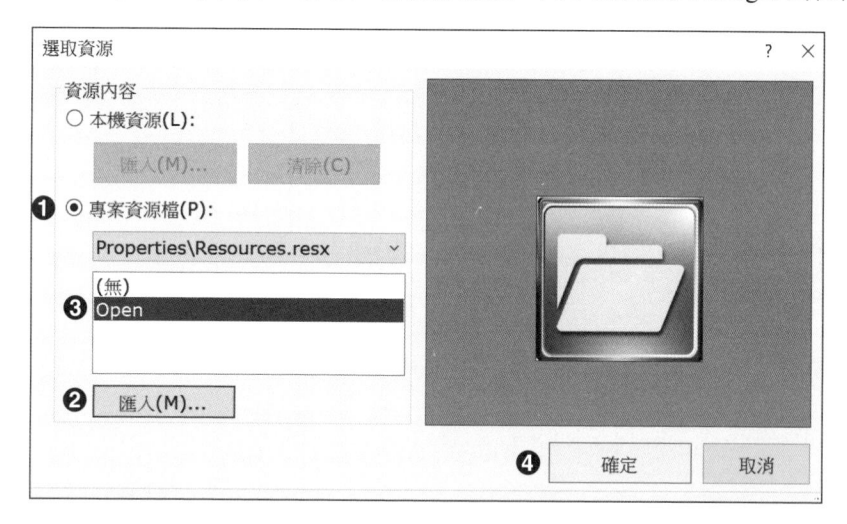

STEP 06 依據步驟 5，也把工具列（ToolStrip）的第二個「toolSave」滙入圖示「disk01.png」。

STEP 07 利用屬性 Image 滙入資料檔之後，會在方案總管產生一個「Resources」資料夾，存放匯入的圖片。

範例 《Ex1306.csproj》（續）

● 程式規劃

將 ToolStrip 加入表單的操作，以範例《Ex1306》的表單為對象。

13-39

◉ 表單操作

啟動表單後，滑鼠移向工具列的第一個圖示鈕「開啟檔案」會顯示文字說明。

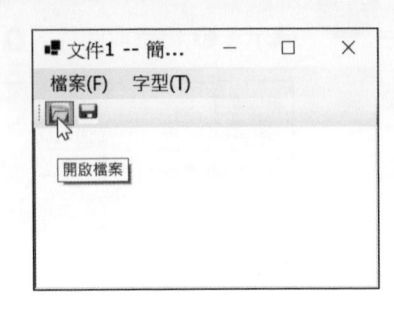

◉ 相關程式碼

STEP 01 撰寫「toolOpen_Click()」事件程式碼。

```
01  private void toolOpen_Click(object sender, EventArgs e)
02  {
03      menuOpenFile_Click(sender, e);  // 呼叫功能表「開啟檔案」
04      return;
05  }
```

13.4.3 狀態列

使用視窗環境時，無論是檔案總管或是應用軟體，底部通常會有狀態列，用來顯示某些訊息。.NET 提供控制項 StatusStrip 來作為狀態列。透過 StatusStrip 控制項可取得表單上控制項或元件的相關訊息。通常狀態列會有兩個部份來組成：❶ 以框架固定位置；❷ 加入面板顯示訊息。先來認識 StatusStrip 控制項以框架方式加入表單之後的情形！

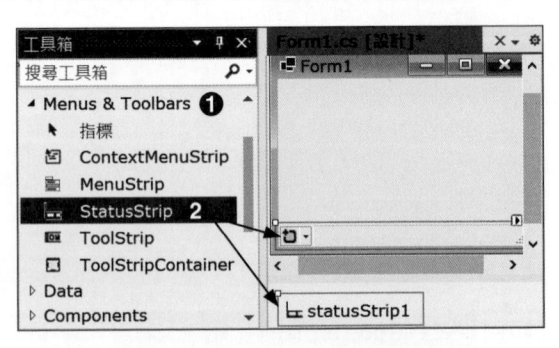

圖【13-12】 StatusStrip 控制項

StatusStrip 控制項只提供框架，必須加入面板才能發揮其功能，顯示文字或圖示等。這些面板包含：ToolStripStatusLabel、ToolStripDropDownButton、ToolStripSplitButton 和 ToolStripProgressBar 等控制項。加入控制項 StatusStrip 之後，如何加入面板？

操作 《ToolStrip》－狀態列加入面板

STEP 01 按下控制項 StatusStrip 右側的 ▼ 鈕展開選單,選取「StatusLabel」項目。

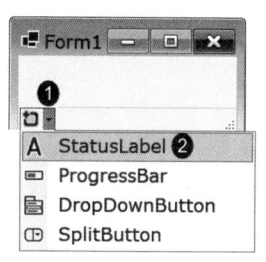

範例 《Ex1306.csproj》(續)

● 表單操作

利用 StatusStrip 控制項加入二個 ToolStripStatusLabel,第一個做「提示文字」,第二個顯示目前時間;所以執行程式載入表單就會在底部顯示其訊息。

● 控制項屬性設定和相關程式碼

STEP 01 控制項屬性設於下表。

控制項	Name	Text
StatusStrip	stutusInform	
ToolStripStatusLabel1	statusMsg	提示訊息
ToolStripStatusLabel2	statusTime	顯示時間

STEP 02 表單「Form1_Load()」事件撰寫相關程式碼。

```
01   private void Form1_Load(object sender, EventArgs e)
02   {
03      // 先前範例程式碼
04      statusTime.Text = DateTime.Now.ToLongTimeString();
05   }
```

13-41

重點整理

- RadioButton（選項按鈕）控制項具有選項功能，本身具有互斥性（Mutually Exclusive），多個選項按鈕只能從中選取一個。配合 GroupBox 可以組成群組。Appearance 屬性設定外觀，Checked 屬性用來檢視選項按鈕是否被選取，AutoCheck 屬性用來判斷選項按鈕的狀態，並同時維持只有一個選項按鈕被選取，當 Checked 屬性被改變時會引發 CheckedChanged() 事件。

- CheckBox（核取方塊）控制項也提供選取，但彼此間不互斥，能同時選取多個核取方塊。Checked 屬性用來表示核取方塊是否已被核取，ThreeState 屬性值為 true 時表示會有勾選、不勾選和不確定勾選三種變化！須與 CheckState 屬性配合才有作用。

- ComboBox 控制項提供使用者從中選取一個項目。DropDownStyle 屬性提供 ComboBox 控制項下拉式方塊外觀和功能。Item 屬性編輯清單項目，程式碼中以 Add()、Remove() 來新增或移除清單中的項目，選取了 ComboBox 清單項目中某一個項目時，可利用 SelectedIndex 和 SelectedItem 屬性來取得索引值或項目內容。

- ListBox（清單方塊）和 ComboBox 控制項很相近。提供清單項目供使用者從中選取一個或多個項目，但是不能進行編輯動作；屬性 SelectionMode 設定清單項目的選取方式。

- CheckedListBox 控制項擴充了 ListBox 功能，在清單項目的左側顯示核取記號。選取項目時必須確認核取方塊被勾選才表示此項目有選取；常用的事件處理有 SelectedIndexChanged() 事件和 ItemCheck() 事件。

- 產生功能表時，ToolStripMenuItem 控制項產生功能表項目，透過 ShortcutKeys 屬性設定快速鍵，Checked 屬性在功能表項目上加入核取記號。

- ContextMenuStrip 提供快捷功能表，表單上加入此元件後，必須將控制項的 ContextMenuStrip 屬性與快捷功能表建立關聯，再加上處理程序即可！

- ToolStrip 控制項提供工具列的通用架構，可用來組合工具列、狀態列和功能表至操作介面。

- .NET 提供控制項 StatusStrip 來作為狀態列。透過 StatusStrip 控制項可取得表單上控制項或元件的相關訊息。通常狀態列會有兩個部份來組成：① 以框架固定位置；② 加入面板顯示訊息。

CHAPTER 14

滑鼠、鍵盤、多重文件

學 | 習 | 導 | 引

- 製作 MDI 父、子表單，配合 LayoutMdi() 方法做不同排列。
- 認識滑鼠事件，Click 和 DoubleClick 事件之外的其他事件。
- 鍵盤事件則有 KeyDown、KeyUp 和 KeyPress 事件。
- 從表單的座標系統認識畫布的基本運作，介紹 Graphics 類別繪圖的相關方法。

14.1 多重文件介面

先來解釋兩個名詞；「單一文件介面」(SDI, Single Document Interface)和「多重文件介面」(MDI, Multiple Document Interface)。所謂 SDI 表示一次只能開啟一份文件，例如使用「Word」；MDI 則表示能同時編輯多份文件，例如 Visual Studio 2022（簡稱 VS2022）。有多份文件時，還能決定它們是以「並排顯示」或「分割」，做不同的排列組合。

14.1.1 認識多重文件介面

一般來說，SDI 文件可以出現於螢幕任何地方！如果是 MDI 文件就不同，所有 MDI 文件只能在 MDI 父視窗的工作區域內顯示，接受 MDI 父視窗的管轄。舉個簡單例子，使用 VS 2022 軟體時，能關閉某個專案，操作環境（父視窗）並不會關閉。由 MDI 父視窗下所開啟的視窗稱為「子視窗」(Child Window)，父視窗只會有一個，子視窗也無法改變成父視窗。由於子視窗接受父視窗的管轄，因此沒有「最大化」、「最小化」和視窗大小的調整。

在前面章節中，專案都是以 SDI 表單來運作，這意味著一個專案只會開啟一個表單。如何建立 MDI 父表單？屬性「IsMDIContainer」的『True/False』用來決定它是否成為 MDI 表單；製作程序如下：

(1) 產生 MDI 父表單。建立一般表單後，將屬性「IsMDIContainer」變更為「True」來產生 MDI 父表單，進一步作為 MDI 子視窗的容器。

(2) 加入 MDI 子表單。同樣加入一般表單，藉由屬性「MdiParent」來指定 MDI 父表單。

範例《Ex1401.csproj》

STEP 01 建立 Windows Form 應用程式，架構「.NET 6.0」；指定父表單，將表單的「IsMDIContainer」屬性設定為 True 即可。完成的表單外觀如下圖【14-1】所示。

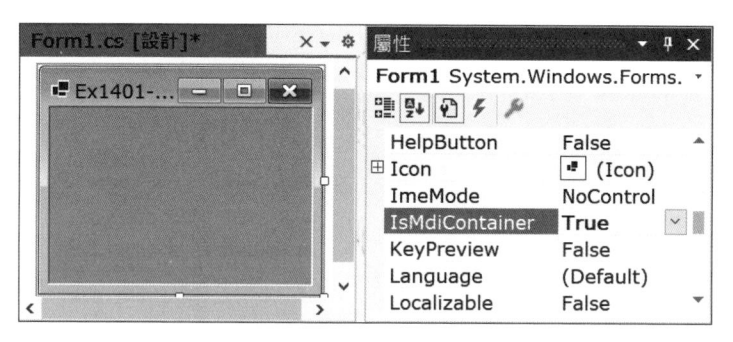

圖【14-1】 MDI 父表單

> **STEP 02**　MDI 父表單以 MenuStrip 控制項建立一個簡單的功能表，控制項屬性設定參考下表，並將控制項 ToolStripMenuItem6 ～ ToolStripMenuItem8 的屬性「CheckOnClick」變更為「True」。

控制項	Name	Text	備註
MenuStrip	menuMain		主功能表
ToolStripMenuItem1	tsmFile	檔案 (&F)	主功能表項目
ToolStripMenuItem2	tsmWnd	視窗 (&W)	主功能表項目
ToolStripMenuItem3	tsmNewFile	開新檔案	「檔案」第二層
ToolStripMenuItem4	tsmClose	結束	「檔案」第二層
ToolStripMenuItem5	tsmArrange	視窗排列	「視窗」第二層
ToolStripMenuItem6	tsmHorizon	水平	「視窗」第三層
ToolStripMenuItem7	tsmVertical	垂直	「視窗」第三層
ToolStripMenuItem8	tsmCascade	重疊	「視窗」第三層

> **STEP 03**　將 MenuStrip 控制項的 MdiWindowListItem 屬性指定給「視窗」功能表（tsmWnd），讓作用中的子表單能取得焦點，並以核取記號顯示。這樣能讓多份 MDI 子表單時，以「視窗」功能表能做維護。

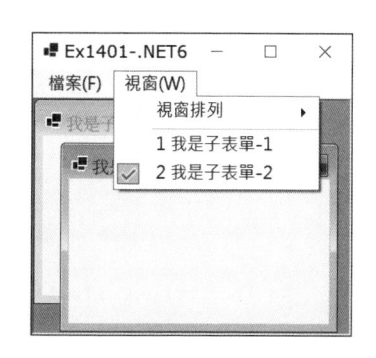

完成父視窗的建立後，接著就是加入 MDI 子視窗。必須加入第二個表單來成為 MDI 子視窗的樣版。

範例《Ex1401.csproj》(續)

執行「檔案」功能表的「開新檔案」項目就會產生新的 MDI 子表單。

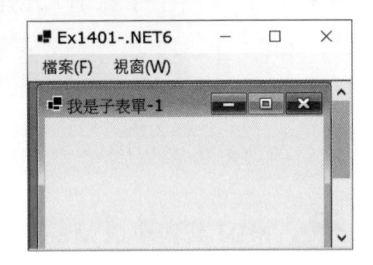

● 控制項屬性設定和相關程式碼

STEP 01 加入 MID 子表單。執行「專案＞新增表單」指令，❶ 選 Windows Form；❷ 名稱「MDIChild」；❸ 按「新增」鈕。

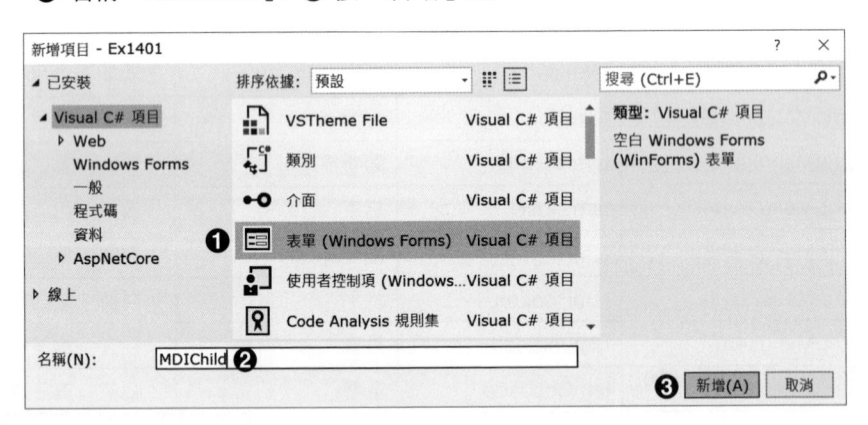

STEP 02 撰寫程式碼，把 MDIChild 表單的 MdiParent 屬性指派 Form1。

```
01   private void tsmNewFile_Click(object sender, EventArgs e)
02   {
03       MDIChild newChild = new();  // 建立子表單
04       newChild.MdiParent = this;
05       // 記錄子表單的數量
06       int count = this.MdiChildren.Length;
07       newChild.Text = $" 我是子表單-{count}";
08       newChild.Show();           // 顯示 MDI 子表單
09   }
```

STEP 03 建置、執行按【F5】鍵，若無錯誤顯示「表單」視窗。

【程式說明】

- 第 3、4 行：依據加入 MDIChild 來實體化子表單物件；將建立的子表單利用 MdiParent 屬性加入父表單中。
- 第 6、7 行：計算子表單的數量，利用 Text 屬性將新加入子表單以「我是子表單 X」顯示 MDI 子表單標題列。

14.1.2　MDI 表單的成員

MDI 父、子表單包含相當多的屬性，表【14-1】簡單介紹常用屬性。

MDI 子表單屬性	說明
IsMdiChild	屬性值 true 會建立一個 MDI 子表單。
MdiParent	MDI 表單中指定子表單的父表單。
ActiveMdiChild	取得目前作用中的 MDI 子表單。
IsMdiContainer	是否要將表單建立為 MDI 子表單的容器。
MdiChildren	傳回以此表單為父表單的 MDI 子表單陣列。

表【14-1】　MDI 表單的相關屬性

MDI 表單常用方法和事件介紹簡介如下：

- **LayoutMdi() 方法**：在 MDI 父表單內排列 MDI 子表單。
- **MdiChildActivate() 事件**：MDI 子表單開啟或關閉時所引發的事件。

14.1.3　表單的排列

MDI 表單在執行階段可以擁有多個 MDI 子表單，LayoutMdi() 方法能指定其排列方式，認識它的常數值：

- **ArrangeIcons**：將最小化的 MDI 子表單以圖示排列。
- **Cascade**：所有 MDI 子視窗重疊（Cascade）於 MDI 父表單工作區。
- **TileHorizontal**：所有 MDI 子視窗水平並排 MDI 父表單工作區。
- **TileVertical**：所有 MDI 子視窗垂直並排 MDI 父表單工作區。

透過程式碼來排列 MDI 子表單，敘述如下：

```
this.LayoutMdi(MdiLayout.TileHorizontal);    // 水平排列
```

圖【14-2】 表單以水平排列

```
this.LayoutMdi(MdiLayout.TileVertical);    // 垂直排列
```

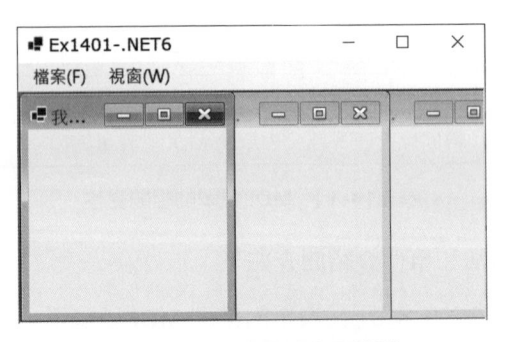

圖【14-3】 表單以水平排列

```
this.LayoutMdi(MdiLayout.Cascade);    // 重疊排序
```

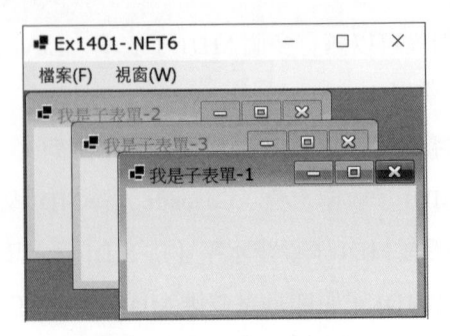

圖【14-3】 表單以疊排列

14.2 鍵盤事件

操作系統時,鍵盤和滑鼠是最常用的輸入裝置。當我們按下鍵盤的某個按鈕再放開,有那些事件處理常式要做處理!按下滑鼠之後,選取某個物件拖曳,再放開滑鼠的按鈕,又有那些事件被觸發!一起來認識它們。

14.2.1 認識鍵盤事件

在視窗作業系統中要取得輸入的訊息,除了滑鼠之外,另一個就是鍵盤的輸入。從程式設計的觀點來看,Windows Form 若要取得鍵盤輸入的訊息,必須經由鍵盤事件處理常式處理鍵盤輸入。

使用者按下鍵盤的按鍵,Windows Form 會將鍵盤輸入的識別碼由位元 Keys 列舉型別轉換為虛擬按鍵碼(Virtual Key Code)。透過 Keys 列舉型別,可以組合一系列的按鍵來產生一個值。利用 KeyDown 或 KeyUp 事件,偵測大部分的實體按鍵。再經由字元鍵(Keys 列舉型別的子集)來對應 WM_CHAR 和 WM_SYSCHAR 值。利用 KeyPress 事件來偵測組合按鍵的某一個字元。一般來說,在鍵盤按下某個按鈕,事件處理程序為「KeyDown」→「KeyPress」→「KeyUp」;若是按控制鍵則觸發的事件程序「KeyDown」→「KeyUp」。

14.2.2 KeyDown 和 KeyUp 事件

KeyDown 事件會發生一次,當使用者按下鍵盤按鍵時,Windows Form 會以 KeyDwon 事件來處理,其處理常式如下:

```
private void 控制項_KeyDown(Object sender, KeyEventArgs e)
{
    // 處理事件的區段
}
```

當鍵盤的按鍵被放開時會引發 KeyUp 事件,其處理常式如下:

```
private void 控制項_KeyUp(Object sender, KeyEventArgs e)
{
    // 處理事件的區段
}
```

用來處理 KeyDown 或 KeyUp 的事件常式 KeyEventArgs，本身是類別，由物件 e 接收使用者按下的按鍵來取得相關的事件訊息，屬性列於表【14-2】。

e 的屬性	說明
Alt	是否有按下 ALT 鍵。
Shift	是否有按下 SHIFT 鍵。
Control	是否有按下 CTRL 鍵。
Handled	設定是否要回應按鍵的動作。
KeyCode	取得按鍵值。
KeyValue	取得鍵盤值。
KeyData	結合按鍵碼和組合按鍵。
Modifiers	判斷使用者按下組合鍵（SHIFT、CTRL 或 ALT）那個按鍵。
SuppressKeyPress	用來隱藏該按鍵動作的 KeyPress 和 KeyUp 事件。

表【14-2】 KeyEventArgs 屬性

KeyCode 屬性用來取得按鍵值。而鍵盤的每個按鍵都有定義好的 KeyValue（鍵盤碼），但使用率較低；下表簡單列出 KeyCode 和 KeyValue 對照表。

按鍵	Keys 列舉常數值	KeyValue
數字鍵 0～9	Keys.D0～Keys.D9	48～57
數字鍵 0～9（九宮格）	Keys.NumPad0～Keys.NumPad9	96～105
A～Z	Keys.A～Keys.Z	65～90
F1～F12	Keys.F1～Keys.F12	112～123

表【14-3】 KeyCode 和 KeyValue 的對照

例如：鍵盤右側的數字按鍵會以 NumPad0～NumPad9 來表示，如果是倒退鍵（Backsapce）就以 Back 來表示。程式碼中以 if 敘述做判斷，敘述如下：

```
if(e.KeyCode < Keys.NumPad0 || e.KeyCode > Keys.NumPad9){
    // 程式敘述
}
```

◆ 判斷鍵盤右側數字鍵組成的九宮格是否被按。

Chapter **14** 滑鼠、鍵盤、多重文件

由於範例會使用 PictureBox（圖片方塊）控制項，利用它來顯示圖片。針對它來認識圖片的相關格式，包含：BMP、JPG、GIF 和 WMF（中繼檔）和 PictureBox 控制項的特色。

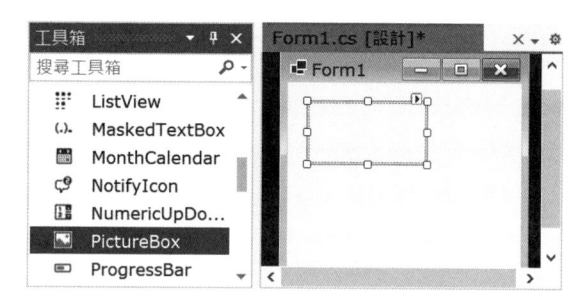

圖【14-4】 PictureBox 控制項

PictureBox 控制項的圖片如何載入，如何清除！透過下面步驟說明。

操作 《PictureBox》－顯示圖片

STEP 01 表單上加入 PictureBox 控制項之後，同樣展開「Picture 工作」（選擇影像，屬性「Image」，選擇大小模式，屬性「SizeMode」），滑鼠點「選擇映像」或者由屬性視窗的「Image」屬性右側『...』鈕，進入「開啟」交談窗。

STEP 02 進入「選取資源」對話方塊，❶ 選取「專案資源檔」，再按 ❷ 按「匯入」鈕進入『開啟』交談窗；❸ 選取圖片；❹ 按「開啟舊檔」鈕；回到『開啟』交談窗。

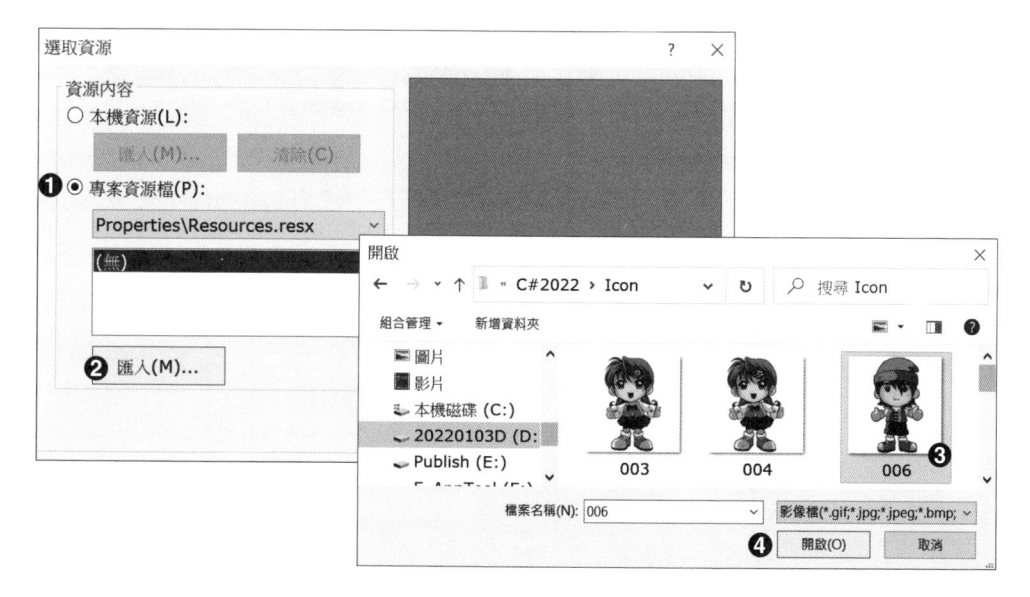

14-9

STEP 03 可以看到匯入的圖片，按下「確定」鈕之後就會載入圖片。

STEP 04 載入圖片後記得將屬性 SizeMode 變更為「StretchImage」，讓圖片隨圖框調整。

如何清除匯入的圖片？由於 PicutreBox 是利用屬性 Image 來載入圖片。同樣利用 Image 屬性來清除圖片。

操作《PictureBox》清除圖片

STEP 01 利用屬性視窗的「Image」屬性按滑鼠右鍵展開快捷功能表，執行「重設」指令即可。

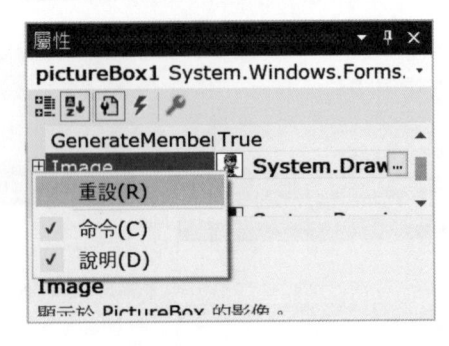

此外，在「選取資源」交談窗中，本機資源有二個選項。

(1) 本機資源：匯入的圖片不會存放於專案資料夾，日後專案有變動時，必須將圖片複製、轉存。

(2) 專案資源檔：儲存於專案的 Resources 資料夾之下，跟著專案一起移動。

以 PictureBox 控制項圖片載入時有大有小，「SizeMode」屬性可做調整，屬性值的作用以表【14-4】表示。

SizeMode 屬性值	執行動作
Normal	不做調整。
StretchImage	圖片隨圖框大小來調整。
AutoSize	圖框隨圖片大小調整。
CenterImage	將圖片置中。
Zoom	將圖片調小。

表【14-4】 SizeMode 屬性值

範例 《Ex1402.csproj》

◯ 程式規劃

表單上一個 PictureBox 和二個 Label 控制項，程式執行時利用方向鏈向上或向下來移動圖片，按【F10】鍵顯示座標值並以標籤顯示那個按鍵被按下並回傳鍵值。

◯ 表單操作

按鍵盤向上或向下方同鍵來移動片，或者按【Shift】鍵顯示座標；透過標籤顯示訊息。

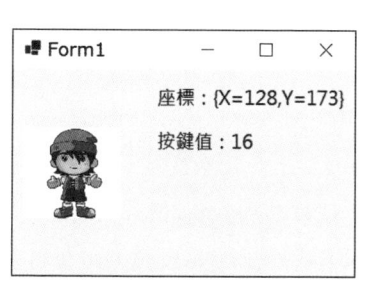

14-11

控制項屬性設定和相關程式碼

STEP 01 建立 Windows Form 專案；表單上加入控制項並依下表做屬性相關設定。

控制項	屬性	值	控制項	屬性	值
PictureBox	Name	picShow	Label1	Name	lblState
	SizeMode	StretchImage	Label2	Name	lblData
	Image	Demo03.jpg			

STEP 02 撰寫表單「Form1_KeyDown()」事件程式碼。

```
01   private void Form1_KeyDown(object sender, KeyEventArgs e)
02   {
03       switch (e.KeyCode)
04       {
05           case Keys.Up:
06               lblState.Text = "向上";
07               if (picShow.Top + picShow.Height <= 0)
08                   picShow.Top = picShow.Height;
09               else
10                   picShow.Top -= 10;
11               break;
12           case Keys.Down:
13               lblState.Text = "向下";
14               if (picShow.Top >= Height)
15                   picShow.Top = 0 - picShow.Height;
16               else
17                   picShow.Top += 10;
18               break;
19           case Keys.ShiftKey:
20               lblState.Text = $"座標:" +
21                   $"{new Point(picShow.Right, picShow.Bottom)}";
22               break;
23       }
24       lblData.Text = $"按鍵值:{e.KeyValue}";
25   }
```

【程式說明】

- 第 1～25 行：表單按下鍵盤的向上或向下方向鍵所引發的事件。switch/case 敘述，依據 KeyCode 值來判斷使用者是按向上或向下方向鍵來移動圖片。
- 第 7～10 行：if/else 敘述判斷使用者按向上方向鍵移動圖片，利用圖片方塊的屬性 Top 和 Height 來取得圖片位置，讓圖片在表單的範圍內每次移動為 10 pixel。
- 第 20～21 行：以結構 Point 取得圖片屬性 Right、Bottom 來取得圖片目前座標。
- 第 24 行：按鍵的訊息利用標籤的 Text 屬性來顯示。

14.2.3　KeyPress 事件

當使用者擁有輸入焦點並按下按鍵時，會引發 KeyPress 事件。通常此事件只會進行回應，無法得知按鍵是否被按下或者已經放開！KeyPress 事件的 KeyPressEventArgs 參數，包含了：

- **Handled**：用來設定是否回應按鍵的動作，屬性值設為「true」表示不做回應；屬性值為「false」才會進行回應。
- **KeyChar**：用來取得按鍵的字元碼，這些組合的 ASCII 值對於每個字元按鍵和輔助按鍵而言，都是獨一無二的。

以鍵盤按下某個字元時，利用 KeyPressEventArgs 類別的參數 e 來取得按下的字元。例一：

```
private void txtBox1_KeyPress(object sender,
      KeyPressEventArgs e)
{
   label1.Text = e.KeyChar.ToString();
```

◆ 文字方塊輸入的字元以 KeyPress() 事件處理，標籤就能取得使用者輸入的字元。

範例《Ex1403.csproj》

◉ 程式規劃

文字方塊輸入帳號和密碼，利用 KeyChar 的特質，密碼只能輸入數值，按【Enter】鍵由另一個標籤顯示結果。

◉ 表單操作

若密碼輸入字元而並數字，下方的標籤會有提示；名稱和密碼輸入後按 Enter 鍵，下方標籤顯示訊息。

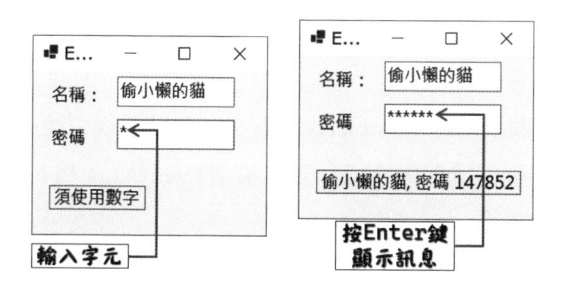

● 控制項屬性設定和相關程式碼

STEP 01 建立 Windows Form 應用程式，架構「.NET 6.0」；表單上加入控制項並依下表做屬性相關設定。

控制項	屬性	屬性值	控制項	屬性	屬性值
Label1	Name	名稱：	Label2	Name	密碼：
TextBox2	Name	txtPwd	TextBox1	Name	txtName
	PasswrodChar	*	Label3	Name	lblMsg
	MaxLength	6		BorderStyle	FiexedSingle

STEP 02 選取文字方塊 txtPwd，滑鼠雙擊事件「KeyPress」撰寫其程式碼。

```
01  private void txtPwd_KeyPress(object sender,
02       KeyPressEventArgs e)
03  {
04      string name = txtName.Text;
05      if ((byte)e.KeyChar < 48 || (byte)e.KeyChar > 57)
06      {
07          lblMsg.Text = " 須使用數字 ";
08          if (e.KeyChar == (char)Keys.Enter)
09          {
10              string pwd = txtPwd.Text;
11              lblMsg.Text = $"{name}, 密碼 {pwd}";
12          }
13      }
14  }
```

【程式說明】

- 第 5 ～ 13 行：第一層 if 敘述，判斷輸入的是否為數字（KeyChar48 ～ 57）。
- 第 8 ～ 12 行：第二層 if 敘述，按下【Enter】鍵後由標籤顯示結果。

14.3 滑鼠事件

前面章節的事件處理皆以 Click 事件為主！但是滑鼠引發的事件處理不可能只有 Click 事件！滑鼠事件處理類別概分兩大項：EventArgs 和 MouseEventArgs，透過它們認識更多滑鼠事件。

14.3.1 有哪些滑鼠事件?

對於 Windows 應用程式來說,透過滑鼠來接收及處理相關程序是非常普遍的動作。當滑鼠在控制項上移動或是按下滑鼠,引發的事件先以下表【14-5】簡介。

滑鼠事件	事件處理類別	引發時機
Click	EventArgs	放開滑鼠按鈕所引發,發生於 MouseUp 事件前。
DoubleClick	EventArgs	於控制項雙擊滑鼠所引發。
MouseEnter	EventArg	滑鼠指標進入控制項的框線或工作區(視控制項型別而定)所引發。
MouseClick	MouseEventArgs	滑鼠按一下控制項所引發。
MouseDoubleClick	MouseEventArgs	使用者在控制項雙擊滑鼠時引發。
MouseLeave	EventArgs	滑鼠指標離開控制項的框線或工作區所引發。
MouseMove	MouseEventArgs	滑鼠在控制項上移動所引發。
MouseHover	EventArgs	滑鼠指標在控制項上靜止不動所引發。
MouseDown	MouseEventArgs	使用者將滑鼠移至控制項上並按下滑鼠按鈕時引發。
MouseWheel	MouseEventArgs	使用者在具有焦點的控制項中轉動滑鼠滾輪所引發。
MouseUp	MouseEventArgs	使用者把滑鼠指標移至控制項並放開滑鼠按鈕時所引發。

表【14-5】 滑鼠事件

由表【14-5】可得知滑鼠事件處理的常式分為兩大類:EventArgs 和 MouseEventArgs。那麼這些滑鼠事件執行順序為何?如果是以滑鼠事件做區別,則引發順序如下:

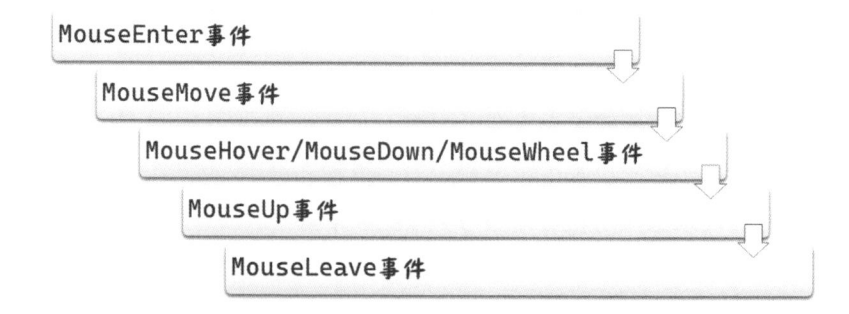

MouseEnter 事件
↓
MouseMove 事件
↓
MouseHover/MouseDown/MouseWheel 事件
↓
MouseUp 事件
↓
MouseLeave 事件

將滑鼠指標移向控制項時會進入 MouseEnter 事件，在控制項上移動滑鼠會不斷引發 MouseMove（移動），游標停駐不動為 MouseHover 事件。在控制項上按下滑鼠按鈕或捲動滑鼠滾輪則有 MouseDown 和 MouseWheel 事件，放開滑鼠時 MouseUp 事件，離開時則引發 MouseLeave 事件。

如果滑鼠指標是移向某個控制項再按下滑鼠按鈕，所引發的事件順序如下：

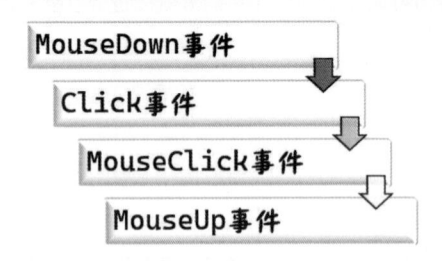

```
MouseDown事件
    ↓
Click事件
    ↓
MouseClick事件
    ↓
MouseUp事件
```

滑鼠指標移向控制項並連續快按滑鼠按鈕兩次，控制項引發的事件順序如下：

```
1). MouseDown事件        5). MouseDown事件
2). Click事件            6). DoubleClick事件
3). MouseClick事件       7). MouseDoubleClick事件
4). MouseUp事件          8). MouseUp事件
```

14.3.2 取得滑鼠訊息

在螢幕上移動滑鼠，通常會想要知道滑鼠指標位置和滑鼠按鈕狀態，作業系統也會隨著滑鼠指標的移動來更新位置。滑鼠指標是一種包含單一像素的作用點（Hot Spot），作業系統會透過它來追蹤並辨識其指標位置。移動滑鼠或按下滑鼠按鍵時，會藉由 Control 類別引發適當的滑鼠事件，透過 MouseEventArgs 可以瞭解滑鼠目前的狀態，這包含了「工作區座標」(Client Coordinate) 中滑鼠指標的位置、滑鼠哪個按鈕被按下以及滑鼠滾輪是否已捲動等資訊。因此它是一個會傳送滑鼠按鈕按一下並追蹤滑鼠移動時相關的事件處理常式。MouseEventArgs 這些滑鼠事件會將 EventArgs 傳送至事件處理常式，但不會含有任何資訊。

如何取得滑鼠按鈕的目前狀態或滑鼠指標位置？透過 Control 類別的 MouseButtons 屬性來得知目前是滑鼠的那個按鈕被按下，MousePosition 屬性則可以取得滑鼠指標在螢幕座標（Screen Coordinate）上的位置。透過表【14-6】認識滑鼠按鍵的常數值。

滑鼠按鍵	說明
Left	滑鼠左鍵。
Middle	滑鼠中間鍵。
Right	滑鼠右鍵。
None	不按任何滑鼠按鍵。
XButton1	具有五個按鈕的 Microsoft IntelliMouse，XButton1 能向後瀏覽。
XButton2	有五個按鈕的 Microsoft IntelliMouse，XButton2 能向前瀏覽。

表【14-6】 滑鼠按鍵的常數值

範例《Ex1404.csproj》

▶ 程式規劃

使用者在表單上按下滑鼠會引發 MouseDown 事件及 MouseMove 事件。表單上移動滑鼠時，MouseMove() 事件取得座標；表單上按下滑鼠某個按鍵則 MouseDown() 取得按鍵訊息。

▶ 表單操作

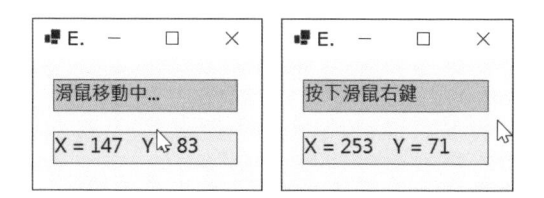

▶ 控制項屬性設定和相關程式碼

STEP 01 建立 Windows Form 應用程式，架構「.NET 6.0」；表單上加入控制項並依下表做屬性相關設定。

控制項	Name	BorderStyle	BackColor
TextBox1	txtEvent	FixedSingle	PowerBlue
TextBox1	txtPosition	FixedSingle	Bisque

14-17

STEP 02 撰寫表單的滑鼠事件「Form1_MouseDown()」相關程式碼。

```
01   private void Form1_MouseDown(object sender,
02         MouseEventArgs e)
03   {
04      txtEvent.Clear(); txtPosition.Clear();
05      string info = $"X = {e.X}\t {e.Y}";
06      switch (e.Button)    // 判斷使用者接下那個按鍵
07      {
08         case MouseButtons.Left:
09            txtEvent.Text = " 按下滑鼠左鍵 ";
10            txtPosition.Text = info;// 取得 X, Y 座標位置
11            break;
12         case MouseButtons.Right:
13            txtEvent.Text = " 按下滑鼠右鍵 ";
14            txtPosition.Text = info;
15            break;
16         case MouseButtons.None:
17            txtEvent.Text = " 沒有按下滑鼠 ";
18            txtPosition.Text = info;
19            break;
20      }
21   }
```

STEP 03 撰寫表單的滑鼠事件「Form1_MouseMove()」事件程式碼。

```
31   private void Form1_MouseMove(object sender,
32         MouseEventArgs e)
33   {
34      txtEvent.Text = " 滑鼠移動中...";
35      txtPosition.Text = $"X = {e.X}\tY = {e.Y}";
36   }
```

【程式說明】

- 第 1 ～ 21 行：MouseDown 事件，使用者按下滑鼠或移動滑鼠指標。
- 第 7 ～ 20 行：switch 敘述判斷滑鼠那一個按鈕被按下，利用 MouseEventArgs 的 e 物件來取得 X、Y 座標位置再顯示於文字方塊上。
- 第 31 ～ 36 行：MouseMove 事件。只要滑鼠移動它會不斷被引發。

14.3.3 滑鼠的拖曳功能

滑鼠的「拖放作業」是把物件將拖曳越過其它控制項。在 Windows 系統中以滑鼠進行拖曳動作時，可依據拖曳的對象分為：以目標為主的拖放作業和以來源為主的拖放作業。

如果滑鼠是以目標為拖曳對象，DragEventArgs 類別可提供滑鼠指標的位置、滑鼠按鈕和鍵盤輔助按鍵的目前狀態、正在拖曳的資料，其事件處理列於表【14-7】。

拖曳事件	事件處理常式	說明
DragEnter	DragEventArgs	拖曳物件時，移動滑鼠指標到另一個控制項上。
DragOver	DragEventArgs	拖曳物件時移動滑鼠指標通過另一個控制項。
DragDrop	DragEventArgs	完成拖放作業放開滑鼠按鈕，將某個物件置放於另一個控制項上。
DragLeave	EventArgs	物件拖曳時超出控制項界限所引發的事件。

表【14-7】 DragDropEffects 所設定的值

DragEventArgs 類別中的 AllowedEffect 屬性會針對來源進行拖曳，其拖曳效果以 DragDropEffects 列舉型別的常數值做設定，表【14-8】列舉之。

常數值	拖曳時
All	結合 Copy，Move，以及 Scroll 的效果。
Copy	複製資料到存放目標中。
Link	將來源資料以拖曳方式和存放目標連結。
Move	將來源資料以拖曳方式搬移至存放目標。
Scroll	捲動將要開始或發生於置放目標。
None	存放目標不接受資料。

表【14-8】 DragDropEffects 所設定的值

範例《Ex1405.csproj》

◎ 程式規劃

由於 RichTextBox 控制項並無拖曳事件處理常式，必須自行定義；執行時以 WordPad 開啟檔案「Demo.rtf」，然後選取文字範圍拖曳到文字方塊上。

◉ 表單操作

(1) 從 WordPad 載入「Demo.rtf」檔案並選取欲拖曳文字。

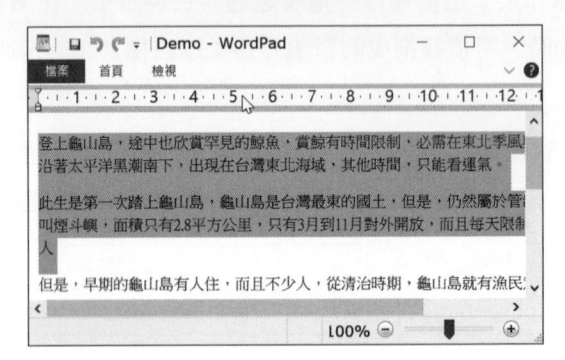

(2) 將選取文字拖曳到表單的文字方塊,再放開滑鼠;按表單右上角的「X」鈕就能關閉表單。

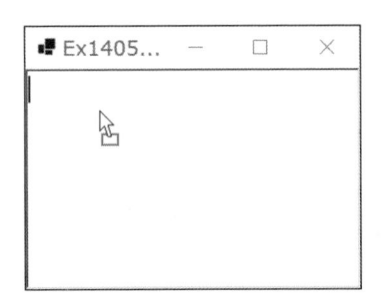

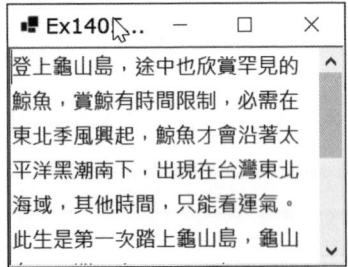

◉ 控制項屬性設定和相關程式碼

STEP 01 建立 Windows Form 應用程式,架構「.NET 6.0」;只放入一個 RichTextBox 控制項,Dock 屬性設為「Fill」。

STEP 02 進入程式碼編輯區,在 Form1() 先定義 RichTextBox 要處理的拖曳事件。

```
01  public Form1()
02  {
03      InitializeComponent();
04
05      // 完成拖放作業放開滑鼠按鈕,將文字置放於 RichTextBox 控制項上
06      this.rtxtShow.DragDrop += rtxtShow_DragDrop!;
07      // 拖曳文字時,移動滑鼠指標到 RichTextBox 控制項
08      this.rtxtShow.DragEnter += rtxtShow_DragEnter!;
09  }
```

STEP 03 撰寫 DragDrop 和 DragEnter 事件處理程式碼。

```
11   private void rtxtShow_DragEnter(Object sender,
12         DragEventArgs e)
13   {
14      if (e.Data.GetDataPresent(DataFormats.Text))
15          e.Effect = DragDropEffects.Copy;
16      else
17          e.Effect = DragDropEffects.None;
18   }
21   private void rtxtShow_DragDrop(Object sender,
22         DragEventArgs e)
23   {
24      int locate;
25      string data = null;
26      // 取得選取文字的起始位置 .
27      locate = rtxtShow.SelectionStart;
28      data = rtxtShow.Text.Substring(locate);
29      rtxtShow.Text = rtxtShow.Text.Substring(0, locate);
30      // 拖曳到文字方塊
31      string str = String.Concat(rtxtShow.Text,
32          e.Data.GetData(DataFormats.Text).ToString());
33      rtxtShow.Text = String.Concat(str, data);
34   }
```

【程式說明】

- 第 6、8 行：DragEnter 和 DragDrop 並不是一般的預設事件，須定義 RichTextBox 控制項這兩個事件處理常式。
- 第 11～18 行：把來源物件拖曳到 RichTextBox，滑鼠指標移向 RichTextBox 文字方塊時引發的事件。
- 第 14～17 行：判斷來源物件為文字時，將資料複製到 RichTextBox 文字方塊中，利用 DragDropEffects 列舉型別進行值的設定。
- 第 21～34 行：來源文字以拖曳放入 RichTextBox 文字方塊，放開滑鼠所引發的事件。
- 第 28 行：Substring() 方法取得 RichTextBox 文字方塊文字的起始位置。文字方塊若無文字，從最前面開始，如果已有文字則從插入點開始。

如果滑鼠的拖放作業是以來源為主，必須取得滑鼠按鈕和鍵盤輔助按鍵的目前狀態，判斷使用者是否有按下鍵盤的【ESC】按鍵，這些動作由

QueryContinueDragEventArgs 類別做處理。拖放作業是否繼續,則透過 DragAction 的值來設定。透過 QueryContinueDragEventArgs 類別處理的事件以下表【14-9】列示。

拖曳作業	事件處理常式	說明
GiveFeedback	GiveFeedbackEventArgs	滑鼠指標改變時拖放作業是否取消。
QueryContinueDrag	QueryContinueDragEventArgs	拖曳來源時是否取消拖放作業。

表【14-9】 拖放作業來源物件引發的事件

拖放過程會以 QueryContinueDragEventArgs 物件指定拖放作業是否要繼續!如何進行!有無任何輔助按鍵(Modifier Key)被按下,使用者有無按下 ESC 鍵。一般來說,QueryContinueDrag 事件會在按下 ESC 鍵時引發,而 DragAction 要設定那些值?表【14-10】簡列之。

拖曳作業	事件處理常式
Cancel	取消無卸除訊息的作業。
Continue	作業將會繼續。
Drop	作業會因為卸除而停止。

表【14-10】 DragAction 的設定值

14.4 圖形介面裝置

如何在 Windows 應用程式中繪出色彩和字型,得透過 Windows「圖形裝置介面」(GDI, Graphics Device Interface)所提供。位於 System.Drawing 命名空間底下的 GDI+,為舊有 GDI 的擴充版本。對於繪圖路徑功能、圖檔格式提供更多支援;GDI+ 可建立圖形、繪製文字,以及將圖形影像當做物件管理,能在 Windows Form 和控制項上呈現圖形影像,其特色是隔離應用程式與圖形硬體,讓程式設計人員能夠建立與裝置無關的應用程式。下列命名空間提供與繪製有關的功能:

- **System.Drawing**:提供對 GDI+ 基本繪圖功能的存取。
- **System.Drawing.Drawing2D**:提供進階的 2D 和向量圖形功能。
- **System.Drawing.Imaging**:提供進階的 GDI+ 影像處理功能。

- **System.Drawing.Text**：提供進階的 GDI+ 印刷功能。
- **System.Drawing.Printing**：提供和列印相關的服務。

14.4.1 表單的座標系統

建立圖形的首要之事就是認識表單的版面。對於 VS 2022 而言，每一個表單都有自己的座標系統，起始點位於表單的左上角 (0, 0)，X 軸為水平方向，Y 軸為垂直方向，X、Y 交叉之處就能定位座標的一個點。繪製圖形時，像素（pixel）是表單的最小單位。一般來說座標具有下述特性。

- 座標系統的原點 (0, 0) 位於圖表圖片左上角。
- (X, Y) 座標中，X 值指向水平軸，而 Y 值指向垂直軸。
- 測量單位是圖片的高度和寬度的百分比，座標值必須介於 0 和 100 之間。

   GDI+ 使用三個座標空間：全局、畫面和裝置。

- 全局座標（**World Coordinate**）：製作特定繪圖自然模型的座標，也就是在 .NET 中傳遞到方法的座標。
- 畫面座標（**Page Coordinate**）：代表繪圖介面（例如表單或控制項）使用的座標系統。通常可以利用屬性視窗的 Location 來了解。
- 裝置座標（**Device Coordinate**）：在螢幕或紙張進行繪圖的實體裝置所採用的座標。

使用 DrawLine() 方法繪製線條時，簡例如下：

```
myGraphics.DrawLine(myPen, 0, 0, 180, 60)
```

呼叫 DrawLine() 方法的後 4 個參數（(0, 0) 和 (180, 60)）代主它是全局座標空間。使用 Graphics 類別的相關方法在螢幕上繪製線條之前，座標會先經過轉換序列；將「全局轉換」轉換為畫面座標，再以「畫面轉換」將畫面座標轉換為裝置座標。

- 全局轉換：Graphics 類別的 Transform 屬性會存放全局座標轉換為畫面座標的矩陣（Matrix）。
- 畫面轉換：當畫面座標轉為裝置座標，Graphics 類別的 PageUnit 和 PageScale 屬性會做管理。

要進行繪製,當然得請 Graphics 類別來幫忙,表【14-11】先認識它的屬性。

Graphics 屬性	說明
DpiX	取得 Graphics 物件的水平解析度。
DpiY	取得 Graphics 物件的垂直解析度。
IsClipEmpty	Graphics 的裁剪區域是否為空的。
PageScale	Graphics 全局和畫面座標單位之間的縮放。
PageUnit	Graphics 畫面座標使用的測量單位。
Transform	儲存 Graphics 物件全局轉換的矩陣。

表【14-11】 Graphics 類別的常用屬性

Graphics 亦提供相當多的繪製方法,表【14-12】簡單列示之。

Graphics 方法	說明
Blend()	定義 LinearGradientBrush 物件的漸變圖樣。
BeginContainer()	開啟及使用新的圖形容器,儲存 Graphics 目前狀態。
EndContainer()	關閉目前的圖形容器。
Clear()	清除整個繪圖介面,並指定背景色彩來填滿。
Dispose()	釋放 Graphics 所使用的資源。
DrawArc()	繪製弧形,由 X、Y 座標、寬度和高度所指定。
DrawBezier()	繪製由四個點組成的貝茲曲線。
DrawCloseCurve()	繪製封閉的基本曲線。
DrawImage()	以原始實體大小,在指定位置繪製指定 Image。
DrawString()	利用 Brush 和 Font 物件,於指定位置指定繪製字串。
FillRang()	將 Point 定義的多邊形內部填滿色彩。
FromImage()	指定 Image 類別來產生新的 Graphics 物件。
SetClip()	設定裁剪區域。

表【14-12】 Graphics 類別常用方法

14.4.2 產生畫布

使用 GDI+ 繪製圖形物件時,必須先建立 Graphics 物件,利用繪圖介面建立圖形影像的物件。使用圖形物件建置的步驟如下:

(1) 建立 Graphics 圖形物件。

(2) 將表單或控制項轉換成畫布,透過 Graphics 物件提供的方法,可繪製線條和形狀、顯示文字或管理影像。

如何建立 Graphics 圖形物件,有下列三種方式:

(1) 使用表單或控制項的 Paint() 事件。

(2) 呼叫控制項或表單的 CreateGraphics() 方法。

(3) 使用 Image 物件。

當表單或控制項進行 Paint() 事件時,透過事件處理常式 PaintEventHandler 來取得 Graphics 物件參考的作法:

- 指定 PaintEventArgs 為 Graphics 物件參考傳遞的一部份。
- 宣告 Graphics 物件並指派變數。
- 繪製表單或控制項。

在表單上引發 Paint() 事件時,利用 Graphics 做物件傳遞的相關程式碼:

```
private void Form1_Paint(object sender, PaintEventArgs pe)
{
    Image bkground = Image.FromFile("10.jpg");
    Graphics g = pe.Graphics;
    pe.Graphics.DrawImage(bkground, 0, 0);
}
```

在表單或控制項上進行繪圖時,第二種方式就是呼叫 CreateGraphics() 方法來取得該控制項或表單繪圖介面的 Graphics 物件參考。

```
Label Show = new Label();
Show.CreateGraphics();
```

第三種方式透過 Image 類別來建立 Graphics 物件,必須呼叫 Graphics.FromImage() 方法,提供欲建立 Graphics 物件的 Imagem 容器。

```
Image bkground = Image.FromFile("10.jpg");
Graphics.FromImage(bkground);
```

14-25

14.4.3 繪製圖案

如何以表單來進行彩繪？.NET 提供 Graphics、Pen、Brush、Font 和 Color 等繪圖類別，簡介如下：

- **Graphics**：提供畫布，就如同畫圖一般，要有畫布物件才能作畫。
- **Pen**：畫筆，用來繪製線條或任何幾何圖形。
- **Brush**：筆刷，用來填滿色彩。
- **Font**：繪製文字，包含字型樣式、大小和字型效果。
- **Color**：設定色彩。

無論是要表單或控制項載入圖片時，都要有 Image 類別呼叫 FromFile() 方法指定載入影像的名稱，語法如下：

```
public static Image FromFile(string filename);
```

- ◆ filename：圖片名稱，要指明其載入路徑，或者放入專案的「bin」資料夾。
- ◆ 圖片的格式 BMP、GIF、JPEG、PNG、TIFF 皆可存取。

第一個方法就是配合 Paint() 事件的 PaintEventArgs 取得 Graphics 物件參考之後，再呼叫 DrawImage() 方法，語法如下：

```
Public Sub DrawImage(image As Image, point As Point);
```

- ◆ image：要繪製的 Image。
- ◆ point：指定繪製影像的左上角位置。

範例《Ex1406.csproj》

▶ 表單操作

觸發表單 Paint 事件時，呼叫 FromFile() 載入圖片。

◉ 控制項屬性設定和相關程式碼

STEP 01 建立 Windows Form 應用程式,架構「.NET 6.0」,無控制項,以表單為畫布。

STEP 02 利用表單撰寫「Form1_Paint()」事件程式碼。

```
01   private void Form1_Paint(object sender,
02         PaintEventArgs pe)
03   {
04      // 取得 Image 圖片,再以 Graphics 繪製
05      Image img = Image.FromFile(
06        "D:\\C#2022\\Icon\\004.jpg");
07      Graphics gs = pe.Graphics;// 宣告 Graphics 物件
08      gs.DrawImage(img, 0, 0);
09   }
```

【程式說明】

- 第 5 行:建立 Image 類別的物件,呼叫 FromFile() 方法,設定圖片路徑。
- 第 7 行:pe 會以屬性 Graphics 取得繪圖物件之參考後,再呼叫 DrawImage() 方法。

範例 《Ex1407.csproj》

◉ 程式規劃

以標籤控制項來顯示圖片,呼叫 CreateGraphics() 方法繪圖,執行結果跟前一個範例相同。

◉ 控制項屬性設定和相關程式碼

STEP 01 建立 Windows Form 應用程式,架構「.NET 6.0」,無控制項,以表單為畫布;利用表單撰寫「Form1_Paint()」事件程式碼。

```
01   private void Form1_Paint(object sender, PaintEventArgs e)
02   {
03      Image bkground = Image.FromFile(
04        "D:\\C#2022\\Icon\\004.jpg");
05      Label Show = new()// 產生標籤,取得圖片大小並依其值顯示
06         { Size = bkground.Size, Image = bkground };
07      Graphics gs = Show.CreateGraphics();
08      Controls.Add(Show);// 加入控制項
09      gs.Dispose();// 釋放 Graphics 佔用的資源
10   }
```

14-27

【程式說明】

- 第 5～6 行：建立一個標籤控制項，將圖片的大小指定給控制項之後，依此大小來顯示圖片。
- 第 7 行：由標籤控制項呼叫 CreateGraphics() 方法再指派給 Graphics 物件繪製。
- 第 9 行：呼叫 Graphics 物件的 Dispose() 方法，釋放所佔用的資源。

14.4.4 繪製線條、幾何圖形

Graphics 類別提供了畫布，要有畫筆才能在畫布盡情揮灑。Pen 類別能做什麼？繪製線條、幾何圖形；依據需求還能設定畫筆的色彩和粗細。而線條是圖形的基本組成，多個線條來形成矩形、橢圓形等幾何形狀。Graphics 物件提供實際的繪製，而 Pen 物件則是儲存屬性，例如線條色彩、寬度和樣式；表【14-13】說明 Pen 類別的常用成員。

Pen 類別常用成員	說明
Brush	設定畫筆以填滿方式來繪製直線或曲線。
Color	設定或取得畫筆顏色。
DashStyle	設定線條的虛線樣式，列舉類型以表 17-3 說明。
LineJoin	設定接合的兩條線。
PenType	設定或取得直線樣式。
Width	設定或取得畫筆寬度。
Dispose()	釋放 Pen 所有的使用資源。
EndCap	結束端點的形狀。
StartCap	起始端點的形狀。

表【14-13】 Pen 類別常用成員

Pen 類別的建構式可配合 Brush 設定圖形內部，或是以 Color 指定色彩，語法如下：

```
Pen(Brush brush);                      // 指定筆刷
Pen(Brush brush, float width);         // 設定筆刷和畫筆的寬度
Pen(Color color);                      // 指定色彩
Pen(Color color, float width);         // 設定色彩和畫筆的寬度
```

例如：建立一支黑色，線條寬度為 4 的畫筆。

```
Pen myPen = new Pen(Color.Black, 4);
```

Pen 類別的兩個屬性 StartCap 和 EndCap 可以決定線條起始和結束端點的形狀是平面、方的、圓角的、三角形或者是自訂形狀。這兩個屬性會呼叫 LineCap 列舉型別，它的常數值以表【14-14】簡列之。

LineCap 列舉值	說明
Custom	自訂線條端點。
AnchorMask	指定遮罩，用來檢查線條端點是否為錨點端點。
ArrowAnchor	箭頭錨點端點。
DiamondAnchor	菱形錨點端點。
Flat	一般線條端點。
NoAnchor	沒有指定錨點。
Round	圓形線條端點。
RoundAnchor	圓形錨點端點。
Square	方形線條端點。
SquareAnchor	正方形錨點的線條端點。
Triangle	三角形線條端點。

表【14-14】 LineCap 列舉值

以畫筆繪製線條時有可能是實線，或者是虛線，DashStyle 用來決定線條的樣式，簡介於表【14-15】。

DashStyle 列舉值	說明
Custom	使用者自訂虛線樣式。
Dash	指定含有虛線的線條。
DashDot	指定含有「虛線-點」的線條。
DashDoDot	指定含有「虛線-點-點」的線條。
Dot	指定含有點的線條。
Solid	指定實線。

表【14-15】 DashStyle 列舉值

繪製線條時最起碼要兩點座標來作為線條的開始和結束，DrawLine() 方法語法如下：

```
public void DrawLine(Pen pen, int x1, int y1,
    int x2, int y2);
```

- pen：畫筆，用來決定線條的色彩、寬度和樣式。
- x1、y1：繪製線條的座標為起點；x2、y2 為繪製線條的第二點。

範例 《Ex1408.csproj》

◎ 表單操作

呼叫 DrawLines() 方法配合取得的座標值繪製連續的圓形。

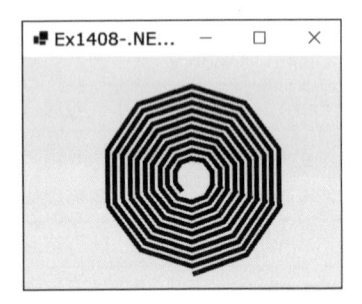

◎ 控制項屬性設定和相關程式碼

STEP 01 建立 Windows Form 應用程式，架構「.NET 6.0」，無控制項，以表單為畫布；利用表單撰寫「Form1_Paint()」事件程式碼。

```
01  using System.Drawing.Drawing2D;
02  using static System.Math;// 滙入靜態類別 Math
03  private void Form1_Paint(object sender, PaintEventArgs e)
04  {
05      double x, y;
06      Point[] pts = new Point[100];// 座標值
07      double Xpos = this.Size.Width / 2;
08      double Ypos = this.Size.Height / 2 - 20;
09      // 建立畫筆，C# 8.0 語法，省略大括號形成的區段
10      using Pen bluePen = new(Color.Blue, 6);//
11      double radius = 120;// 圓半徑
12      for (int j = 0; j <= 99; j++)
13      {
14          x = Xpos + radius * Sin(36 * j * PI / 180);
15          y = Ypos + radius * Cos(36 * j * PI / 180);
16          pts[j] = new Point((int)x, (int)y);
17          radius -= 1;
18      }
19      e.Graphics.DrawLines(bluePen, pts);// 繪製線條
20  }
```

【程式說明】

- 第 1 行：使用 LineCap 或 DashStyle 列舉型別時，皆要納入「System.Drawing.Drawing2D」名稱空間；或者於程式碼開頭使用 using 敘述匯入。
- 第 10 ~ 18 行：使用 using 範圍敘述並加以實體化。它會自動呼叫物件上 Dispose() 方法來釋放佔用的資源。
- 第 19 行：依據所設座標呼叫 DrawLine() 方法繪製線條。

繪製曲線，表示它由多個座標點構成，作法就是建立座標陣列，呼叫 DrawCurve() 方法繪製基本曲線，DrawClosedCurve() 方法繪製封閉曲線，它們的語法如下：

```
public void DrawCurve(Pen pen, PointF[] points)
public void DrawClosedCurve(Pen pen, Point[] points)
```

- pen：畫筆，決定曲線的色彩、寬度和樣式。
- points：定義曲線的座標陣列。

範例 《Ex1409.csproj》

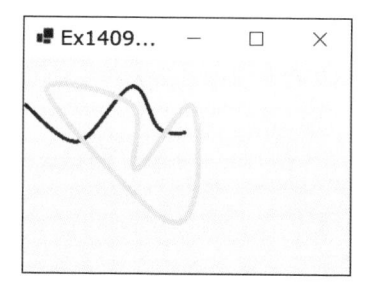

STEP 01 表單操作。

STEP 02 建立 Windows Form 應用程式，架構「.NET 6.0」；表單撰寫「Form1_Paint()」事件程式碼

```
01   private void Form1_Paint(object sender, PaintEventArgs e)
02   {
03       Pen greenPen = new(Brushes.BlueViolet, 14);
04       Pen bisPen = new(Brushes.Bisque, 10);
05       Graphics gs = e.Graphics;   //e 物件指派給 Graphics 物件 gs
06       // 建立曲線座標
07       Point[] pts1 = {new Point(0, 20), new Point(30, 50),
```

```
08            new Point(80, 85), new Point(60, 90),
09            new Point(120, 30), new Point(150, 75),
10            new Point(165, 80), new Point(180, 80)};
11      Point[] pts2 = {new Point(25, 36), new Point(120, 50),
12         new Point(125, 120), new Point(185, 50),
13         new Point(190, 150), new Point(150, 170)};
14      gs.DrawCurve(greenPen, pts1);// 繪製曲線
15      gs.DrawClosedCurve(bisPen, pts2);
16   }
```

14.4.5 繪製幾何圖形

繪製線條的基本用法有了初步認識之後，繪製幾何形狀（未填色彩）就不是難事！它包含矩形、橢圓或多邊形等。繪製矩形當然是由 Graphics 類別呼叫 DrawRectangle() 方法，語法簡介如下。

```
public void DrawRectangle(Pen pen, int x, int y,
    int width, int height);
```

- pen：使用 Pen 類別來決定矩形的色彩、寬度和樣式。
- x、y：繪製矩形左上角的 X、Y 座標。
- width、height：繪製矩形的寬度和高度。

若要繪製橢圓形，使用 DrawEllipse() 方法，它和 DrawRetangle() 方法很類似，不同的是以矩形產生的 4 個點框住橢圓形，認識它的語法。

```
public void DrawEllipse(Pen pen, float x, float y,
    float width, float height);
```

- pen：使用 Pen 類別來決定橢圓形的色彩、寬度和樣式。
- x、y：定義橢圓形圖框，以左上角為主的 X 軸、Y 軸座標。
- width、height：定義橢圓周框的寬度、高度。

繪製多邊形，則是使用 DrawPolygon() 方法，它以畫筆 pen 並配合 Point 陣列物件，Point 陣列中每一個點都代表一個端點的座標；語法如下：

```
public void DrawPolygon(Pen pen, PointF[] points);
```

- 使用 Point 類別的陣列方式來構成多邊形。

範例 《Ex1410.csproj》

STEP 01 表單操作。

STEP 02 建立 Windows Form 應用程式，架構「.NET 6.0」；表單撰寫「Form1_Paint()」事件程式碼。

```
01  private void Form1_Paint(object sender, PaintEventArgs e)
02  {
03      Pen pen1 = new(Brushes.Blue, 4);
04      Pen pen2 = new(Brushes.Red, 3);
05      Pen pen3 = new(Brushes.Green, 4);
06      Graphics gs = e.Graphics;
07      gs.DrawRectangle(pen1, 20, 40, 100, 50);// 繪製矩形
08      // 繪製橢圓形
09      gs.DrawEllipse(pen2, 80.0f, 100.0f, 100, 50);
10      // 產生多邊形的座標
11      Point[] pts = {new Point(350, 200),
12          new Point(200, 200), new Point(200, 150),
13          new Point(250, 50), new Point(300, 80)};
14      gs.DrawPolygon(pen3, pts);// 繪製多邊形
15      // 繪製有陰影效果的字型
16      Color brushColor = Color.FromArgb(150, Color.DarkRed);
17      SolidBrush brushFt = new(brushColor);
18      gs.DrawString("Hello!", new("Arial", 36),
19          brushFt, 154.0f, 210.0f);
20      gs.DrawString("Hello!", new("Arial", 36),
21          Brushes.Cyan, 160.0f, 212.0f);
22      gs.Dispose();
23  }
```

【程式說明】

- 第 6 行：除了直接呼叫 Paint() 事件的 PaintEventArgs 的物件「e」物件之外，亦可將 e 物件指定給 Graphics 物件「gs」，再進一步呼叫相關方法。

14.4.6 字型和筆刷

Graphics 類別以 DrawString() 方法來繪製字型。以字型繪製而言，包含二個部份：字型家族和字型物件，簡介如下。

- **字型家族**：將字體相同但樣式不同的字型組成字型家族。例如，以 Arial 字型來說包含了下列字型：Arial Regular（標準）、Arial Bold（粗體）、Arial Italic（斜體）和 Arial Bold Italic（粗斜體）。

- **字型物件**：繪製文字之前，要先建構 FontFamily 物件和 Font 物件。FontFamily 物件會指定字體（例如 Arial），而 Font 物件則會指定大小、樣式和單位。此外，當 Font 物件完成建立後，便無法修改其屬性，若需要不同效果的 Font 物件，可透過建構函式來自訂 Font 物件。

繪製文字，利用 Graphics 類別提供的 DrawString() 方法，語法如下：

```
public void DrawString(string s, Font font,
    Brush brush, PointF point)
```

- String：表示要繪製的字串。
- Font：用來定義字串的格式。
- Brush：決定繪製文字的色彩和紋理。
- PointF：指定繪製文字的左上角。

一般來說使用筆刷畫圖時，Brush 類別能夠繪製矩形、橢圓形等相關的幾何圖形。由於它本身是抽象類別，必須藉助其衍生類別才能實作它的方法。另一個筆刷是 Burshes，它沒有繼承類別，提供標準色彩來直接使用，簡例如下：

```
// 定義一個矩形
Rectangle rect = new Rectangle(80, 80, 200, 100);
// 產生繪圖物件 gs，配合 Burshes 畫一個矩形
Graphics gs;
gs.Graphics.DrawRectangle(Brushes.Blue, rect);
```

Bursh 的衍生類別，讓筆刷提供各種不同的填滿效果，以下表【14-16】說明。

Brush 衍生類別	說明
SolidBrush	定義單一色彩的筆刷。
HatchBrush	透過規劃樣式、前景色彩和背景色彩來定義矩形筆刷。
TexturBrush	填滿圖形的內部
LinearGradienBrush	設定線形漸層。
PathGradienBrush	設定路徑漸層。

表【14-16】 提供漸層效果的 Brush 子類別

使用 SolidBrush 類別只要配合色彩就能繪製幾何物件,其建構函式的語法如下:

```
public SolidBrush(Color color);
```

◆ color 為 Color 結構,顯示筆刷色彩。

另一個可產生線性漸層的 LinearGradienBrush,認識其建構函式:

```
public LinearGradientBrush(Rectangle rect,
    Color color1, Color color2, float angle);
```

◆ rect:設定矩形的座標和寬、高。
◆ color1、color2:設定顏色。
◆ angle:漸層方向線的角度(角度從 X 軸以順時鐘方向來測量)。

學過了 DrawRetangle() 方法,如果要讓矩形填滿色彩則要使用 FillRectangle() 方法,語法如下:

```
public void FillRectangle(Brush brush, Rectangle rect);
```

◆ brush:除了使用筆刷之外,亦可使用相關的衍生類別。
◆ rect:表示欲繪製的矩形,要設立 x、y 座標和其寬、高。

範例 《Ex1411.csproj》

STEP 01 表單操作;配合筆刷來產生一個填滿線性漸層色彩的矩形。

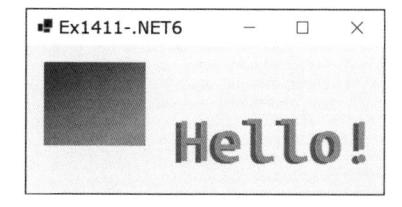

STEP 02 建立 Windows Form 應用程式,架構「.NET 6.0」,加入一個 PictureBox 控制項,將 Name 變更為「picShow」。

STEP 03 繪製字型,表單撰寫「Form1_Paint()」事件程式碼。

```
01   private void Form1_Paint(object sender, PaintEventArgs e)
02   {
03       Graphics gs = e.Graphics;//e 物件指派給 Graphics 物件 gs
04       // 繪製有陰影效果的字型
05       Color brushColor = Color.FromArgb(150, Color.DarkRed);
06       SolidBrush brushFt = new(brushColor);
07       gs.DrawString("Hello!", new("Cascadia Code", 36),
08          brushFt, 174.0f, 80.0f);
09       gs.DrawString("Hello!", new("Cascadia Code", 36),
10          Brushes.Cyan, 181.0f, 78.0f);
11       gs.Dispose();
12   }
```

STEP 04 繪製字型,表單撰寫「Form1_Paint()」事件程式碼。

```
21   private void Form1_Paint(object sender, PaintEventArgs e)
22   {
23       Graphics gs = e.Graphics; // 繪圖物件
24       Color colr1 = Color.FromArgb(200, 250, 0, 255);
25       Color colr2 = Color.FromArgb(150, 15, 255, 0);
26       Rectangle rect = new(20, 20, 130, 90);
27       LinearGradientBrush brush = new
28          (rect, colr1, colr2, 60.0f);// 設定筆刷
29       gs.FillRectangle(brush, rect);// 矩形填滿線性漸層色彩
30   }
```

【程式說明】

- 第 6 行:Font 和 SolidBrush 類別必須使用 new 運算子配合建構函式產生新的物件。以「Brushes」類別為筆刷,它只能用來指定標準顏色,不需要產生新的物件。
- 第 24、25 行:呼叫 Color 結構的 FromArgb() 方法來定義線性漸層筆刷的色彩。
- 第 26 行:定義矩形的座標和寬、高。
- 第 27 ~ 28 行:呼叫 LinearGradientBrush 的建構函式,設定筆刷相關參數。

重 點 整 理

- 單一文件介面（SDI, Single Document Interface）一次只能開啟一份文件，例如「記事本」。多重文件介面（MDI, Multiple Document Interface）能同時編輯多份文件。

- 把一般表單的屬性「IsMDIContainer」設為「True」就成為 MDI 父表單；有了父表單，MdiParent 屬性能讓一般表單成為 MDI 子表單。

- 使用者按下鍵盤按鍵，Windows Form 會將鍵盤輸入的識別碼由位元 Keys 列舉型別轉換為虛擬按鍵碼（Virtual Key Code）。Keys 列舉型別可以組合一系列的按鍵來產生一個值；利用 KeyDown 或 KeyUp 事件，偵測大部分的實體按鍵。再經由字元鍵（Keys 列舉型別的子集），來對應 WM_CHAR 和 WM_SYSCHAR 值。

- 處理 KeyDown 或 KeyUp 的事件常式 KeyEventArgs，由物件 e 接收事件訊息，屬性 KeyCode 能取得按鍵值，KeyValue 取得鍵盤值。

- 當使用者擁有輸入焦點並按下按鍵時，會引發 KeyPress 事件；由 KeyPressEventArgs 類別來處理；屬性 Handled 用來設定是否回應按鍵的動作；KeyChar 用來取得按鍵的字元碼。

- 滑鼠移動或按下按鍵，由 Control 類別引發適當的滑鼠事件，透過 MouseEventArgs 瞭解滑鼠目前狀態。包含了「工作區座標」（Client Coordinate）中滑鼠指標位置、滑鼠哪個按鈕被按下以及滑鼠滾輪是否已捲動等資訊。

- 如何取得滑鼠按鈕的目前狀態或滑鼠指標位置？透過 Control 類別的 MouseButtons 屬性來得知是滑鼠的那個按鈕被按下，MousePosition 屬性則可以取得滑鼠指標在螢幕座標（Screen Coordinate）的位置。

- 滑鼠拖曳作業中，以目標為拖曳對象，會以 DragEventArgs 類別來提供滑鼠指標的位置、滑鼠按鈕和鍵盤輔助按鍵的目前狀態、正在拖曳的資料。

- 滑鼠的拖放作業以來源為主，必須取得滑鼠按鈕和鍵盤輔助按鍵的目前狀態，判斷使用者是否有按下鍵盤的【ESC】按鍵，這些動作由 QueryContinueDragEventArgs 類別做處理。

- 使用 GDI+ 繪製圖形物件時，必須先建立 Graphics 物件，使用圖形物件建置的步驟如下：❶ 建立 Graphics 圖形物件；❷ 將表單或控制項轉換成畫布，透過 Graphics 物件提供的方法，繪製線條和形狀、顯示文字或管理影像。

MEMO

IO 與資料處理

CHAPTER 15

學│習│導│引

- NET 處理資料流的概念與 System.IO 名稱空間。
- 目錄的建立、檢視目錄的檔案訊息。
- 利用串流的寫入器和讀取器來處理資料。

15.1 資料流與 System.IO

如何讓資料寫入檔案或讀取檔案內容，與這些程序息息相關的就是資料流。尚未探討檔案之前，先瞭解什麼是資料流（Data Stream）？可以將 Stream 想像成一條管子，資料如同管子裡的水，只能單向流動。水可以用不同的容器裝載，而資料也能儲存於不同的媒體。範例若為主控台應用程式皆是利用 Console 類別的 Read() 或 ReadLine() 方法來讀取資料，或是利用 Write() 或 WriteLine() 方法透過命令字元提示視窗輸出資料。在 Windows Form 中則以 RichTextBox 控制項配合 OpenFileDialog 對話方塊來讀取文字檔或 RTF 檔案，利用 MessageBox 顯示訊息。所以，以資料流的概念來看待，分兩種：

- 輸出資料流：把資料傳到輸出裝置（例如：螢幕、磁碟等）上。
- 輸入資料流：透過輸入裝置（例如：鍵盤、磁碟等）將資料讀取。

這些輸入、輸出資料流由 .NET Framework 的 System.IO 名稱空間提供許多類別成員，透過圖【15-1】來了解。

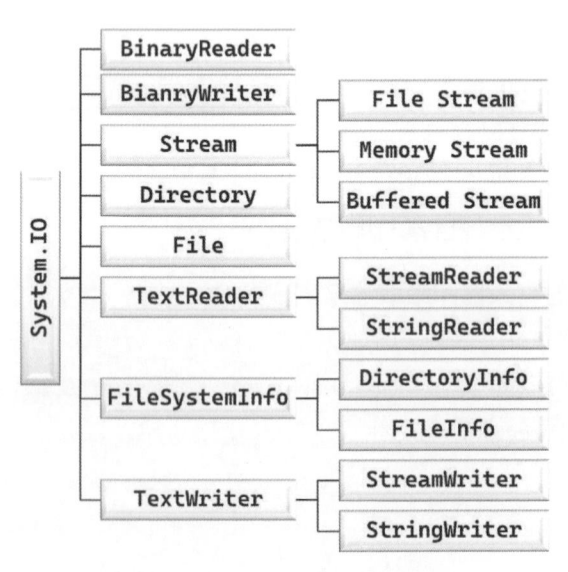

圖【15-1】 System.IO 名稱空間

15.2 檔案與資料流

對於資料流（或簡稱串流）有了基本概念後，那麼檔案和資料流有何關係？通常會把儲存於磁碟媒體的資料重覆地寫入或讀出。了解檔案的處理程序，才能把辛苦建立的資料存在檔案中，程式執行時，直接到檔案裡讀取所需的資料內容。這樣的作法能將資料長久的保存下來（除非磁碟中存放資料的那個檔案被刪除）。

以資料流的概念來看，檔案可視為是一種具有永續性存放的裝置，也是一種已具名排序的位元組集合。使用檔案時，它包含了存放目錄的路徑、磁碟存放裝置，以及檔案和目錄名稱。相對於檔案，資料流由位元組序列組成，是讀取和寫入資料的備份存放區；它可以是磁碟或是記憶體來作為備份存放區，所以它是多元性。與檔案、目錄有關的類別，存放於「System.IO」名稱空間有那些？列表【15-1】說明。

檔案、目錄類別	說明
Directory	目錄一般作業，如複製、移動、重新命名、建立和刪除目錄。
DirectoryInfo	提供建立、移動目錄和子目錄的執行個體方法。
DriveInfo	提供與磁碟機有關的建立方法。
File	提供建立、複製、刪除、移動和開啟檔案的靜態方法。
FileInfo	提供建立、複製、刪除、移動和開啟檔案的實體化方法。
FileSystemInfo	為 FileInfo 和 DirectoryInfo 的抽象基底類別。
Path	提供處理目錄字串的方法和屬性。

表【15-1】 Sysem.IO 名稱空間

FileSystemInfo 是一個抽象基底類別，其衍生類別包含 DirectoryInfo、FileInfo 二個類別，它含有檔案和目錄管理的通用方法。實體化的 FileSystemInfo 物件可以做為 FileInfo 或 DirectoryInfo 物件的基礎。由表【15-1】得知，建立檔案和目錄時除了可以直接使用 DirectoryInfo、FileInfo 類別外，亦能使用 FileSystemInfo 的相關成員，列表【15-2】介紹其常用屬性。

FileSystemInfo 屬性	說明
Attributes	取得或設定檔案屬性，例如 ReadOnly（唯讀）或處於 Archive（保留狀態）。
CreationTime	取得或設定檔案 / 目錄的建立日期與時間。
Exists	指出檔案 / 目錄是否存在。
Extension	取得檔案的副檔名。
FullName	取得目錄 / 檔案的完整路徑。
LastAccessTime	取得或設定上次存取目錄 / 檔案的時間。
LastWriteTime	取得或設定上次寫入目錄 / 檔案的時間。
Name	取得檔案的名稱。

表【15-2】 FileSystemInfo 類用常用屬性

15.2.1 檔案目錄

通常以檔案總管進入某個目錄就是查看此目錄有那些檔案，或者存放那一類型的檔案！也有可能新增一個目錄（資料夾）或把某一個目錄刪除！所以 Directory 靜態類別提供目錄處理的能力，例如建立、搬移資料夾，由於提供靜態方法，通常可直接使用，列表【15-3】為常用方法。

Directory 類別方法	執行動作
CreateDirectory()	產生一個目錄並以 DirectoryInfo 回傳相關訊息。
Delete()	刪除指定的目錄。
Exists()	判斷目錄是否存在，true 表示存在，不存在回傳 false。
GetDirectories()	取得指定目錄中子目錄的名稱。
GetFiles()	取得指定目錄的檔案名稱。
GetFileSystemEntries()	取得指定目錄中所有子目錄和檔案名稱。
Move()	移動目錄和檔案到指定位置。
SetCurrentDirectory()	將應用程式的工作目錄指定為目前的目錄。
SetLastWriteTime()	設定目錄上次被寫入的日期和時間。

表【15-3】 Directory 類別常用方法

CreateDirectory（string path）方法用來建立目錄，使用時要在前方套上 Directory 類別名稱，其檔案路徑以字串形式來產生，同樣目錄之間要以「\\」雙斜線來區隔。

```
Directory.CreateDirector("D:\\Demo\\Sample\\");
```
```
Directory.CreateDirector(@"D:\Demo\Sample\");
```

- 利用 @ 字元帶出完整路徑，用雙引號括住，用單斜線即可。
- @ 是表明後方接續的字元所包含的「\」並非脫逸序列符號。

Exits（string path）方法用來檢查 path 所指定的檔案路徑是否存在？存在的話會回傳「true」；「false」則是檔案路徑不存在！要刪除檔案的話可以使用 Delete() 方法，指定刪除檔案的路徑，還可以進一步決定是否連同它底下的子目錄、檔案也要一起刪除！其語法如下：

```
public static void Delete(string path);
public static void Delete(string path, bool recursive);
```

- path：要移除的目錄名稱。
- recursive：是否要移除 path 中的目錄、子目錄和檔案，true 是一起刪除，false 則是刪除動作會停頓。

下述簡例說明 Delete() 方法的使用。

```
Directory.Delete(@"D:\Deom", true);
```

要搬移目錄或到指定位置，可以利用 Move() 方法，使用時必須以參數來建立目地目錄，完成動作之後會自動刪除來源目錄，語法如下：

```
public static void Move(string sourceDirName,
    string destDirName);
```

- sourceDirName：要移動的檔案或目錄的路徑。
- destDirName：sourceDirName 目地目錄的路徑。

GetDirectories() 方法取得指定目錄的所有子目錄名稱，GetFiles() 方法取得指定目錄內的所有檔案名稱，所以這兩個方法會以陣列回傳其值，認識其語法：

```
public static string[] GetDirectories(string path);
public static string[] GetFiles(string path);
```

另一個類別是 DirectoryInfo，想要針對某一個目錄進行維護工作，就得以 DirectoryInfo 來建立實體物件，常用成員列舉如表【15-4】。

DirectoryInfo 成員	執行動作
Parent	取得指定路徑的上一層目錄。
Root	取得目前路徑的根目錄。
Create()	新增目錄。
CreateSubdirectory()	在指定目錄下新增子目錄。
Delete()	刪除目錄。
MoveTo()	將目前目錄搬移到指定位置。
GetDirectory()	傳回目前目錄的子目錄。
GetFiles()	傳回指定目錄的檔案清單。

表【15-4】 DirectoryInfo 類別常用成員

要以 DirectoryInfo 類別設定路時，必須以建構函式實體化物件，再指定存放的目錄，簡例如下。

```
DirectoryInfo myPath = new(@"D:\Demo\Sample\");
```

範例 《Ex1501.csproj》

● 程式規劃

透過 DirectoryInfo 類別來新增或刪除路徑，並取得某一個目錄下的檔案資訊。由於處理的對象是檔案和資料夾，必須匯入「System.IO」命名空間。

● 表單操作

STEP 01 按「檢視目錄」鈕載入 PNG 格式的檔案。

STEP 02 按「新增目錄」鈕會在指定目錄新增一個資料夾「Testing」，按「刪除目錄」會刪除方才建立的資料夾。

Chapter 15 IO 與資料處理

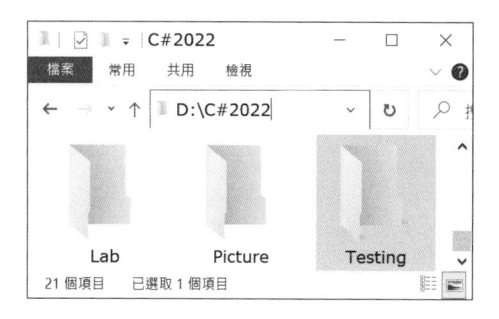

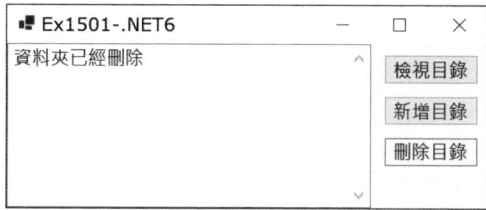

● 控制項屬性設定和相關程式碼

STEP 01 建立 Windows Form 應用程式，架構「.NET 6.0」；表單上加入控制項並依下表做屬性相關設定。

控制項	Name	Text	控制項	屬性	值
Button1	btnView	檢視目錄	TextBox	Name	txtInfo
Button2	btnAddDir	新增目錄		MultiLine	True
Button3	btnDelDir	刪除目錄		ScrollBars	Vertical
				Duck	Left

STEP 02 撰寫「檢視」按鈕「btnView_Click」事件程式碼。

```
01  using System.IO;
02  string path1 = @"D:\C#2022\Testing";// 欲建立的資料夾
03  private void btnView_Click(object sender, EventArgs e)
04  {
05      // 儲存要回傳的檔案路徑和檔案類型
06      string path2 = @"D:\C#2022\Picture";
07      string fnShow = " 檔案清單---<*.PNG>" +
08          Environment.NewLine;
09      try
10      {
11          DirectoryInfo currentDir = new(path2);
12          FileInfo[] listFile = currentDir.GetFiles("*.png");
13          // 設定檔案的標題
14          string fnName = " 檔名", fnLength = " 檔案長度";
15          string fnDate = " 修改日期";
16          string header = fnShow +
17              $"{fnName, -17}{fnLength, 13}{fnDate, 15}"
18              + Environment.NewLine;
19          txtInfo.Text = header;
20          foreach (FileInfo getInfo in listFile)
21          {
22              txtInfo.Text += $"{getInfo.Name, -20}" +
```

15-7

```
23                $"{getInfo.Length.ToString(), 15:N0}" +
24                $"{getInfo.LastWriteTime.ToShortDateString()}"
25                + Environment.NewLine;
26            }
27        }
28        catch (Exception ex)
29        {
30            MessageBox.Show("無此資料夾" + ex.Message);
31        }
32    }
```

STEP 03 撰寫「新增目錄」按鈕「btnAddDir_Click()」事件程式碼。

```
41    private void btnAddDir_Click(object sender, EventArgs e)
42    {
43        try
44        {
45            if (Directory.Exists(path1))
46                txtInfo.Text = "資料夾已經存在！";
47            // 建立新的資料夾
48            DirectoryInfo newDir =
49                    Directory.CreateDirectory(path1);
50            txtInfo.Text = "資料夾建立成功..." +
51                Environment.NewLine +
52                Directory.GetCreationTime(path1);
53        }
54        catch (Exception ex2)
55        {
56            MessageBox.Show("資料夾建置失敗！" + ex2.Message);
57        }
58    }
```

【程式說明】

- 第 2 行：指定的資料夾「Testing」並不存在，測試時才會建立此資料把它刪除。
- 第 3～32 行：按下「檢視目錄」按鈕會依指定的目錄查看是否有「PNG」檔案！
- 第 9～31 行：try/catch 敘述設定例外狀況處理器，防止狀況的發生！
- 第 11 行：將 DirectoryInfo 類別實體化，建立一個可以傳入指定路徑的資料夾物件。
- 第 12 行：建立一個 FileInfo 物件陣列，取得檔案路後，由 GetFiles() 方法指定存放檔案類型是「png」檔案。
- 第 15～18 行：建立顯示檔案的檔名、檔案大小和修改日期的標題，再放入文字方塊中。

- 第 20 ～ 26 行：foreach 迴圈讀取指定的檔案類型，並利用 FileSystemInfo 的屬性 Name 回傳檔名、Length 取得檔案長度和 LastWriteTime 取得最後修改日期，由文字方塊顯示結果。
- 第 41 ～ 58 行：按「新增目錄」按鈕來判斷資料夾是否存在，如果不存在就新增一個目錄；並以 try/catch 做例外狀況的處理。
- 第 45 ～ 46 行：Directory 類別的 Exists() 方法確認指定的路徑的目錄是否存在！
- 第 50 ～ 52 行：在指定路徑上建立新的資料夾，DirectoryInfo 類別會以實體化物件呼叫 CreateDirectory() 進行資料夾的建立，然後由 Directory 靜態類別的 GetCreationTime() 方法顯示建立時間。

15.2.2 檔案訊息

檔案？大家應該更熟悉！與它有的基本操作不外乎是複製、搬移和刪除！檔案本身呢？要開啟某個檔案，首先得知道這個檔案是否存在？開啟檔案之前、要先了解檔案的相關訊息！是文字檔還是 RTF 格式檔？開啟檔案後是否要寫入其他內容資料！FileInfo 類別和 File 靜態類別會搭配 FileStream 來做這些相關的服務，先介紹 FileInfo 有關成員，表【15-5】說明。

FileInfo 成員	說明
Exists	偵測檔案物件是否存在（true 表示存在）。
Directory	取得目前檔案的存放目錄。
DirectoryName	取得目前檔案存放的完整路徑。
FullName	取得完整的檔案名稱，包含檔案路徑。
Length	取得目前檔案長度。
AppendText()	指定字串附加至檔案，若檔案不存在則重建一個。
CopyTo()	將現有的檔案複製到新檔案。
Create()	建立檔案。
CreateText()	建立並開啟指定的檔案物件，配合 StreamWriter 類別。
Delete()	指定檔案做刪除。
MoveTo()	將目前檔案搬移到指定位置。
Open()	開啟檔案。

表【15-5】 FileInfo 成員

使用 FileInfo 類別包含了檔案的基本操作。先認識其建構函式的語法：

```
public FileInfo (string fileName);
```

- fileName：欲建立的檔案名稱，同時也包含檔案的路徑。

例一：先設路徑，再由 FileInfo 類別產生檔案物件實體。

```
string path =  @"D:\C#Lab\File\Test.txt";
FileInfo createFile = new FileInfo(path);
```

以 Create() 方法來建立檔案時，所指定的資料夾路徑必須存在，否則會發生錯誤！但也要注意，若要建立的檔案已經存在，Crteate() 方法會刪除原來的檔案。此外建立的檔案物件必須以 Close() 方法來關閉，佔用的資源才能釋放。

例二：配合 FileStream 來取得 FileInfo 檔案物件的資料。

```
FileStream fs = createFile.Create();
```

若以 Open() 方法開啟檔案，須指定開啟模式，語法如下。

```
Open(mode, access, share);
```

- mode：為指定開啟模式，FileMode 參數，參考表【15-6】。
- access：檔案存取方式，FileAccess 參數有三個；Read 是唯讀檔案，Write 只能寫入檔案，ReadWrite 表示檔案能讀能寫。
- share：決定檔案共享模式，FilesShare 參數，參考表【15-7】。

Open() 方法參數之一的 FileMode，本身為列舉型別，用來指定檔案的開啟模式，常數值表【15-6】列示之。

FileMode 常數	說明
Create	建立新檔案。檔案存在時會覆寫。檔案不存在與 CreateNew 相同。
CreateNew	建立新檔案；檔案存在時，會擲回 IOException。
Open	開啟現有的檔案。檔案不存在時，會擲回 FileNotFoundException。
OpenOrCreate	開啟已存在檔案，否則就建立新檔案。
Truncate	開啟現有檔案並將資料清空。
Append	檔案存在，開啟並搜尋至檔案末端，檔案不存在就建立新檔案。

表【15-6】 FileMode 常數

Open() 方法參數之二的 FileShare 為檔案共享方式,決定其他程序是否要開啟相同檔案,成員列表【15-7】。

FileShare 常數	說明
None	拒絕檔案共享,會造成其他檔案無法開啟成功。
Read	允許其他程序可以開啟成唯讀檔案。
Write	允許其他程序可以開啟成唯寫檔案。
ReadWrite	允許其他程序可以開啟成能讀能寫檔案。

表【15-7】 FileShare 常數

複製檔案使用 CopyTo() 方法,語法如下:

```
CopyTo(string destFileName);       // 不能覆寫現有的檔案
CopyTo(string destFileName, bool overwrite);
```

* destFileName:要複製的檔案名稱,須包含完整路徑。
* overwirte:true 才能覆寫現有檔案,false 不能覆寫。

例三:以檔案物件指定檔案,呼叫 CopyTo() 方法進行複製。

```
string path = @"D:\C#Lab\File\Test.txt";
FileInfo copyFile = new FileInfo(path);
copyFile.CopyTo(@"D:\C#Lab\File\TestNew.txt");
```

搬移檔案 MoveTo() 方法,語法如下:

```
MoveTo(string destFileName);
```

* destFileName:要搬移的檔案名稱,須包含完整路徑。

例四:以檔案物件指定檔案,呼叫 Delete() 方法刪除檔案。

```
string path = @"D:\C#2022\Demo\Test.txttmp";
FileInfo delFile = new FileInfo(path);
if (delFile.Exists == false)      // 查看檔案是否存在
   MessageBox.Show(" 無此檔案 ");
else
   delFile.Delete();              // 刪除檔案
```

* if/else 敘述查看刪除檔案時,先以屬性 Exists 判斷,如果它回傳 True 再呼叫 Delete() 方法刪除。

範例《Ex1502.csproj》

◉ 程式規劃

　　表單加入 4 個按鈕，分別是新增、複製、刪除和檢視，每執行一個與檔案操作有的動作，皆可以利用「檢視」來查看文字方塊顯示的結果。表單載入時，只有新增和檢視鈕有作用；新增檔案後，複製鈕才有作用，完成檔案複製，刪除鈕才有作用。

◉ 表單操作

(1) 執行程式載入表單後，先按「新增」鈕，再按「檢視」鈕，文字方塊顯示新增一個「Test.txt」檔案。

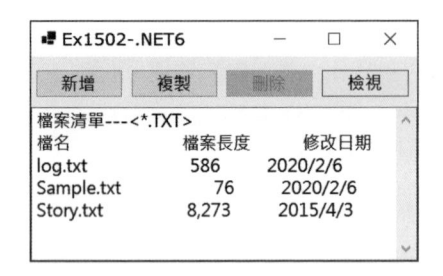

(2) 按「複製」鈕，把 log.txt 檔案複製，再按「檢視」鈕就能發現加入一個複製檔案「log.txttmp」。

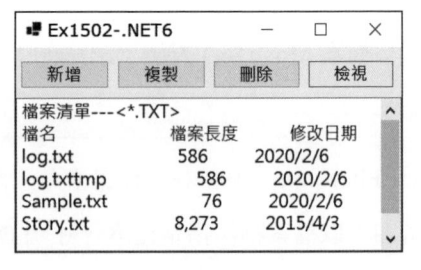

(3) 先按「新增」再按「檢視」鈕，新增一個「Ex1502.ext」檔案。

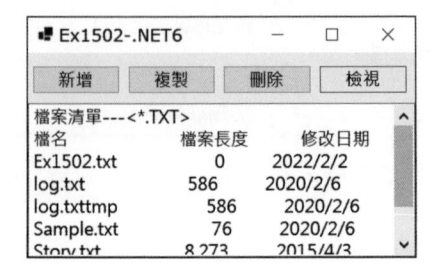

控制項屬性設定和相關程式碼

STEP 01 建立 Windows Form 應用程式，架構「.NET 6.0」；表單上加入控制項並依下表做屬性相關設定。

控制項	Name	Text	控制項	屬性	值
Button1	btnCreate	新增	TextBox	Name	txtShow
Button2	btnCopy	複製		MultiLine	True
Button3	btnDelete	刪除		ScrollBars	Vertical
Button4	btnView	檢視		Duck	Bottom

STEP 02 撰寫「檢視」按鈕「btnCreate_Click()」事件程式碼；其他請參考範例。

```
01    private void btnView_Click(object sender, EventArgs e)
02    {
03        btnCopy.Enabled = true;
04        string path2 = @"D:\C#2022\Test";
05        string fnShow = " 檔案清單 ---<*.TXT>";
06        try
07        {
08            DirectoryInfo currentDir = new(path2);
09            FileInfo[] listFile = currentDir.GetFiles("*.txt*");
10            // 輸出檔案的相關標題
11            string header = string.Format("{0,-18}{1,12}{2,15}"
12                , " 檔名 "," 檔案長度 ", " 修改日期 ");
13            string title = fnShow + Environment.NewLine +
14                header + Environment.NewLine;
15            txtShow.Text = title;
16            foreach (FileInfo getInfo in listFile)
17            {
18                txtShow.Text += $"{getInfo.Name, -20}" +
19                    $"{getInfo.Length.ToString(), 12:N0}" +
20                    $"{getInfo.LastWriteTime.ToShortDateString(), 18}"
21                    + Environment.NewLine;
22            }
23        }
24        catch (Exception ex)
25        {
26            MessageBox.Show(ex.Message);
27        }
28    }
```

【程式說明】

- 第 9 行：產生 DirectoryInfo 物件取得檔案路徑，並以 GetFils() 方法指定檔案類型為文字檔，配合 FileInfo 物件儲存相關的檔案。
- 第 16 ～ 21 行：foreach 迴圈讀取檔案物件 listFile，輸出檔名、屬性 Length 取得檔案長度，屬性 LastWriteTime 取得檔案最後寫入的時間。

15.2.3 使用 File 靜態類別

一般來說，File 類別和 FileInfo 類別的功能幾乎相同，File 類別提供靜態方法，所以不能利用 File 類別來實體化物件；而使用 FileInfo 類別必須將物件實體化。表【15-8】為 File 類別常用的方法。

File 靜態類別方法	說明
AppendText()	將 UTF-8 編碼文字附加至現有檔案或新檔案，由 StreamWriter 建立的物件。
CreateText()	建立或開啟編碼方式為 UTF-8 的文字檔案。
Exists()	判斷檔案是否存在，存在回傳 True。
GetCreationTime()	DateTime 物件，回傳檔案產生的時間。
OpenRead()	讀取開啟的檔案。
OpenText()	讀取已開啟的 UTF-8 編碼文字檔。
OpenWrite()	寫入開啟的檔案。

表【15-8】 File 靜態類別方法

要將資料寫入到文字檔，利用 StreamWriter 類別建立的寫入器物件，配合 File 靜態類別或 FileInfo 來寫入一個文字檔案！解說其步驟。

STEP 01 建立 FileInfo 類別的實體物件 fileIn 假設，讓它指向欲寫入的文字檔案！

```
string path = @ "D:\Test\domo.txt";      // 檔案路徑
FileInfo fileIn = new FileInfo(path);
```

STEP 02 選擇欲建立的資料模式，使用 CreateText() 方法或 AppendText() 方法，配合 StreamWriter 資料流物件做檔案開啟。

先認識 File 靜態類別 CreateText()、AppendText() 這兩個方法之語法：

```
public static StreamWriter CreateText(string path);
public static StreamWriter AppendText(string path);
```

◆ path：欲寫入檔案，包含其路徑。

使用靜態方法 CreateText() 建立或開啟檔案，如果檔案不存在，會建立一個新的檔案；如果檔案已經存在會覆寫原有檔案並清空內容。通常以 FileInfo 物件直接呼叫其方法或者以 File 靜態類別呼叫 CreateText() 方法，將指定的資料寫入對象為 StreamWriter 串流物件。

```
StreamWriter sw = fileIn.CreateText();
StreamWriter sw = File.CreateText(path));
```

STEP 03 以串流物件呼叫（下述簡例是 sw）配合 Write() 或 WriteLine() 方法將指定的資料寫入。

```
sw.WriteLine("990025, 李小蘭");   //sw 是 StreamWriter 物件
```

STEP 04 將串流內的資料寫入資料檔並清空緩衝區，然後關閉資料檔。

```
sw.Flush();    // 清除緩衝區
sw.Close();    // 關閉檔案，釋放資源
```

從文字檔案讀取資料時要使用 StreamReader 類別，以串流物件建立讀取器；解說其步驟。

STEP 01 使用 FileInfo 類別來建立實體物件 fileIn，讓它指向欲讀取文字檔案的路徑！

```
string path = @ "D:\Test\domo.txt";    // 檔案路徑
FileInfo fileIn = new FileInfo(path);
```

STEP 02 選擇欲讀取的資料模式，呼叫 OpenText() 方法，配合 StreamReader 資料流物件做檔案的讀取器。

OpenText() 方法開啟已存在的文字檔，同樣地，也是以參數 path 指定檔案名稱。語法如下：

```
OpenText(path);
```

◆ path：要建立或要開啟檔案的路徑。

15-15

讀取檔案是以資料流處理，要有 StreamReader 類別所建立的物件。使用時 FileInfo 物件或 File 靜態類別呼叫 OpenText() 方法，將指定的資料以 StreamReader 串流物件為載入對象，簡例如下。

```
StreamReader read = File.OpenText(path);
```

STEP 03 配合 Read() 或 ReadLine() 方法讀取指定的資料。

Read() 方法一次只讀取一個字元，所以可以呼叫 Peek() 方法來檢查，讀完畢回傳「-1」值，配合文字方塊顯示內容。

```
while(true){
   char wd =(char) read.Read();
   if(read.Peek() == -1)
      break;// 表示讀取完畢，中斷程式
   textBox1.Text += wd;
}
```

ReadLine() 方法可以讀取整行文字，不過讀取這些內容必須加入換行字元「"r\n\"」；讀取資料末行時，可以「null」來判別是否讀取完畢！

```
while(true){
   string data = read.ReadLine();
    if(data == null)
       break;
   txtShow.Text += data + "\r\n";
}
```

STEP 04 讀取完畢，以 Close() 方法關閉檔案，釋放資源。

範例《Ex1503.csproj》

▶ 程式規劃

以靜態類別 File 的 CreateText() 方法建立「Sample.txt」檔案，OpenText() 方法做開啟檔案並讀取。

◉ 表單操作

(1) 按「建立檔案」鈕完成檔案的建立後顯示訊息對話方塊,按「確定」就關閉對話方塊。

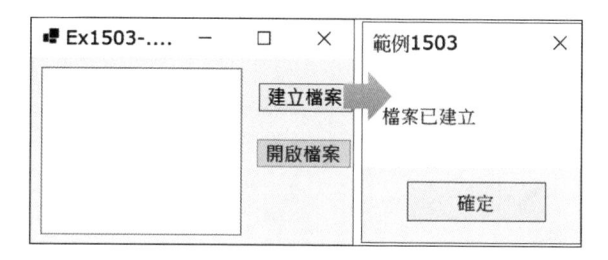

(2) 按「開啟檔案」鈕來載入剛剛所建立檔案資料。

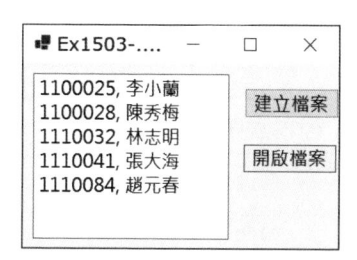

◉ 控制項屬性設定和相關程式碼

STEP 01 建立 Windows Form 應用程式,架構「.NET 6.0」;表單上加入控制項並依下表做屬性相關設定。

控制項	Name	Text	控制項	Name	MultiLine
Button1	btnCreate	建立檔案	TextBox	txtShow	True
Button2	btnOpen	開啟檔案			

STEP 02 撰寫「建立檔案」按鈕「btnCreate_Click()」事件程式碼。

```
01  using System.IO;
02  string path = @"D:\C#2022\Demo\Sample.txt";
03  private void btnCreate_Click(object sender, EventArgs e)
04  {
05      if (File.Exists(path) == false)
06      {
07          using StreamWriter note = File.CreateText(path);
08          //寫入 4 筆資料
09          note.WriteLine("990025, 李小蘭 ");
10          note.WriteLine("990028, 張四端 ");
11          note.WriteLine("990032, 王春嬌 ");
12          note.WriteLine("990041, 林志鳴 ");
13          note.Flush(); // 清除緩衝區
14          note.Close(); // 關閉檔案
15          MessageBox.Show(" 檔案已建立 ", "CH15");
16      }
17  }
```

15-17

STEP 03 撰寫「開啟檔案」按鈕「btnOpen_Click()」事件程式碼。

```
21  private void btnOpen_Click(object sender, EventArgs e)
22  {
23      StreamReader read = File.OpenText(path);
24      while (true)// 回傳下一個字元，直到 -1 表示已讀完
25      {
26          string data = read.ReadLine();
27          if (data == null)
28              break;
29          txtShow.Text += data + "\r\n";
30      }
31  }
```

【程式說明】

- 第 5 ～ 16 行：if 陳述式判斷檔案是否存在，若檔案不存在，透過 StremWriter 的物件，配合 CreateText() 方法建立一個文字檔（Sample.txt）。

- 第 7 ～ 14 行：using 陳述式區段跟著 StreamWriter 物件來寫入資料，完成時會自動呼叫 Dispose() 方法釋放資源。

- 第 23 行：以 StreamReader 物件，配合 OpenText() 方法來讀取剛剛建立的「Sample.txt」檔案。

- 第 24 ～ 30 行：while 廻圈來讀取檔案內容，若回傳 null 值表示讀取完畢，將內容顯示於文字方塊中。

15.3 標準資料流

　　System.IO 命名空間提供從資料流讀取編碼字元以及將編碼字元寫入資料流的相關類別。通常資料流是針對位元組輸入和輸出所設計。讀取器和寫入器類型會處理編碼字元與位元組之間的轉換，讓資料流能夠完成作業；不同的讀取器和寫入器類別都會有相關聯資料流。

　　NET 把每個檔案視為序列化的「資料串流」（Stream），處理對象包含字元、位元組及二進位（Binary）等；System.IO 下的 Stream 類別是所有資料流的抽象基底類別。Stream 類別和它的衍生類別提供不同型別輸入和輸出。當資料以檔案方式儲存時，為了方便於寫入或讀取，StreamWriter 或 StreamReader 能讀取和寫入各種格式的資料；BufferedStream 提供緩衝資料流，以改善讀取和寫入效能。FileStream 支援檔案開啟。透過下表【15-9】說明這些資料流讀取/寫入的類別。

類別名稱	說明
BinaryReader	以二進位方式讀取 Stream 類別和基本資料型別。
BinaryWriter	以二進位寫入 Stream 類別和基本資料型別。
FileStream	可同步和非同步來開啟檔案，Seek() 方法隨機存取檔案。
StreamReader	自訂位元組資料流方式來讀取 TextReader 的字元。
StreamWriter	自訂位元組資料流方式將字元寫入 TextWriter。
StringReader	讀取 TextReader 實作的字串。
StringWriter	將實作的字串寫入 TextWriter。
TextReader	StreamReader 和 StringReader 抽象基底類別，輸出 Unicode 字元。
TextWriter	StreamWriter 和 StringWriter 抽象基底類別，輸入 Unicode 字元。

表【15-9】 資料流寫入 / 讀取類別

類別 TextReader 是 StreamReader 和 StringReader 的抽象基底類別，用來讀取資料流和字串。而衍生類別能用來開啟文字檔，以讀取指定範圍的字元，或根據現有資料流建立讀取器。類別 TextWriter 則是 StreamWriter 和 StringWriter 的抽象基底類別，用來將字元寫入資料流和字串。建立 TextWriter 的實體物件時，能將物件寫入字串、將字串寫入檔案，或將 XML 序列化。

15.3.1　FileStream

使用 FileStream 類別能讀取、寫入、開啟和關閉檔案。使用標準資料流處理時，能將讀取和寫入作業指定為同步或非同步。FileStream 會緩衝處理輸入和輸出，以獲取較佳的效能。建構函式的語法如下：

```
public FileStream(string path, File mode,
    FileAccess access, FileShare share);
```

- path：開啟的檔案目錄位置和檔案名稱，為 String 型別。
- mode：指定檔案模式，為 FileMode 常數，參考表【15-6】。
- access：指定存取方式，為 FileAccess 常數。
- share：是否要將檔案與其他檔案共享，參考表【15-7】。

使用 FileStream 類別，Seek() 方法指定目標位置做搜尋，也能以 Read() 方法讀取資料流，或者以 Write() 方法將資料流寫入，其相關成員表【15-10】簡介。

FileStream 成員	說明
CanRead	取得目前資料流是否支援讀取。
CanSeek	取得目前資料流是否支援搜尋。
CanWrite	取得目前資料流是否支援寫入。
Length	取得資料流的位元組長度。
Name	取得傳遞給 FileStream 的建構式名稱。
Position	取得或設定目前資料流的位置。
Close()	關閉資料流。
Dispose()	釋放資料流所有資源。
Finalize()	確認釋出資源，再使用 FileStream 時會清除其他作業。
Flush()	清除資料流的所有緩衝區，並讓資料全部寫入檔案系統。
Read()	從資料流讀取位元組區塊，並將資料寫入指定緩衝區。
ReadByte()	從檔案讀取一個位元組，並將讀取位置前移一個位元組。
Seek()	指定資料流位置來做為搜尋起點。
SetLength()	設定這個資料流長度為指定數值。
Write()	使用緩衝區，將位元組區塊寫入這個資料流。
WriteByte()	寫入一個位元組到檔案資料流中的目前位置。

表【15-10】 FileStream 類別的成員

以 Seek() 方法處理資料流位置時，語法如下：

```
Seek(offset, origin);
```

- offset：搜尋起點，以 Long 為資料型別。
- origin：搜尋位置，為 SeekOrigin 參數，「Begin」指定資料流開端，「Current」資料流的目前位置，「End」資料流的結尾。

建立串流物件來寫入或讀取檔案，會佔用一些資源，完成檔案的相關動作會呼叫 Dispose() 方法來釋放這些屬於 Unmanaged 的資源。為了讓系統自動釋放這些資源，可以使用 using 敘述。

換句話說，using 陳述式會讓這些 Unmanaged 的資源自動實作 IDisposable 介面，建立的串流物件自動呼叫 Dispose() 方法。在 using 區塊內，物件為唯讀而且不可修改或重新指派，複習一下範例《Ex1503》的作法。

```
using StreamWriter note = File.CreateText(path);
note.WriteLine("990025, 李小蘭 ");
note.WriteLine("990028, 張四端 ");
note.WriteLine("990032, 王春嬌 ");
```

- C# 8.0 using 敘述原有的一對大括號（形成區段）可以省略。
- 完成寫入的動作之後，串流物件 note 會自動呼叫 Dispose() 方法進行資源的釋放。

範例《Ex1504.csproj》

● 程式規劃

以文字方塊為媒介，查看二進位資料的寫入和讀出。

● 表單操作

執行程式載入表單後，按「讀取位元」鈕，每按一次就會有 5 個亂數值顯示於文字方塊，寫入和輸出是相同的數值。

● 控制項屬性設定和相關程式碼

STEP 01 建立 Windows Form 應用程式，架構「.NET 6.0」；表單上加入控制項並依下表做屬性相關設定。

控制項	屬性	值	控制項	屬性	值
Button	Name	btnCreate	TextBox	Name	txtShow
	Text	讀取位元		Dock	Bottom

STEP 02 撰寫「讀取位元」按鈕「btnCreate_Click()」事件程式碼。

```
01   private void btnCreate_Click(object sender, EventArgs e)
02   {
03       string path = @"D:\C#2022\Demo\Demo04.dat";
04       Random rand = new();
05       byte[] numbers = new byte[5];
06       rand.NextBytes(numbers);
07       FileStream outData = File.Create(path);
08       try       // 進行例外處理
```

```
09      {
10          using (BinaryWriter wr = new(outData))
11          {
12              // 以位元方式將資料寫入檔案
13              foreach (byte item in numbers)
14              {
15                  wr.Write(item);     //Write() 方法將值編碼成位元組
16                  txtShow.Text += $"{item, 5}";
17              }
18          }
19          txtShow.Text += Environment.NewLine;
20          byte[] dataInput = File.ReadAllBytes(path);
21          foreach (byte item in dataInput)
22          {
23              txtShow.Text += $"{item, 5}";
24          }
25          txtShow.Text += Environment.NewLine;
26      }
27      catch (IOException)
28      {
29          MessageBox.Show(txtShow.Text + " 不存在 ",
30              "Ex1504", MessageBoxButtons.OK,
31              MessageBoxIcon.Error);
32      }
33  }
```

【程式說明】

- 第 3 行：設定欲寫入/讀取資料的路徑和檔名，由於是二進位資料，以「*.dat」為副檔名。

- 第 4 ～ 6 行：以 Random 產生 5 個亂數，利用 numbers 陣列存放。

- 第 7 行：File.Create() 方法建立新檔案（若檔案已存在會先把它刪除），配合 FileStream 建立串流物件來寫入檔案。

- 第 10 ～ 18 行：要寫入資料時先以 using 陳述詞建立範圍，BinaryWriter 以 UTF-8 編碼建立寫入器，寫入二進位資料。

- 第 13 ～ 17 行：Write() 方法將 foreach 迴圈讀取的亂數值寫入。

- 第 20 行：宣告一個陣列來存放 ReadAllBytes() 方法所讀取的二進位資料，再以 foreach 迴圈輸出資料。

15.3.2 StreamWriter 寫入器

Stream 是所有資料流的抽象基底類別。以資料處理觀點來看，若是位元組資料，FileStream 類別較適當，而 StreamWriter 寫入器，我們已經悄悄用了好幾次，搭配字元編碼格式，拿它寫入純文字或 RTF 格式資料，對於它的建構式語法應該不陌生吧！

```
StreamWriter sw = new StreamWriter(stream, encoding);
StreamWriter sw = new StreamWriter(path, encoding);
```

- stream：以 Stream 類別為資料流。
- path：要讀取檔案的完整路徑，為 String 型別。
- encoding：要讀取的資料流須指定編碼方式，包含 UTF8、NASI、ASCII 等，以 Encoding 為型別。

StreamWriter 有那些常用成員！列表【15-11】說明之。

StreamWriter 成員	說明
AutoFlush	呼叫 Write 方法後，是否要將緩衝區清除。
Encoding	取得輸出入的編碼方式。
NewLine	取得或設定目前 TextWriter 所使用的行結束字元。
Close()	資料寫入 Stream 後關閉緩衝區。
Flush()	資料寫入 Stream 後清除緩衝區。
Write()	將資料寫到資料流（Stream），包含字串、字元等。
WriteLine()	將資料一行行寫入 Stream。

表【15-11】 StreamWriter 成員

15.3.3 StreamReader 讀取器

StreamReader 類別用來讀取資料流的資料，其預設編碼 UTF-8，而非 ANSI 字碼頁（Code Page）。若想處理多種編碼，必須於程式開頭匯入「using System.Text」命名空間。先認識 StreamReader 類別的建構式：

```
StreamReader sr = new StreamReader(stream, encoding);
StreamReader sr = new StreamReader(path, encoding);
```

例如,讀取一個編碼為 ASCII 的檔案。

```
StreamReader srASCII = New StreamReader("Test01.txt",
    System.Text.Encoding.ASCII);
```

StreamReader 通常會以 ReadLine() 方法來逐行讀取資料,以 Peek() 方法來判斷是否讀到檔案結尾,StreamReater 成員簡介於表【15-12】。

StreamReater 成員	說明
ReadToEnd()	讀取目前所在位置的字元到字串結尾,並還原成單一字串。
Peek()	傳回下一個可供使用的字元,-1 值表示檔案結尾。
Read()	從目前資料流讀取下一個字元,並將目前位置字元往前一個字元。
ReadLine()	從目前資料流讀取一行字元。

表【15-12】 StreamReater 成員

範例 《Ex1505.csproj》

● 程式規劃

使用 File 靜態類別的 AppendText() 來建立檔案,呼叫 logFile() 方法來取得特定檔案的資訊然後寫入檔案;再以 RecordLog() 方法來讀取記錄檔案的內容。

● 表單操作

執行程式載入表單後,按「寫入資料」鈕顯示檔案訊息。

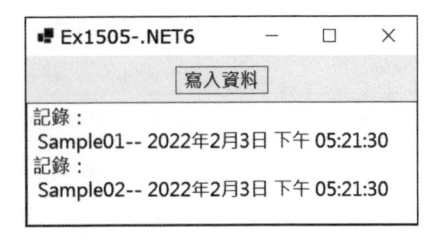

```
Ex1505-.NET6                    —  □  ×
            [寫入資料]
記錄:
Sample01-- 2022年2月3日 下午 05:21:30
記錄:
Sample02-- 2022年2月3日 下午 05:21:30
```

● 控制項屬性設定和相關程式碼

STEP 01 建立 Windows Form 應用程式,架構「.NET 6.0」;表單上加入控制項並依下表做屬性相關設定。

控制項	屬性	值	控制項	屬性	值
Button	Name	btnWrite	TextBox	Name	txtShow
	Text	寫入資料		MultiLine	True

Chapter 15 IO 與資料處理

STEP 02 撰寫「寫入資料」按鈕「btnWrite_Click()」事件程式碼。

```
01  private void btnWrite_Click(object sender, EventArgs e)
02  {
03     txtShow.Clear();
04     //AppendText：資料附加至檔案結尾，檔案不存在會新建一個檔案
05     using (StreamWriter sw = File.AppendText
06         (@"D:\C#2022\Demo\log.txt"))
07     {
08        logFile("Sample01", sw);
09        logFile("Sample02", sw);
10        sw.Flush(); // 清除緩衝區的資料
11        sw.Close(); // 關閉檔案
12     }
13     using (StreamReader sr = File.OpenText
14         (@"D:\C#2022\Demo\log.txt"))
15        RecordLog(sr);// 呼叫 RecordLog() 方法讀取記錄
16  }
```

STEP 03 撰寫「logFile()」方法程式碼。

```
21  private void logFile(string rdFile, TextWriter tw)
22  {
23     string record = $" 記錄：{tw.NewLine} {rdFile}-- " +
24        $"{DateTime.Now.ToLongDateString()} " +
25        DateTime.Now.ToLongTimeString() + tw.NewLine;
26     tw.WriteLine(record);
27     txtShow.Text += record;
28     tw.Flush(); // 清除緩衝區的資料
29  }
```

【程式說明】

- 第 5～12 行：先以 using 陳述式建立串流物件的使用範圍。以 AppendText() 方法來指定路徑和檔名並指定給串流物件。指定檔案名稱後，呼叫 logFile() 做寫入動作。

- 第 13～15 行：以 File 靜態類別的 OpenText() 方法來開啟指定路徑的檔案，配合 StreamReader 的讀取器物件，呼叫 RecordLog() 方法。

- 第 21～29 行：logFile() 方法來記錄以檔案名稱來取得時間和日期並記錄之。

- 第 23～26 行：將檔案和取得的日期和時間利用 record 字串儲存後，再呼叫寫入器 tw 的 WriteLine() 方法將訊息一行行寫入。

15-25

重點整理

- 資料流時可概分兩種：① 輸出資料流：把資料傳到輸出裝置（例如：螢幕、磁碟等）上；② 輸入資料流：透過輸入裝置（例如：鍵盤、磁碟等將資料讀取）。

- NET 把每個檔案視為序列化的「資料串流」（Stream），處理對象包含字元、位元組及二進位（Binary）等；System.IO 下的 Stream 類別是所有資料流的抽象基底類別。StreamWriter 或 StreamReader 能讀取和寫入各種格式的資料；BufferedStream 提供緩衝資料流，以改善讀取和寫入效能。FileStream 支援檔案開啟。

- FileSystemInfo 類別與檔案和目錄有關，它是一個抽象基底類別。衍生 DirectoryInfo、FileInfo 二個類別。FileInfo 類別與檔案操作有關；產生目錄可直接使用 DirectoryInfo 子類別。

- 靜態類別 Directory 提供目錄處理的能力，例如建立、搬移資料夾，具有靜態方法能直接使用。另一個類別是 DirectoryInfo，想要針對某一個目錄進行維護工作，得以 DirectoryInfo 來建立實體物件。

- FileInfo 類別建立檔案物件後，以 Creat() 方法建立檔案，CopyTo() 方法複製檔案，而 Delete() 方法則是刪除檔案。

- FileInfo 類別建立檔案物件後，以 Open() 方法開啟檔案，參數 mode 指定開啟模式；access 決定檔案存取是 Read 或 Write；參數 share 則決定檔案是否有共享模式。

- System.IO 下的 Stream 類別是所有資料流的抽象基底類別。Stream 類別和它的衍生類別提供不同型別輸入和輸出，其中的 FileStream 能以同步或非同步方式來開啟檔案，配合 Seek 方法能隨機存取。

- StreamWriter 類別用來寫入純文字資料，並且提供字元編碼格式的處理。

- StreamReader 類別用來讀取資料流的資料，預設編碼 UTF-8，而非 ANSI 字碼頁（Code Page）。若想處理多種編碼，須於程式開頭匯入「System.Text」名稱空間。

語言整合查詢 – LINQ

CHAPTER 16

學|習|導|引

- 學習 LINQ 之前,先了解什麼是 LINQ!
- 依據建立 LINQ 的三個步驟來認識建立 LINQ 的基本語法。

16.1 LINQ 簡介

LINQ（Language-Integrated Query，語言整合查詢）是一種標準且容易學習的查詢運算模式。傳統上，資料查詢是以簡單的字串表示，既不會在編譯時期進行型別檢查，也不支援 IntelliSense。但是利用 LINQ 具有資料查詢和語言整合的能力，所以使用 SQL 資料庫、XML 文件、各種 Web 服務時，LINQ 將「查詢」（Query）變成 C# 和 Visual Basic 中第一級的語言建構。所以它的應用技術包含三種：

- **LINQ to XML**：將指定的 XML 文件轉換成 IEnumerable<T> 的型別物件，以利 LINQ 做查詢。
- **LINQ to Entities**：ADO.NET Entity Framework。
- **LINQ to Objects**：實作 IEnumerable 或 IEnumerable<T> 介面，以標準的 LINQ 查詢，對集合物件做查詢作業。

16.1.1 LINQ 與 IEnumerable 介面

LINQ 統合了不同的資料來源，讓程式撰寫者在不同的專用領域和開發環境，可以擷取、操作不同的來源資料。

先認識 LINQ 與 IEnumerable<T> 介面方關係。IEnumerable<T> 介面可以指定某個型別集合，以列舉值做簡單反覆運算。IEnumerable<T> 為集合中的基底介面；簡單地說就是 IEnumerable 介面的泛型版本。它支援集合物件的列舉操作，配合 LINQ 技術取得資料，然後把儲存於實作 IEnumerable 介面的集合物件回傳。所以它能以 foreach 廻圈讀取項目，包含查詢結果；從另一個角度來看，可以把 IEnumerable<T> 介面視為 LINQ 技術的核心，而它的方法成員成為了 LINQ 查詢的基礎。下述範例以 IEnumerable<T> 來搜尋字串中的字元，由於會使用它的擴充方法 Where()，先認識它的語法。

```
public static IEnumerable<TSource> Where<TSource>(
    this IEnumerable<TSource> source,
    Func<TSource, int, bool> predicate)
```

- source：篩選值或是欲測試的項目。
- Func<TSource, int, bool> predicate）：匿名函式可使 Lambda 表示；測試來源項目是否符合條件；predicate 為來源項目的索引，索引由零開始。

16.1.2　配合 Where() 方法

Where() 方法一般而言，就是從資料中篩選出符合條件者。如何使用？直接以範例《Ex1601》做通盤認識：

```
// 參考範例《CH1601》
using System.Collections.Generic;// 須引用的命名空間
using System.Linq;
byte[] Numbers = {0, 30, 20, 15, 45, 85, 40, 92};
IEnumerable<byte> searchNum =
    Numbers.Where((number, index) => number <= index * 10);
WriteLine(" 篩選值：");
foreach (byte number in searchNum)
{
    Console.Write($"{number}, ");// 輸出：0, 20, 15, 40
}
```

- number 為 Numbers 陣列的元素，為篩選值。將索引編號乘以 10 之後，找出 number 小於或等於之元素。
- 經由 predicate（述詞）找出的元素會儲存於 Ienumerable<T> 型別並以物件 searchNum 回傳。

範例《Ex1602.csproj》

List 建立字串陣列來實作 IEnumerable 介面，以 Where() 方法找出字串中第一個字母。

```
原來陣列：
Mary, John, Michelle, Pola, Emily, Tomas, Michael, Judy,
第一個字母為M
Mary, Michelle, Michael,
```

STEP 01　主控台應用程式，架構「.NET 6.0」；使用上層敘述，撰寫如下程式碼。

```
01  // 使用 IEnumerable<T> 介面並呼叫 Where() 擴充方法做查詢
02  List<string> Students = new List<string>
03              {"Mary", "John", "Michelle", "Pola",
04               "Emily", "Tomas", "Michael", "Judy"};
05  WriteLine(" 原來陣列：");
06  foreach (string item in Students)
07      Write($"{item}, ");
```

16-3

```
08   WriteLine("\n 第一個字母為 M");
09   IEnumerable<string> enumName = Students.Where(student
10     => student.StartsWith("M"));
11   foreach (string item in enumName)
12     Write($"{item}, ");
13   ReadKey();
```

STEP 02 建置、執行按【F5】鍵,按任意鍵關閉視窗。

【程式說明】

- 第 2～4 行:建立字串陣列,以 List 實作 IEnumerable 介面。
- 第 6～7 行:foreach 廻圈讀取字串陣列。
- 第 9～10 行:呼叫 IEnumerable<T> 介面的 Whrer() 方法來找出字串中第一個字母為 M 的字元,其中的「Where(student => student.StartsWith("M"))」為 Lambda 運算式。

LINQ 查詢作業究竟如何運作?分成三個動作來實施。

- 取得資料來源 Step 1
- 建立查詢 Step 2
- 執行查詢 Step 3

16.2 LINQ 的基本操作

藉由 LINQ 的查詢 3 步驟來認識 LINQ 的基本操作。進而認識查詢運算式究竟做什麼?它與一般的 SQL 查詢有什麼不一樣?

16.2.1 取得資料來源

在 LINQ 查詢中,第一步是指定資料來源。LINQ 技術提供一致的模型來取得各種來源資料。除此之外,這裡還需要「可查詢型別」(Queryable Type),它必須

支援 IEnumerable<T> 或衍生介面（例如泛型 IQueryable<T>）的類型。可查詢類型不需要進行修改或特殊處理，就可以當成 LINQ 資料來源。如果來源資料還不是記憶體中的可查詢類型，LINQ 提供者必須將它表示為可查詢類型。

所以取得資料來源的第一步，它可以是自訂的陣列或者資料庫。然後使用 from 子句，引入資料來源（如 students）和「範圍變數」（Range Variable；如 stud）。

```
from 範圍變數 in 資料來源;
```

- 「範圍變數」（Range Variable），代表來源資料中的每個項目。
- 資料來源的型別必須是 IEnumerable 介面、或是泛型 IEnumerable<T> 介面或其衍生的型別。

下述範例說明來源資料要如何建立！

```
int[] Scores = {65, 78, 58, 63, 86, 72 };//1.資料來源
var queryVariable = from score in Scores //2.建立查詢
   select stud;
IEnumerable<int> QueryVariable = from score in Scores;
```

- 利用 var 關鍵字將查詢變數「queryVariable」宣告為隱含型別。
- from 子句之後的 score 是「範圍變數」而 Scores 則是「資料來源」。
- 直接使用 IEnumerable<T> 介面配合查詢變數，指定 T 參數的型別，但它必須與資料來源相同。

16.2.2 建立查詢

使用 Visual C# 撰寫時可以使用「查詢語法」或「方法語法」兩種。比較好的處理方式是以「查詢語法」為主，「方法語法」為輔；而在某些特殊情形下可以將兩種方法混用。

LINQ 查詢語法是以「查詢運算式」（Query Expression）為主體，配合查詢運算子。LINQ 標準查詢運算子共有兩組，其中一組適用於型別 IEnumerable<T> 的物件，而另一組則適用於型別 IQueryable<T> 的物件。不同的泛型有各自的方法，可呼叫它的靜態成員來使用。

使用查詢運算式時可以指定一個或多個資料來源來作為資料的擷取，它使用類似 SQL 語法以宣告方式來建立查詢，也可以讓資料在回傳之前可加入群組來排

序。查詢會儲存於查詢變數中,並以查詢運算式初始化。查詢運算式必須以 from 子句開頭,並以 select 或 group 子句結尾。完整語法如下:

```
Ienumerable<T> query-expression-identifier =
    from identifier in expression            //①from 子句
    let identifier = expression              //②let 子句
    where boolean-expression                 //③where 子句
    join type identifier in expression on                    //④
        expression equals expression into identifier
    orderby ordering-clause ascending | descending   //⑤
    group expression by expression into identifier   //⑥
    select expression into indetifier        //⑦select 子句
```

- query-expression-identifier:查詢變數,可列舉的型別,它儲存「查詢」(Query)而非查詢之「結果」。
- from 和 select 子句為查詢運式的必要子句,其餘為選項子句,可依查詢需求來加入。
- ①from 子句在前一個章節已介紹過,以 from 來設定範圍變數,in 關鍵字取得資料來源。
- ②let 子句會將子運算式的結果用於後續子句,參考章節《16.3.1》。
- ③where 子句用來進行篩選,設定條件找出符合者。
- ④join 子句用來產生聯結。將 A 資料來源的某個物件,和 B 資料來源的物件在關聯之下共用其通用屬性。
- ⑤、⑥orderby 子句和 group 子句,請參考章節《16.2.4》。
- ⑦select 子句可以提供投影(Projection)的作用,請參考章節《16.2.5》。

簡單的查詢運算式會以三個基本子句:from、where 和 select 為主。from 子句指定料來源,where 子句套用篩選條件,而 select 子句則指定傳回項目的類型。複雜的查詢可以在第一個 from 子句和最後的 select 或 group 子句中間,依據需求列出一個或多個子句的 where、orderby、join、let 子句。使用 into 關鍵字,讓 join 或 group 子句的結果變成同一個查詢運算式中其他查詢子句的來源。將範例《CH1602》呼叫 Where() 方法改成查詢運算式。

```
// 原來是呼叫 Where() 方法
IEnumerable<string> enumName = Students.Where(student
        => student.StartsWith("M"));
```

範例《CH1602》的 **Lambda** 運算式變成 **where** 子句。

```
// 使用查詢運算式，參考範例《CH1603》
IEnumerable<string> enumName = //enumName 查詢變數
    from student in Students    //Students 資料來源，原來的陣列
    where student.StartsWith("M")    // 範圍變數 student
    select student;
```

◆ select 子句後面接的是範圍變數，它會依查詢結果產生其型別。

　　另一個基本子句就是 where，用來設定過濾條件然後在查詢運算式中回傳結果。它會把範圍變數以布林值（Boolean）條件套用到每個來源項目，並傳回指定條件為 True 的項目。

```
var scoreQuery1 = // 查詢運算式以 var 關鍵字做宣告
        from score in Scores
        where score > 80
        select score;
IEnumerable<int> scoreQuery1 = // 使用 Ienumerable<T> 介面
        from score in Scores
        where score > 80
        select score;
```

◆ 表示利用 where 找出範圍變數中大於 80 者。

　　where 子句所呼叫的方法是 Enumerable 類別的 Where() 方法，章節《16.1》已介紹過。要注意的地方是 where 子句是採用篩選機制。它可以放置在查詢運算式的多數位置，但不能放在第一個或最後一個子句中。where 子句會根據需要在來源項目完成分組之前或之後篩選來源項目，出現在 group 子句的之前或之後。

16.2.3　執行查詢

　　查詢變數本身只會儲存查詢命令。實際執行查詢的作業採「延後執行」（Deferred Execution），利用 foreach 迴圈將查詢結果逐一取出。

```
foreach (int ct in scoreQuery1)
{
    Console.Write(ct + " ");
}
```

　　Visual C# 允許使用「方法語法」來撰寫 LINQ 查詢。什麼情形下會使用方法語法？通常是回傳單一值，是查詢中最後呼叫的方法。由於它並非泛

型 IEnumerable<T> 之集合物件，利用「強制立即查詢」(Forcing Immediate Exception) 所以能快速回傳結果。這些引用的相關方法有：總計 Sum()、平均 Average()、計數 Count()、最大值 Max() 和 Min() 最小值。

```
var scoreQuery1 =    //方法一
    (from score in Scores
    where score > 60
    select score).Count();
```

- 方法一：先將查詢運算式以括號括住，再呼叫 Count() 方法。
- 以 Count() 方法統計個數。

```
var scoreQuery1 =    //方法二
    from score in Scores
    where score > 60
    select score;
int scoreCount = scoreQuery1.Count();
```

- 方法二則是以其他變數來儲存 Count() 所取結果。

範例 《Ex1604.csproj》

簡單的 LINQ 查詢。利用主控台應用程式製作簡易查詢。建立一個分數陣列 Scores 為資料來源，再以 form 設定資料來源和範圍變數 score，where 找出範圍變數中分數大於 60 者，再以 select 指定範圍變數；最後以 foreach 迴圈來完成執行查詢並輸出結果。

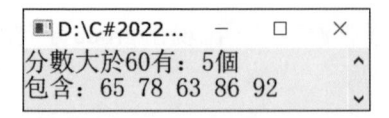

```
■ D:\C#2022...   —   □   ×
分數大於60有：5個
包含：65 78 63 86 92
```

STEP 01 主控台應用程式，架構「.NET 6.0」；使用上層敘述，撰寫如下程式碼。

```
01  int[] Scores = { 65, 78, 58, 63, 86, 92 };
02  //2.建立查詢--LINQ 查詢，範圍變數 score，資料來源 Scores
03  var scoreQuery1 =
04      from score in Scores
05      where score > 60
06      select score;
07  //Count() 方法找出有多少個
08  WriteLine($" 分數大於 60 有：{scoreQuery1.Count()} 個 ");
```

```
09    Write(" 包含：");
10    //3.執行查詢，利用 foreach 迴圈讀取查詢變數 scoreQuery1
11    foreach (int ct in scoreQuery1)
12    {
13       Write(ct + " ");
14    }
```

STEP 02 建置、執行按【F5】鍵，按任意鍵關閉視窗。

【程式說明】

- 第 3～6 行：LINQ 查詢語法，範圍變數「score」。將查詢結果儲存於查詢變數 scoreQuery1。
- 第 8 行：利用查詢變數 scoreQuery1 呼叫 Count() 方法來統計出分數大於 60 者。
- 第 11～14 行：foreach 迴圈讀取查詢變數 scoreQuery1 的結果並輸出。

16.3 善用查詢子句

對 LINQ 來說，查詢能讓它發揮最大功用，一起來體驗 LINQ 魅力。

16.3.1 group 子句做群組運算

group 子句會傳回包含零或多個符合群組之索引鍵值的 IGrouping<TKey, TElement>（有共同索引鍵的物件集合）物件序列。例如，求得各科的平均值來產生分數序列。在此情況下，以某個平均值為索引鍵，它會儲存於 Grouping<TKey, TElement> 物件的 Key 屬性中。編譯器會推斷索引鍵的型別。查詢運算式結尾也可加上 group 子句。複習一下它們的語法：

```
Ienumerable<T> query-expression-identifier =
   from identifier in expression
   ...
   orderby ordering-clause ascending | descending  //①
   group expression by expression into identifier  //②
   select expression into indetifier
```

- ①orderby 子句：配合查詢運算子，將序列的項目做排序，預設是遞增排序（ascending），若改遞減排序要加入關鍵字「descending」。

- ②group 子句：依查詢作業做分組。分組是將資料分成群組，好讓每個群組中的項目都擁有共同屬性。

簡單的群組運算使用「group/by」子句，複雜的群組運算則使用「group/by/into」，運算後會以 Igrouping<TKey, TElement> 型別物件回傳。它代表物件集合中有共同的鍵值；也就是有共同的 key，藉由此 key 才能辨識元素所屬的群組。先來認識 Igrouping<TKey, TElement> 介面的語法：

```
public interface IGrouping<out TKey, out TElement>
   : IEnumerable<TElement>, IEnumerable
```

- TKey 為索引鍵，Telement 為值。

以範例《CH1605》的程式碼做基本認識。

```
var studentQuery =
   from student in students
   group student by student.Scores.Average() >= 85;
 . . .
$"{(studentGroup.Key == true ? "高--" : "低--")}"
```

- 以 group/by 子句進行群組運算後，直接呼叫「studentGroup.Key」做判斷，大於或等於 85 分為一個群組，另一個群組則小於 85 分。

範例《Ex1605.csproj》

利用 List 類別來建立含有學生多科分數的資料來源，LINQ 查詢加入 group 子句，設定某個平均值為界限，再執行查詢結果。

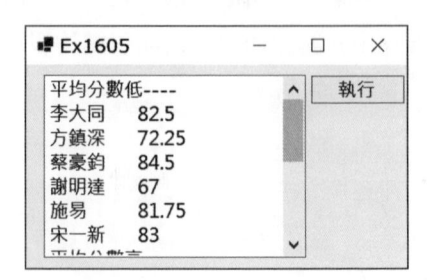

STEP 01 建立 Windows Form 應用程式，架構「.NET 6.0」；使用上層敘述，撰寫如下程式碼。

STEP 02 表單上加入 Button（Name: btnSearch, Text: 執行 LINQ），TextBox（Name: txtShow, Multiline: True, ScrollBars: Vertical）。

Chapter 16 語言整合查詢 –LINQ

STEP 03 執行「專案 / 加入類別」指令,檔名「Student.cs」,相關程式碼請參考範例。

STEP 04 按 F7 鍵切換程式碼編輯區(Form1.cs),撰寫如下程式碼。

```
01  public partial class Form1 : Form
02  {
03      // 利用 List 來建立 Student 清單做為資料來源
04      static List<Student> students = new List<Student>
05      {
06          new Student {Name = "李大同", ID = 111,
07              Scores = new List<int> {97, 92, 81, 60}},
08          // 省略程式碼
09      };
10  }
```

STEP 05 回到 Form1.cs[設計] 索引標籤,滑鼠雙擊「執行 LINQ」按鈕,撰寫「btnSearch_Click」事件程式碼。

```
11  private void btnSearch_Click(object sender, EventArgs e)
12  {
13      string result = String.Empty;
14      var studentQuery =
15          from student in students
16          // 以遞減方式排序
17          /*orderby student.Scores.Average() descending*/
18          group student by student.Scores.Average() >= 85;
19      foreach (var studentGroup in studentQuery)
20      {
21          // 利用三元運算子 ? : 來判斷 Key 值
22          result += " 平均分數 " +
23              $"{(studentGroup.Key == true ? "高--" : "低--")}"
24              + Environment.NewLine;
25          // 依據平均分數 85 為分界,輸出學生名稱和平均分數
26          foreach (var student in studentGroup)
27          {
28              result += student.Name + "\t" +
29                  student.Scores.Average(score =>
30                  Convert.ToDouble(score)) + //Lambda 運算式
31                  Environment.NewLine;
32          }
33      }
34      txtShow.Text += result;// 以文字方塊輸出
35  }
```

16-11

STEP 06 建置、執行按【F5】鍵，按任意鍵關閉視窗。

【程式說明】

- 第 11～35 行：按下按鈕所引發的事件處理，它會執行 LINQ 查詢並在文字方塊上結果。
- 第 14～18 行：建立 LINQ 查詢，找出學生的平均分數大於 85 者。以 Average() 方法來計算各科的平均分數，設定某個平均值為 Key 值，然後 group 子句依此 Key 值將範圍變數 student 組成兩個群組。
- 第 19～33 行：第一層 foreach 迴圈讀取查詢，以 85 平均分數為分界，高於 85 者放入「平均分數高者」。先以 group 子句所設定 Key 值，配合「？：」運算子來取得範圍變數。
- 第 26～32 行：第二層 foreach 迴圈依 group 子句的 Key 值，將儲存於查詢變數的範圍變數分成二個群組來輸出。

16.3.2　排序找 Orderby 子句幫忙

orderby 子句會依某個設定值以遞增或遞減的順序排序。可以指定多個索引鍵，以執行一個或多個次要排序作業。認識它的語法：

```
public static IOrderedEnumerable<TSource>
    OrderBy<TSource, TKey>(
        this IEnumerable<TSource> source,
        Func<TSource, TKey> keySelector)
```

- source：欲排序的值序列。
- keySelector：以函式指定型別來作為排序的依據。

排序時由函式以預設比較子（Comparer）執行，遞增為預設排序。例如，依據各科的成績做排序。

```
var studentQuery =
    from student in students
    //orderby 依各科平均做排序
    orderby student.Scores.Average()// 預設是遞增排序
    group student by student.Scores.Average() >= 85;
orderby student.Scores.Average()descending; // 遞減排序
```

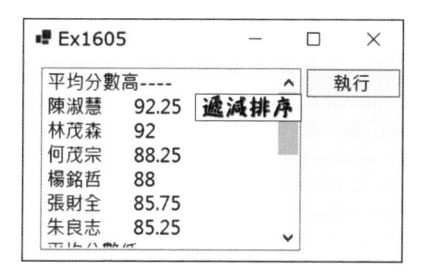

16.3.3　select 子句的投影作用

　　查詢運算式中簡單的 select 子句只會產生與資料來源中的物件相同之物件序列。但查詢中加入 orderby 子句只之後，select 子句會將產生的項目重新排序。將來源資料轉換成新型別的序列稱為「投影」(Projection)。使用 select 子句時它會呼叫 Enumerable 類別的 Select<TSource, TResult> 方法，認識它的語法：

```
public static IEnumerable<TResult>
        Select<TSource, TResult>(
   this IEnumerable<TSource> source,
   Func<TSource, TResult> selector)
```

- source：使用「this」來表示它是一個以 IEnumerable 型別所設計的擴充方法，呼叫轉換函式的值序列。

- selector：以泛型委派來表示它下一個匿名型別，使用轉換函式套用到每個項目。

範例《Ex1606.csproj》

使用 select 子句擷取部份字串。

STEP 01 主控台應用程式，架構「.NET 6.0」；使用上層敘述，撰寫如下程式碼。

```
01   string[] Weeks = {"Sunday", "Monday", "Tuesday",
02              "Wednesday", "Thursday", "Friday", "Saturday"};
03   // 查詢運算式 - 取字串前三個字
```

16-13

```
04   var weekName =
05       from week in Weeks
06       select week.Substring(0, 3);
07   WriteLine("星期名稱取3個字元:");
08   foreach (string item in weekName)
09       Console.Write($"{item} ");
10   // 查詢二:將取得的名稱做遞減排序
11   var weekNameQuery =
12       from week in weekName
13       orderby week descending
14       select week;
15   WriteLine("\n星期名稱遞減排序:");
16   foreach (string item in weekNameQuery)
17       Console.Write($"{item} ");
```

STEP 02 建置、執行按【F5】鍵,按任意鍵關閉視窗。

【程式說明】

- 第 6、13 行:select 子句在第一個查詢中將取得序列項目輸出;第二個查詢加入 orderby 子句,將項目重新排序。
- 第 4 ~ 6 行:查詢運算式,呼叫 substring() 方法來取得星期名稱的前三個字元。
- 第 11 ~ 14 行:第二個查詢將取得星期的前三個字元以遞減來輸出。

16.3.4　LINQ to Object

　　LINQ to Object 主要是以 LINQ 對物件做查詢。在前面的章節探討 LINQ 查詢運算式時,就是以「LINQ to Object」為討論範圍。它的範圍就會很廣泛,可能是字串、陣列、檔案。同樣它要實作 IEnumerable 或 IEnumerable<T> 介面。

　　查詢運算式中,若要將子運算式的結果用於後續子句,可加入 let 子句。它會建立新的範圍變數,並利用提供的運算式結果來初始化這個範圍變數。範例《CH160301》要將檔案依據特定字元來分割,「let」子句可以用來改變 from 子句已設定好的範圍變數,讓後續的運算式可以依據新的範圍變數做初始化動作。不過要注意的是一旦進行初始化,範圍變數的值就不能再變更。不過,如果範圍變數保留的是可查詢的型別,則還是可以對它進行查詢。

```
var splitQuery = from data in Sample
            let word = data.Split(',');
```

- 使用 let 子句後,範圍變數由「data」變更為「word」。

此外,使用 group 子句建立群組作業。如果要更進一步指定群組更細部的項目,配合「into」內容關鍵字建立可供查詢的暫時識別項。最後,再以 select 子句或其他 group 子句結束查詢。

```
var splitQuery = from data in Sample
        let word = data.Split(',')
        group data by word[2][0] into sysgroup;
```

- into 內容關鍵字指定的 sysgroup,表示範圍變更會依第三組字串的第一個字元來設為 Key 值執行查詢。

範例 《Ex1607.csproj》

將一個 UTF-8 格式的文字檔,依系所的第一個字元來分割檔案內容。

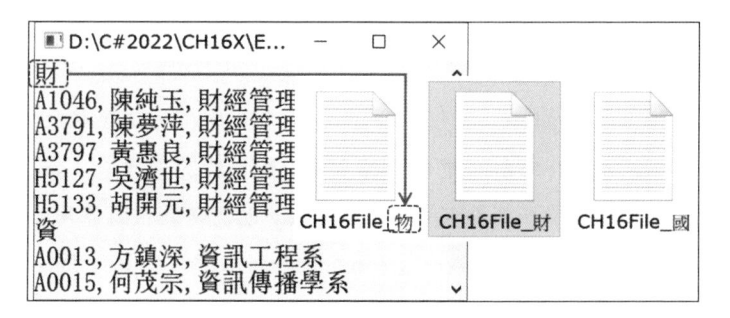

STEP 01 主控台應用程式,架構「.NET 6.0」;使用上層敘述,撰寫如下程式碼。

```
01  //ReadAllLines() 方法讀取全部內容
02  string[] Sample = File.ReadAllLines(
03      @"D:\C#2022\Demo\Sample02.txt");
04  // 設定 LINQ 查詢 - 依檔案的逗點來識別字串
05  var splitQuery = from data in Sample
06          //let 子句將範圍變數變成 word
07          let word = data.Split(',')
08          // 依據第 3 組字串的第一個字元為群組 Key 值
09          group data by word[2][0] into sysgroup
10          // 依 group 子句的 Key 值做遞增排序
11          orderby sysgroup.Key
```

16-15

```
12          select sysgroup;
13  // 依據 group 子句設定的 Key 屬性來建立新的檔案
14  foreach (var sys in splitQuery)
15  {
16      // 依設定值來建立文字檔
17      string fileName = @"D:\C#2022\Demo\" +
18          $"CH16File_{sys.Key}.txt";
19      WriteLine(sys.Key);
20      // 建立寫入器
21      using StreamWriter sw = new(fileName);
22      foreach (var item in sys)
23      {
24          sw.WriteLine(item);// 以整行方式入
25          WriteLine($"{item}");
26      }
27  }
```

STEP 02 建置、執行按【F5】鍵，按任意鍵關閉視窗。

【程式說明】

- 第 2～3 行：File 靜態類別直接呼叫 ReadAllLines() 方法來讀入指定路徑的檔名並存放到 Sample 陣列。

- 第 2～12 行：建立 LINQ 查詢。let 子句呼叫 Split() 方法，將原有的範圍變數 data 指定「逗點」做分割而重新指派 word 為新的範圍變數；group 子句依此 word 範圍將第三組字串設為 Key 值，orderby 也使用此值為遞增排序依據。

- 第 14～27 行：執行查詢時第一層 foreach 迴圈依群組的 Key 值建立檔案。

- 第 21～26 行：using 陳述式建立寫入器的資源範圍，再以 foreach 迴圈將整行寫入檔案。

重點整理

- LINQ 將「查詢」（Query）變成 C# 和 Visual Basic 中第一級的語言建構。它的應用技術包含三種。①LINQ to XML：使用於 XML 文件的查詢技術。②LINQ to Entities：ADO.NET Entity Framework。③LINQ to Objects 可以實作 IEnumerable 或 IEnumerable<T> 介面的集合。

- LINQ 查詢作業包含三個動作。第一步是指定資料來源；第二步使用查詢變更儲存建立的查詢結果；第三步是執行查詢。

- 由於查詢變數本身只會儲存查詢命令。實際執行查詢的作業採「延後執行」（Deferred Execution），利用 foreach 迴圈將查詢結果逐一取出。

- 使用 from 子句，引入資料來源和「範圍變數」（Range Variable）；where 子句用來設定過濾條件然後在查詢運算式中回傳結果。

- orderby 子句會依某個設定值以遞增或遞減的順序排序。group 子句會傳回包含零個或多個符合群組之索引鍵值的 IGrouping<TKey, TElement>（有共同索引鍵的物件集合）物件序列。

MEMO